“十三五”普通高等教育本科部委级规划教材

工程制图与计算机辅助绘图综合训练

——制图员鉴定考试指导

张淑梅　李世朋　主　编
刘美娜　郭春洁　副主编

中国纺织出版社

内 容 提 要

《工程制图与计算机辅助绘图综合训练——制图员鉴定考试指导》以中高级制图员考试内容为主线，以“机械制图”和“计算机辅助绘图”两门课程为基础，结合制图员考试大纲要求，通过典型实例，由浅入深、循序渐进地介绍了中高级制图员考试范围、应试技巧、考试重点和难点等内容，以及每部分内容考核的方式。每章后面针对每个知识点设置了足量的专项练习题和参考答案,以便于各知识点的巩固提高。最后汇编了近几年的考试真题，使学生能够扎实掌握手工绘图技能和计算机绘图技巧，提高应试能力。

本书适合机械、电子、建筑等专业学生使用，也可供从事机械设计制造、工业设计领域的工程技术人员参考，还可作为教师教学指导用书。

图书在版编目（CIP）数据

工程制图与计算机辅助绘图综合训练：制图员鉴定考试指导 / 张淑梅，李世朋主编 . -- 北京：中国纺织出版社，2016.7（2024.12重印）
“十三五”普通高等教育本科部委级规划教材
ISBN 978-7-5180-2947-1

Ⅰ. ①工… Ⅱ. ①张… ②李… Ⅲ. ①工程制图—高等学校—习题集 ②计算机制图—高等学校—习题集 Ⅳ. ① TB23-44 ② TP391.72-44

中国版本图书馆 CIP 数据核字（2016）第 219169 号

策划编辑：孔会云　　责任编辑：符　芬　　责任校对：寇晨晨
责任设计：何　建　　责任印制：何　建

中国纺织出版社出版发行
地址：北京市朝阳区百子湾东里 A407 号楼　邮政编码：100124
销售电话：010 — 67004422　传真：010 — 87155801
http：//www.c-textilep.com
E-mail：faxing@c-textilep.com
中国纺织出版社天猫旗舰店
官方微博 http：//weibo.com/2119887771
北京虎彩文化传播有限公司印刷　各地新华书店经销
2024 年 12 月第 1 版第 2 次印刷
开本：787 × 1092　1/16　印张：16.75
字数：237 千字　定价：48.00 元

前言

为培养合格的制图从业人员，提高全国制图员的职业技能水平，根据多年来在教学实践中的摸索，结合历年制图员职业资格考试情况，以便考生准确地把握制图员考试的知识点、重点、难点和技巧等问题，我们编写了这本贴近制图员工作和鉴定要求的培训教材。本书在《机械制图》《计算机辅助绘图》课程基础上，对尺规绘图和计算机绘图加以梳理，使知识的深度、广度、综合性进一步提升与拓宽，以全面提高学生的制图综合技能水平，从而提高制图员职业资格考试的通过率，同时也为学生今后更好地适应社会需求打下坚实的基础。

本书在编写过程中，严格按照国家新修订的《制图员国家职业标准》的要求，与课程教学紧密结合，教材内容突出综合性（尺规绘图与计算机绘图有机结合，提高学生的综合应试能力）、实用性（教材内容紧密结合职业资格考试大纲，重点突出技巧和方法的练习，突出内容的创新性及实践指导性）、系统性（理论体系与实践体系紧密结合，知识、能力、素质的综合提高）。本书共设计了三篇共 16 章，绪论主要介绍制图员资格认证要求，第 1 ~ 9 章主要介绍理论知识测试内容，第 10 ~ 14 章介绍操作技能测试内容，第 15 ~ 16 章汇编了最近几年来的考试真题，使学生能够扎实掌握手工绘图技能和计算机绘图技巧，提高应试能力。

该书既可作为具有一定机械制图和计算机绘图知识基础并准备报考机械、电子、建筑类中高级制图员的高等院校学生的强化训练用书，又可作为教师组织中、高级制图员考证培训的教学用书，还可供从事机械设计制造、工业设计领域的工程技术人员参考。

本书由烟台南山学院张淑梅、李世朋担任主编，刘美娜、郭春洁担任副主编。参编人员有王文志、李娅、金晓、王晓。

由于作者水平有限，书中难免存在不足与错误，欢迎读者批评指正。

作　者

2016 年 5 月

教学内容及课时安排

章节	课程内容	学时分配	
		讲授	技能操作
第 1 章	基础知识	0.5	0
第 2 章	三视图	2	2
第 3 章	立体表面交线	2	2
第 4 章	轴测图	1	1
第 5 章	机件的表达方法	2	2
第 6 章	常用机件及结构要素的表达法	1	0
第 7 章	零件图的识读与绘制	2	2
第 8 章	装配图的识读与绘制	2	2
第 9 章	图档管理	0.5	0
第 10 章	绘图环境设置	0	1
第 11 章	图形绘制与编辑	1	3
第 12 章	文字样式的设置与注写	0	1
第 13 章	尺寸标注样式的设置与标注	0	1
第 14 章	表格样式的设置与标题栏、明细栏	0	1
课时总结		14	18

本书的参考学时为 32 学时，其中实践环节为 18 学时。

目录

第 3 篇　试题精选

绪论

本章知识点

1. 制图员认证考试要求。
2. 制图员的知识和技能基本要求。

一、制图员认证考试要求

（一）理论知识（应知部分）

理论知识即应知部分，主要考查考生对职业道德和职业守则、制图的基本知识、投影法的基本知识、计算机绘图的基本知识、专业图样的基本知识及相关法律法规知识等相关概念的理解和掌握。题型以选择题和判断题为主。

1. **职业守则** 制图员遵循的职业守则为：忠于职守，爱岗敬业；讲究质量，注重信誉；积极进取，团结协作；遵纪守法，讲究公德。

2. **制图的基本知识** 主要了解有关制图国家标准中对图纸幅面、比例、字体、图线及尺寸的标注方法的有关规定、投影法的基本知识（要求掌握常用投影法的定义、分类和在工程上的应用）、专业图样的基本知识（机械类专业图样主要包括零件图和装配图。其基本知识具体有：一张完整零件图所包括的内容，典型零件的分类；一张完整装配图所包括的内容，装配图的作用）等。

3. **计算机绘图的基本知识** 理解包括典型微型计算机绘图系统的硬件构成，常用的计算机绘图软件和计算机绘图的方法，计算机图形输入、输出设备的名称。

（二）操作技能（应会部分）

操作技能即应会部分，由手工绘图和计算机绘图两部分组成。

1. **手工绘图部分** 主要考查考生对工程制图（比如机械制图、建筑制图等）学科知识的掌握。主要考试模块内容和题型为：基本投影原理、图样的尺寸标注、三视图的补视图和补缺线、轴测图的画图、剖视图和剖面图的画法、螺纹连接的画法、读零件图和装配图等。

2. **计算机绘图（绘图软件以 AutoCAD 为主）** 主要考查考生对计算机绘图软件使用的熟练性。主要考试模块内容和题型为：绘图环境的设置、平面图形的绘制方法、三视图的绘制方法、零件图和装配图的绘制方法以及尺寸标注和文字注写方法。

二、制图员的知识与技能要求

按照《制图员国家职业标准》中关于制图员的工作要求，提出如表 1 所示知识和技能方面的基本要求。其中，中级、高级、技师的知识和技能要求依次递进，高级别涵盖低级别的要求。

表 1　制图员的知识和技能基本要求

职业能力	职业等级	工作内容	技能要求	相关知识
绘制二维图	中级	手工绘图（可根据申报专业任选一种）	机械图： 1. 能绘制螺纹连接的装配图 2. 能绘制和识读支架类零件图 3. 能绘制和识读箱体类零件图 土建图： 1. 能识别常用建筑构、配件的代（符）号 2. 能绘制和识读楼房的建筑施工图	1. 截交线的绘图知识 2. 绘制相贯线的知识 3. 一次变换投影面的知识 4. 组合体的知识
		计算机绘图	能绘制简单的二维专业图形	1. 图层设置的知识 2. 工程标注的知识 3. 调用图符的知识 4. 属性查询的知识
	高级	手工绘图（可根据申报专业任选一种）	机械图： 1. 能绘制各种标准件和常用件 2. 能绘制和识读不少于 15 个零件的装配图 土建图： 1. 能绘制钢筋混凝土结构图 2. 能绘制钢结构图	1. 变换投影面的知识 2. 绘制两回转体轴线垂直交叉相贯线的知识
		手工绘制草图	机械图： 能绘制箱体类零件草图 土建类： 1. 能绘制单层房屋的建筑施工草图 2. 能绘制简单效果图	1. 测量工具的使用知识 2. 绘制专业示意图的知识
		计算机绘图（可根据申报专业任选一种）	机械图： 1. 能根据零件图绘制装配图 2. 能根据装配图绘制零件图 土建图： 能绘制房屋建筑施工图	1. 图块制作和调用的知识 2. 图库的使用知识 3. 属性修改的知识
	技师	手工绘制专业图（可根据申报专业任选一种）	机械图： 能绘制和识读各种机械图 土建图： 能绘制和识读各种建筑施工图样	机械图样或建筑施工图样的知识
		手工绘制展开图	1. 能绘制变形接头和展开图 2. 能绘制等径弯管的展开图	绘制展开图的知识

续表

职业能力	职业等级	工作内容	技能要求	相关知识
绘制三维图	中级	描图	1. 能够绘制斜二测图 2. 能够绘制正二测图	1. 绘制斜二测图的知识 2. 绘制正二测图的知识
		手工绘制轴测图	1. 能绘制正等轴测图 2. 能绘制正等轴测剖视图	1. 绘制正等轴测图的知识 2. 绘制正等轴测剖视图的知识
	高级	手工绘制轴测图	1. 能绘制轴测图 2. 能绘制轴测剖视图	1. 手工绘制轴测图的知识 2. 手工绘制轴测剖视图的知识
	技师	手工绘图（可根据申报专业任选一种）	机械图： 能润饰轴测图 土建图： 1. 能绘制房屋透视图 2. 能绘制透视图的阴影	1. 润饰轴测图的知识 2. 透视图的知识 3. 阴影的知识
		计算机绘图（可根据申报专业任选一种）	能根据二维图创建三维模型 机械类： 1. 能创建各种零件的三维模型 2. 能创建装配体的三维模型 3. 能创建装配体的三维分解模型 4. 能将三维模型转化为二维工程图 5. 能创建曲面的三维模型 6. 能渲染三维模型 土建类： 1. 能创建房屋的三维模型 2. 能创建室内装修的三维模型 3. 能创建土建常用曲面的三维模型 4. 能将三维模型转化为二维施工图 5. 能渲染三维模型	1. 创建三维模型的知识 2. 渲染三维模型的知识
图档管理转换不同标准体系的图样	中级	软件管理	能使用软件对成套图纸进行管理	管理关键的使用知识
	高级	图纸归档管理	能对成套图纸进行分类、编号	专业图档的管理知识
	技师	第一角和第三角投影图的相互转换	能对第三角表示法和第一角表示法做相互转换	第三角投影法的知识
指导与培训	技师	专业培训	1. 能指导初级、中级、高级制图员的工作，并进行业务培训 2. 能编写初级、中级、高级制图员的培训教材	1. 制图员培训的知识 2. 教材编写的常识

第1篇　手工绘图

第1章　基础知识

本章知识点

1. 职业道德的基本知识。
2. 技术制图和机械制图相关国家标准中的一般规定。
3. 绘图工具的使用及尺规作图方法。
4. 平面图形的分析与作图。

一、职业道德基本知识

1. **职业道德基本知识**　职业道德是指从事一定职业的人们在职业活动中应当遵循的带有职业特征的行为规范的总和。职业道德是社会道德体系的重要组成部分，是要求从业者必须遵守的行为规范。职业道德不仅是从业人员在职业生活中的行为要求，而且是本行业对社会所承担的道德责任和义务。

制图员应遵守的职业道德有热爱本职工作，刻苦钻研专业技术，遵纪守法，爱护专业仪器及设备，安全文明生产，艰苦朴素，吃苦耐劳，团结协作，尊师爱幼。

2. **职业守则**　制图员应遵守的职业守则为：忠于职守，爱岗敬业；讲究质量，注重信誉；积极进取，团结协作；遵纪守法，讲究公德。

3. **相关法律法规**　制图员应该遵守《中华人民共和国劳动法》等法律法规。在绘图工作中，除了遵循技术制图和机械制图相关国家标准外，还应当遵循 GB/T 14665—2012 机械工程 CAD 制图规则、GB/T 17304—2009 CAD 通用技术规范、GB/T 17825—1999 CAD 文件管理、GB/T 17678—1999 CAD 电子文件光盘存储、归档与档案管理要求、GB/T 17679—1999 CAD 电子文件光盘存储归档一致性测试等国家标准。

二、制图基本知识与技能

制图基本知识与技能包括制图国家标准中对图纸幅面、比例、字体、图线及尺寸的标注方法的有关规定、绘图工具的使用、尺规作图方法以及平面图形画法的基本知识等。

(一) 技术制图和机械制图相关国家标准中的一般规定

国家质量技术监督局颁布的技术制图和机械制图相关国家标准是绘制和识读机械图样的准则和依据。国家标准分为强制性标准和推荐性标准，如“GB/T 14689—2008”，其中 GB/T 为推荐性国家标准，14689 为发表顺序号，2008 是年份。

1. 图纸幅面与格式

（1）绘制技术图样时，应优先采用 5 种图纸基本幅面，幅面代号分别为：A0、A1、A2、A3、A4。A0 幅面尺寸为 841 × 1189（mm），面积为 $1m^2$，长边是短边的 $\sqrt{2}$ 倍。小号幅面应为大一号幅面面积的 1/2。

（2）必要时，允许选用加长幅面，但应按基本幅面的短边成整数倍增加。加长后幅面代号记作：基本幅面代号 × 短边倍数，如 A3 × 3。

（3）国家标准规定：无论图纸是否装订，均应在图幅内用粗实线画出图框。其格式有两种：不留装订边和留装订边。同一产品中的所有图样只能采用同一种格式。装订时通常采用 A3 横装和 A4 竖装。

（4）为使绘制的图样便于管理和查询，每张图都必须有标题栏。标题栏一般由名称及代号区、签字区、更改区及其他区组成。

（5）标题栏通常应位于图框的右下角。若标题栏的长边置于水平方向并与图纸长边平行，则构成 X 型图纸；若标题栏的长边垂直于图纸长边，则构成 Y 型图纸。标题栏中的文字方向应与看图方向一致。

（6）为使图样复制和缩微摄影时定位方便，可在图纸各边长的中点处用粗实线分别画出对中符号，长度从纸边界开始至图框内约 5mm。当对中符号在标题栏内时，则伸入部分可省略不画。

（7）必要时可用细实线在图纸周边内画出分区，图幅分区数必须取偶数，每一分区长度应在 25~75mm 之间选择。分区编号应按看图方向用大写拉丁字母从上到下顺序编写，水平方向用阿拉伯数字从左到右顺序编写。标注分区代号时，按字母在前，数字在后并排书写，如 B3、C5。

2. 比例

（1）比例是指图样中的图形与其实物相应要素的线性尺寸之比。比例分为原值、缩小、放大三种。画图时，应在国家标准规定的系列中选取比例并尽量采用 1∶1 的比例。

（2）不论采用何种比例绘图，在图样上标注的尺寸均为机件的实际大小，而与比例无关。比例一般应注写在标题栏中的比例栏内。必要时，可在图形上部视图名称的下方标注比例（如 $\frac{I}{2:1}$、$\frac{A\text{–}A}{4:1}$）。

3. 字体

（1）图样中书写的字体，必须做到字体工整、笔画清楚、间隔均匀、排列整齐。

（2）字体号数即代表字体的高度（h）。其公称尺寸系列为 1.8、2.5、3.5、5、7、10、14、20（mm），字体高度按$\sqrt{2}$的比例递增。

（3）汉字应写成长仿宋体字，并采用国家正式公布的简化字。写汉字时，字号不能小于 3.5，字宽一般为$h/\sqrt{2}$。

（4）字母有拉丁字母和希腊字母，数字包含阿拉伯数字和罗马数字。字母和数字可写成斜体或直体，一般写成斜体，斜体字字头向右倾斜，与水平基准线成 75°。字母和数字分为 A 型和 B 型，A 型笔画宽度为字高的 1/14，B 型笔画宽度为字高的 1/10。

（5）用作指数、分数、极限偏差、注脚等的数字和字母，一般应采用小一号的字体。

4. 图线

（1）机械图样中规定了 9 种线型、2 种线宽。图线宽度（d）应按图样的类型和尺寸大小在下列数系中选择：0.13、0.18、0.25、0.35、0.5、0.7、1、1.4、2（mm），粗线宽度一般取 d=0.5mm 或 0.7mm。粗、细线的宽度比为 2∶1。

（2）图线的应用。粗实线表示可见轮廓线、剖切符号；细虚线表示不可见轮廓线；细实线表示尺寸线、尺寸界线、剖面线、重合断面的轮廓线、过渡线、指引线等；细点画线表示轴线、对称中心线等；细双点画线表示相邻辅助零件的轮廓线、可动零件极限位置的轮廓线、轨迹线等；波浪线和双折线表示断裂处的边界线、视图与剖视图的分界线；粗虚线表示允许表面处理的表示线；粗点画线表示限定范围表示线。

（3）同一图样中同类图线的宽度应基本一致。虚线、点画线及双点画线的线段长度和间隔应各自大致相同；绘制圆的对称中心线时，圆心应为画线的交点，且细点画线的首末两端应是线而不是点，并超出图形的轮廓线 2~5mm；在较小的图形上绘制细点画线和细双点画线有困难时，可用细实线代替；细虚线、细点画线与其他线相交，都应以线相交。当细虚线处在粗实线的延长线上时，细虚线与粗实线之间应留有空隙。

5. 尺寸注法

（1）在图样中标注尺寸要做到正确、完整、清晰、合理；机件的真实大小应以图样上所标注的尺寸数值为依据，与图形的大小及绘图的准确度无关；尺寸以毫米（mm）为单位，省略计量单位代号；机件的每一尺寸一般只标注一次，并应标注在反映该结构最清晰的图形上；图样中所标注的尺寸为该图样所示机件的最后完工尺寸，否则应另加说明。

（2）每个完整的尺寸由尺寸界线、尺寸线、尺寸数字三个要素组成。

（3）尺寸界线用细实线画出，一般由图形轮廓线、轴线或对称中心线等引出，必要时也可用它们代替。引出时一般与被注长度垂直，必要时允许倾斜。尺寸界线超出尺寸线 2~3mm。

（4）尺寸线用细实线绘制，且平行于所标注的线段，不能用其他图线代替，一般也不得与其他图线重合或画在其他线的延长线上。互相平行的尺寸线，由小到大、由里向外排列，间隔以 5~7mm 为宜。尺寸线终端有箭头和斜线两种形式，机械图样一般采用箭头形式。

（5）尺寸数字一般注写在尺寸线上方；垂直尺寸数字应注写在尺寸线的左方且字头向左；

倾斜尺寸则字头有朝上的趋势。也允许注写在尺寸线的中断处。在竖直方向逆时针 30º 范围内，应避免标注尺寸，宜采用引出线的形式标注。尺寸数字不可被任何图线所通过，否则必须将图线断开。

（6）在尺寸数字前面常用的符号有：直径“ϕ”、半径“R”、球半径“SR”、正方形“□”、弧长“⌒”、厚度“t”、45° 倒角“C”、均布“EQS”、参考尺寸“（ ）”等。

（7）整圆或大于 180° 的圆弧一般标注直径尺寸，尺寸线要过圆心；小于或等于 180° 的圆弧一般标注半径尺寸，尺寸线始于圆心。

（8）角度的尺寸界线应沿径向引出。尺寸线是以角度的顶点为圆心画出的圆弧线。角度数字应水平注写，一般注在尺寸线的中断处。角度较小时也可用指引线引出标注。

（9）注写小尺寸时，箭头可外移或用小圆点代替连续的箭头，尺寸数字可注写在尺寸界线外或引出标注。

（二）绘图工具的使用及尺规作图方法

1. 绘图工具及其使用

（1）铅笔。铅笔有软（B）、硬（H）之分。画图时，通常用 H 或 2H 铅笔画底稿；用 B 或 2B 铅笔加粗加深；写字时用 HB 铅笔。铅笔可修磨成圆锥形（画细线、写字）或矩形（画粗实线）。绘图时，笔身在前后方向应与纸面垂直，可向走笔方向倾斜 30°。

（2）图板。图板的板面应平坦光洁，左边称为导边，应保证平直。图板不宜用水洗刷或暴晒，以防变形。要使用胶带纸粘帖图纸，不可用图钉钉图。

（3）丁字尺。丁字尺由尺头和尺身两部分组成，尺身的上边为工作边，主要用于绘制水平线。丁字尺应悬挂保管。

（4）三角板。三角板包括 45° 三角板和 30°（60°）三角板各一块。它与丁字尺配合可以画垂直线及 15° 倍角的斜线。画垂直线时应自下而上画出。用两块三角板配合也可画出任意直线的平行线或垂直线。应尽量减少三角板在图面上反复推磨。

（5）圆规。圆规有针脚、笔脚之分，笔脚可替换使用铅笔芯、鸭嘴笔尖、延长杆和钢针。圆规常用的有大圆规、弹簧规和点圆规等。用圆规画圆时，应使针脚稍长于笔脚。圆规上安装的铅芯的硬度应比铅笔的软一级，且应磨成楔形或矩形。使用圆规时，右手转动手柄，均匀地沿顺时针方向画圆。

（6）曲线板。曲线板是用来画非圆曲线的绘图工具。用法要领可归纳为找四连三、首尾相连。

2. 尺规作图方法

（1）尺规作图的一般步骤。准备好绘图工具及用品；确定比例，选用图幅，固定图纸；绘制底稿；检查，铅笔描深；填写尺寸和标题栏。

（2）画底稿时，各种线型应能区分出来，但要画得细而轻淡。

（3）描深图形一般应按先细后粗、先曲后直、先上后下、先左后右、先水平后垂斜、先描线后注写，即“六先六后”的顺序进行。描深时的力度、速度要均匀，以保证同一线型在全图中粗细、浓淡一致。

（三）平面图形画法

1. **几何作图**　应该熟练掌握常见的几何图形作法，如作平行线和垂直线、等分直线段、正六边形、正五边形、斜度线、锥度线、椭圆、圆弧连接等，其作法略。

2. **平面图形的分析与作图**　要顺利完成平面图形的作图，必须搞清图形中的尺寸性质（定形尺寸、定位尺寸）和线段性质（已知线段、中间线段、连接线段）。下面通过两个图例说明平面图形的分析与作图方法。

【例 1–1】 抄画如图 1–1 所示的平面图形。

分析

由该平面图形的形状特征及对具有定位作用的尺寸略做分析，可以确定图形的基点为上部圆心处，过此圆心的竖直、水平两条中心线即为长度和高度方向的作图和尺寸基准线。图中确定几何元素相对位置的尺寸即定位尺寸为 *R*25、45°、8，其余则是确定平面图形上几何元素形状大小的定形尺寸。由各线段的定位和定形尺寸是否齐全，可知尺寸完整的已知线段有 ϕ15 圆、*R*15 圆弧、*R*30 圆弧、*R*5 圆弧、*R*3 圆弧及与其相切的两圆弧，有定形尺寸但缺少一个定位尺寸的中间线段为右下部的 *R*5 圆弧，有定形尺寸但没有定位尺寸的连接线段为两处 *R*10 圆弧。

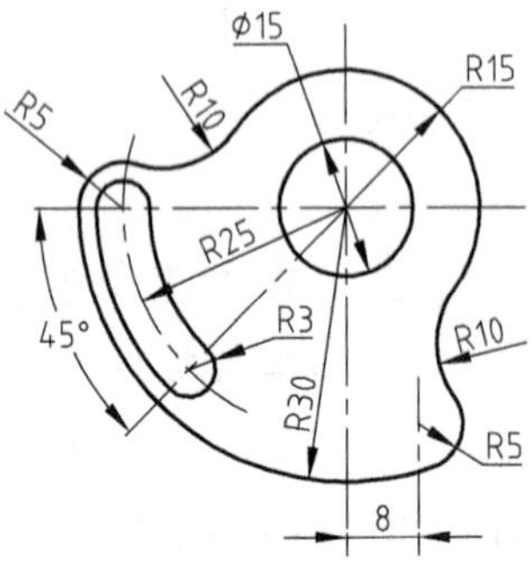

图 1–1　平面图形

作图

作图过程如图 1–2 所示。

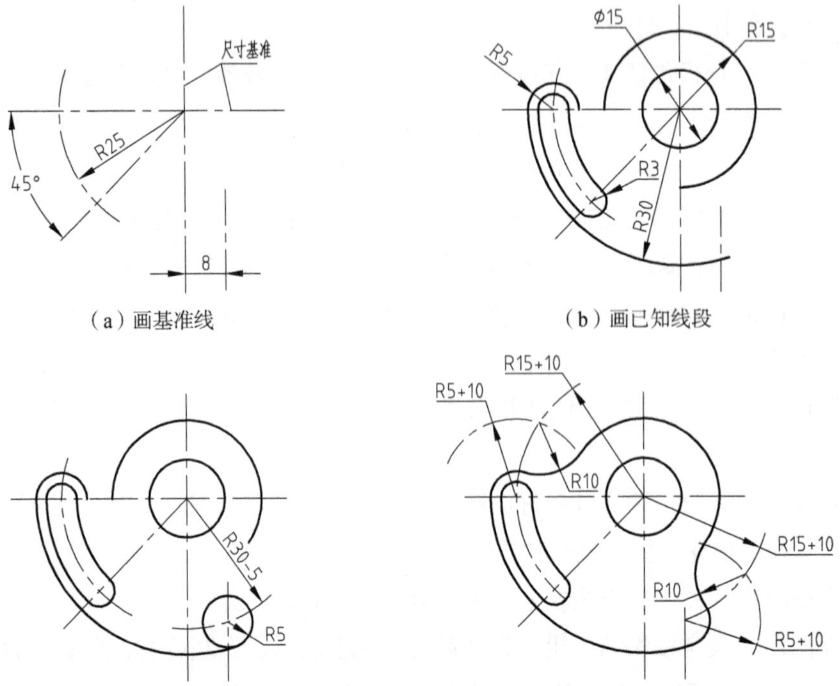

（a）画基准线　（b）画已知线段

（c）画中间线段　（d）画连接线段

图 1–2　平面图形作图步骤

【例 1–2】 抄画如图 1–3 所示的平面图形。

分析

由该平面图形的形状特征，可以确定图形的基点为右端圆心处，其中心线即为长度和高度方向的作图和尺寸基准线。图中定位尺寸为 60、5、36，其余均是定形尺寸。线段的性质为：已知线段有 $\phi8$ 圆、$R8$ 圆弧、$R4$ 圆弧、$R16$ 圆弧、$R76$ 圆弧及两水平直线，中间线段为下部的 $R6$ 圆弧，连接线段为三处 $R10$、$R15$ 及 $R55$ 圆弧。

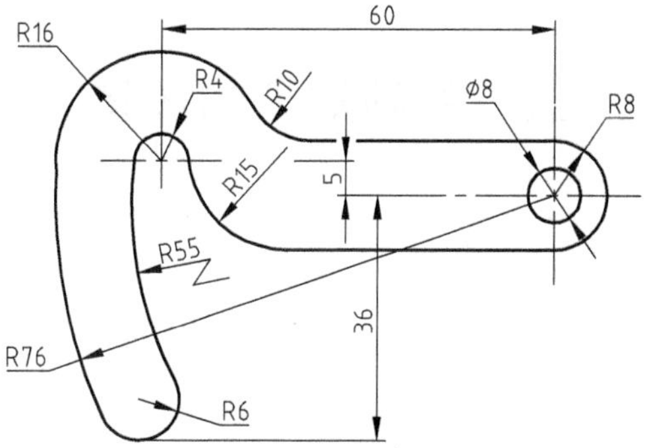

图 1–3　平面图形

作图

作图过程如图 1–4 所示。

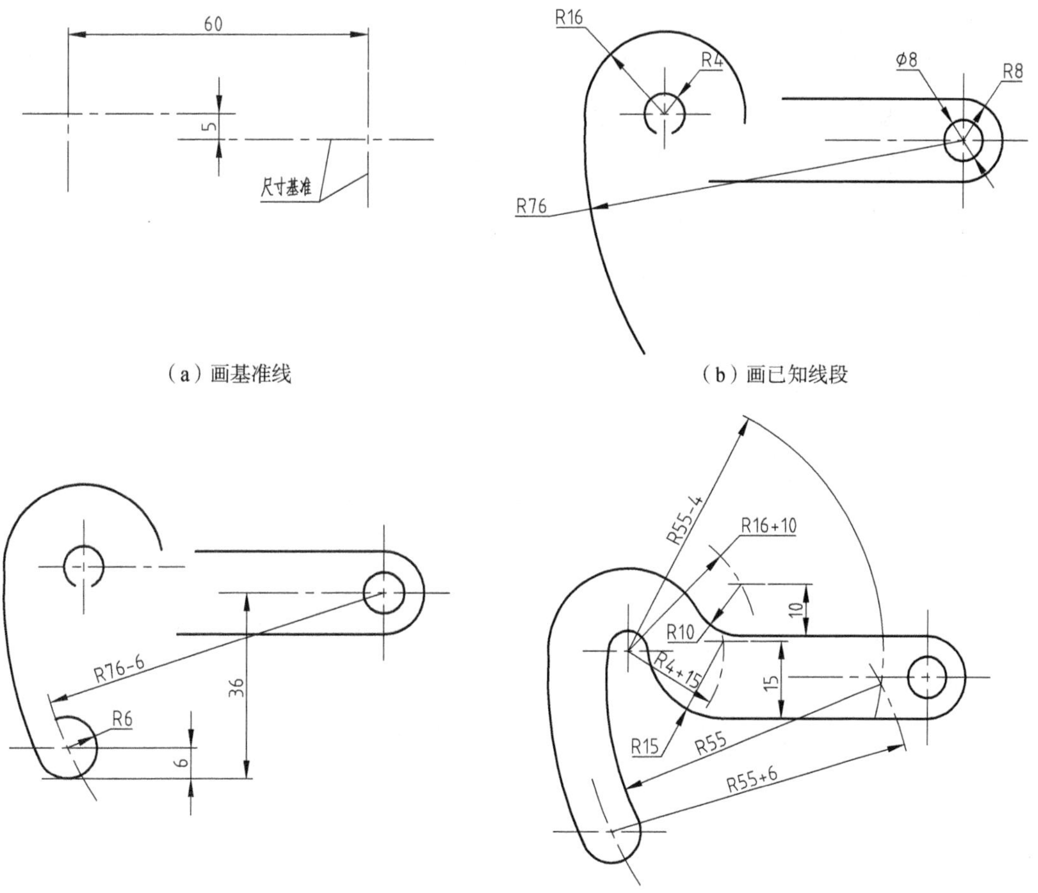

（a）画基准线　　（b）画已知线段

（c）画中间线段　　（d）画连接线段

图 1–4　平面图形作图步骤

注意事项

主要有以下两点。

（1）作中间线段时，必须根据该线段与相邻已知线段的几何关系，通过几何作图的方法确定另一定位尺寸后才能作出。

（2）在两条已知线段之间，可以有多条中间线段，但必须而且只能有一条连接线段。其定位尺寸需根据与该线段相邻的两已知线段的几何关系，通过几何作图的方法求出。

三、基础知识的考核方式

基础知识的内容以选择题或判断正误题的形式进行考核，中高级制图员都需要掌握基本知识的内容。

四、练习题（选择一个正确的答案，将相应的字母填入括号内）

1. 职业道德能调节从业人员与其（　）之间的关系，保证社会生活的正常进行和推动社会的发展与进步。

A. 专业水平　　B. 社会失业率　　C. 就业岗位　　D. 实践活动对象

2.（　）就是要顾全大局，要有团队精神。

A. 爱岗敬业　　B. 注重信誉　　C. 团结协作　　D. 积极进取

3. 图纸中字体的（　）一般为字体高度的$1/\sqrt{2}$倍。

A. 宽度　　B. 高度　　C. 角度　　D. 斜度

4. 在机械图样中，粗线与细线的宽度比大约为（　）

A. 4∶1　　B. 3∶1　　C. 2∶1　　D. 1∶1

5. 尺寸线终端形式有（　）两种形式。

A. 箭头和原点　　B. 箭头和斜线　　C. 圆圈和原点　　D. 粗线和细线

6. 对圆弧标注半径尺寸时，（　）应由圆心引出，尺寸箭头指到圆弧上。

A. 尺寸线　　B. 尺寸界线　　C. 尺寸数字　　D. 尺寸箭头

7. 下列叙述错误的是（　）

A. 标注球面直径时，一般应在 Φ 前加注“S”

B. 标注球面直径时，一般应在 R 前加注“S”

C. 标注球面直径时，一般应在 Φ 前加注“球”

D. 标注球面直径时，一般应在 Φ 或 R 注“S”

8. 标注角度尺寸时，尺寸数字一律水平写，尺寸界线沿径向引出，（　）画成圆弧，圆心是角的定点。

A. 尺寸线　　B. 尺寸界线　　C. 尺寸线及其终端　　D. 尺寸数字

9. 画图时，常选用（　）的绘图铅笔。

A. 6B、HB、H、2H　　B. B、HB、H、2H

C. B、HB、2H、6H　　D. 6B、2B、2H、6H

10. 丁字尺尺头内侧紧靠图板左边，三角板任意边紧靠丁字尺尺身上边，便可利用（　）的另外两边画出垂直线或倾斜线。

A. 丁字尺　B. 比例尺　C. 曲线板　D. 三角板

11. 圆规使用铅芯的硬度规格要比画直线的铅芯（　）

A. 软一级　B. 软两级　C. 硬一级　D. 硬二级

12. 制图国家标准规定，图纸幅面尺寸应优先选用（　）种基本幅面。

A. 3　B. 4　C. 5　D. 6

13. 制图国家标准规定，必要时图纸幅面尺寸可以沿（　）边加长。

A. 长　B. 短　C. 斜　D. 各

14. 1∶2 是（　）的比例。

A. 放大　B. 缩小　C. 优先选用　D. 尽量不用

15. 某产品用放大 1 倍的比例绘图，在标题栏比例项中应填（　）。

A. 放大 1 倍　B. 1×2　C. 2/1　D. 2∶1

16. 在绘制图样时，应灵活选用机械制图国家标准规定的（　）种类型比例。

A. 3　B. 2　C. 1　D. 10

17. 若采用 1∶5 的比例绘制一个直径为 40 的圆，其绘图直径为（　）。

A. $\phi 8$　B. $\phi 10$　C. $\phi 160$　D. $\phi 200$

18. 绘制图样时，应采用机械制图国家标准规定的（　）种图线。

A. 7　B. 8　C. 9　D. 10

19. 在机械图样中，表示可见轮廓线采用（　）线型。

A. 粗实线　B. 细实线　C. 波浪线　D. 虚线

20. 绘制图样时，对回转体的轴线或中心线用（　）绘制。

A. 粗实线　B. 细实线　C. 细点画线　D. 粗点画线

21. 图样中汉字应写成（　）体，采用国家正式公布的简化字。

A. 宋体　B. 长仿宋　C. 隶书　D. 楷书

22. 制图国家标准规定，字体的号数，即字体的高度，分为（　）种。

A. 5　B. 6　C. 7　D. 8

23. 制图国家标准规定，字体的号数，即字体的（　）。

A. 高度　B. 宽度　C. 长度　D. 角度

24. 制图国家标准规定，字体的号数，即字体的高度，单位为（　）米。

A. 分　B. 厘　C. 毫　D. 微

25. 机件的真实大小应以图样上的（　）为依据，与图形的大小及绘图的准确度无关。

A. 所注尺寸数值　B. 所画图样形状　C. 所标绘图比例　D. 所加文字说明

26. 图样中的数字和字母分为（　）两种字型。

A. A 型和 B 型　B. 大写和小写　C. 简体和繁体　D. 中文和英文

27. 制图国家标准规定，图样中书写数字和字母的字型有 A、B 两种，其区别为（　）。

A. 字宽不同　B. 字体大小不同　C. 笔画粗细不同　D. 倾斜角度不同

28. 制图国家标准规定，汉字字宽是字高 h 的（　）倍。

A. 2　　B. 3　　C. 0.667　　D. 1/2

29. 国家标准规定，汉字系列为 1.8、2.5、3.5、5、7、10、14、(　　)。

A. 16　　B. 18　　C. 20　　D. 25

30. 国家标准规定，汉字要书写更大的字，字高应按（　　）比率递增。

A. 3　　B. 2　　C. $\sqrt{2}$　　D. $\sqrt{3}$

31. 图样上标注的尺寸，一般应由（　　）组成。

A. 尺寸界线、尺寸箭头、尺寸数字

B. 尺寸线、尺寸界线、尺寸数字

C. 尺寸数字、尺寸线及其终端、尺寸箭头

D. 尺寸界线、尺寸线及其终端、尺寸数字

32. 图样中的尺寸一般以（　　）为单位时，不需标注其计量单位符号，若采用其他计量单位时必须标明。

A. 千米　　B. 分米　　C. 厘米　　D. 毫米

33. 机件的每一尺寸，一般只标注（　　），并应注在反映该形状最清晰的图形上。

A. 一次　　B. 两次　　C. 三次　　D. 四次

34. 图样上所标注的尺寸，为该图样所示机件的（　　），否则应另加说明。

A. 留有加工余量尺寸　　B. 最后完工尺寸

C. 加工参考尺寸　　D. 有关测量尺寸

35. 标注圆的直径尺寸时，一般（　　）应通过圆心，尺寸箭头指到圆弧上。

A. 尺寸线　　B. 尺寸界线　　C. 尺寸数字　　D. 尺寸箭头

36. 徒手绘图的基本要求是（　　）。

A. 线条横平竖直　　B. 尺寸准确　　C. 快、准、好　　D. 速度快

37. 徒手画草图的比例是（　　）方法。

A. 目测　　B. 测量　　C. 查表　　D. 类比

38. 不使用量具和仪器，(　　）绘制图样称为徒手绘图。

A. 徒手目测　　B. 用计算机　　C. 复制粘贴　　D. 剪贴拼制

39. 徒手画直线时，先定出直线的两个端点，眼睛看着直线的（　　）画线。

A. 中点　　B. 起点　　C. 终点　　D. 两个端点

40. 徒手绘图所使用的铅笔的铅芯应磨成（　　）。

A. 圆锥形　　B. 圆柱形　　C. 矩形　　D. 扁形

41. 徒手绘图时，手指应握在距铅笔尖约（　　）mm 处，手腕和小指对纸面的压力不要太大。

A. 25　　B. 35　　C. 40　　D. 45

42. 绘制工程图正图时，常用工具是（　　）。

A. 直尺、圆规、钢笔　　B. 直尺、圆规、铅笔

C. 曲线板、直尺、圆珠笔　　D. 分规、椭圆板、描图笔

43. 在绘制正图时，加深的顺序是（　）。

A. 边加深图形边注写尺寸　　B. 先注写尺寸后加深图形

C. 先加深曲线后加深直线　　D. 两者不分先后

44. 草图就是目测估计图形与实物的比例，按一定的画法要求，（　）绘制的图。

A. 用计算机　　B. 徒手　　C. 用绘图仪器　　D. 用绘图模板

45. 在表达设计方案、确定布图方式时，往往先画出（　），以便进行具体讨论。

A. 正式图　　B. 草图　　C. 计算机图　　D. 三视图

46. 草图中的线条要求粗细分明，基本（　），方向正确。

A. 垂直　　B. 水平　　C. 圆　　D. 平直

47. 在生产中需根据现有零件，通过（　）比例画出零件草图。

A. 目测　　B. 测绘　　C. 计算　　D. 查表

48. 图纸的装订位置应在图纸的（　）。

A. 左上角　　B. 左下角　　C. 右上角　　D. 右下角

49. 图纸一般折叠成（　）规格后再装订。

A. A0 和 A1　　B. A1 和 A2　　C. A2 和 A3　　D. A3 和 A4

50. 无论哪种装订，都需将（　）露在外面。

A. 图形　　B. 技术要求　　C. 明细栏　　D. 标题栏

51. 无装订边的图纸的装订，是在图纸的左下角粘贴上（　）。

A. 图钉　　B. 胶布　　C. 装订胶带　　D. 硬纸板

52. 制图国家标准规定，图框格式分为（　）两种，但同一产品的图样只能采用一种格式。

A. 横装或竖装　　B. 有加长边和无加长边

C. 不留装订边和留装订边　　D. 粗实线和细实线

53. 凡是绘制了视图、编制了（　）的图纸称为图样。

A. 标题栏　　B. 技术要求　　C. 尺寸　　D. 图号

54. 按图样完成的方法和使用特点，图样分为（　）、底图、副底图、复印图、CAD 图。

A. 原图　　B. 初图　　C. 简图　　D. 草图

55.（　）应当作为主要的技术资料存档。

A. 草图　　B. 复制图　　C. 三视图　　D. 示意图

56. 产品是生产企业向用户或市场以商品形式提供的（　）。

A 合格品　　B. 处理品　　C. 半制成品　　D. 制成品

57. 同一产品、部件、零件的图样用数张图纸绘制时，各张图样标注（　）代号。

A. 同一　　B. 不同　　C. 顺序　　D. 主次

58. 隶属编号其代号由（　）和隶属号组成，中间以圆点或短横线隔开。

A. 产品代号　　B. 设计代号　　C. 装配代号　　D. 部门代号

59. 图样和文件的编号应与企业（　）管理分类编号要求相协调。

A. 档案　　B. 计算机辅助　　C. 决策部门　　D. 系统

60. 部件是由若干个部分组成的（　）。

A. 零件　　B. 成品　　C. 装配图　　D. 组合体

五、参考答案

题号	1	2	3	4	5	6	7	8	9	10
答案	D	C	A	C	B	A	C	A	B	D
题号	11	12	13	14	15	16	17	18	19	20
答案	A	C	B	B	D	A	A	C	A	C
题号	21	22	23	24	25	26	27	28	29	30
答案	B	D	A	C	A	A	C	C	C	C
题号	31	32	33	34	35	36	37	38	39	40
答案	D	D	A	B	A	C	A	A	D	A
题号	41	42	43	44	45	46	47	48	49	50
答案	B	B	C	B	B	D	A	B	D	D
题号	51	52	53	54	55	56	57	58	59	60
答案	C	C	B	A	B	A	A	A	A	B

第2章　三视图

本章知识点

1. 了解三视图的形成，掌握三视图间的投影规律和方位关系。
2. 能熟练地采用形体分析法绘制组合体三视图并进行尺寸标注，具有较强的视图图示能力和尺寸标注能力。
3. 熟练掌握识读组合体三视图的形体分析法和线面分析法，具有较强的空间想象力和组合体三视图的识读能力。

一、三视图知识

（一）投影法的知识

投射线通过物体，向选定的面投射，并在该面上得到图形的方法称为投影法。

如图2–1所示，设定平面P为投影面，不属于投影面的定点S为投射中心。过空间点A由投射中心S可引直线SA，SA为投射线。投射线SA与投影面P的交点a，称作空间点A在投影面P上的投影。同理，b是空间点B在投影面上的投影（空间点以大写字母表示，如A、B，其投影用相应的小写字母表示，如a、b）。

（二）投影法分类

1. **中心投影法**　投射线汇交于一点（投射中心）的投影法，称为中心投影法。所得的投影称为中心投影，如图2–1和图2–2所示。

2. **平行投影法**　投射线相互平行（将投射中心移至无限远处）的投影法，称为平行投影法。根据投射线与投影面的相对位置，平行投影法又分为以下两种。

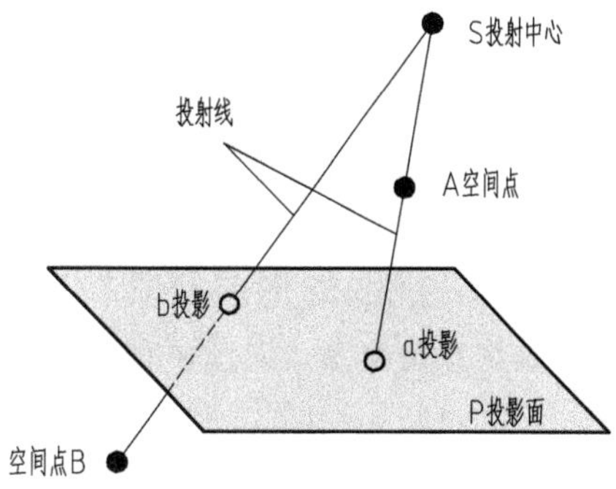

图2–1　投影法

（1）斜投影法。投射线倾斜于投影面。由斜投影法得到的投影，称为斜投影，如图2–3所示。

（2）正投影法。投射线垂直于投影面。由正投影法得到的投影，称为正投影，如图2–4所示。

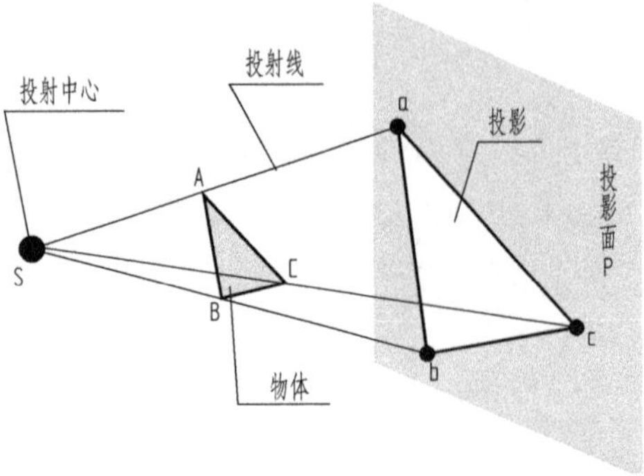

图 2-2　中心投影法

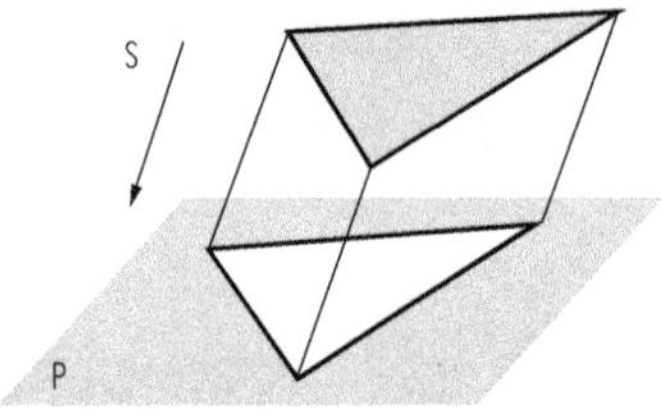

图 2-3　斜投影法

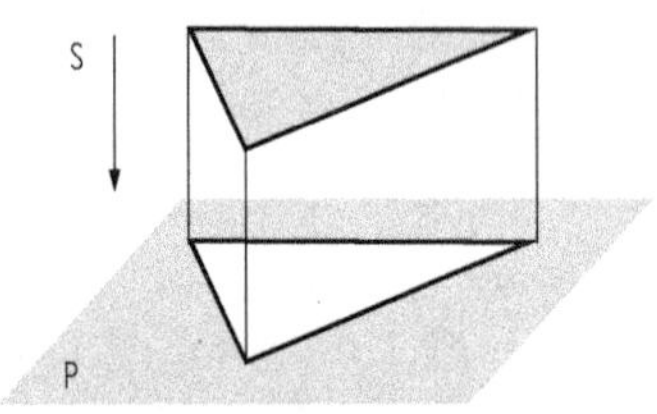

图 2-4　正投影法

在平行投影法中，投影大小与物体和投影面间距离无关，度量性好。绘制工程图样主要使用正投影法。本书中如不做说明，“投影”即指“正投影”。

3. **正投影法中平面和直线的投影特点**

空间平面或直线平行于投影面，其投影反映平面的实形或线段的实长——实形性，如图 2-5 所示。

空间平面或直线垂直于投影面，其平面的投影积聚为一直线，直线的投影积聚为一点——积聚性，如图 2-6 所示。

空间一平面或直线倾斜于投影面，平面的投影为空间图形的类似形，直线的投影为长度缩短的直线——类似性，如图 2-7 所示。

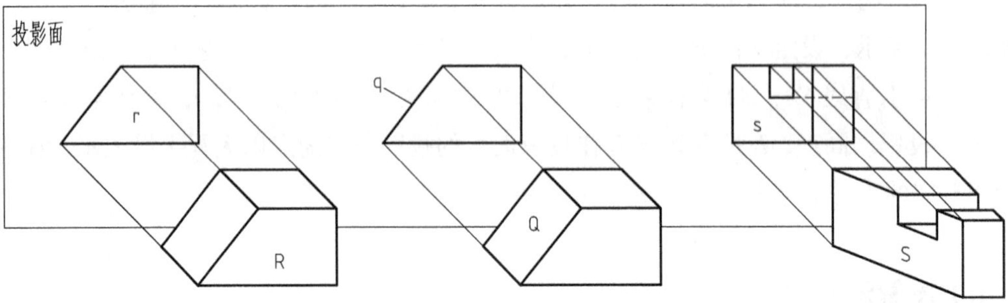

图 2-5　实形性　　图 2-6　积聚性　　图 2-7　类似性

（三）三视图的形成及其投影规律

1. **三投影面体系**　若将物体置于三个相互垂直的投影面内，从不同的方向向三个投影面进行投射。由这三个互相垂直的投影面构成的体系称为三投影面体系，如图 2-8 所示。

正对着观察者的正立投影面称为正面，用 *V* 标记（也称 *V* 面）；水平位置的投影面称为水平面，用 *H* 标记（也称 *H* 面）；右边的侧立投影面称为侧面，用 *W* 标记（也称 *W* 面）。

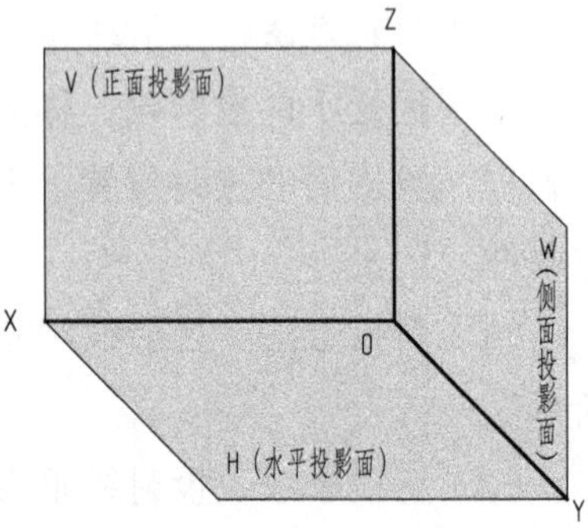

图 2-8　三投影面体系

投影面与投影面的交线称为投影轴，分别以 OX、OY、OZ 标记。

三根投影轴的交点 O 叫原点。

2. **三视图形成**　将物体放在三面投影体系内，分别向三个投影面投射，如图 2-9（a）所示。V 面保持不动，H 面向下绕 OX 轴旋转 90°，W 面向右绕 OZ 轴旋转 90°。得到物体的三视图：主视图（V 面上）、俯视图（H 面上）、左视图（W 面上），如图 2-9（b）所示。

为了简化作图，在三视图中不画投影面的边框线和投影轴，视图之间的距离可以根据具体情况确定，如图 2-9（c）所示。

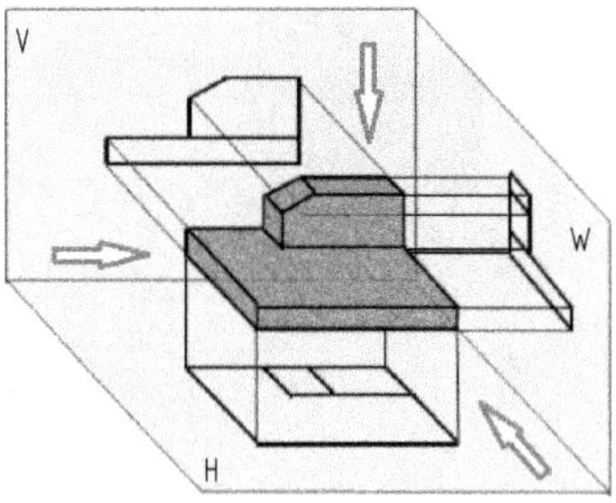

（a）

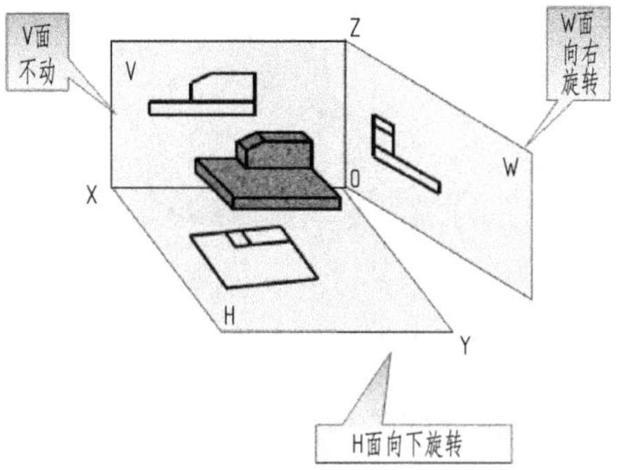

（b）

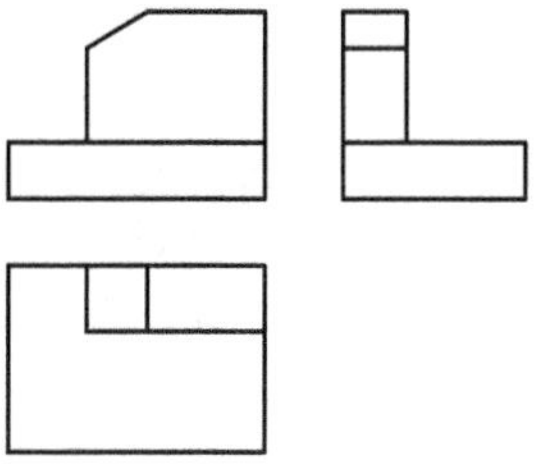

（c）

图 2-9　三视图形成

3. **三视图的投影关系**

（1）三视图之间的投影规律如图 2-10 所示。

主视图、俯视图长对正；主视图、左视图高平齐；俯视图、左视图宽相等。即“长对正，高平齐，宽相等”。它是画图或看图中要时刻遵循的规律，需要牢固掌握。

（2）三视图与物体方位的对应关系如图 2-11 所示。

主视图反映上、下、左、右；俯视图反映前、后、左、右；左视图反映上、下、前、后。

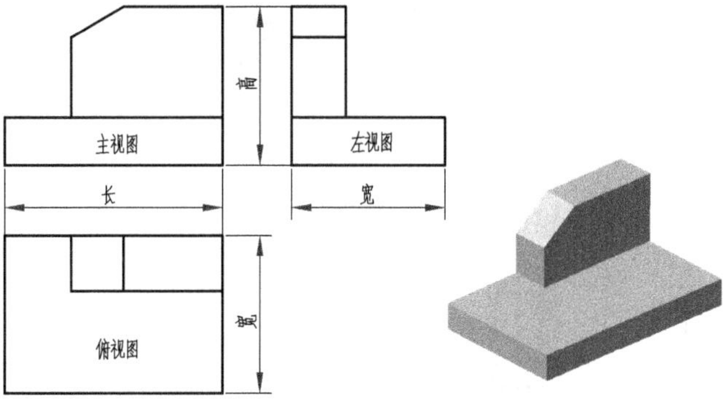

图 2-10　三视图的度量对应关系

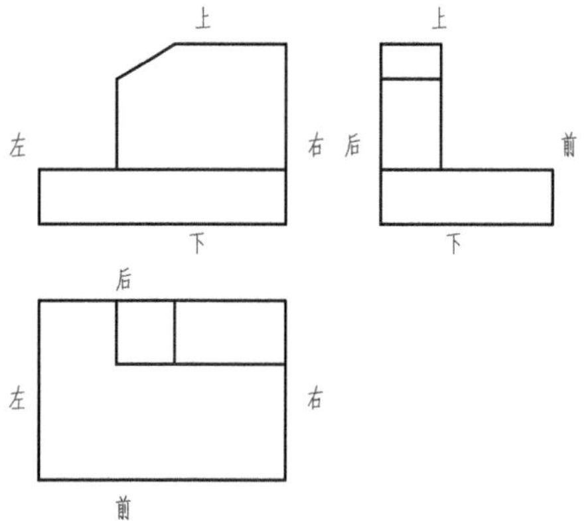

图 2-11　三视图与物体方位对应关系

注意：在俯视图、左视图中，靠近主视图一侧表示物体的后面，远离主视图一侧，则表示物体的前面。

二、组合体三视图的绘制与识读

（一）组合体的组成方式与表面连接关系

由两个或两个以上的基本体组成的复杂形体称为组合体。复杂形体都可以看成是由一些基本的形体按照一定的连接方式组合而成的。

1. **组合体的组成方式** 组合体的组成方式有切割和叠加两种方式。常见的组合体则是这两种方式的综合，如图 2-12 所示。

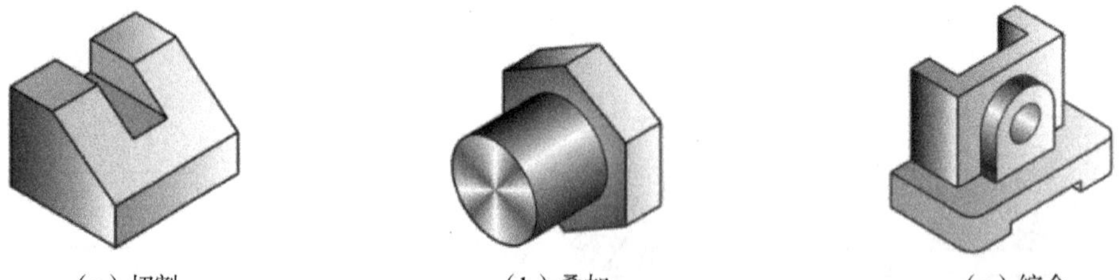

（a）切割 （b）叠加 （c）综合

图 2-12 组合体的组成方式

2. **表面连接关系** 无论以何种方式构成组合体，其基本体的相邻表面都存在一定的相互关系，这种关系一般分为平行、相切、相交等情况。

（1）平行。所谓平行是指两个基本体表面间同方向的相互关系。它又可以分为两种情况：当两个基本体的表面平齐时，两表面为共面，因此，视图上的两个基本体之间无分界线，如图 2-13 所示；而如果两基本体的表面不平齐，则必须画出它们的分界线，如图 2-14 所示。

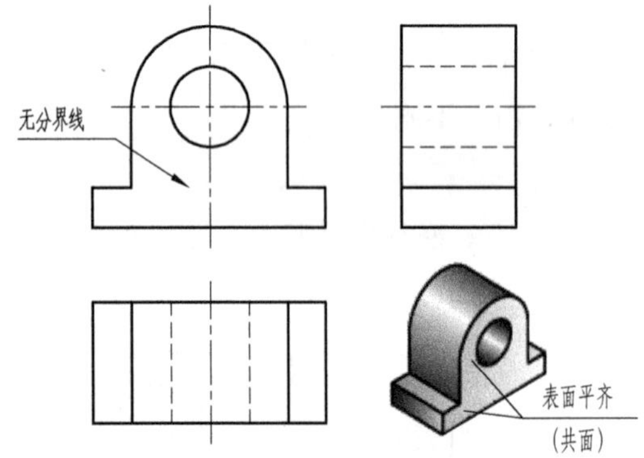

图 2-13 平齐

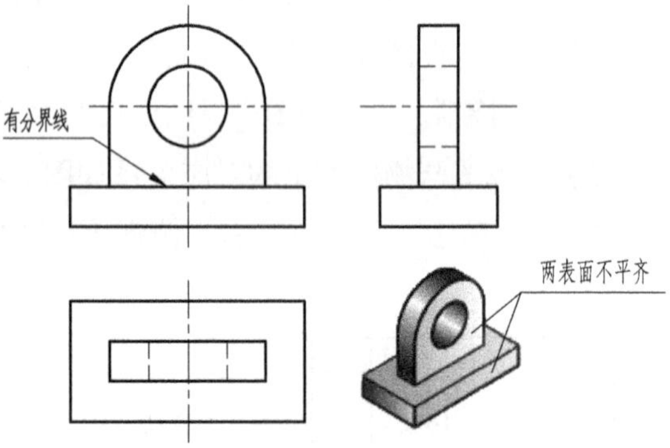

图 2-14 不平齐

（2）相切。两基本体的表面相切时，一般情况下相切处无交线，如图 2-15 所示。

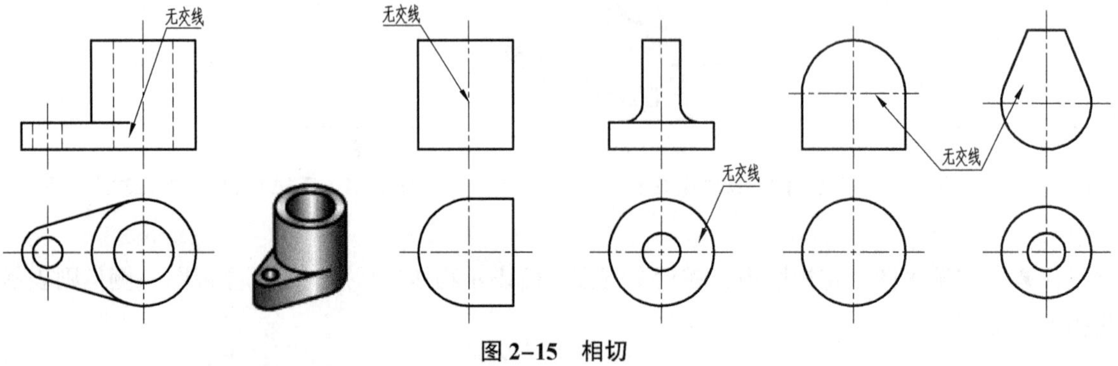

图 2-15 相切

（3）相交。两基本体的表面相交时，相交处应画出交线（截交线、相贯线），如图 2-16 所示。交线有平面与平面、平面与曲面、曲面与曲面相交等多种情况，将在第 3 章重点讨论。

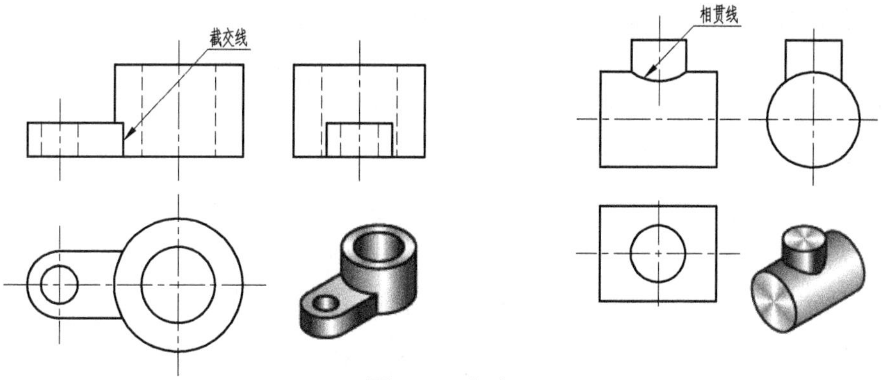

图 2-16　相交

3. **形体分析法**　形体分析法是解决组合体问题的基本方法。所谓形体分析法就是将组合体分解成若干部分，弄清楚各部分的形状、组合方式、相对位置及表面连接关系，分别画出各部分的投影，这种方法称为形体分析法。形体分析法是指导画图、读图和尺寸标注的基本方法。

（二）组合体三视图的绘制与尺寸标注

组合体的绘制与尺寸标注均建立在形体分析法的基础上。下面通过两个典型例题说明绘制组合体三视图的方法和步骤。

【例 2-1】　如图 2-17（a）所示叠加型组合体，绘制该组合体的三视图。

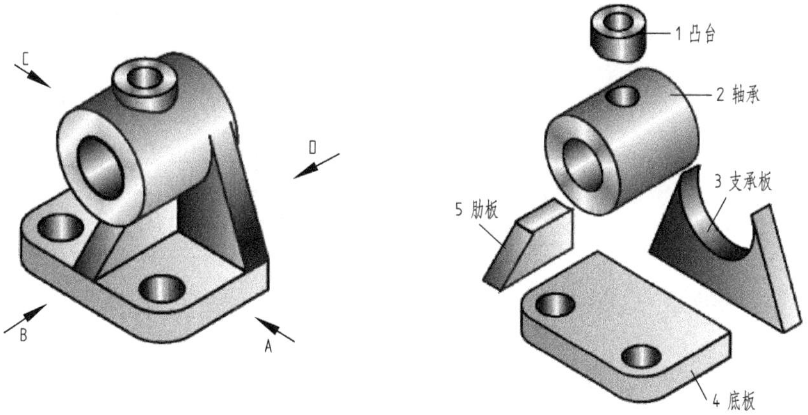

（a）叠加型组合体　　（b）形体分析

图 2-17　叠加型组合体的形体分析

形体分析

画图之前，首先应对组合体进行形体分析。如图 2-17（b）所示，该组合体由 1 凸台、2 轴承、3 支承板、4 底板及 5 肋板组成，为典型的叠加型组合体。表面连接关系：凸台与轴承是两个相互垂直相交的空心圆柱体，在外表面和内表面上都有相贯线；支承板、肋板和底板分别是不同形状的平板，支承板的左、右侧都与轴承的外圆柱面相切；肋板的左、右侧面与轴承的外圆柱面相交；支承板的后壁与底板的后壁平齐；底板的顶面与支承板、肋板的底面相互重合。

如图 2–17（a）所示，*B* 向投影组合体的主要表面或主要轴线放置在与投影面平行或垂直位置，并最能反映该组合体各部分形状特征和位置特征，故确定其为主视图方向。

作图

1. **作基准线** 通常选择在对称面、主要端面、主要轴线等处作基准线。图 2–18（a）中，根据各视图特征，确定以组合体轴线及后端面为画图基准线。

2. **画底稿** 依次画出各个基本体的三视图。画底稿时应注意以下三项。

（1）在画各基本体的视图时，应先画主要形体，后画次要形体，先画可见的部分，后画不可见的部分。如图 2–18 所示，先画轴承和底板，后画支承板和肋板。

（2）画每一基本体时，一般应该将三个视图对应着一起画。先画反映实形或有特征的视图，然后再根据“三等”关系画出另外两个视图［如图 2–18（b）中轴承先画主视图，凸台先画俯视图，支承板先画主视图等］。

（3）当画到两个形体相接时，要处理好邻接处的关系，尤其要注意必须按投影关系正确地画出平行、相切和相交处的投影，如图 2–18（d）中轴承与支承板相切，俯视图、左视图中支承板的前、后壁要画到切点位置，且不画切线的投影；又如图 2–18（e）所示，肋板与轴承相交，左视图上要画出交线的投影，画图易出错，漏线情况往往出现在这些部位。

（4）画底板上的圆角和圆柱孔，如图 2–18（f）所示。

3. **检查、加深** 检查底稿，改正错误，最后描深。

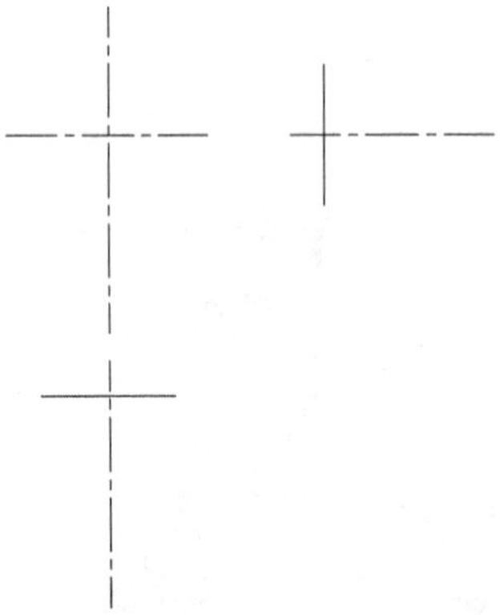

（a）画轴承的轴线及后端面定位线

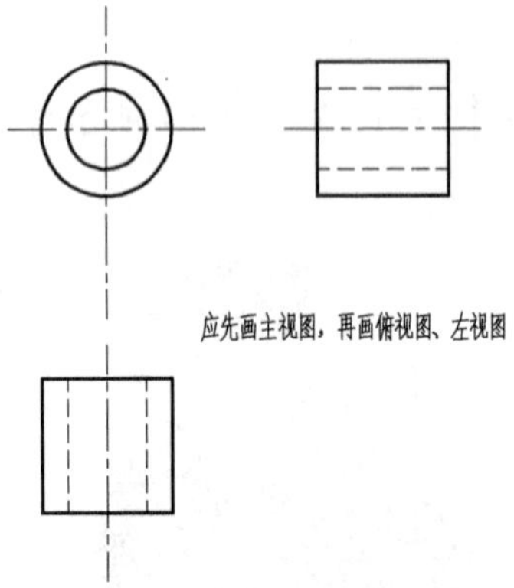

（b）画轴承的三视图

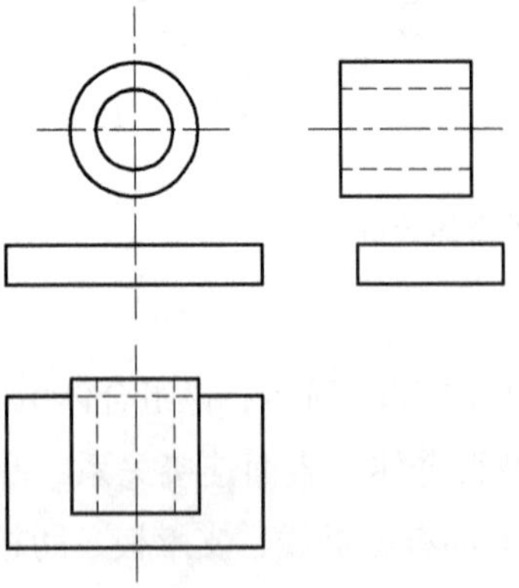

（c）画底板的三视图

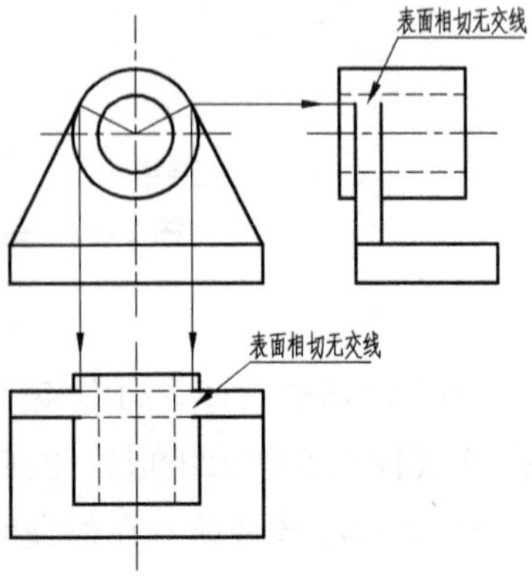

（d）画支承板的三视图

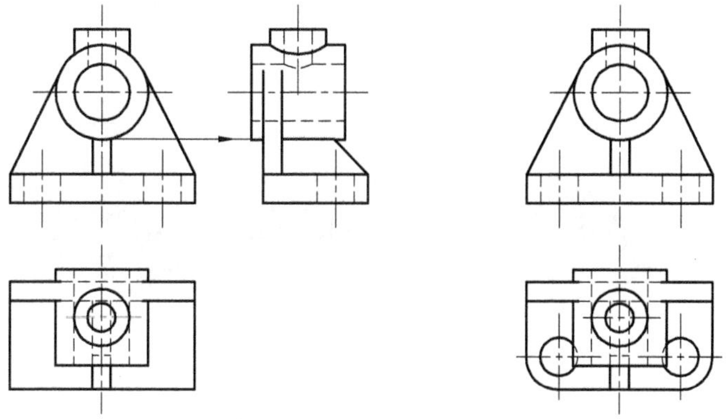

（e）画凸台和肋板的三视图　　（f）画底板上的圆角和圆柱孔

图 2-18　叠加型组合体三视图的作图步骤

【例 2-2】 如图 2-19（a）所示切割型组合体，绘制该组合体的三视图。

分析

画切割型组合体三视图的步骤与画叠加型组合体的基本相同，首先进行形体分析，其形成如图 2-19（b）所示。

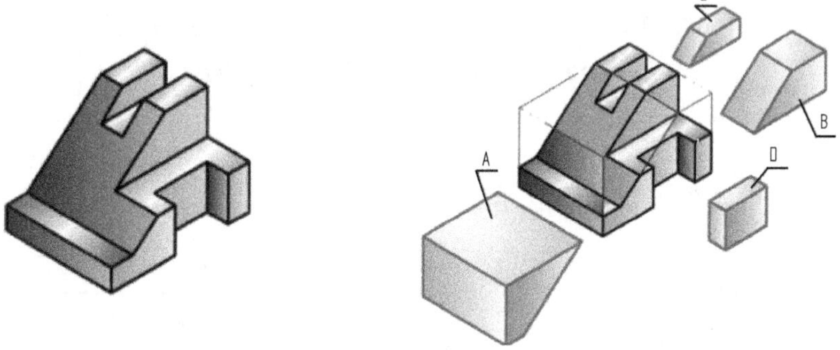

（a）立体图　　（b）组合体形体分析

图 2-19　切割型组合体

作图

作图是由一个简单的投影开始，按切割的顺序逐次画完全图。该切割型组合体的画图步骤如图 2-20 所示。注意作图时应先画出切割面有积聚性的投影，再根据切割面与立体表面相交的情况画出其他视图。

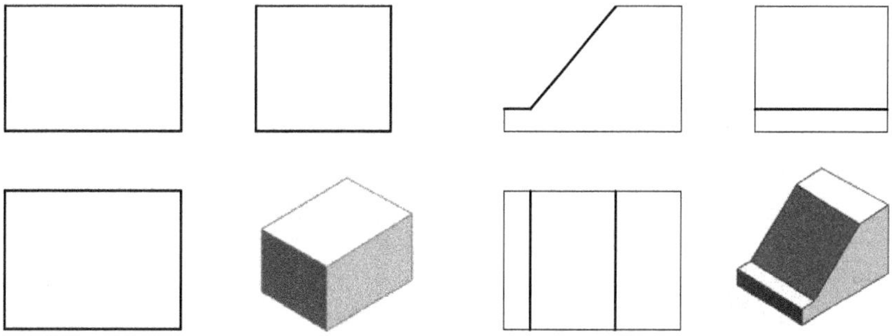

（a）画出基本体四棱柱　　（b）画切去形体 A 后的投影

图 2-20

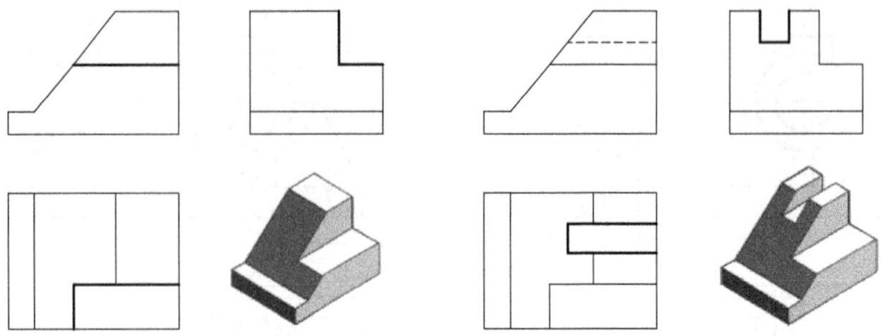

（c）画切去形体 B 后的投影　　（d）画切去形体 C 后的投影

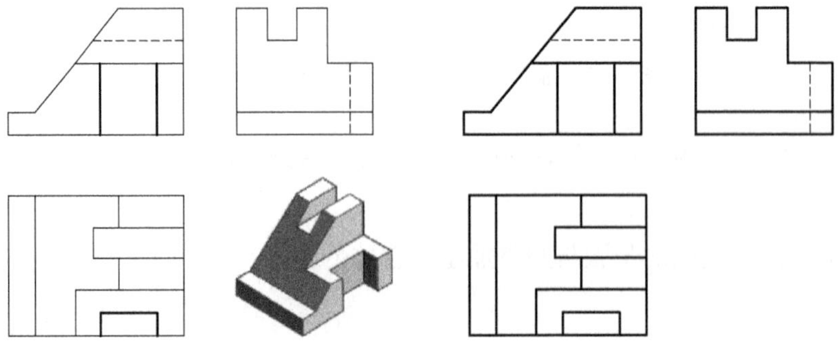

（e）画切去形体 D 后的投影　　（f）检查、加深、完成全图

图 2–20　切割型组合体三视图的作图步骤

【例 2–3】 分析如图 2–21 所示组合体的三视图，并进行尺寸标注。

组合体尺寸标注的基本要求是正确、齐全和清晰。正确即标注形式符合国家标注；齐全为尺寸不多余、不遗漏；清晰为突出特征、相对集中、布局合理。若要做到齐全和清晰，必须遵循形体分析法，依照画图顺序进行标注。本题的尺寸标注方法和步骤如图 2–22 所示。

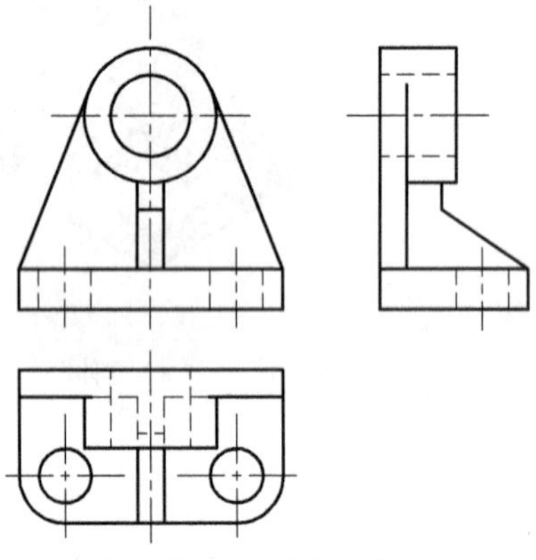

图 2–21　组合体三视图

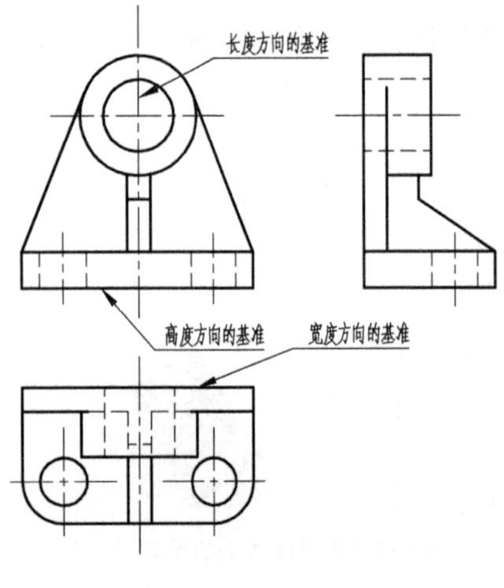

（a）确定尺寸基准

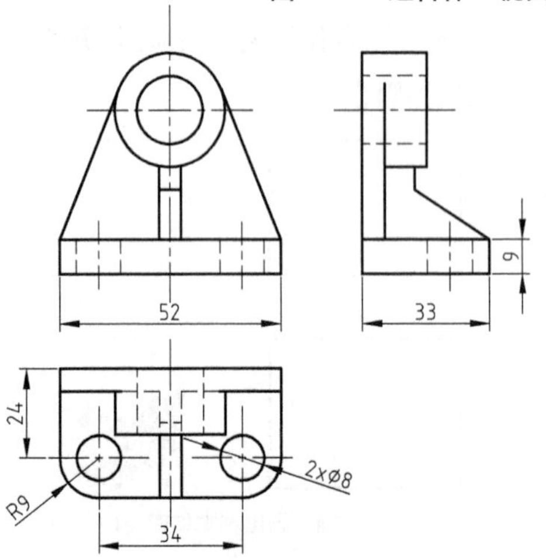

（b）标注底板定形、定位尺寸

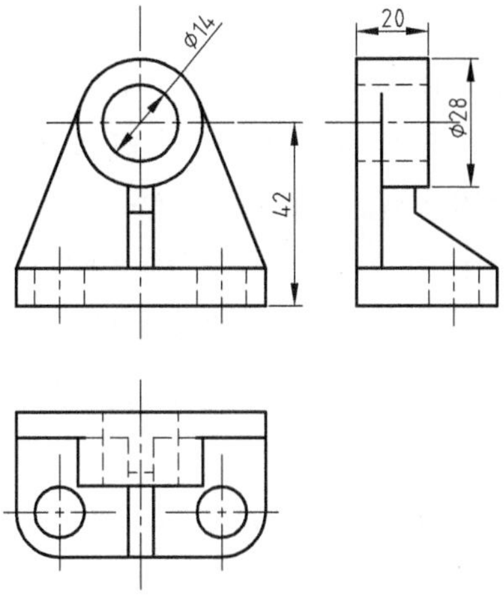

（c）标注轴承定形、定位尺寸

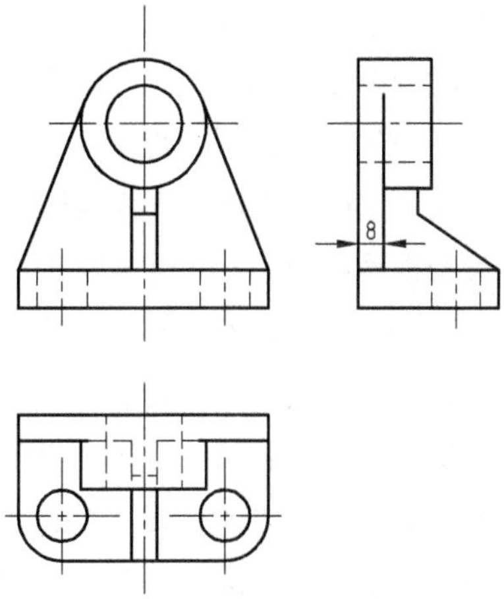

（d）标注支承板定形尺寸

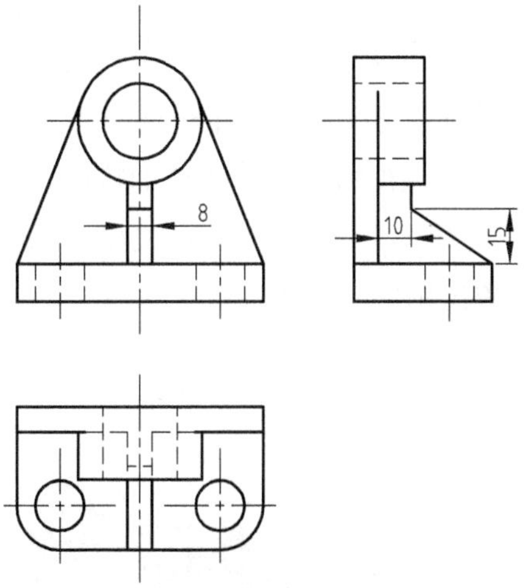

（e）标注肋板定形、定位尺寸

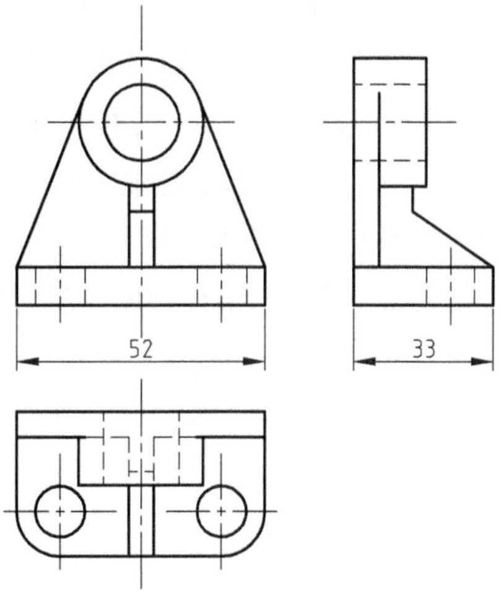

（f）标注组合体总体尺寸

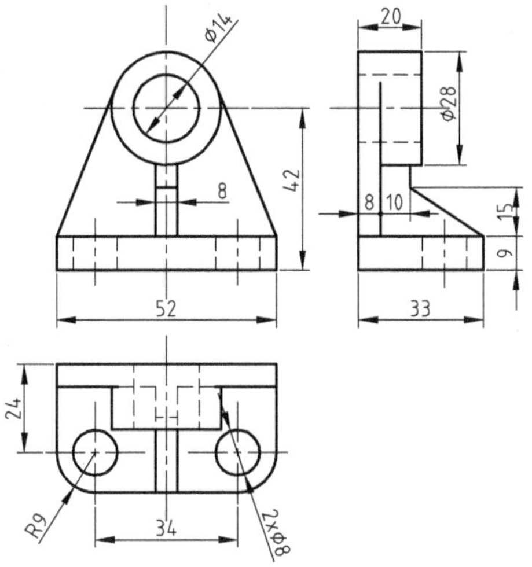

（g）标注完成

图 2–22　叠加型组合体的尺寸标注

（三）组合体三视图的识读

组合体的画图是将物体用正投影方法表达在平面上；读图则是根据已经画出的视图，通过形体分析和线面的投影分析，想象出物体的结构形状。画图与读图是相辅相成的，读图是画图的逆过程。为了正确、迅速地读懂视图，必须掌握读图的基本要领和基本方法。

1. 读图的基本要领

（1）明确视图中的图线和线框的含义。视图中的每一条图线可以是曲面的转向轮廓线的投影，也可以是两表面的交线的投影，还可以是面的积聚性投影；视图中每个封闭线框，可以是物体上不同位置平面或曲面的投影，也可以是孔的投影。

（2）几个视图联系起来读图。物体的形状一般是通过几个视图来表达的，每个视图只能反映机件一个方向的形状，因此，仅由一个或两个视图往往不能唯一表达物体的形状。读图时一般应以主视图为中心，将几个视图联系起来阅读、分析和构思，才能弄清物体的形状。

（3）要善于抓特征视图。把物体的形状特征及相对位置反映得最充分的那个视图，称为特征视图。通常主视图能较多地反映组合体整体的形状特征。这里应注意，物体上的每一组成部分的特征，并非总是全部集中在主视图上，如图 2–23 所示支架是由四个形体叠加构成的，主视图反映物体 A、B 的特征，俯视图反映物体 D 的特征，左视图反映物体 C 的特征。所以在读图时，要抓住反映特征较多的视图。无论哪个视图，只要形状、特征有明显之处，就应从该视图入手进行分析，再配合其他视图，就能比较快地想象出物体的形状。

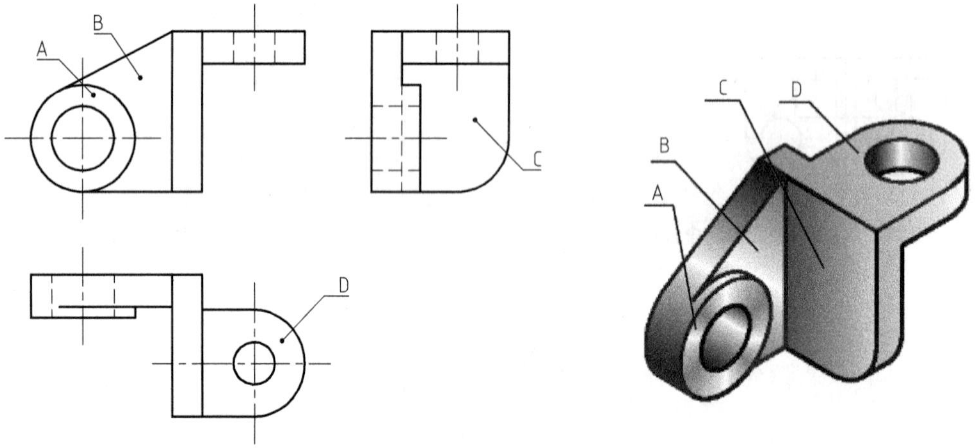

图 2–23　支架

2. 读图的基本方法

（1）形体分析法。其主要用于叠加型组合体。以图 2–24 所示轴承座为例，说明用形体分析法读图的方法步骤。

①看视图，分线框。如图 2–24（a）所示，从主视图入手，将主视图分成四个线框。

②对投影，定形体。如图 2–24（b）、（c）、（d）所示，根据投影规律，找出各线框其他两面的投影，并确定其形状。

③综合起来想整体。如图 2–24（e）、（f）所示，根据视图分析各形体（或简单立体）的相对位置和表面关系，综合起来想整体。

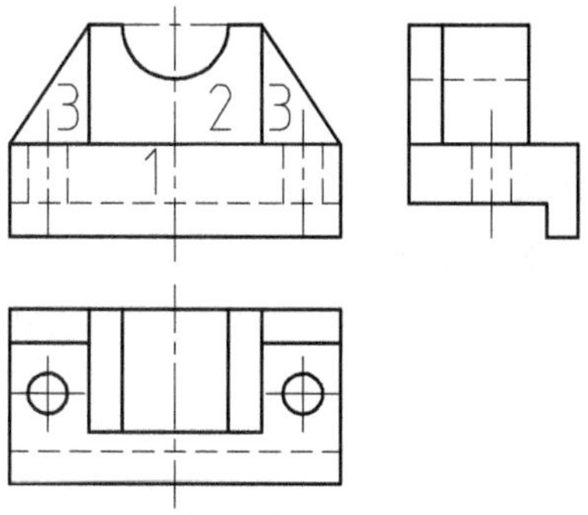

（a）看视图，分线框

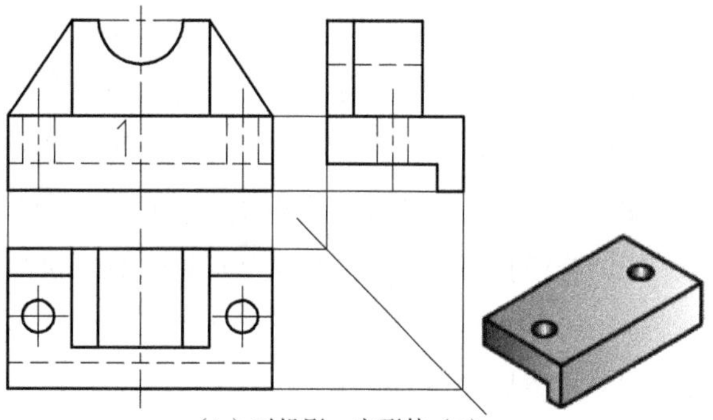

（b）对投影，定形体（Ⅰ）

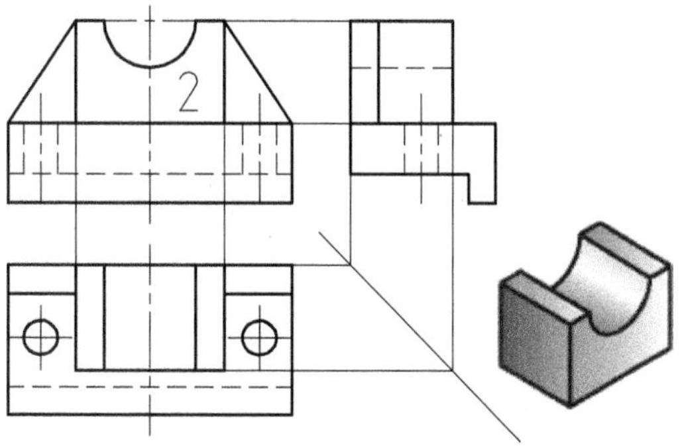

（c）对投影，定形体（Ⅱ）

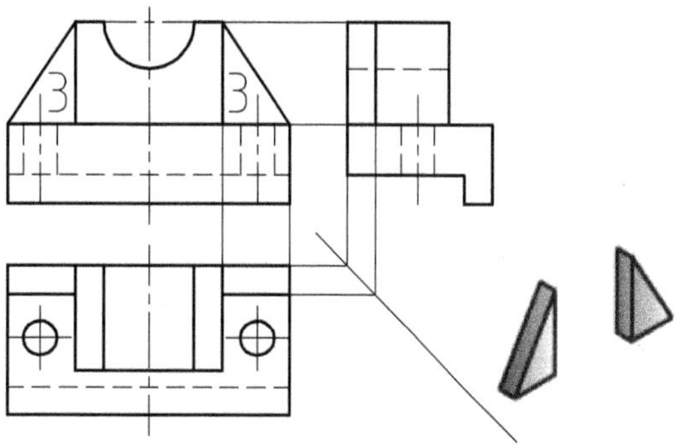

（d）对投影，定形体（Ⅲ）

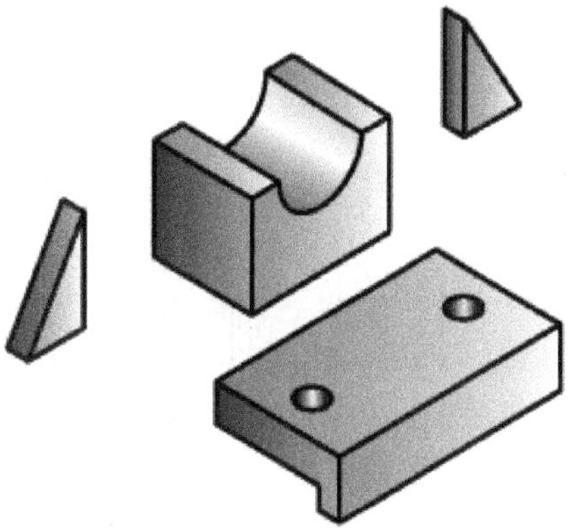

（e）各形体相对位置

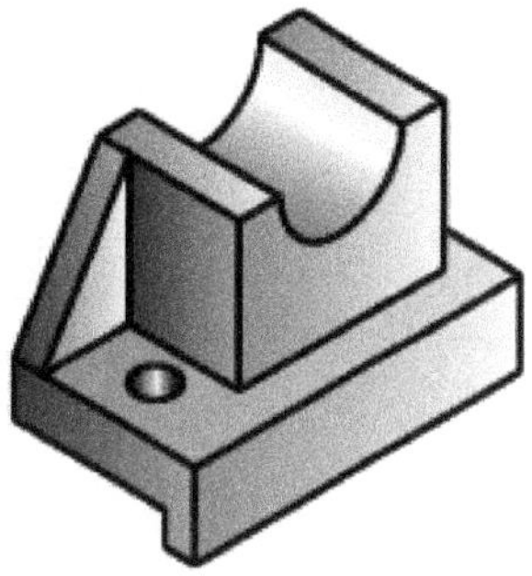

（f）整体形状

图 2–24　轴承座的读图步骤

（2）线面分析法。其主要用于切割型组合体。以图 2–25 所示压块为例，说明用线面分析法读图的方法步骤。

①确定物体的整体形状——形体分析。由图 2–25（a）可以看出，压块三视图的外形轮廓基本上都是有缺角或缺口的矩形，所以可以设想该压块是由中间带一个阶梯圆柱孔的长方体切割而成的。

②确定切割面的位置和面的形状——线面分析。

从压块的外表看［图 2–25（a）］，主视图左上方的缺角是用正垂面切出来的；俯视图左端的前后缺角分别是用两个铅垂面切出来的；左视图下方前、后的缺角，则分别是用正平面和水平面切出来的。可见，压块的外形是一个长方体被几个特殊位置平面切割后形成的。在明确被切面的空间位置后，再根据平面的投影特性分清各切面的几何形状。

当被切面为“垂直面”时，应从该平面投影积聚成直线的视图出发，在其他两视图上找出对应的线框——边数相等的类似形。由图 2–25（b）可知，主视图中的斜线 a'，在俯视图中可以找出与其对应的梯形线框 a，则左视图中对应的投影也一定是梯形线框 a''，根据平面的投影特性可知，A 面是一个正垂面。由图 2–25（c）可知，俯视图中的斜线 b，在主视图、左视图上找出与它对应的投影——七边形 b'、b''，显然，B 面为一铅垂面。

当被切面为“水平面”时，一般应从该平面投影积聚成直线的视图出发，再在其他两视图上找出对应的投影——线段和一平面图形（反映该平面实形）。由图 2–25（d）可知，左视

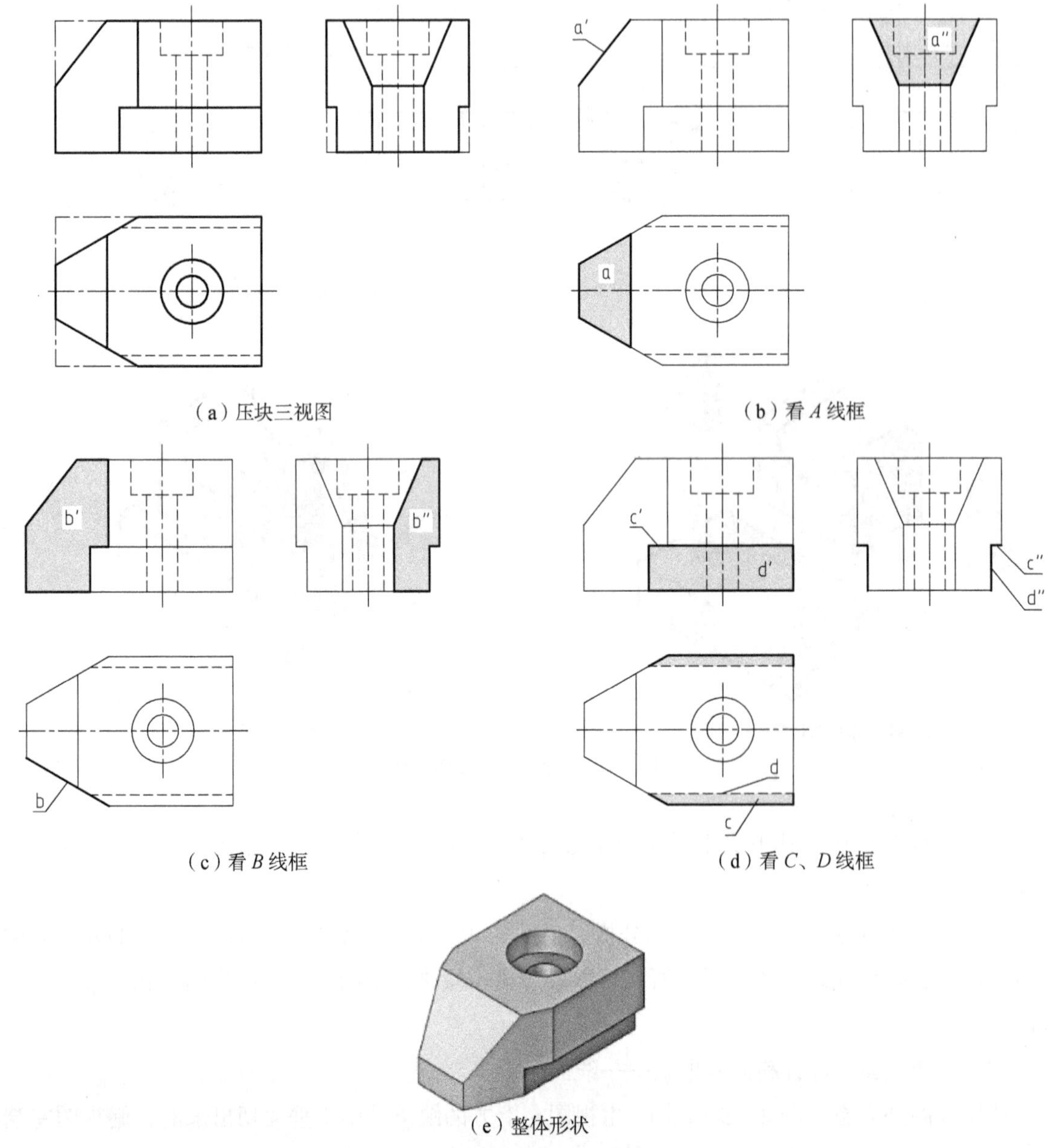

图 2–25　压块的读图步骤

图中直线 c''，找出 C 面的正面投影 c'（一线段，图中粗实线）和水平投影 c（反映实形的梯形线框，为不可见），可知 C 面是水平面。由图 2–25（d）可知，左视图中直线 d''，找出 D 面的正面投影 d'（反映实形的矩形线框）和水平投影 d（一线段，图中虚线），可知 D 面是正平面。

③综合想象其整体形状。在看懂压块各切割面的空间位置和切割出的平面形状后，还必须根据视图分析面与面之间的相对位置，进而综合想象出压块的整体形状，其轴测图如图 2–25（e）所示。

读组合体的视图常常是两种方法并用，以形体分析法为主，线面分析法为辅。根据物体的两个视图补画第三面视图，也是培养读图和画图能力的一种有效手段。

三、三视图的考核方式

三视图知识是画图和看图的基础，各级制图员都要具备熟练绘制三视图和看懂三视图的能力。三视图知识是以根据已知两视图补画第三视图，或补画视图中漏线的方式进行考核。

四、练习题

1. 题 2–1~ 题 2–10，补画俯视图。

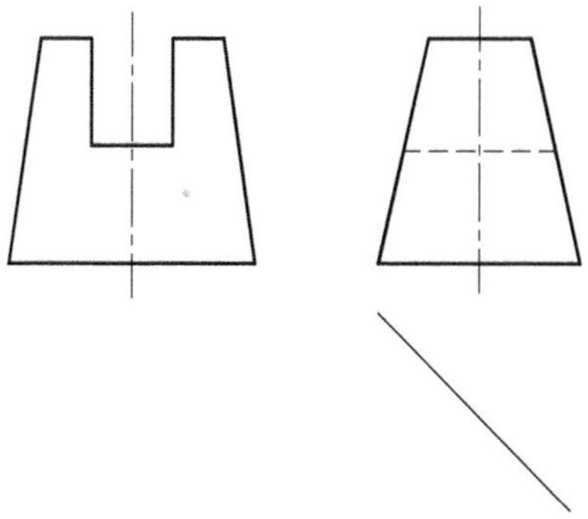

题 2–1 图

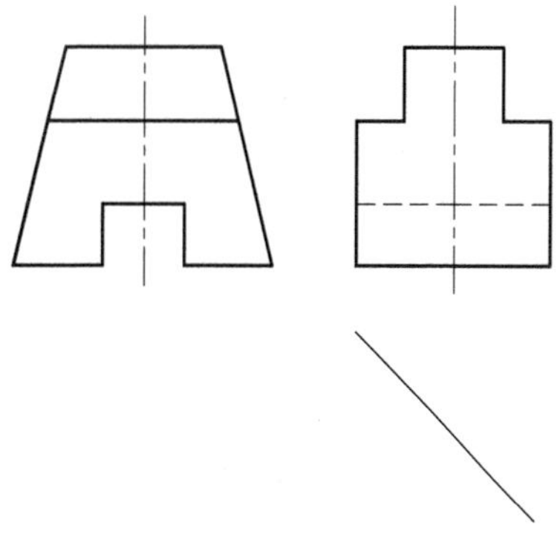

题 2–2 图

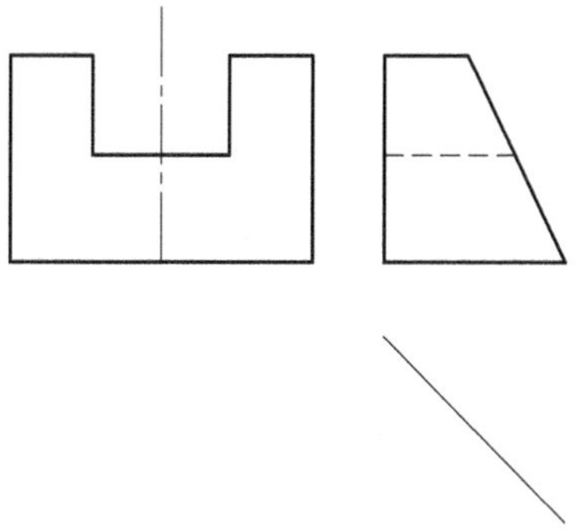

题 2–3 图

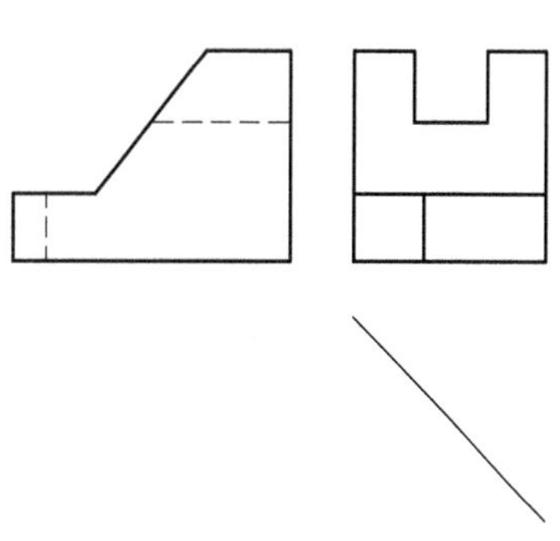

题 2–4 图

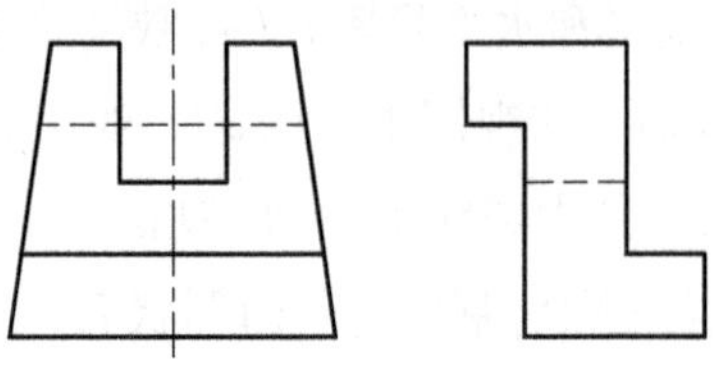

题 2–5 图

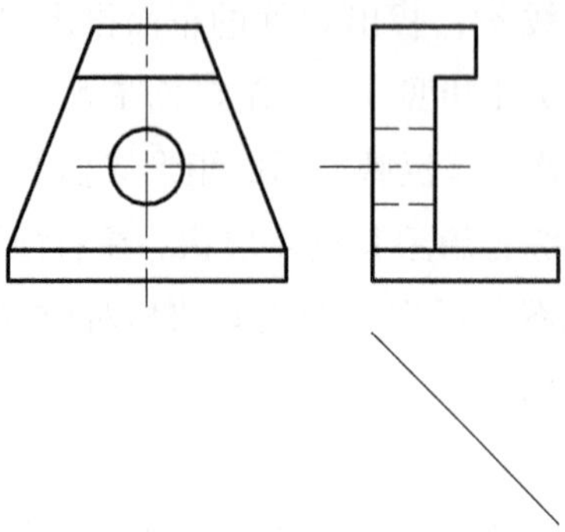

题 2–6 图

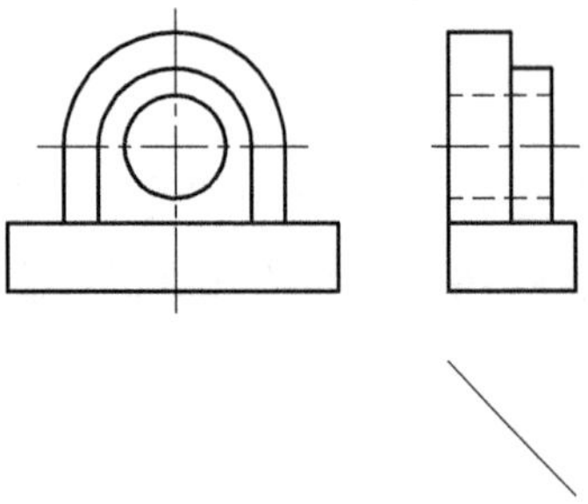

题 2–7 图

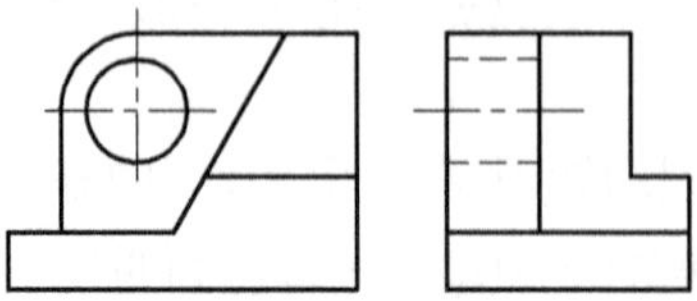

题 2–8 图

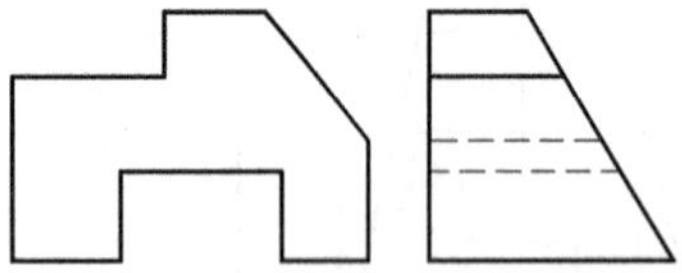

题 2–9 图

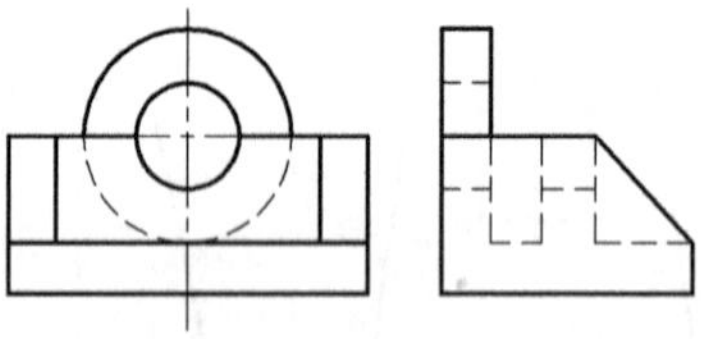

题 2–10 图

2. 题 2–11~ 题 2–14，根据叠加型和切割型组合体绘制三视图并标注尺寸（尺寸从轴测图中 1∶1 量取，取整数）。

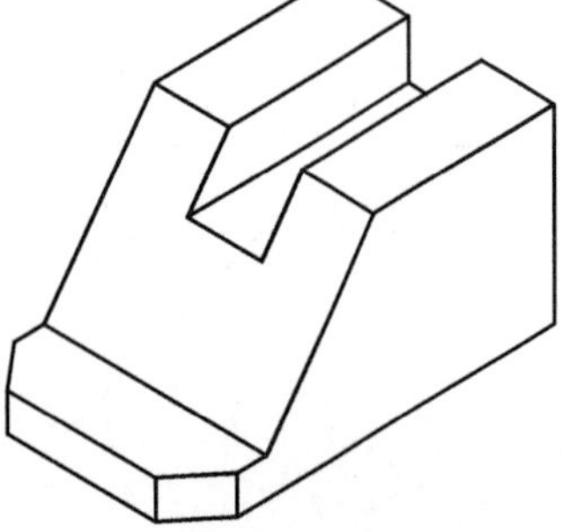

题 2–11 图

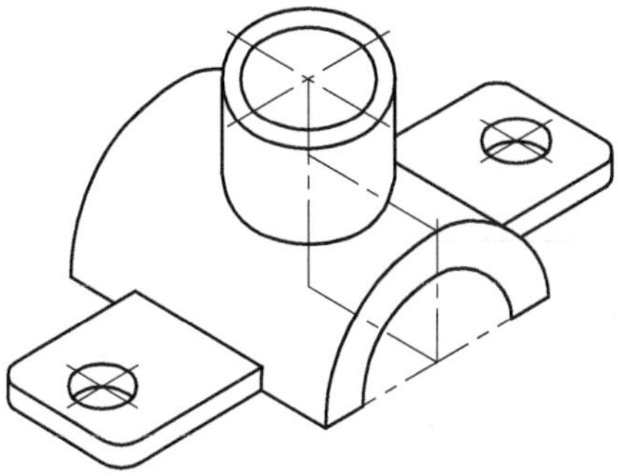

题 2-12 图

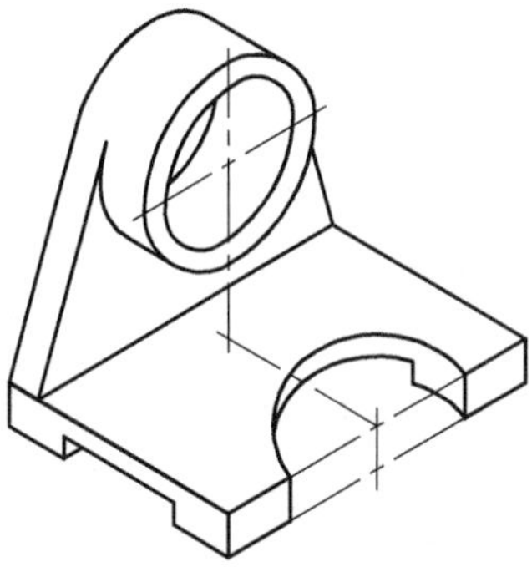

题 2-13 图

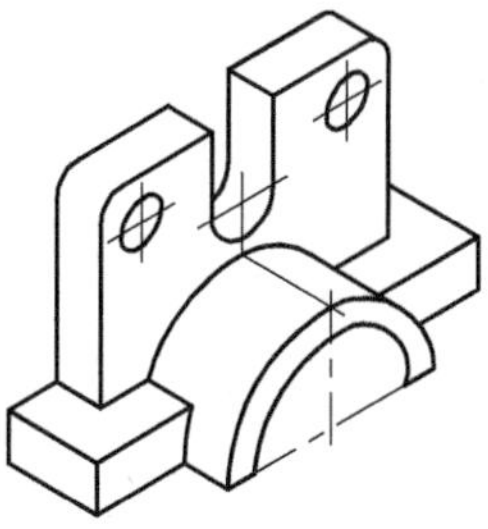

题 2-14 图

3. 题 2-15~ 题 2-22，补画左视图。

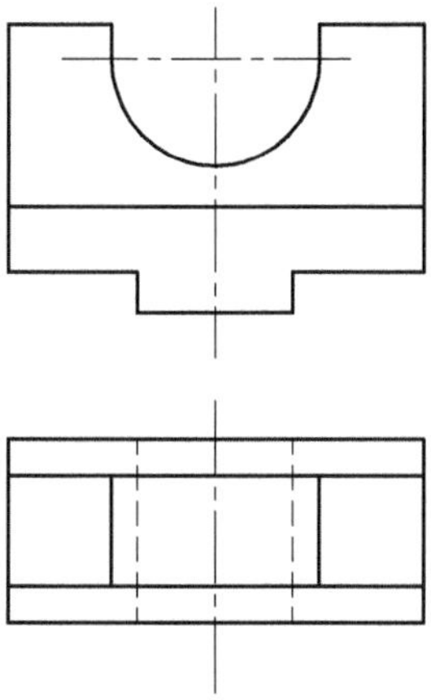

题 2-15 图

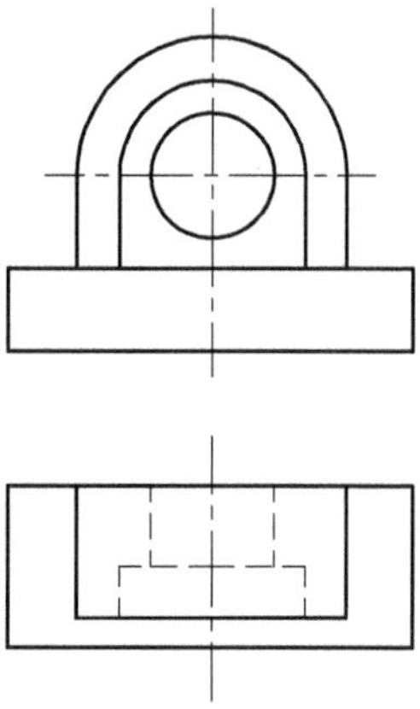

题 2-16 图

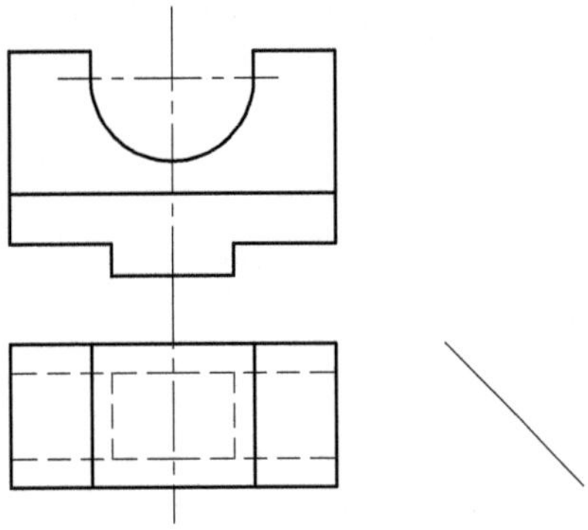

题 2-17 图

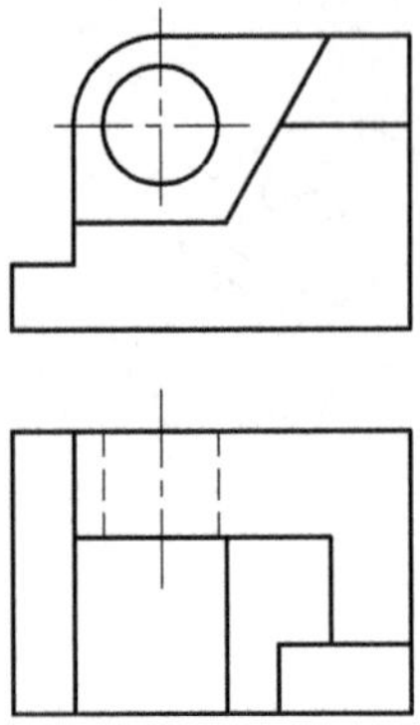

题 2-18 图

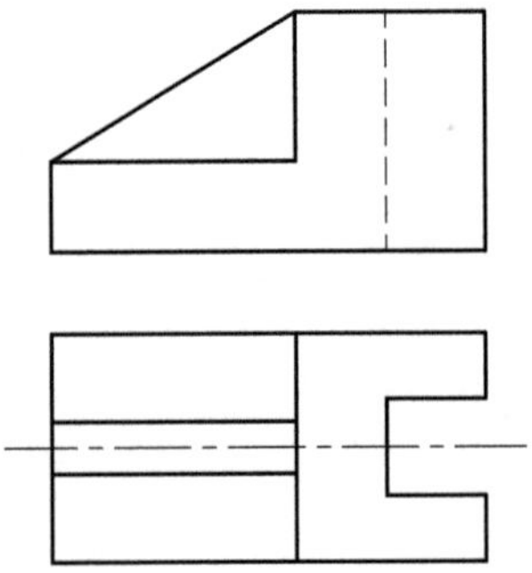

题 2-19 图

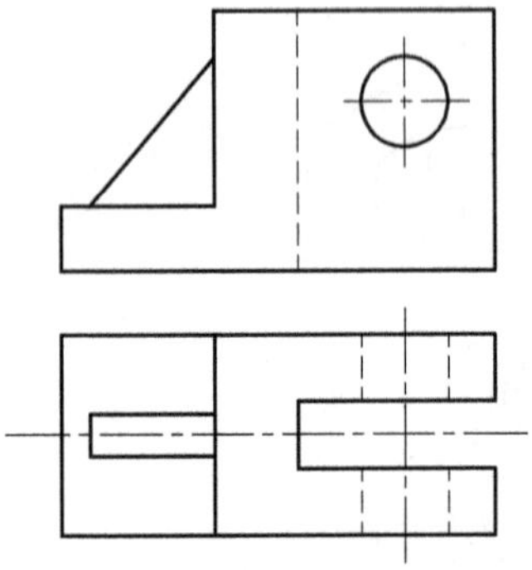

题 2-20 图

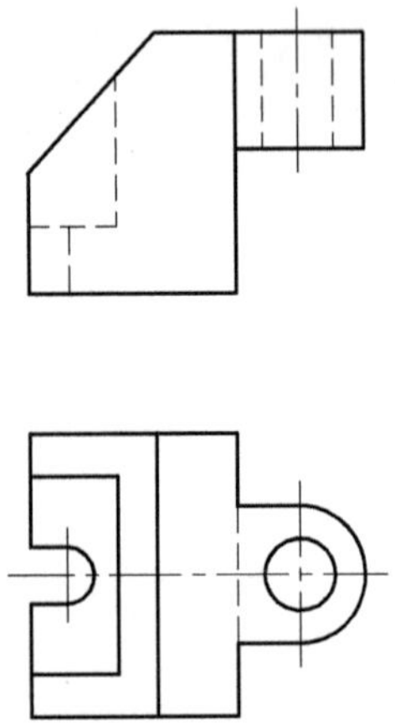

题 2-21 图

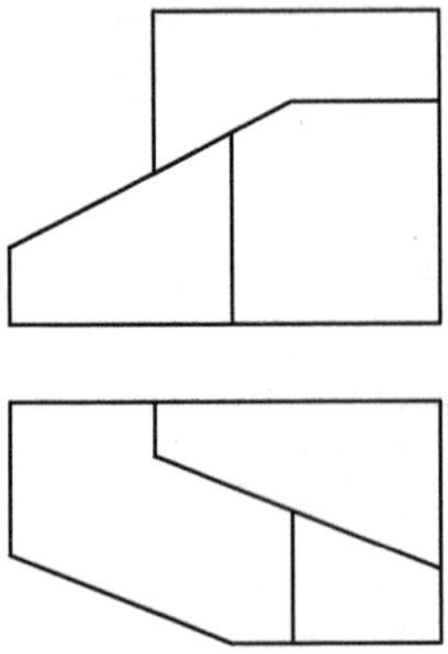

题 2-22 图

五、参考答案

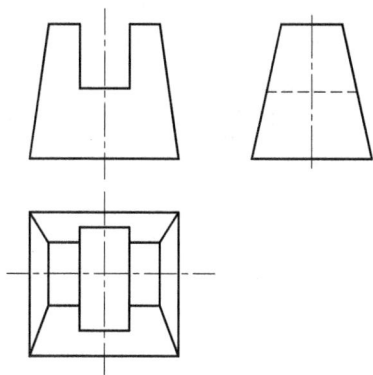

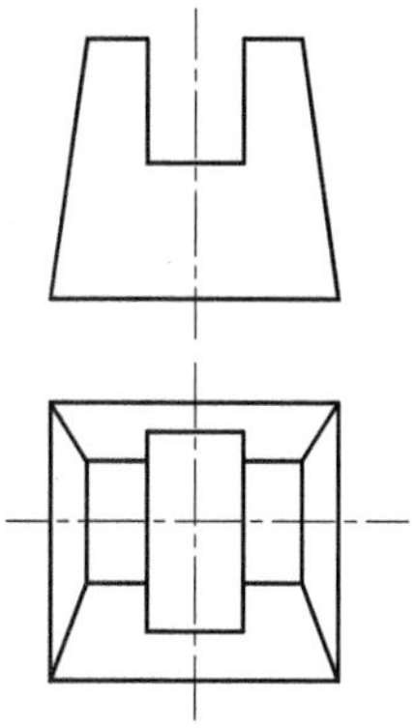

题 2-1

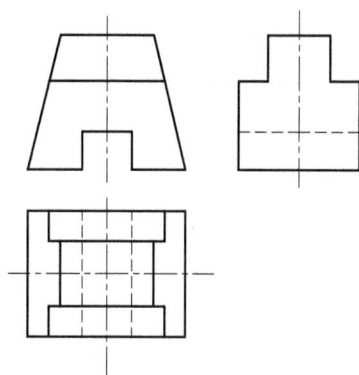

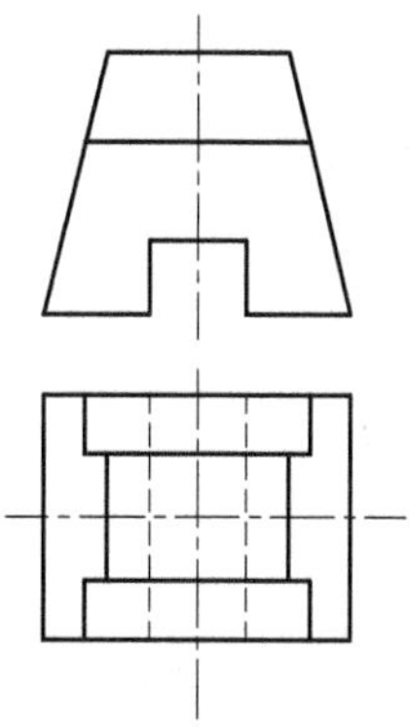

题 2-2

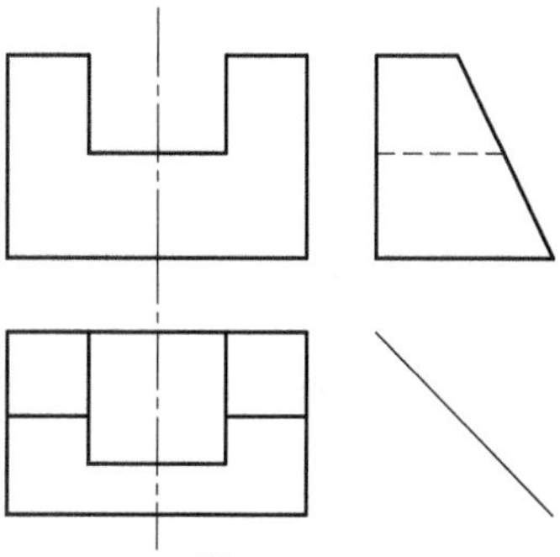

题 2-3

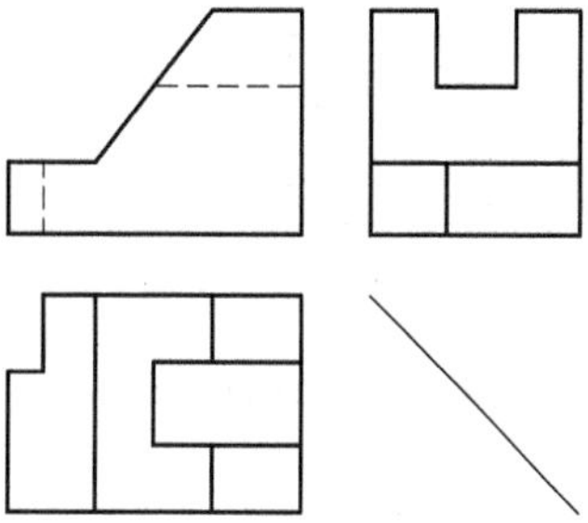

题 2-4

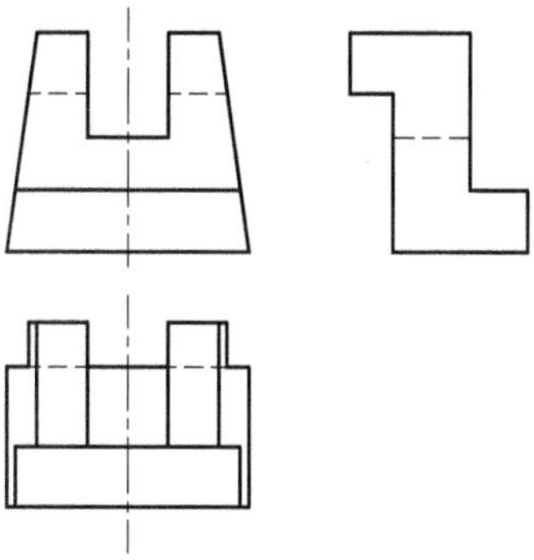

题 2-5

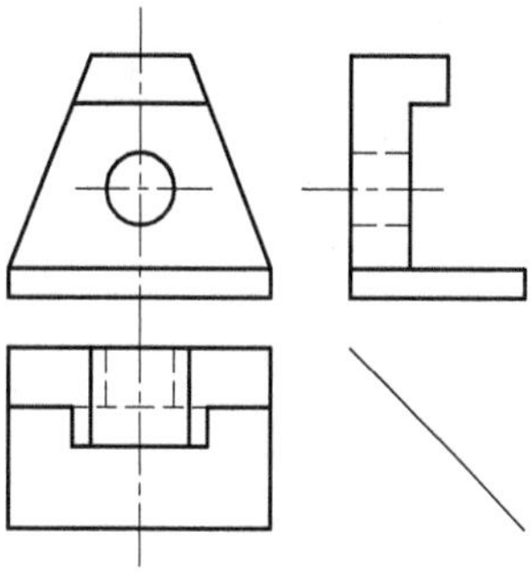

题 2-6

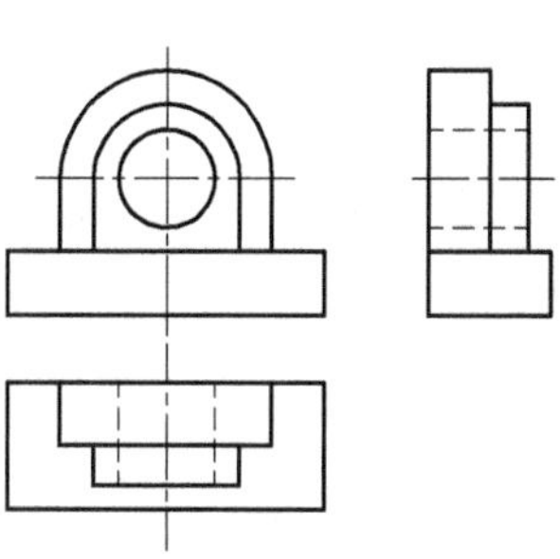

题 2-7

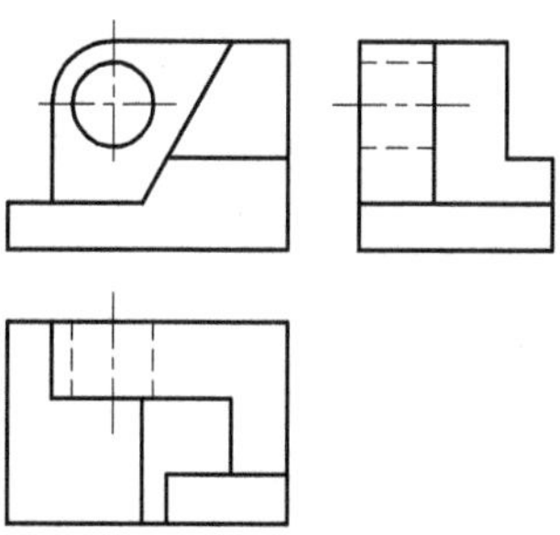

题 2-8

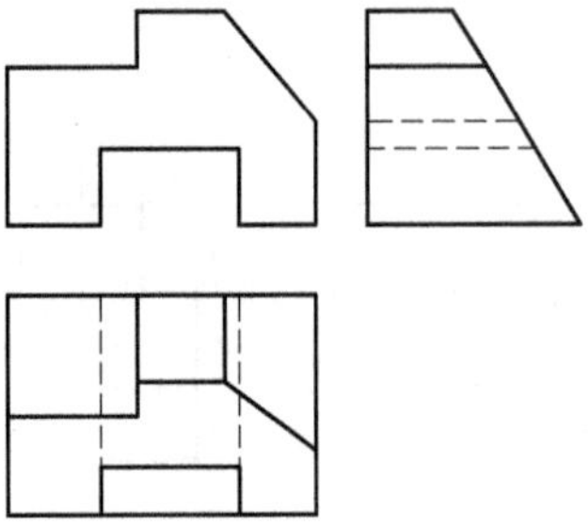

题 2-9

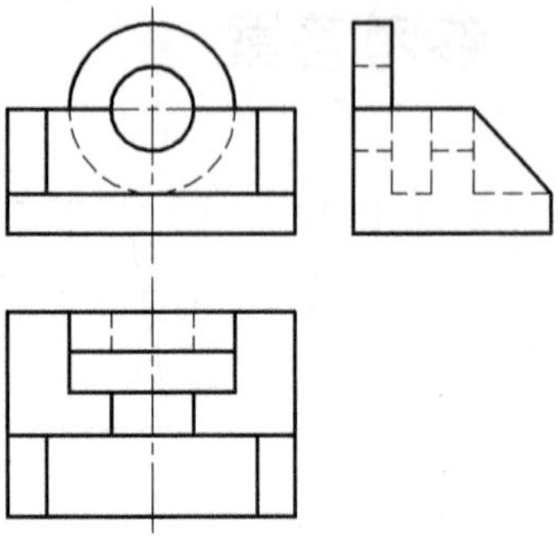

题 2-10

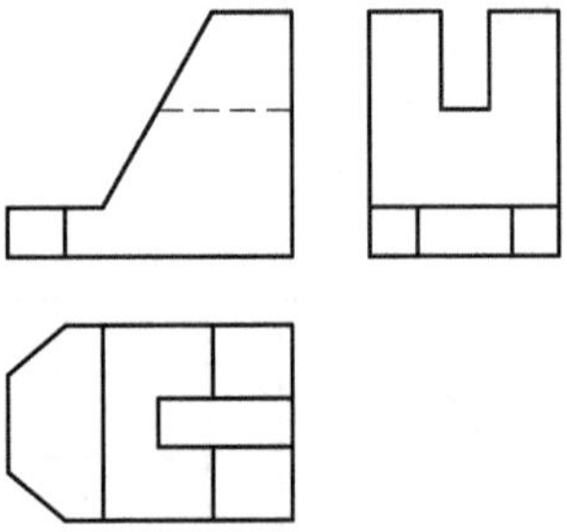

题 2-11

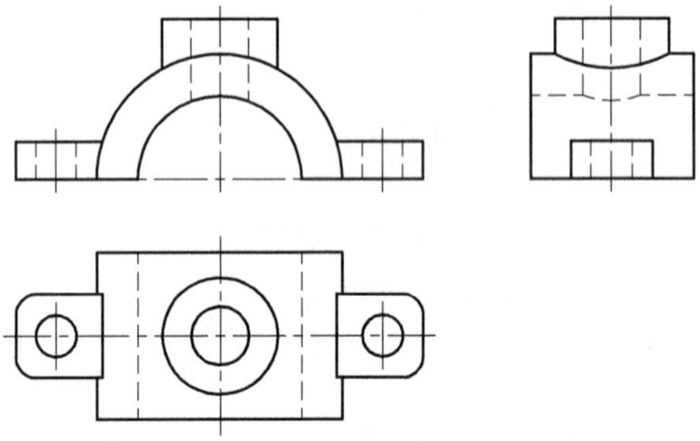

题 2-12

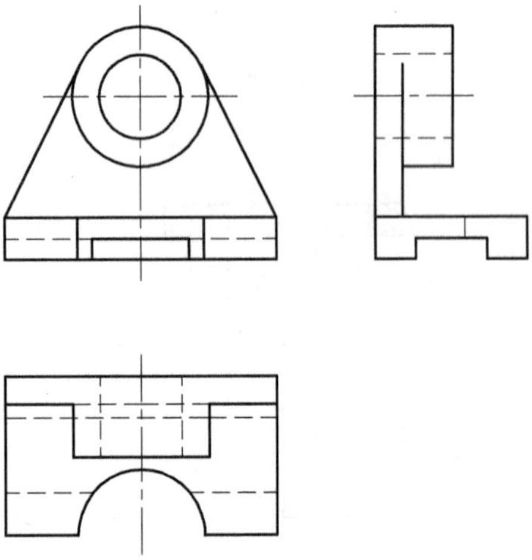

题 2-13

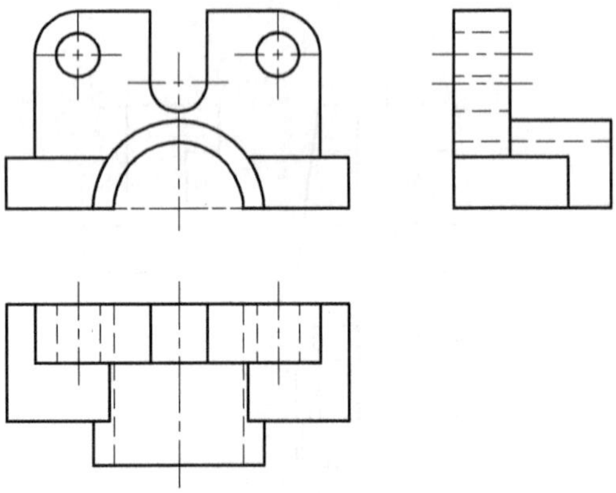

题 2-14

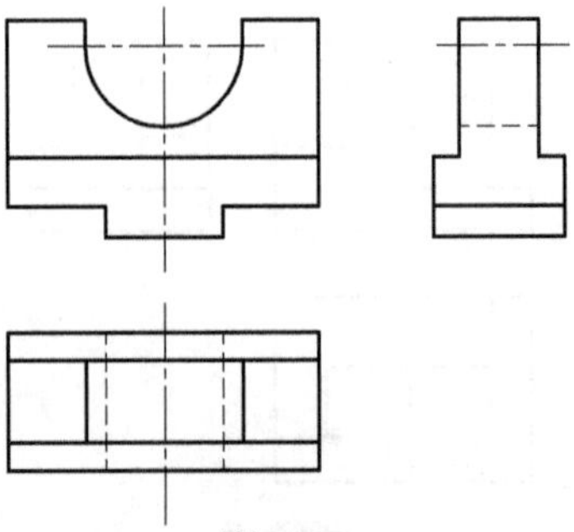

题 2-15

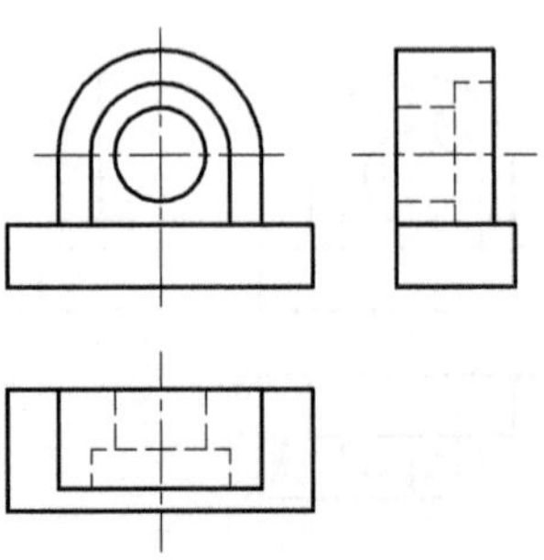

题 2-16

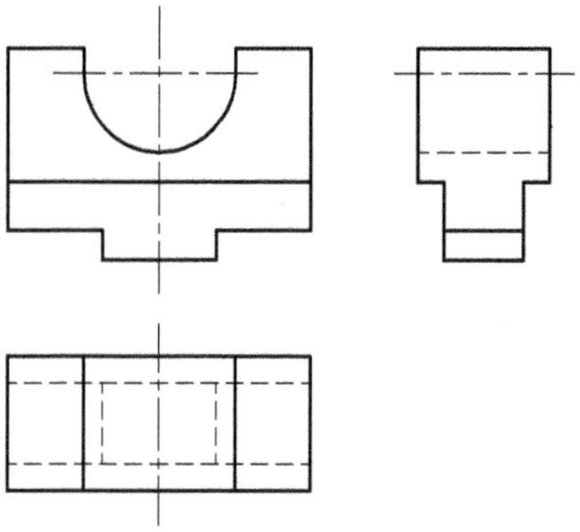

题 2–17

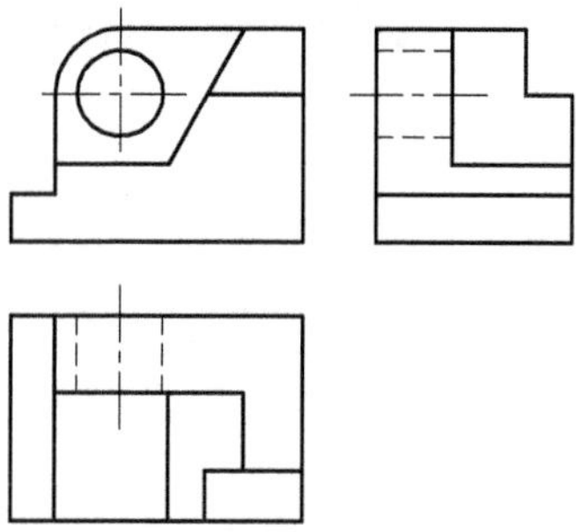

题 2–18

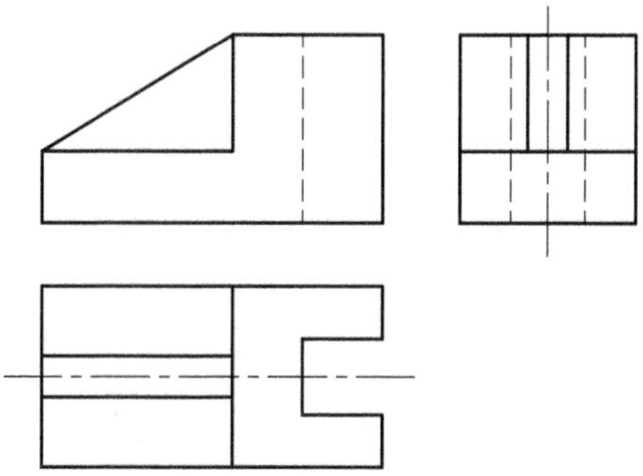

题 2–19

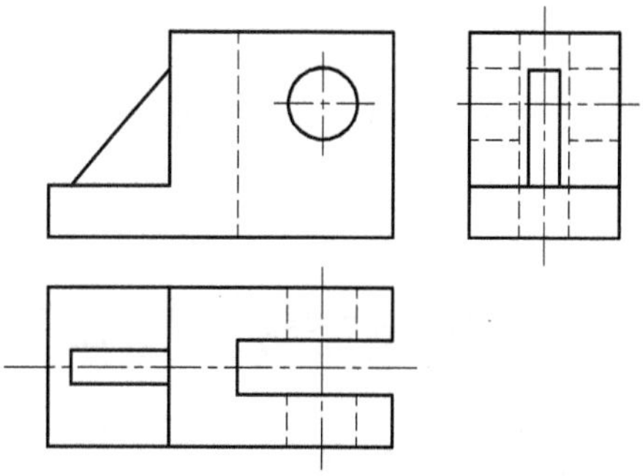

题 2–20

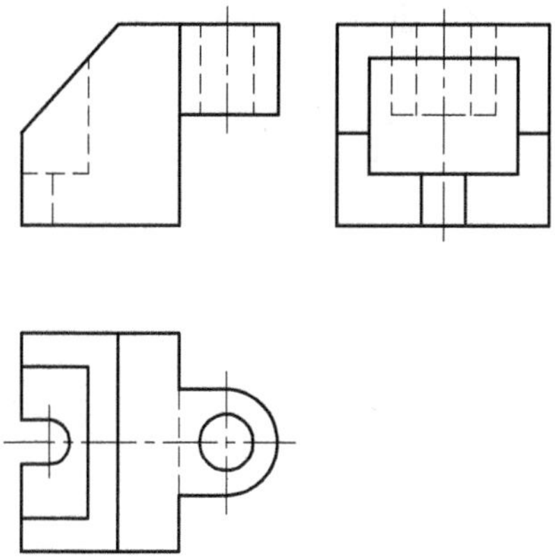

题 2–21

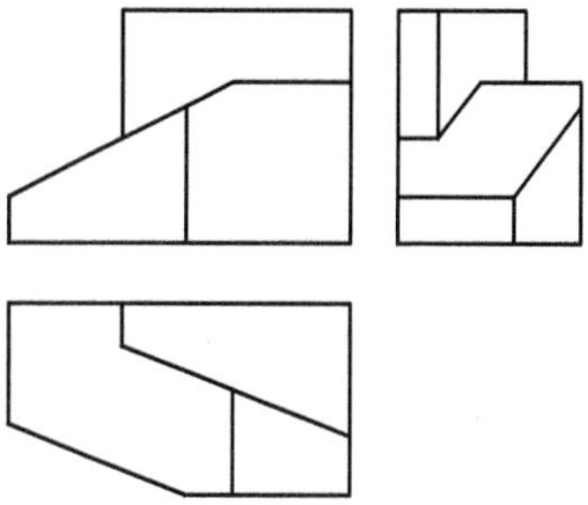

题 2–22

第3章 立体表面交线

本章知识点

1. 立体分类、立体表面交线——截交线和相贯线的形成。
2. 不同立体截交线、相贯线的性质和投影特性。
3. 截交线、相贯线的作图方法和步骤。
4. 特殊相贯线的作图方法。

一、立体及交线的基本知识

（一）立体的分类

立体根据其表面的几何性质，可分为平面立体和曲面立体。

1. **平面立体** 表面全是平面的立体。常见的有棱柱和棱锥，如图3-1（a）所示。

2. **曲面立体** 表面全是曲面或既有曲面又有平面的立体。曲面立体也叫作回转体，常见的有圆柱、圆锥、圆球和圆环，如图3-1（b）所示。

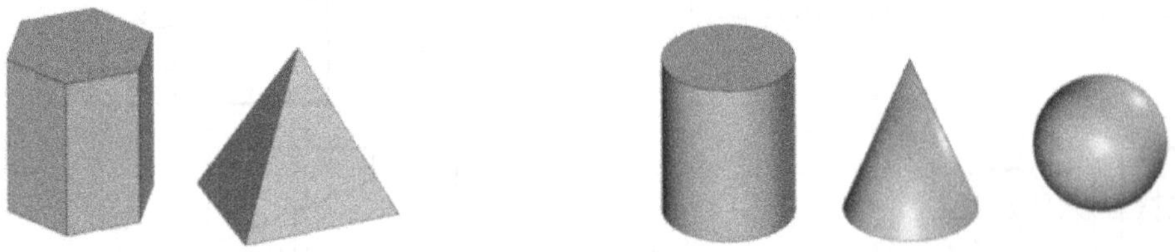

（a）平面立体　　（b）曲面立体

图3-1 常见立体

（二）平面与平面立体的交线——截交线

平面与平面立体相交，可以认为是立体被平面截切，因此该平面通常称为截平面。截平面与立体表面的交线称为截交线。截交线围成的平面图形称为截断面。截交线的形状取决于立体表面的形状和截平面与立体的相对位置。

1. **平面与平面立体相交** 其截交线为一平面多边形，如图3-2所示。

2. **平面与回转体相交** 其截交线一般为封闭的平面曲线，有时为曲线与直线或者完全由直线所围成的平面图形，如表3-1~表3-3中的投影图所示。

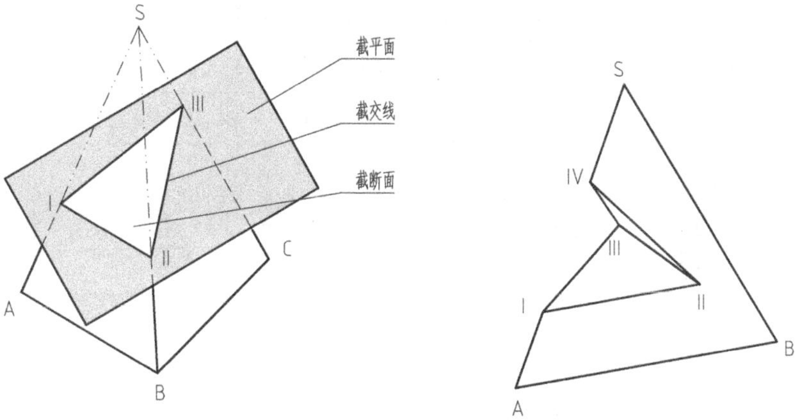

图 3-2　平面与平面立体相交

（1）圆柱的截交线。截平面对圆柱轴线的相对位置不同，截交线的形状有三种不同的形状，见表3-1。

表 3-1　平面与圆柱相交的截交线

截平面位置	平行于轴线	垂直于轴线	倾斜于轴线
截交线形状	矩形	圆	椭圆
空间形状			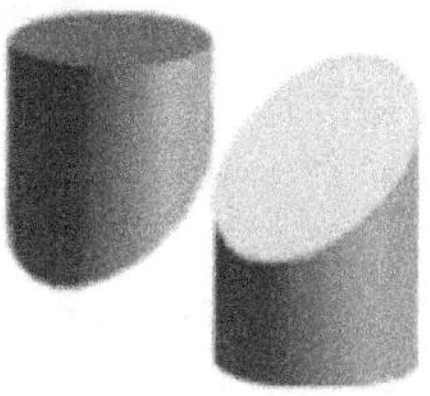
投影图	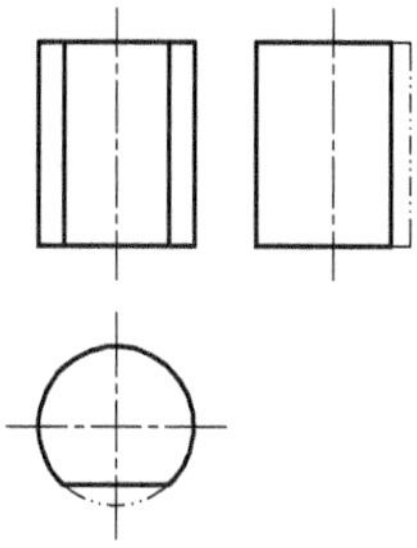	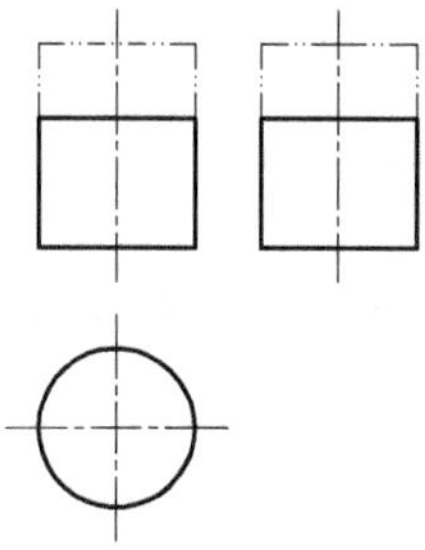	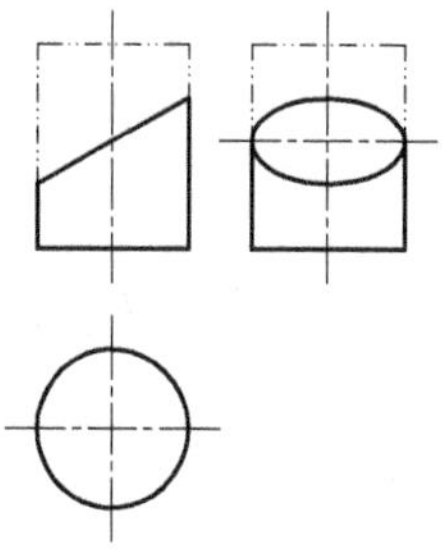

（2）圆锥的截交线。截平面对圆锥轴线的相对位置不同，截交线有五种不同的形状，见表3-2。

表 3–2　平面与圆锥相交的截交线

截平面的位置	过锥顶	与轴线垂直	倾斜于轴线且 $\theta > \phi$	与轴线平行或 $\theta < \phi$	平行某一素线
截交线的形状	三角形	圆	椭圆	双曲线和直线段	抛物线和直线段
空间形体	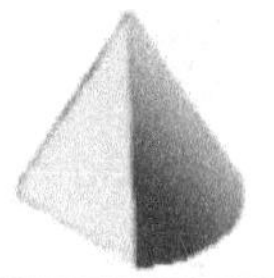				
投影图	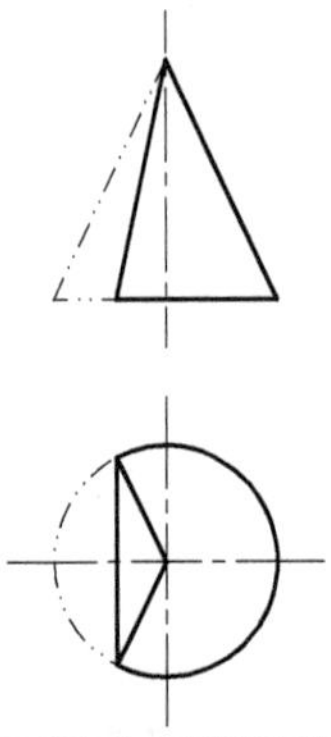	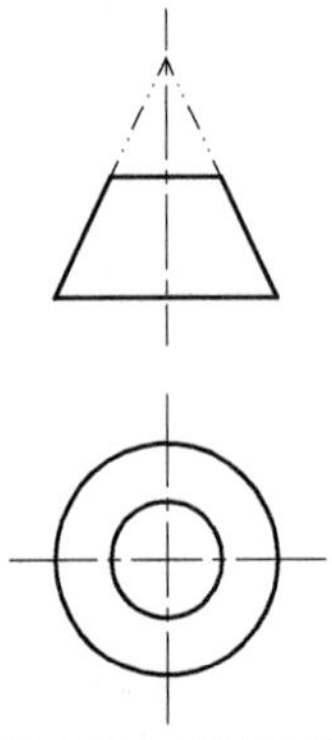	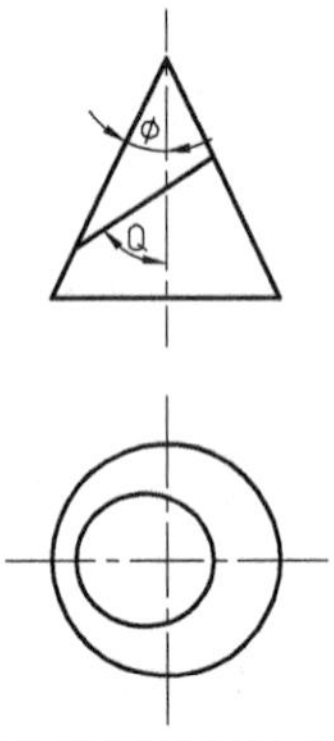	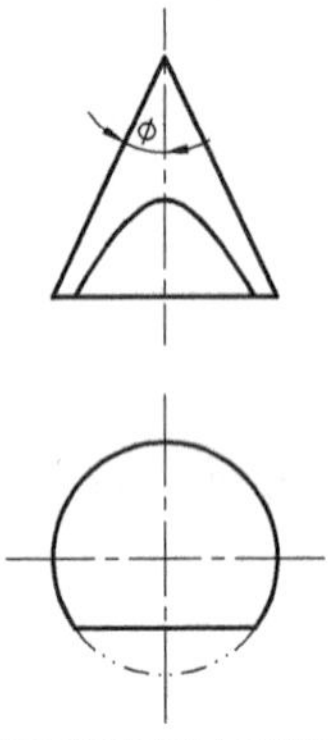	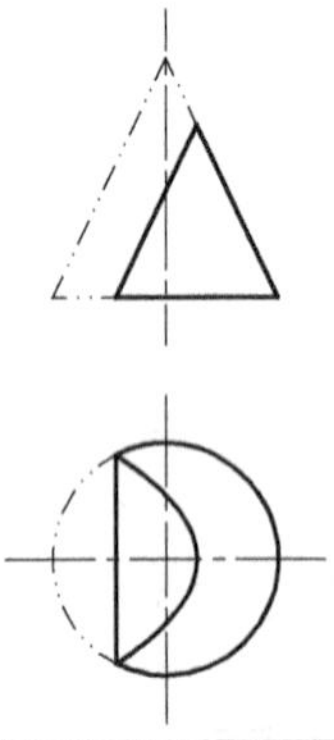

（3）圆球的截交线。截平面与圆球的交线总是圆，见表 3–3。

表 3–3　平面与圆球相交的截交线

截平面为投影面平行面	截平面为投影面垂直面
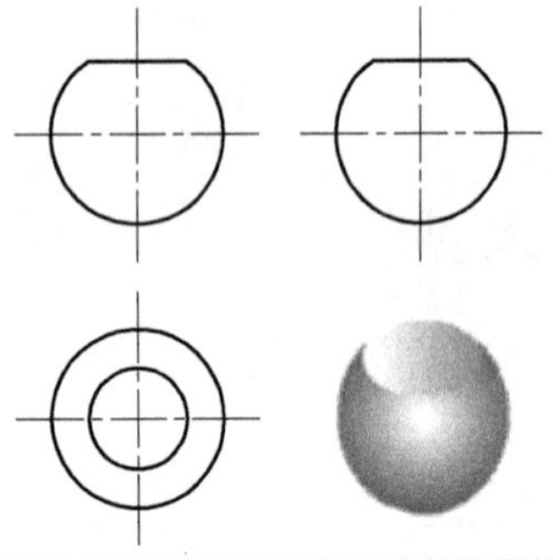	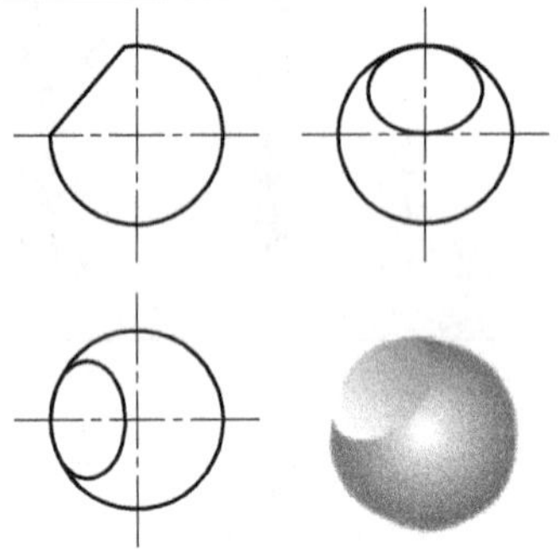

（三）两回转体表面的交线——相贯线

两立体相交，表面所产生的交线称为相贯线。这里主要讨论两曲面立体相交的相贯线。相贯线的形状取决于回转体的形状、大小以及两回转体之间的相对位置。相贯线一般为闭合的空间曲线，特殊情况下是平面曲线或直线。

1. **最常见的两回转体相交**　是圆柱与圆柱正交（空间曲线）、圆柱与圆锥正交（空间曲线）、圆柱与圆球正交（圆）。

2. **相贯线的特殊形式**　两同轴回转体相交，相贯线为圆；两回转体公切一假想圆球时，相贯线为椭圆；两圆柱轴线平行或两圆锥共顶时，相贯线为直线。

相贯线实质上是两立体表面上一系列共有点的连线，故基本求法是描点法，具体可采用积聚性法和辅助平面法。

二、平面与回转体的交线——截交线的画法

在制图员职业资格证考试中，截交线的考查内容主要是回转体的截交线，所以在这里，重点讨论平面与圆柱、圆锥和圆球相交的截交线的绘制方法和步骤。

（一）求回转体截交线的一般方法和步骤

1. 空间和投影分析

（1）分析截平面与回转体的相对位置，确定截交线的形状。

（2）分析截平面与投影面的相对位置，确定截交线的投影特性。

2. 画出截交线的投影

（1）补全三面投影（据情况）。

（2）确定截交线上特殊点（如最高、最低、最左、最右、最前、最后诸点以及可见性分界点等）的三面投影。

（3）求截交线上一般点的三面投影。通过在回转体表面上取直素线或辅助圆（纬圆），作出素线或辅助圆与截平面的交点。

（4）依次光滑地连接各同面投影点。

3. 整理轮廓线，并判断其可见性　理顺轮廓线，并判断轮廓线的可见性，对虚实线加以正确判断。

（二）绘制回转体的截交线

下面通过几个绘制截交线的例子，说明不同回转体的截交线作图的一般方法和步骤。

【例 3-1】 如图 3-3（a）所示，求圆柱被正垂面截切后的截交线的投影。

空间与投影分析

由于截平面与圆柱轴线倾斜，故截交线应为椭圆，如图 3-3（b）所示。由于截平面垂直于正平面，故截交线的正面投影积聚成直线。由于圆柱面的水平投影具有积聚性，故截交线的水平投影与圆柱面的水平投影重合，侧面投影可根据圆柱面上取点的方法求出。

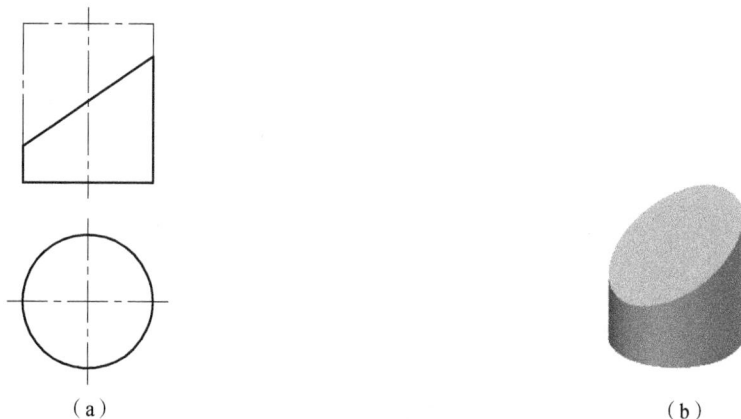

（a）　　　　　　　　（b）

图 3-3　圆柱被正垂面截切

作图过程

（1）由图 3-3（a）给出的圆柱的两面投影作出截切前的圆柱的侧面投影，如图 3-4（a）所示。

（2）找出截交线上的特殊点。如图 3-4（b）所示，标注出其正面投影 *1′*、*2′*、*3′*、（*4′*），它们是圆柱的最左、最右以及最前、最后素线上的点的正面投影，也是截交线椭圆长、短轴的四个端点的正面投影。作出这四个点的水平投影 *1*、*2*、*3*、*4* 和侧面投影 *1″*、*2″*、*3″*、*4″*。

（3）作截交线上一般点的投影。如图 3-4（c）所示，先在正面投影上选取 *5′*、（*6′*）、*7′*、（*8′*），根据圆柱面的积聚性，作出其水平投影 *5*、*6*、*7*、*8*，由点的两面投影，按投影规律作出侧面投影 *5″*、*6″*、*7″*、*8″*。

（4）由图 3-4（d）所示，将这些点的侧面投影依次光滑地连接起来，由于截切掉了上半部分圆柱，截交线的侧面投影全部可见，用粗实线连接，就得到截交线的侧面投影。

（5）整理轮廓线，仍如图 3-4（d）所示，由于圆柱面的侧面投影的转向轮廓线在 *3″*、*4″* 点以上部分被截切，所以只保留这两点以下的转向轮廓线和圆柱的底面，画粗实线。

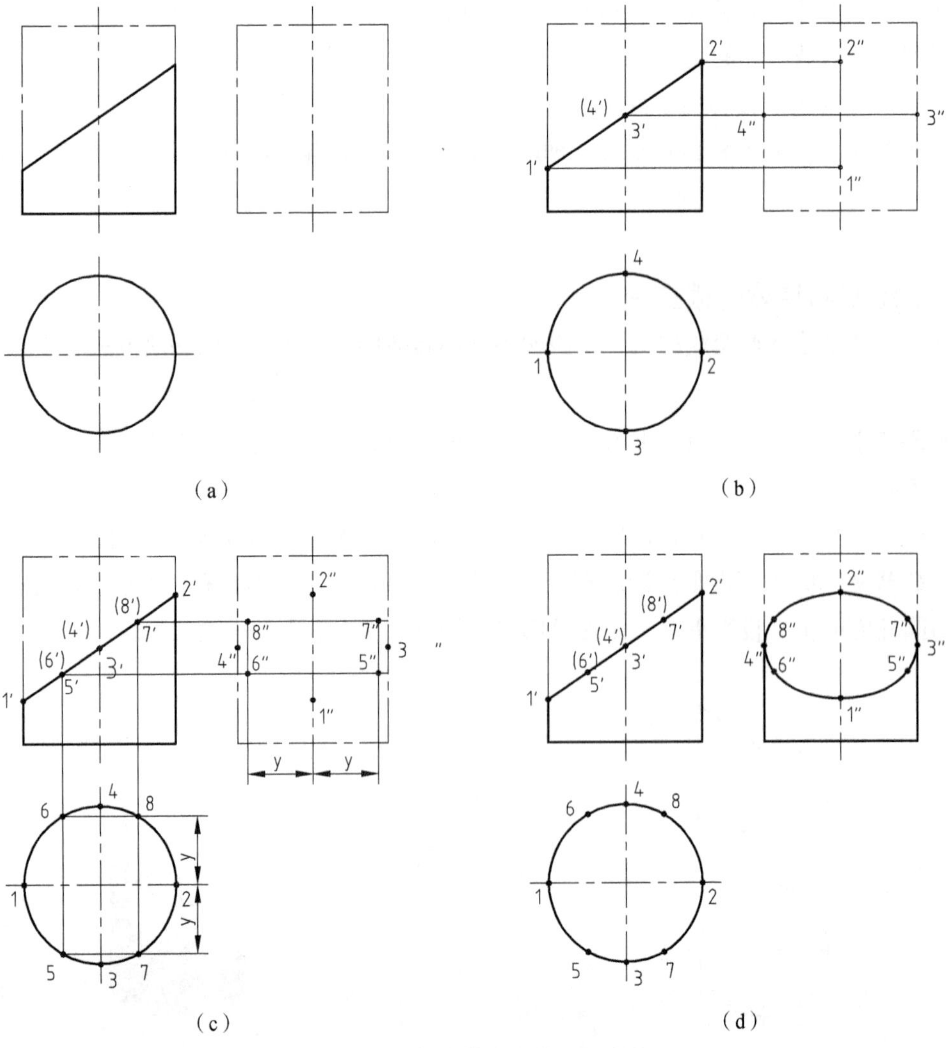

图 3-4　圆柱的截交线的画图步骤

【例 3–2】 如图 3–5（a）所示，求圆柱被切割后的 *W* 面投影。

分析

该图形是一个与圆柱体的轴线垂直、倾斜、平行的三个平面组合切割成的形体［图 3–5（b）］，即一个是水平面，截交线形状是圆弧；一个是侧平面，截交线形状是矩形；一个是正垂面，截交线形状是椭圆弧。截交线的正面投影和水平投影已知，只需求出其 *W* 面投影。

作图

（1）根据已知基本体三视图按投影规律画出未切割圆柱体 *W* 面投影，如图 3–5（c）所示。

（2）水平截平面的截交线为圆弧，其正面投影是已知直线 *2′—4′*（*8′*）*—6′*（*10′*），水平投影是已知圆弧（*6*）—（*4*）—（*2*）—（*8*）—（*10*），利用投影规律求其侧面投影是直线 *8″—10″—2″—6″—4″*，如图 3–5（d）所示。

（3）侧平截平面的截交线为矩形，其正面投影是已知直线 *5′*（*9′*）*—6′*（*10′*），水平投影是已知虚线 *5*（*6*）*—9*（*10*），利用投影规律求其侧面投影是矩形 *5″—6″—10″—9″*，如图 3–5（e）所示。

（4）正垂截平面的截交线是椭圆弧，其正面投影是已知直线 *1′—3′*（*7′*）*—5′*（*9′*），水平投影与圆弧 *5—3—1—7—9* 重合，利用投影规律求其侧面投影椭圆弧的类似形 *5″—3″—1″—7″—9″*（*1″*、*7″*、*3″* 三点为椭圆弧所在椭圆的三个端点），如图 3–5（f）所示。

（5）整理轮廓线，判断可见性。由已知正面投影可知，前后转向轮廓线被切，即侧面投影中 *3″—4″* 之间、*7″—8″* 之间的轮廓线被切掉，其余轮廓线保留并描粗，截交线的侧面投影均可见，如图 3–5（g）所示。

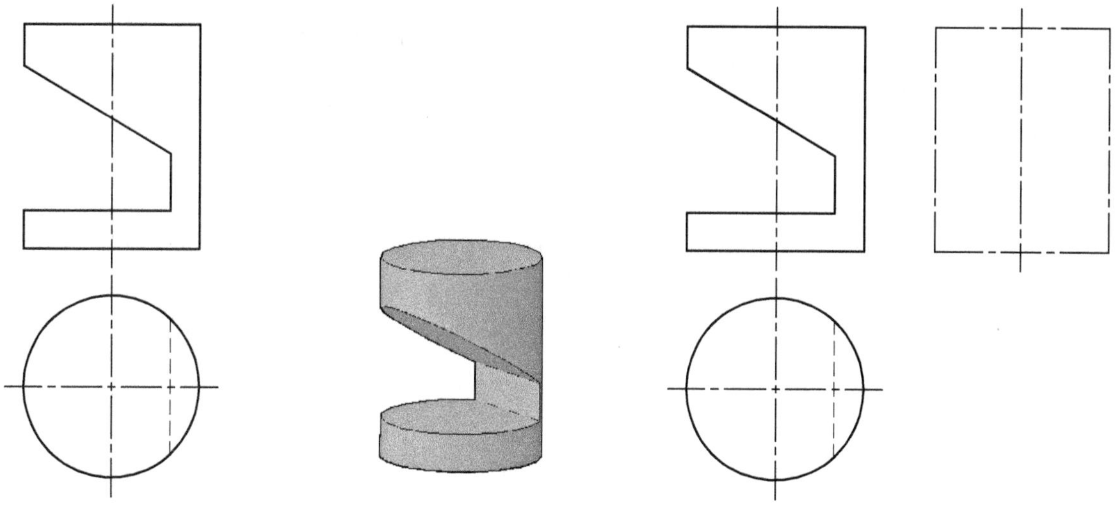

（a）　　　　（b）　　　　（c）

图 3–5

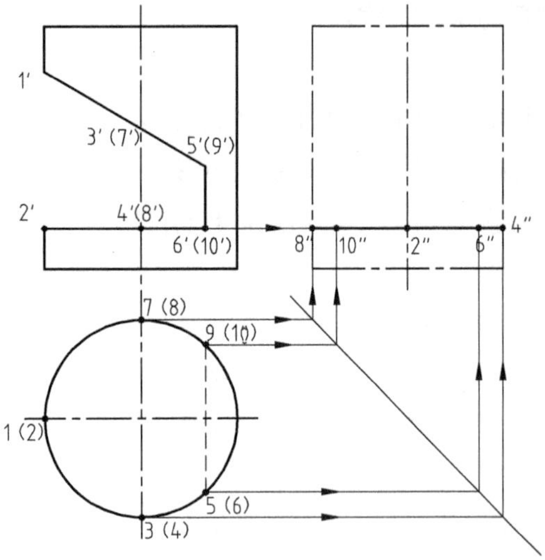

(d)

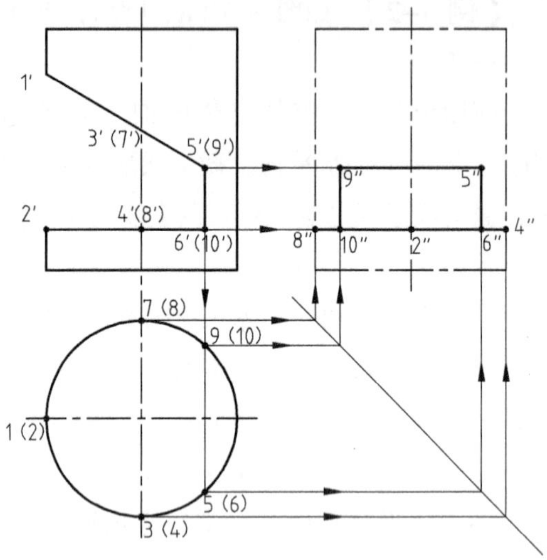

(e)

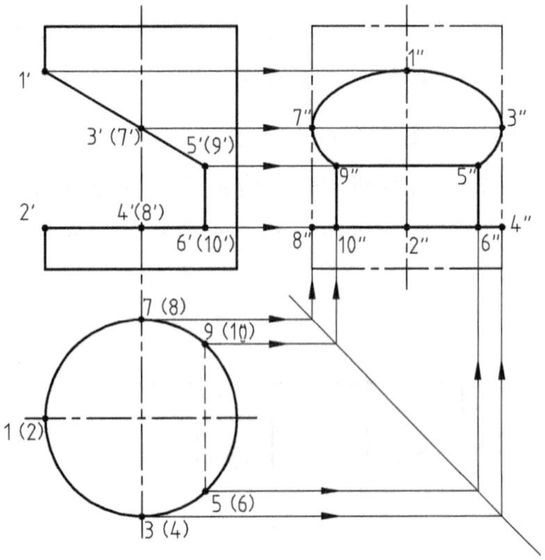

(f)

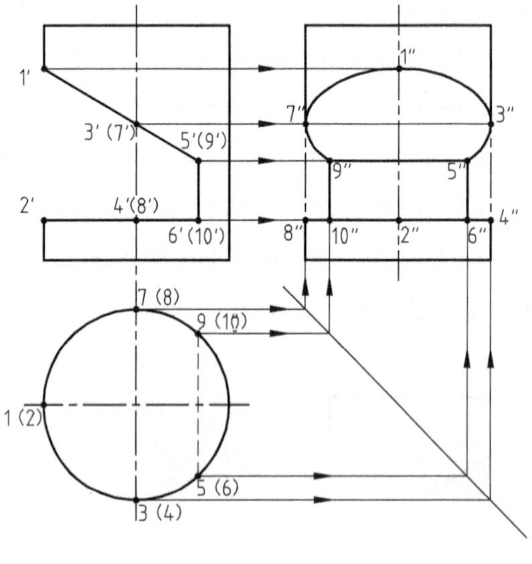

(g)

图 3–5 带切口的圆柱截交线的 *W* 面投影

【例 3–3】 如图 3–6（a）、（b）所示，求圆锥被 *P*、*Q*、*R* 三个截平面切割后的 *H*、*W* 面投影。

分析

该图形是由一个过锥顶的正垂面 *P*、一个水平面 *Q* 与一个平行于圆锥轴线的侧平面 *R* 组合切割圆锥体后的形体，立体形状如图 3–6（b）所示。从图中可以看到：正垂面 *P* 截切圆锥的交线为三角形；水平面 *Q* 截切圆锥的交线为圆弧；侧平面 *R* 截切圆锥的交线为双曲线加直线。截交线的正面投影已知［如图 3–6（c）所示］，求其 *H*、*W* 面投影。

作图

（1）根据基本体三视图按投影规律画出切割前圆锥体的 *W* 面投影，如图 3–6（c）所示。

（2）过锥顶的正垂截平面 *P* 的交线是由两条素线和一条由 *P* 与 *Q* 面交线围成的三角形，

正面投影是已知直线 1′—2′（3′），水平投影是三角形的类似形 1—2—3，侧面投影是三角形的类似形 1″—2″—3″，如图 3-6（d）所示。

（3）平行于圆锥轴线的侧平截平面的交线为双曲线加直线，正面投影为已知直线 6′（7′）—8′（9′），水平投影为直线 8—6—10—7—9，侧面投影为双曲线 6″—8″、7″—9″ 和直线 8″—9″，如图 3-6（e）所示。

（4）水平截平面的交线是圆弧，正面投影为已知直线 6′（7′）—4′（5′）—2′（3′），水平投影为 6—4—2 和 7—5—3 前后两段圆弧，侧面投影为直线 5″—3″—7″—6″—2″—4″，如图 3-6（f）所示。

（5）判断可见性。只有水平投影直线 2—3 不可见，用虚线表示，其他截交线均可见。整理轮廓线，侧面投影中的前后转向轮廓线 1″—4″、1″—5″ 被切掉，其余轮廓线描粗，如图 3-6（g）所示。

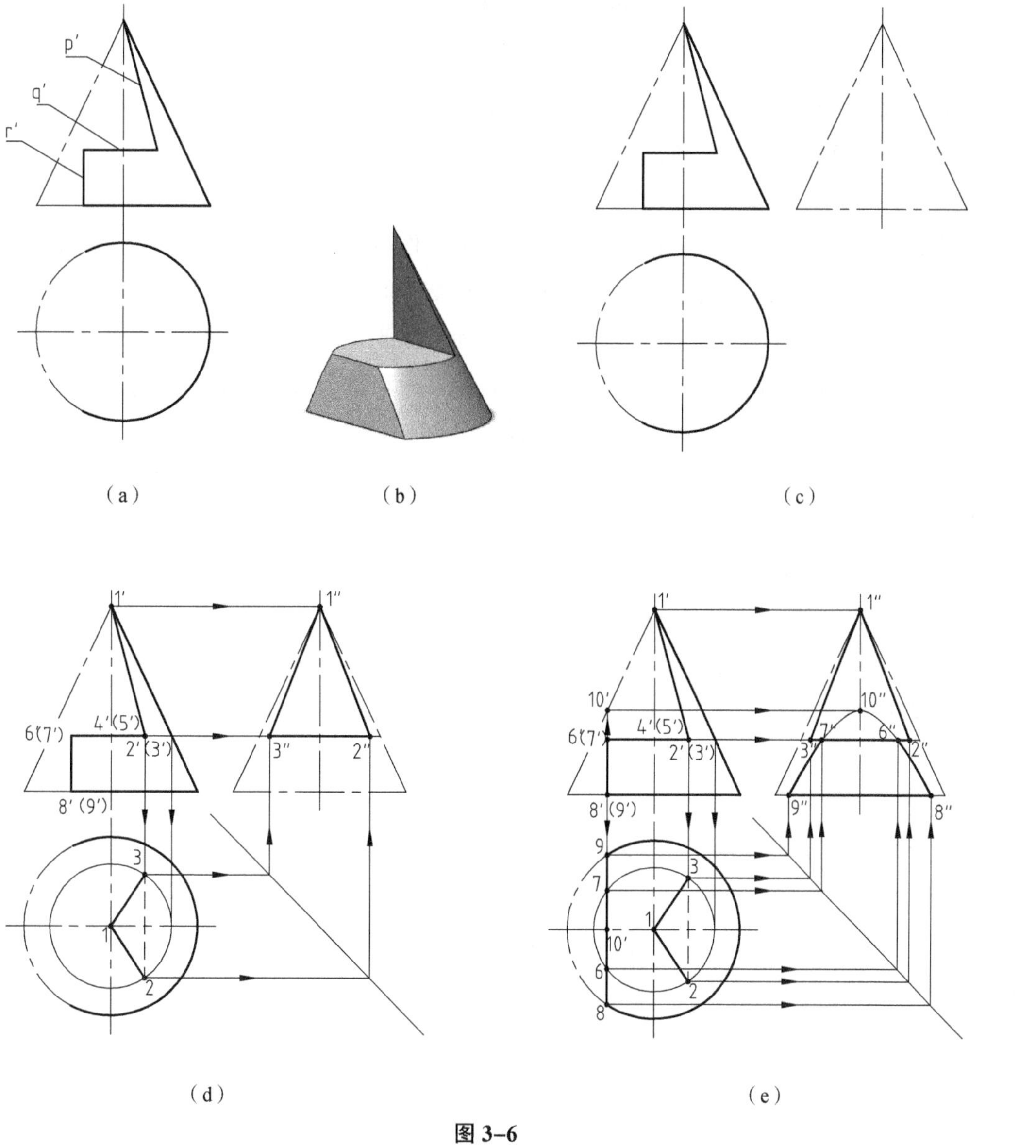

图 3-6

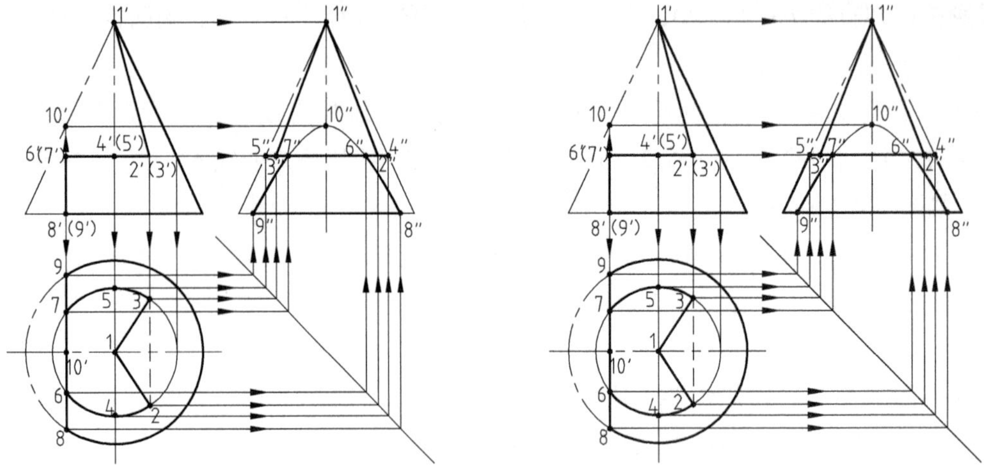

（f）　　　　　　（g）

图 3–6　带切口的圆锥截交线的 *H*、*W* 面投影

【例 3–4】 如图 3–7（a）所示，一连杆头由轴线为侧垂线的圆柱、圆锥和球同轴组成。其前后各被正平面截切，画出该截交线的正面投影。

分析

组合回转体是由若干个同轴的基本回转体组成，作组合回转体的截交线时，首先要分析各部分的曲面性质，然后按照它的几何特性确定其截交线的形状，再分别作出其投影。该截平面为前后对称的且与组合回转体的轴线平行的正平面，因此，球面部分的截交线为圆；圆锥部分的截交线为双曲线；圆柱部分未被截切。截交线为一封闭组合曲线，水平和侧面投影积聚为两直线，正面投影反映实形，如图 3–7（b）所示。

作图

（1）先在正面投影上确定球面与圆锥面的分界线。以球心 *o′* 作圆锥正面外形轮廓线的垂线得交点 *a′*、*b′*，连线 *a′b′* 即为球面与圆锥面的分界线，如图 3–7（c）所示。以 *o′* 为圆心，*R* 为半径在正面投影作圆弧，即为球面的截交线 *1′—3′—2′*，如图 3–7（d）所示。

（2）作圆锥面上截交线的特殊点正面投影 *6′*。先在水平投影上作圆锥最前转向轮廓线与前方的正平截平面水平积聚投影的交点 *6*，再由 *6* 按投影规律作出正面和侧面 *6′*、*6″*，如图 3–7（e）所示。

（3）求圆锥面上截交线的一般点。作侧平的辅助平面 *P*，其与圆锥面的交线为侧平的圆（该圆正面投影、水平投影均积聚为直线）。水平投影直线与前端正平截平面的交点为一般点 *4*（*5*），侧面投影（反映实形）圆与前端正平截平面的交点为一般点 *4″*、*5″*，再由投影规律得到一般点的正面投影 *4′*、*5′*。依次连接 *1′—4′—6′—5′—2′* 各点，即得截交线双曲线的正面投影，如图 3–7（f）、（g）所示。

（4）由于两个截平面前后对称，前后截交线的正面投影相互重合，后面的截交线就不另行求作。

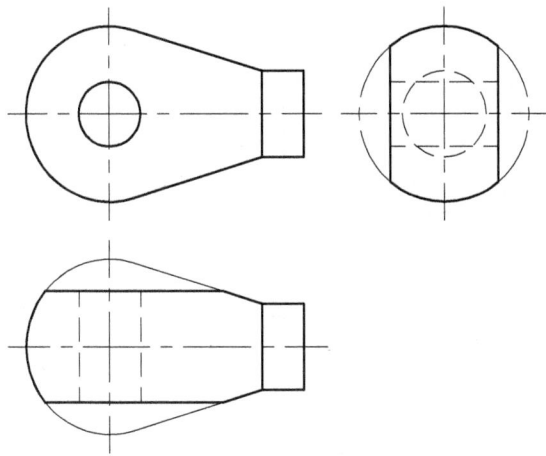

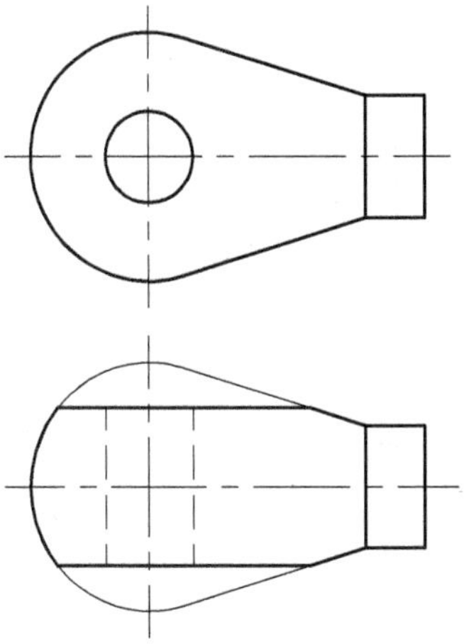

（a）

（b）

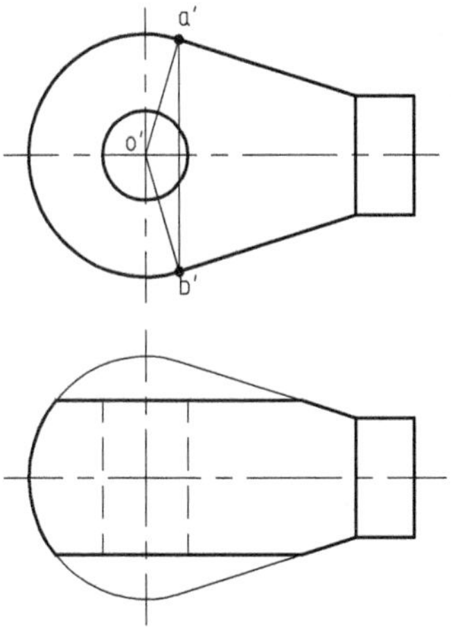

（c）

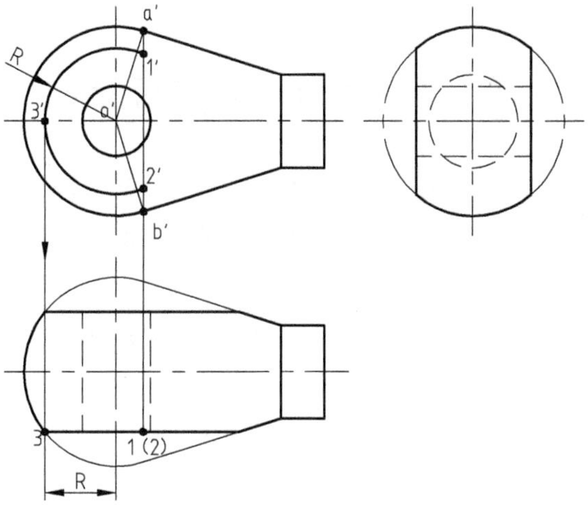

（d）

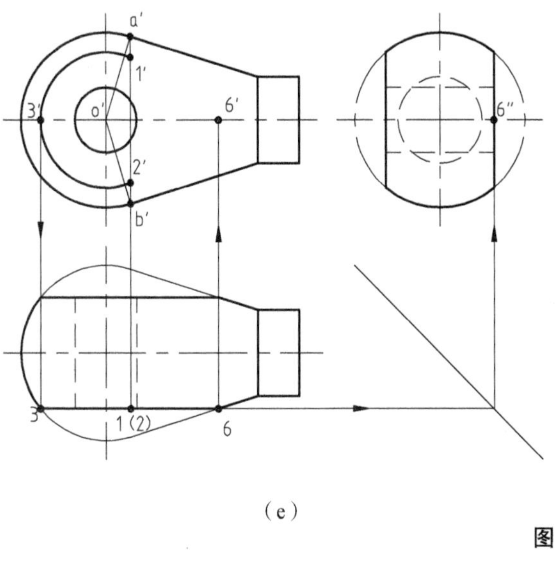

（e）

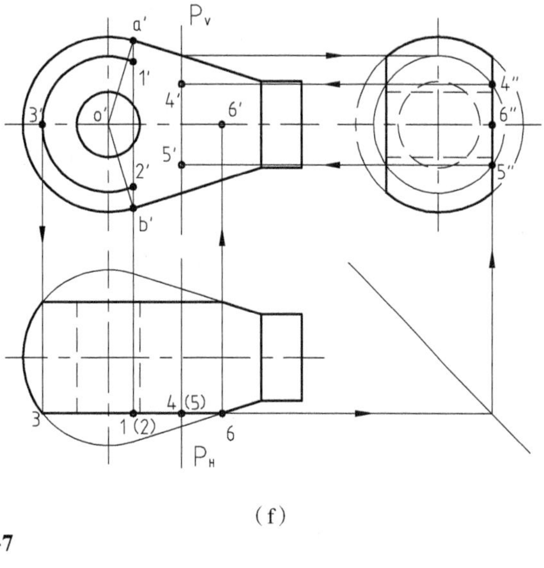

（f）

图 3–7

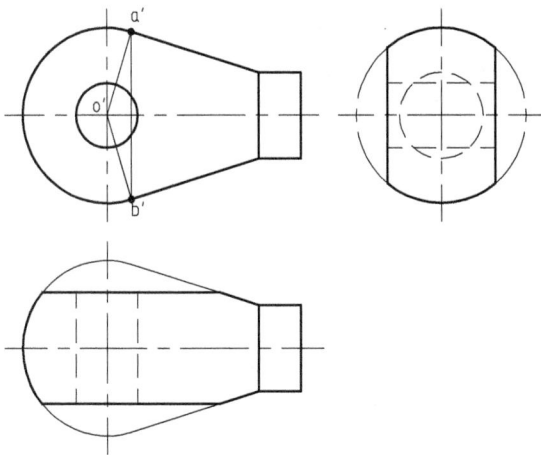

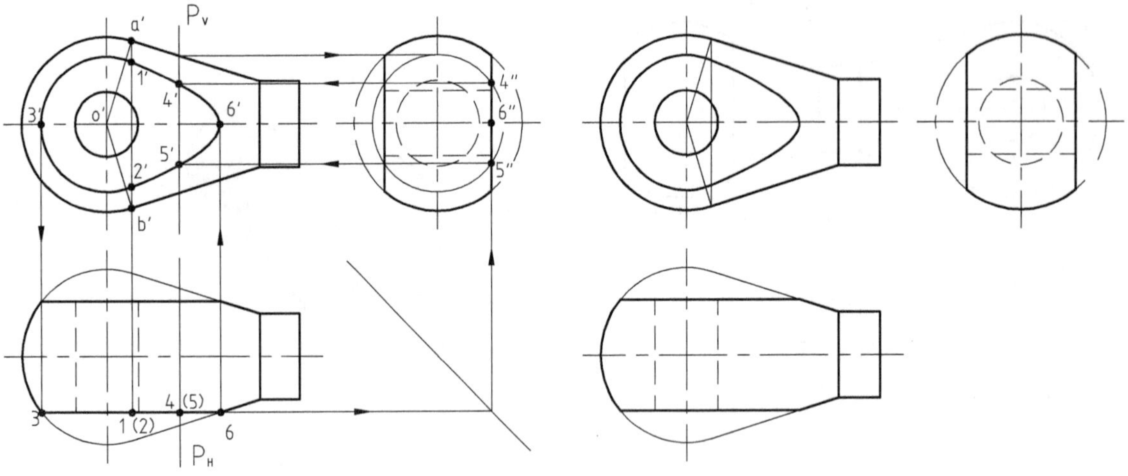

（g）　　　　　　　　　　　　（h）

图 3–7　组合回转体截交线的 V 面投影

三、两回转体表面的交线——相贯线的画法

在制图员职业资格证考试中，相贯线主要考查轴线正交的圆柱、圆锥、圆球相交的相贯线；当圆柱或圆锥与圆球相贯时，球心在圆柱或圆锥的轴线上。

（一）求相贯线的作图方法和步骤

1. ***作图方法***　根据相贯线的性质，求相贯线的实质就是求两立体表面共有点的投影问题。通常采用表面取点法或辅助平面法。

2. ***作图步骤***

（1）补画三面投影图（据情况）。

（2）求相贯线上特殊点的投影（最高、最低、最左、最右、最前、最后点以及对称交线的点等）。

（3）求相贯线上一般点的投影。

（4）依次光滑连接各点的同面投影。

（5）整理轮廓线，判别可见性（只有同时位于两个立体的可见表面上）。

（二）绘制回转体的相贯线

下面通过几个绘制相贯线的例子，说明相贯线的作图方法和步骤。

【例 3–5】　如图 3–8（a）所示三视图，补画 V 面投影。

分析

该图是一轴线侧垂的圆柱体，在圆柱体内同轴开一个圆柱孔，铅垂方向又开一圆柱孔，两圆柱孔直径相等，且轴线正交。共有两条相贯线，一条是圆柱体表面与铅垂孔产生的交线，是一条封闭的空间曲线；一条是铅垂孔与侧垂孔的交线，是由两半椭圆弧组成，如图 3–8（b）所示。

作图

1. 作圆柱表面的相贯线

（1）该相贯线的侧面投影为圆弧，且与圆柱面的侧面投影 *3″—1″*（*2″*）—*4″* 圆弧重合，水平投影与铅垂孔的水平投影圆重合，正面投影是一曲线，前后对称，利用表面取点法可作此线的正面投影。

（2）先求相贯线上特殊点的投影。特殊点的水平投影 *1*、*2*、*3*、*4* 和侧面投影 *1″*（*2″*）、*3″*、*4″* 为已知点，按投影规律得 *V* 面上最左点 *1′*、最右点 *2′*、最前点 *3′*、最后点（*4′*）的投影，如图 3–8（c）所示。

（3）求相贯线上一般点的投影。在相贯线前半部分的水平投影上取左右对称的两点 *5*、*6*，根据投影规律得到侧面投影 *5″*、（*6″*），进而求得 *V* 面投影 *5′*、*6′*，如图 3–8（d）所示。

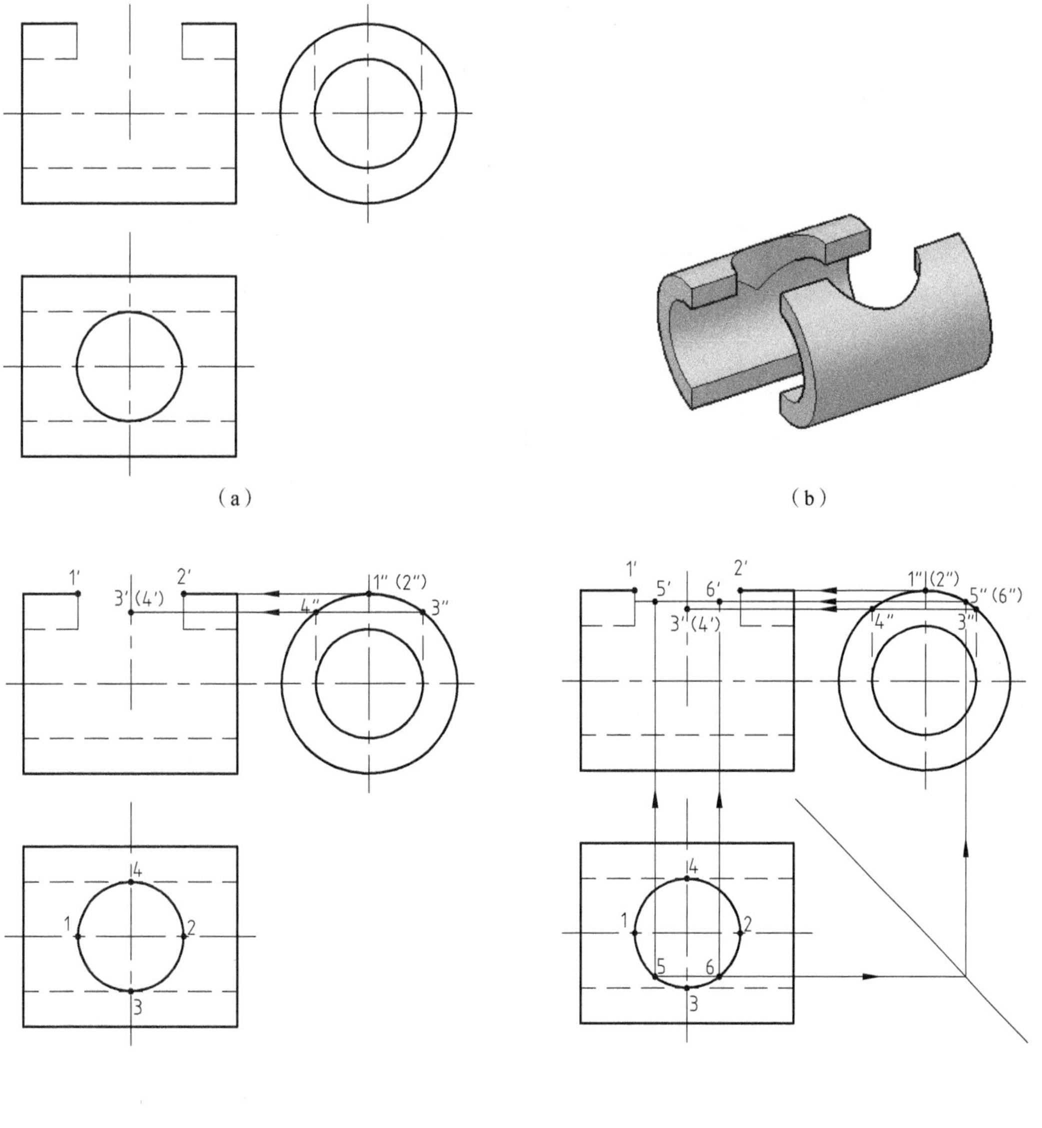

（a）　（b）　（c）　（d）

图 3–8

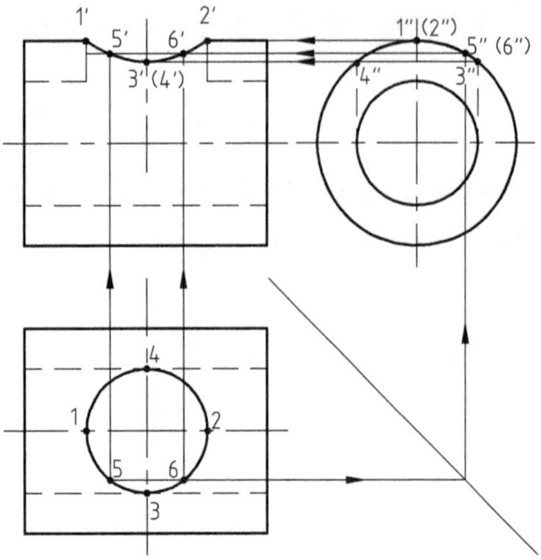

（e）

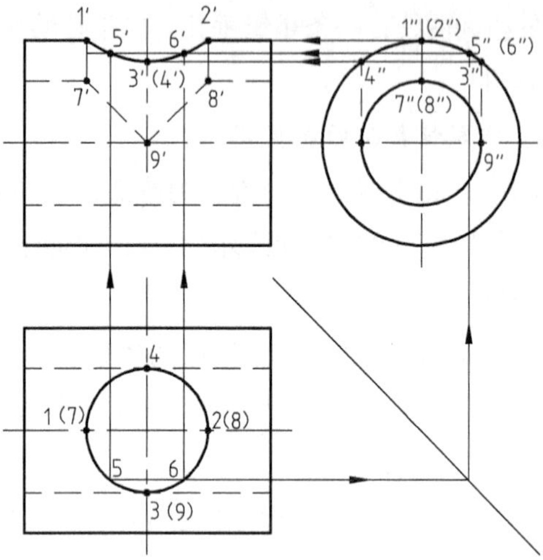

（f）

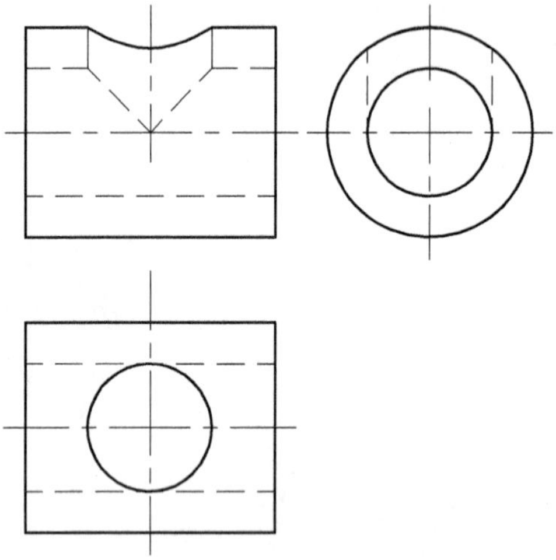

（g）

图 3-8　圆柱体的相贯线的作图步骤

（4）依次光滑连接点 *1′—5′—3′—6′—2′* 即得圆柱表面相贯线，如图 3-8（e）所示。

2. **作内部相贯线**　内表面是两个等直径圆柱孔正交，属于相贯线的特殊情况（两个垂直于正面的半椭圆），在 *V* 面上投影为直线 *7′—9′*、*8′—9′*，如图 3-8（f）所示。

3. **判断可见性**　外表面的交线可见，为实线；内表面的交线不可见，画成虚线，如图 3-8（g）所示。

【例 3-6】　如图 3-9（a）所示，求圆柱与圆锥的相贯线投影并补全相贯体的水平投影。

分析

由图 3-9（a）可知，圆柱与圆锥轴线垂直相交，相贯线为一条封闭的空间曲线，并且前后对称。由于圆柱的 *W* 面投影为圆，所以，相贯线的 *W* 面投影积聚在该圆上。需求的是相贯线的正面投影和水平投影。可选择水平面作辅助平面，它与圆锥面的截交线为圆，与圆柱面的截交线为两条平行的素线，圆与直线的交点即为相贯线上的点。

作图

（1）求特殊点。最高点、最低点、最前点、最后点。采用过锥顶的正平面 *P*1 作为辅助截平面最为方便，如图 3–9（b）所示。它与圆锥面交线的正面投影是圆锥最左、最右的转向线，与圆柱面交线的正面投影是圆柱最上、最下的转向线，两转向线的交点即是相贯线上最高、最低点的正面投影 *1'*、*2'*，按投影规律作交点的水平投影 *1*、*2*，侧面投影 *1''*、*2''*。

采用过圆柱轴线的水平面 *P*2 作为辅助截平面，如图 3–9（c）所示。它与圆柱面交线的水平投影是圆柱最前、最后的转向线，与圆锥面交线的水平投影是圆，转向线与圆的交点即是相贯线上最前、最后点 *3*、*4*，按投影规律作正面投影 *3'*、*4'*，侧面投影 *3''*、*4''*。

（2）求一般点。采用与圆锥轴线垂直的水平面 *P*3 作为辅助平面，如图 3–9（d）所示。它与圆锥交线的水平投影是圆，与圆柱面交线的水平投影是两条平行的素线（按投影规律由侧面投影得到），圆和素线的交点为相贯线一般点的水平投影 *5*、*6*，按投影规律求得正面投影 *5'*、*6'*。同理求得一般点水平投影 *7*、*8*，正面投影 *7'*、*8'*，如图 3–9（e）所示。

（3）判断可见性：依次光滑连接各点，如图 3–9（f）所示。当两回转体表面都可见时，其上的交线才可见。按此原则，相贯线的 *V* 面投影前后对称，后面的相贯线与前面的相贯线重合，只需按顺序光滑连接前面可见部分的各点的投影 *1'*—*5'*（*6'*）—*3'*（*4'*）—*7'*（*8'*）—*2'*；相贯线的 *H* 面投影以最前点 *3*、最后点 *4* 为分界点，分界点的上段可见，用粗实线依次光滑连接 *3*—*5*—*1*—*6*—*4*；分界点的下段不可见，用虚线依次光滑连接 *3*—*7*—*2*—*8*—*4*。

（4）整理轮廓线。*H* 面投影中，圆柱的最前、最后转向线应画到相贯线上的 *3*、*4* 两点；转向线内圆锥底圆的投影应为虚线，如图 3–9（f）所示。

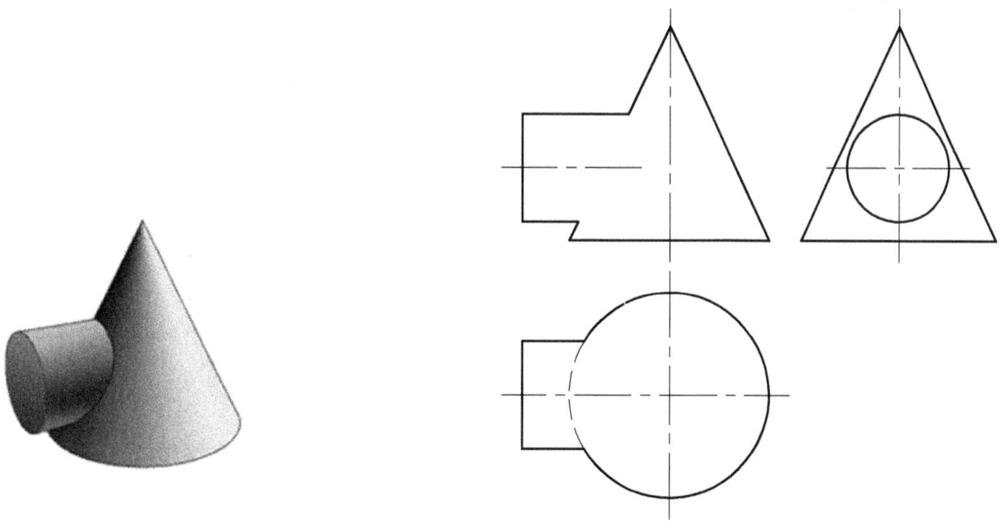

（a）

图 3–9

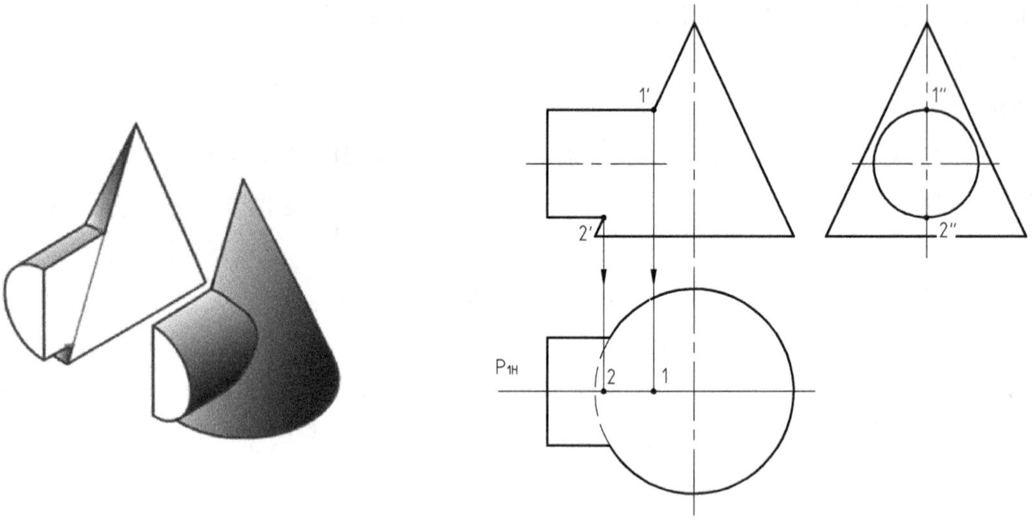
1′
2′
1″
2″
P1H
2
1

（b）

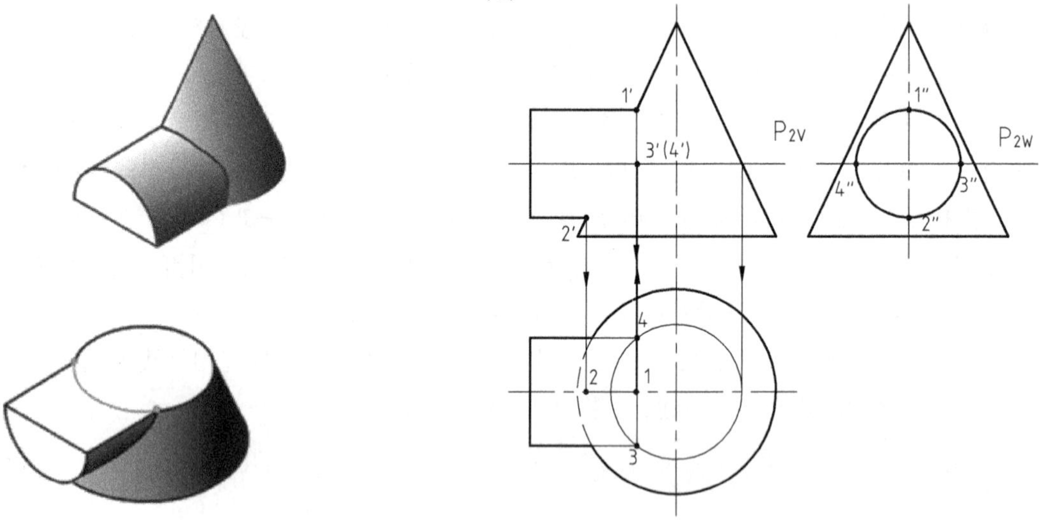
1′
3′(4′)
2′
P2V
1″
4″
3″
2″
P2W
4
2
1
3

（c）

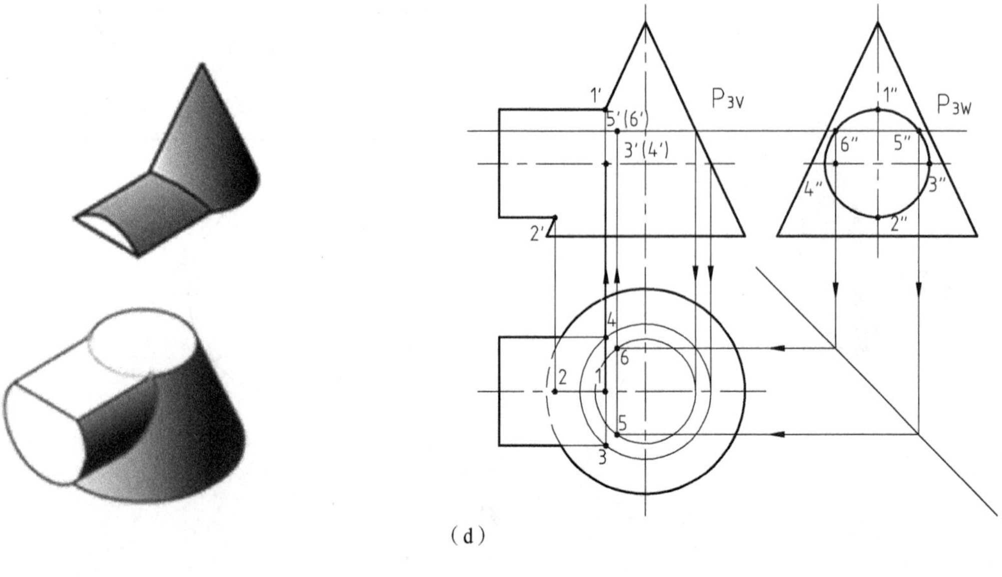
1′
5′(6′)
3′(4′)
2′
P3V
1″
6″
5″
4″
3″
2″
P3W
4
6
2
1
5
3

（d）

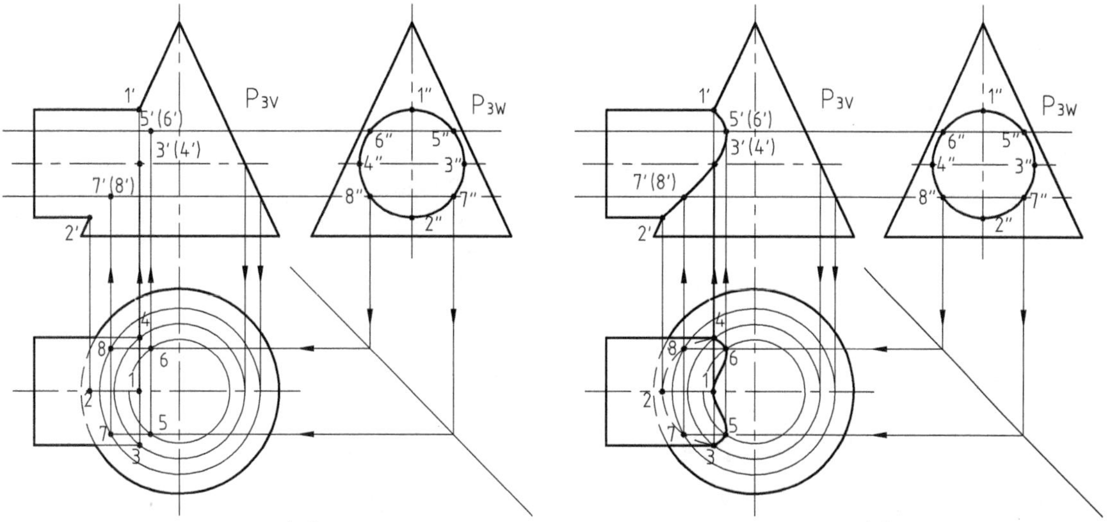

（e）　　　　　　（f）

图 3–9　辅助平面法作相贯线的步骤

（三）相贯线的特殊情况

1. **轴线相交回转体的相贯线**　两回转体轴线相交，且平行于同一投影面，若它们能公切一个球，则相贯线是垂直于这个投影面的两个椭圆，是两条平面曲线，如图 3–10 所示。

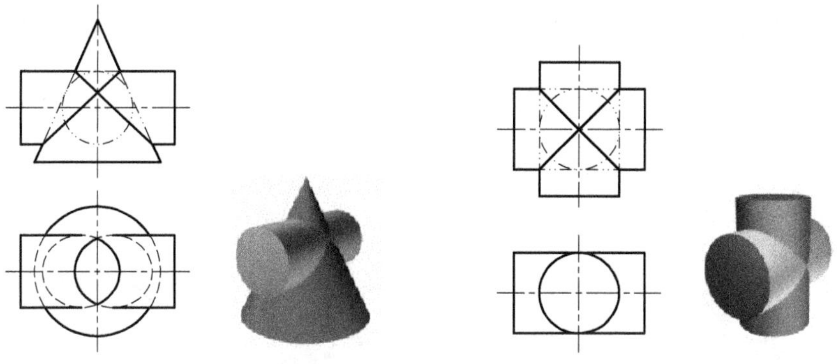

（a）圆柱与圆锥相交　　　　（b）圆柱与圆柱相交

图 3–10　轴线相交、公切于一个球的两回转体相交

2. **同轴回转体的相贯线**　两个同轴回转体的相贯线是垂直于轴线的圆，如图 3–11 所示。

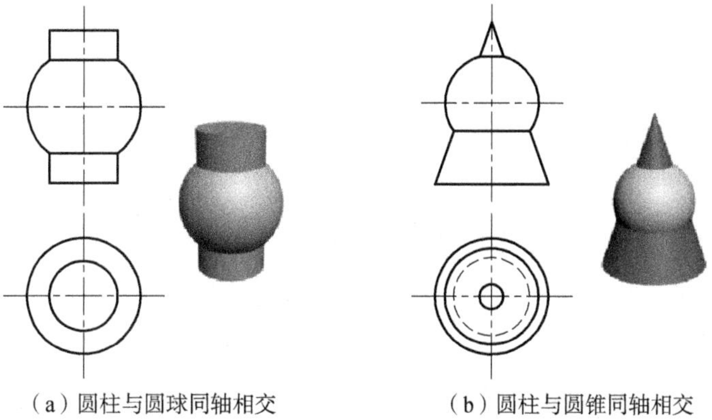

（a）圆柱与圆球同轴相交　　　　（b）圆柱与圆锥同轴相交

图 3–11　两个同轴回转体相交

3. **轴线平行的两圆柱的相贯线** 这种情况下的相贯线是两条平行的素线，如图 3-12 所示。

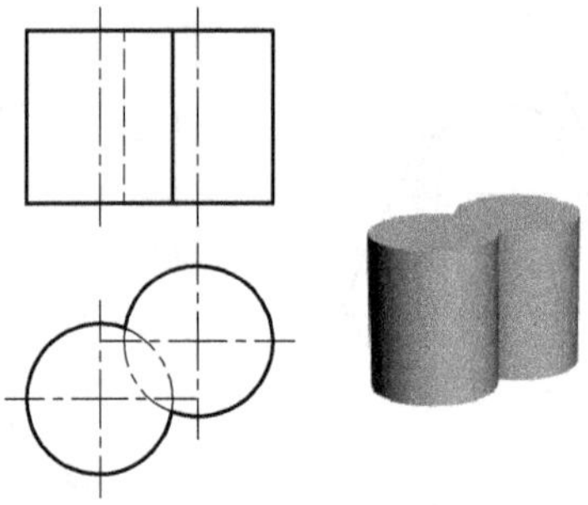

图 3-12 轴线平行的两圆柱相交

（四）组合回转体相贯线的画法

某一立体和另外两个立体相贯时，会在该立体表面上产生两段相贯线。它们的投影按两两相贯时的相贯线的画法分别绘制，但要注意两段相贯线的组合形式。

1. **直立圆柱与两共轴的不等径圆柱相贯** 如图 3-13（a）所示，两段相贯线被圆平面隔开，因而在正面投影中两段相贯线的投影相错。

2. **直立圆柱与共轴的圆柱圆台相贯** 如图 3-13（b）所示，两段相贯线相交，其交点为三个立体表面的共有点。

3. **直立圆柱与共轴相切的球、圆柱相贯** 如图 3-13（c）所示，两段相贯线是圆滑连接的。

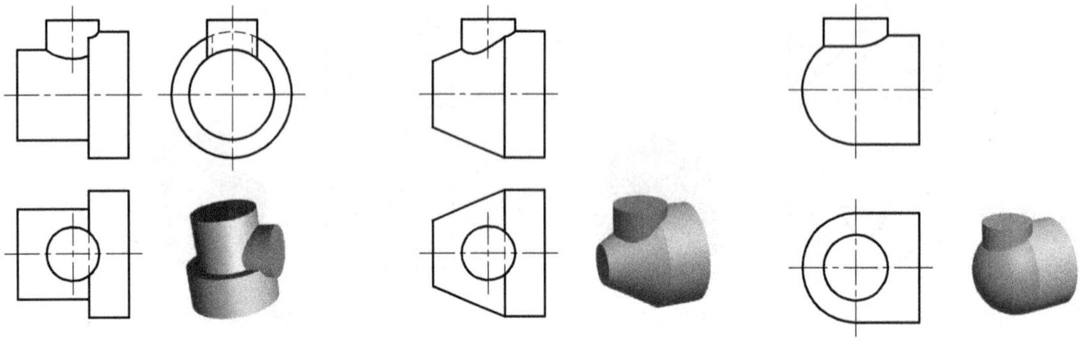

（a） （b） （c）

图 3-13 组合回转体相贯线

四、立体表面交线的考核方式

1. **中级制图员的考核方式**

（1）截交线主要考核圆柱被投影面的平行面截切。

（2）相贯线主要考核圆柱与圆柱、圆柱与圆锥正交的相贯线；圆柱或圆锥与圆球相交（球心在圆柱或圆锥的轴线上）的相贯线，基本形体数量在 3 个以下。

2. **高级制图员考核方式**

（1）截交线主要考核圆柱或圆锥被垂直面（或平行面）截切的截交线；圆球被平行面截切的截交线。

（2）相贯线主要考核轴线正交的圆柱、圆锥、圆球相交的相贯线，当圆柱或圆锥与圆球相贯时，球心在圆柱或圆锥的轴线上，基本形体数量在 3 个以上。

五、练习题

1. 题 3-1~ 题 3-18，补画视图——截交线。

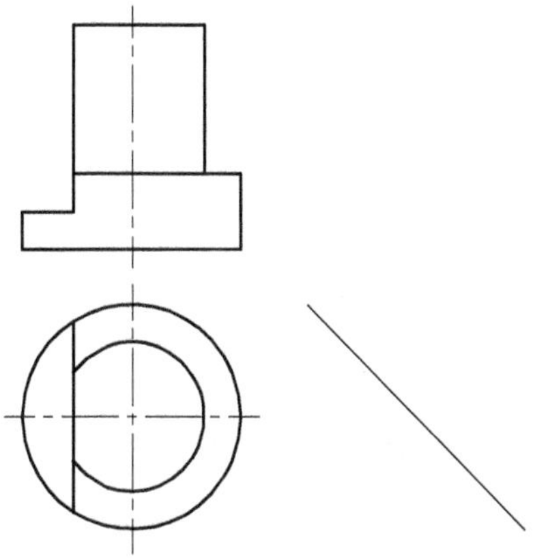

题 3-1 图

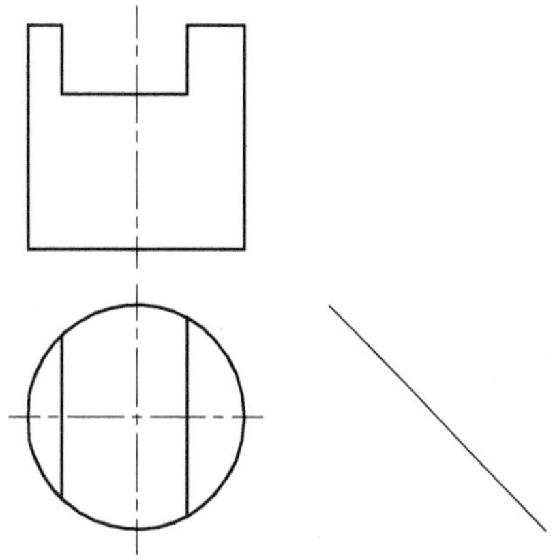

题 3-2 图

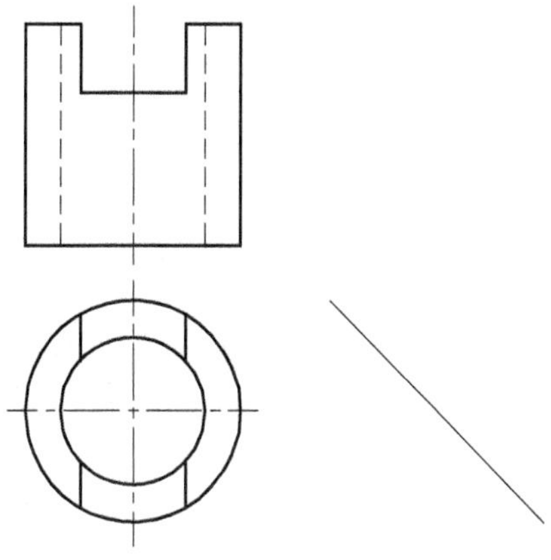

题 3-3 图

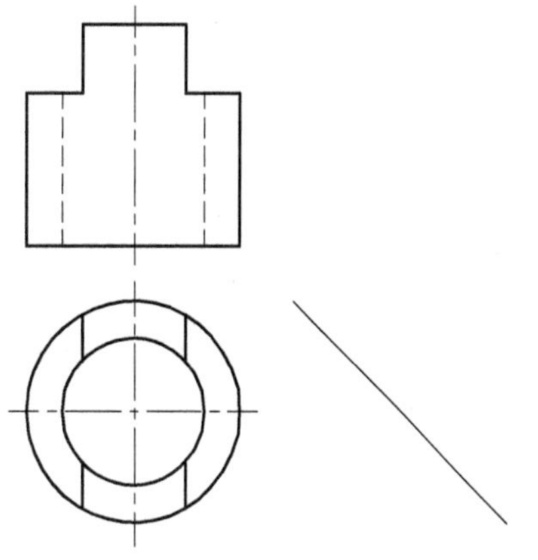

题 3-4 图

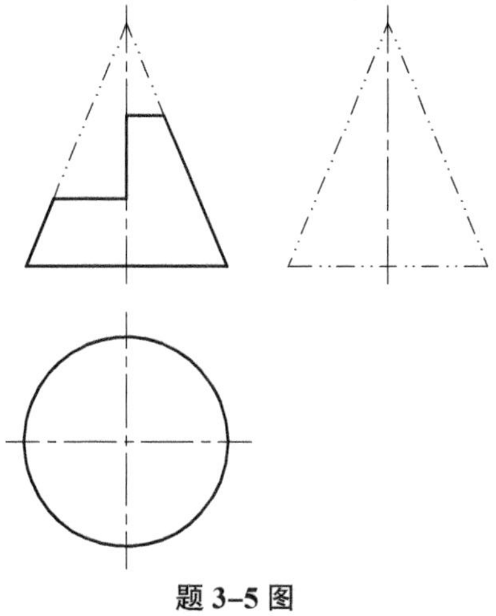

题 3-5 图

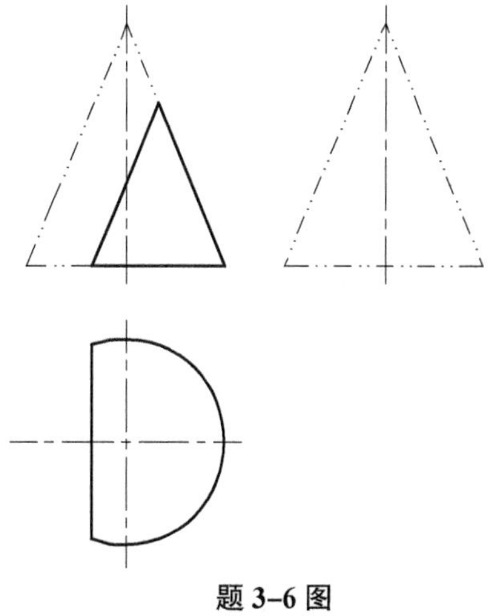

题 3-6 图

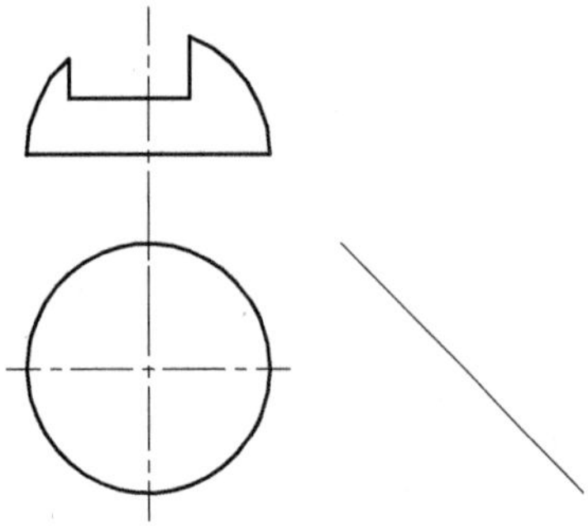

题 3–7 图

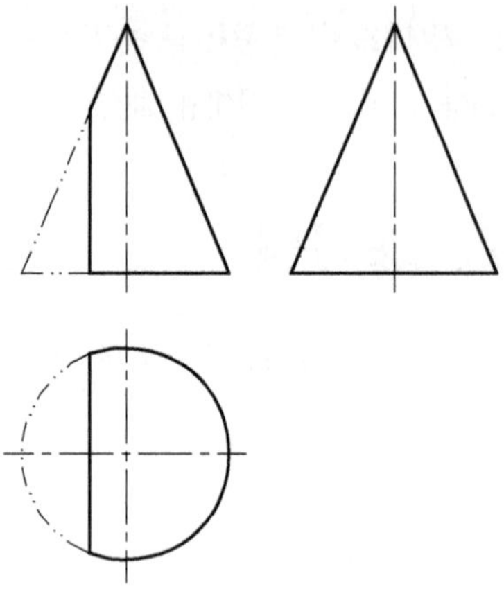

题 3–8 图

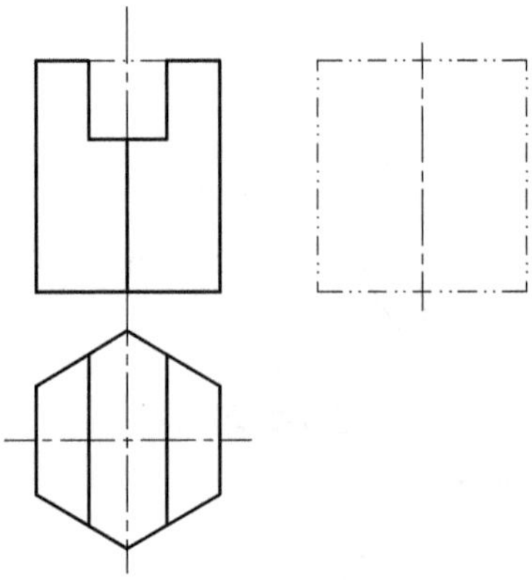

题 3–9 图

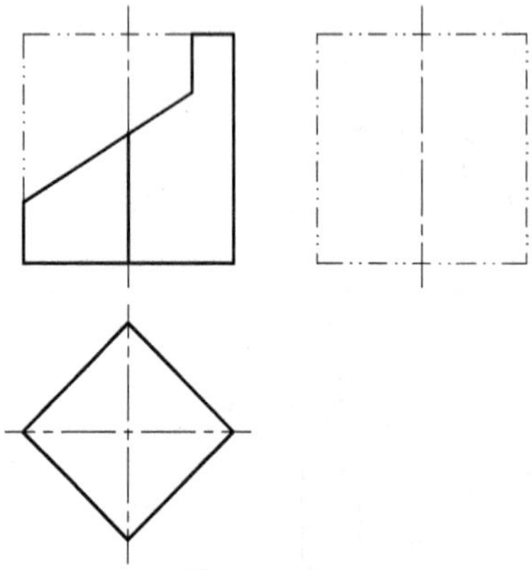

题 3–10 图

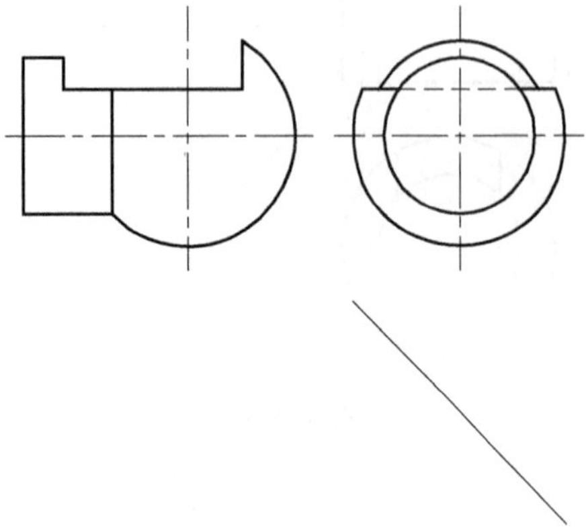

题 3–11 图

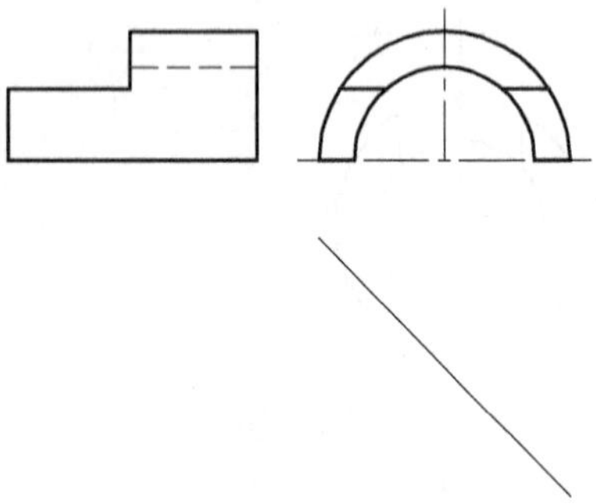

题 3–12 图

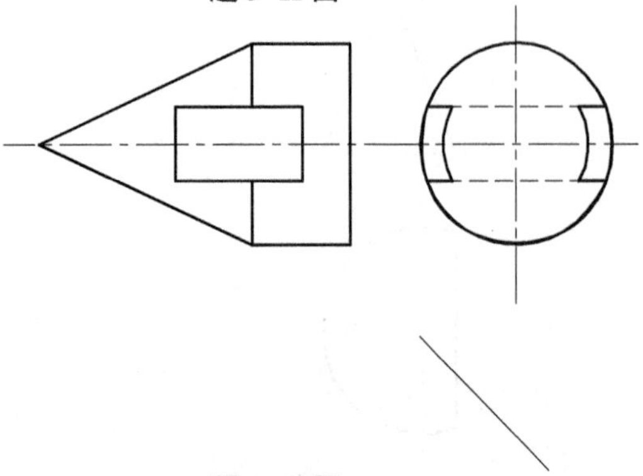

题 3–13 图

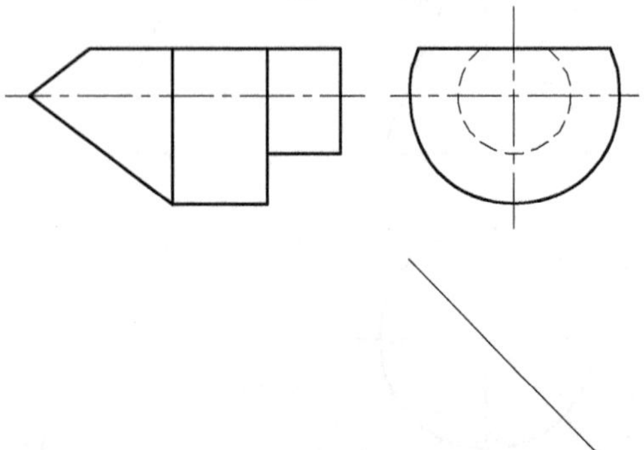

题 3–14 图

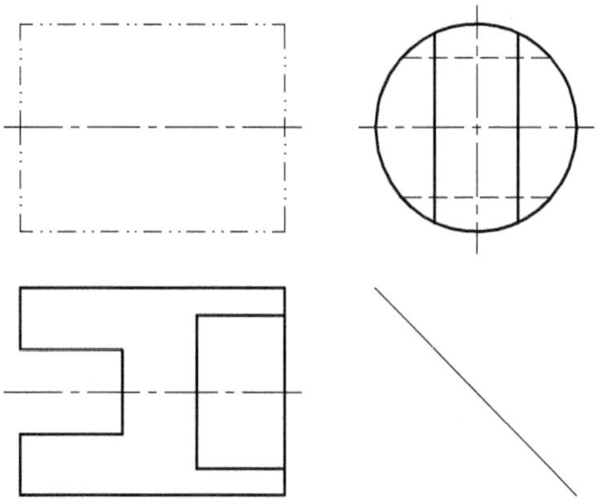

题 3-15 图

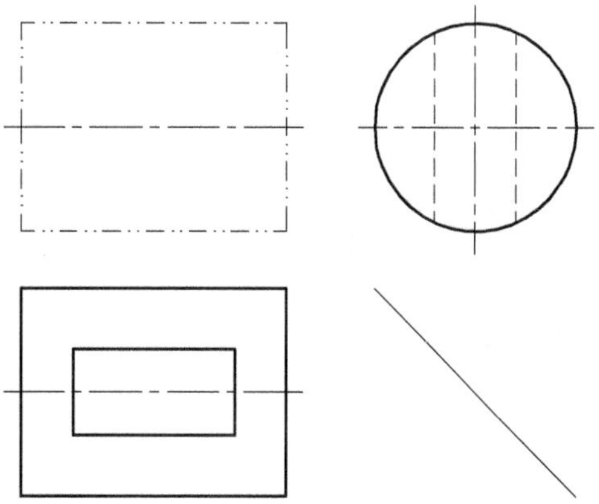

题 3-16 图

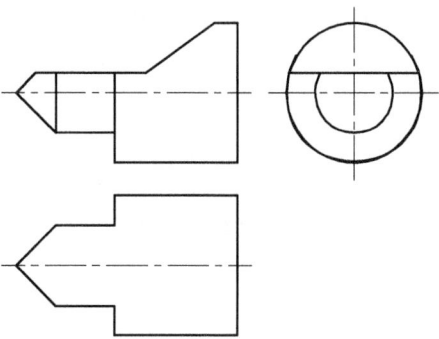

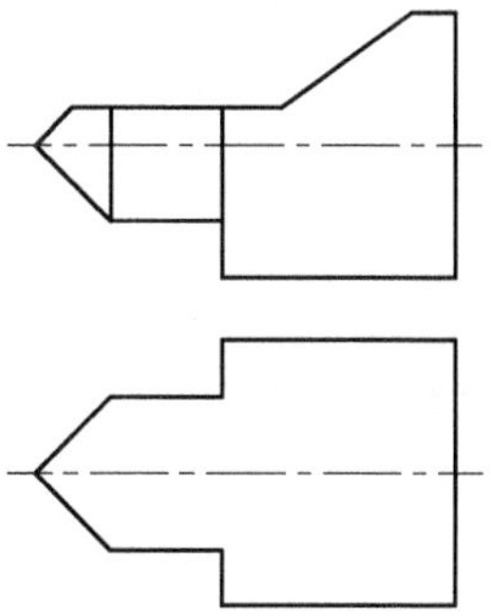

题 3-17 图

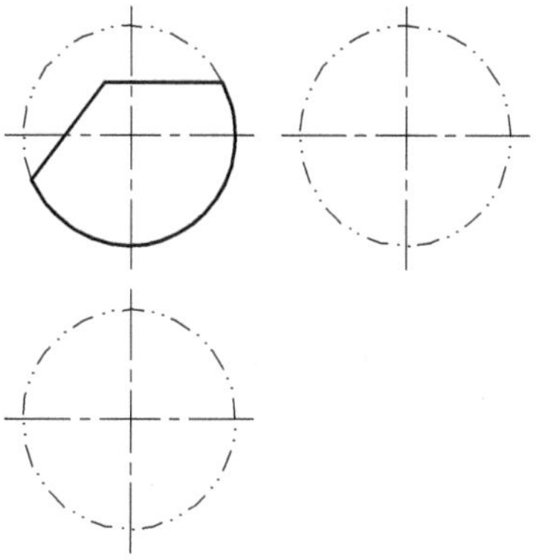

题 3-18 图

2. 题 3-19~ 题 3-44，补画视图——相贯线。

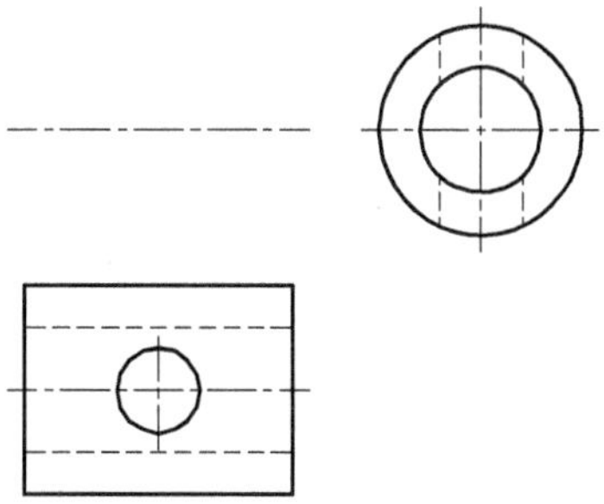

题 3-19 图

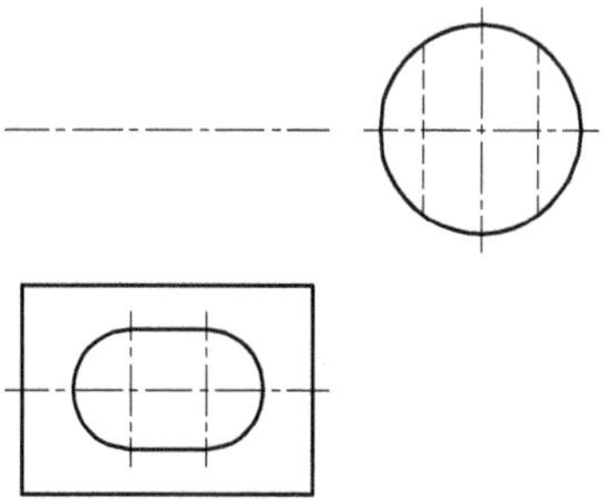

题 3-20 图

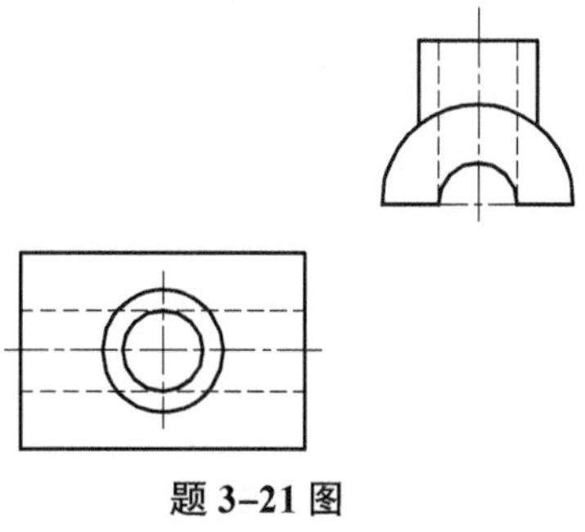

题 3-21 图

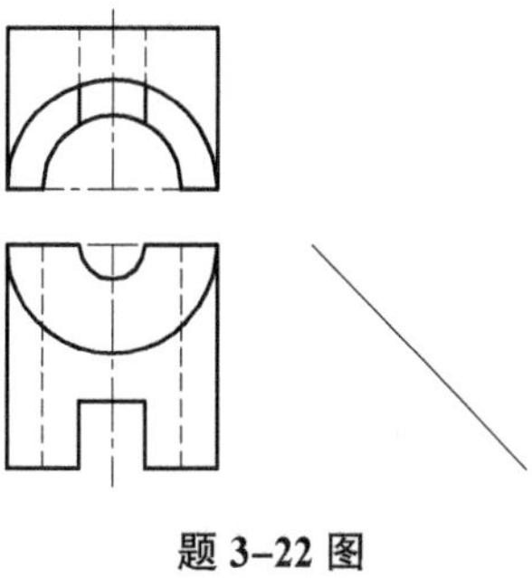

题 3-22 图

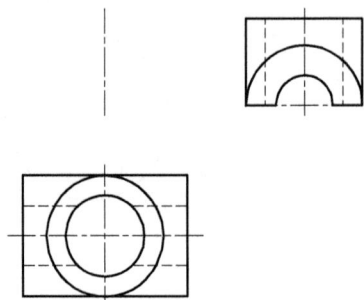

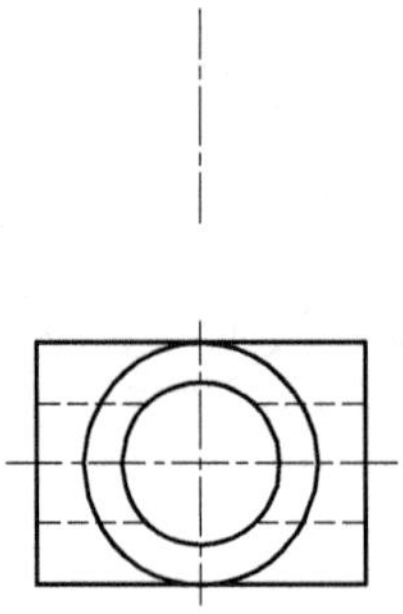

题 3-23 图

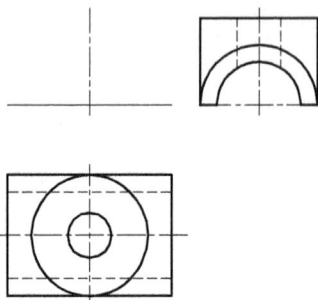

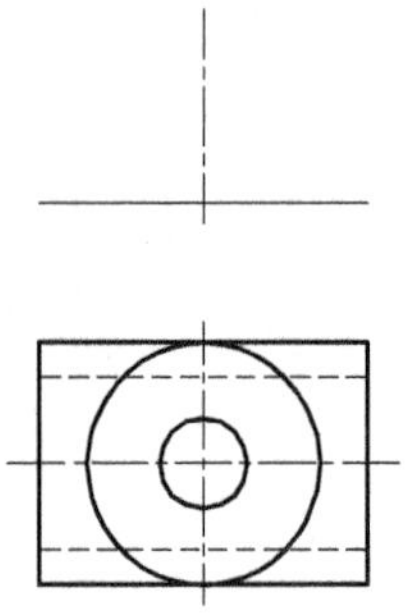

题 3-24 图

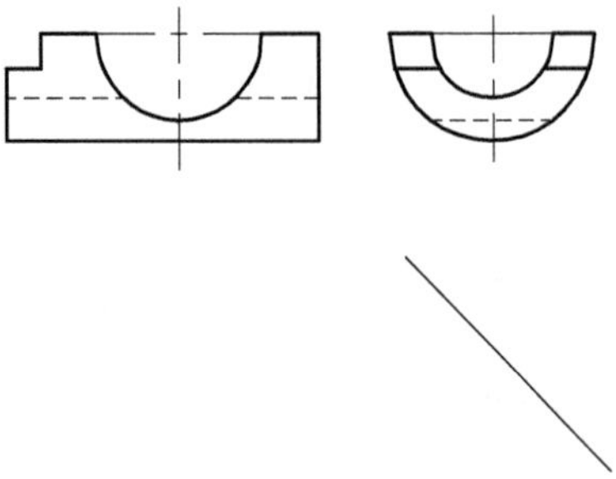

题 3-25 图

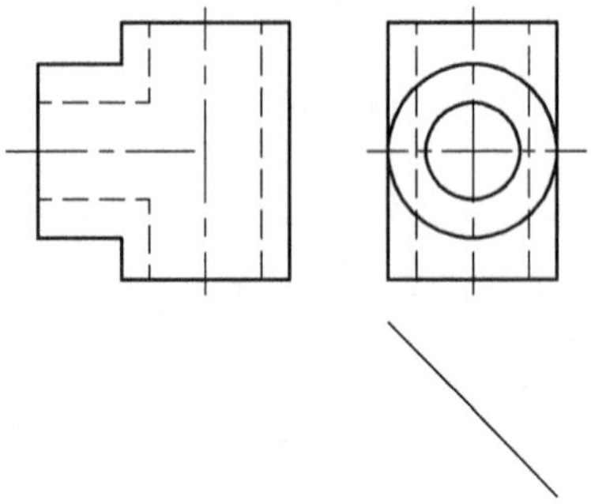

题 3-26 图

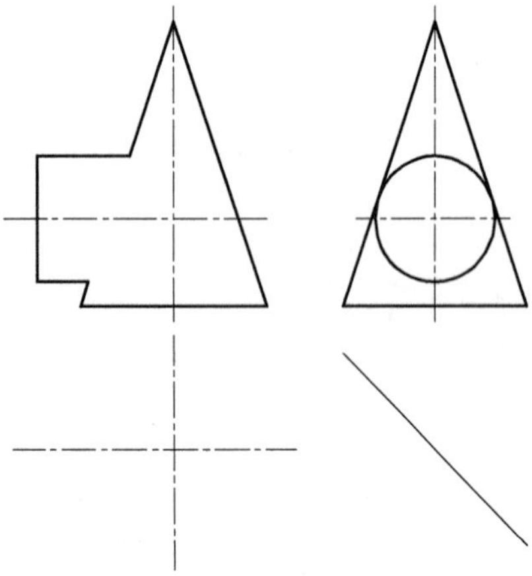

题 3-27 图

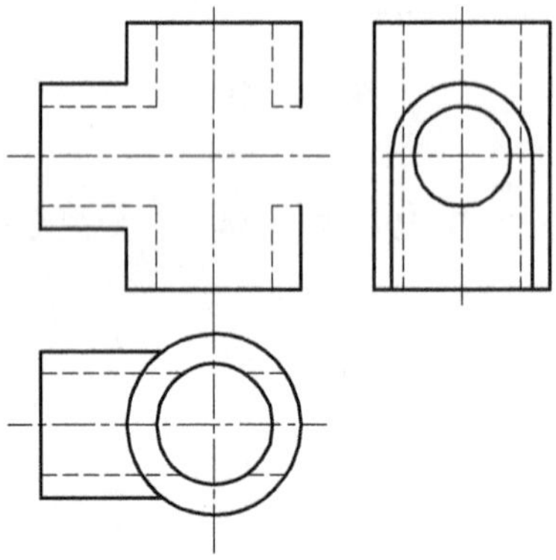

题 3-28 图

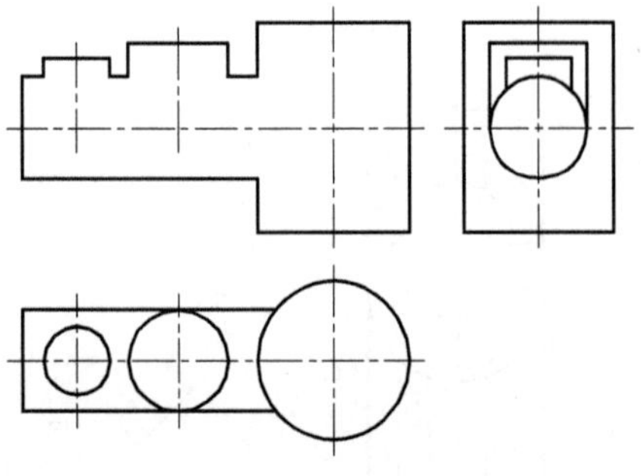

题 3-29 图

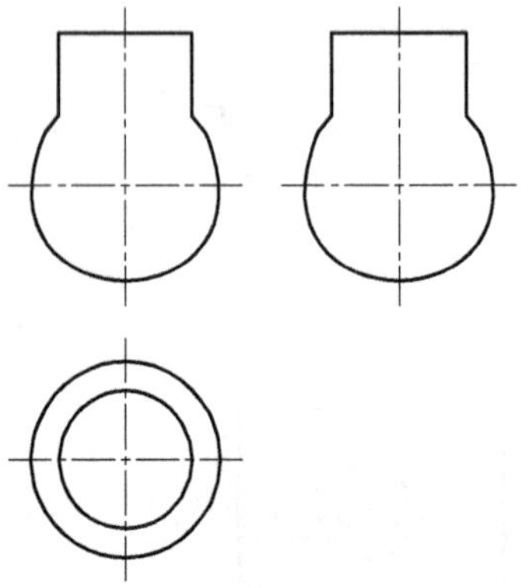

题 3-30 图

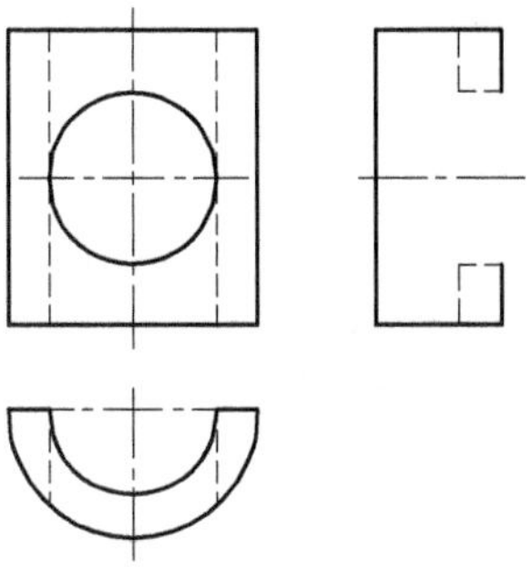

题 3-31 图

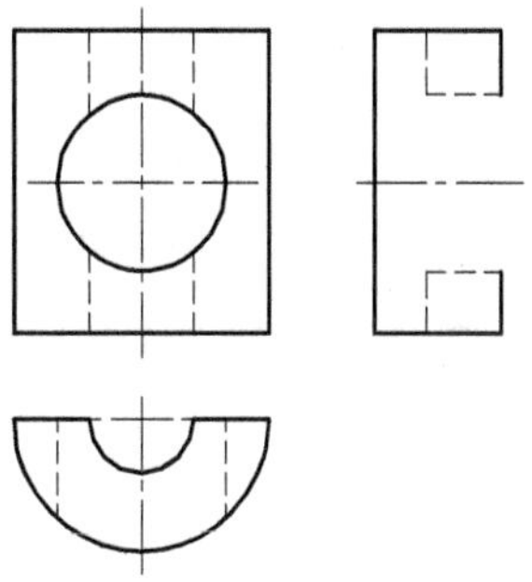

题 3-32 图

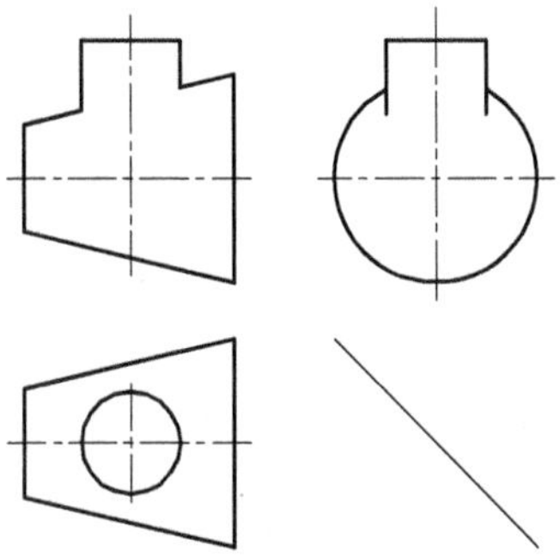

题 3-33 图

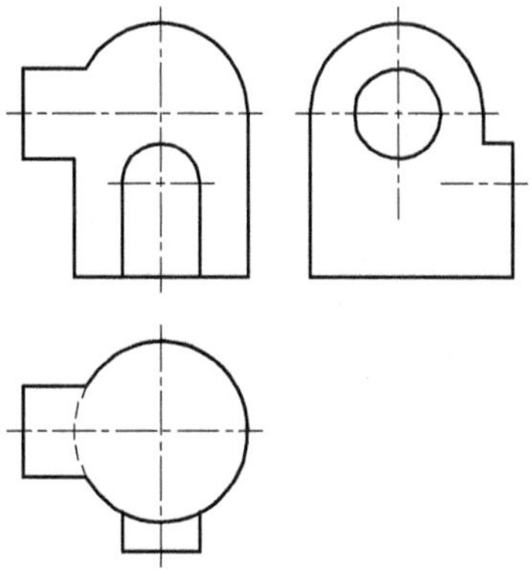

题 3-34 图

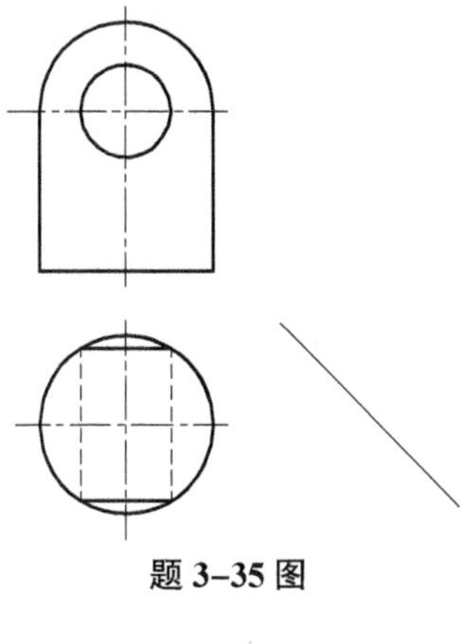

题 3-35 图

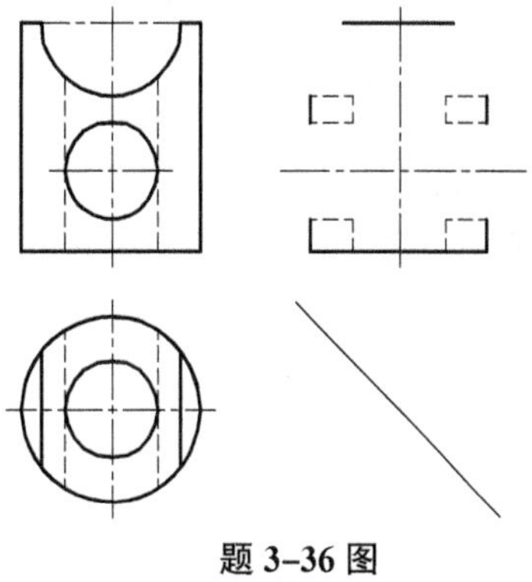

题 3-36 图

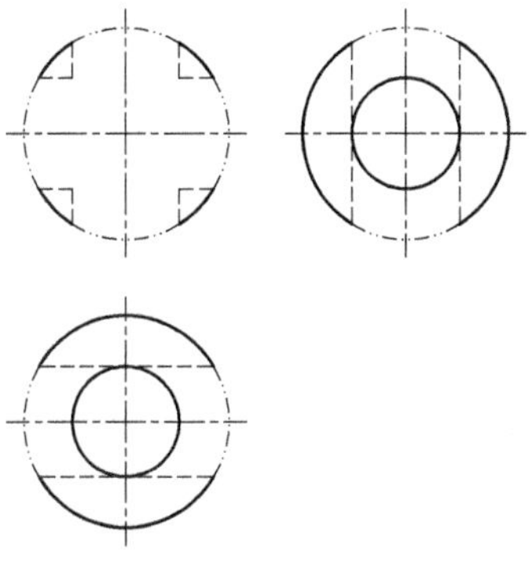

题 3-37 图

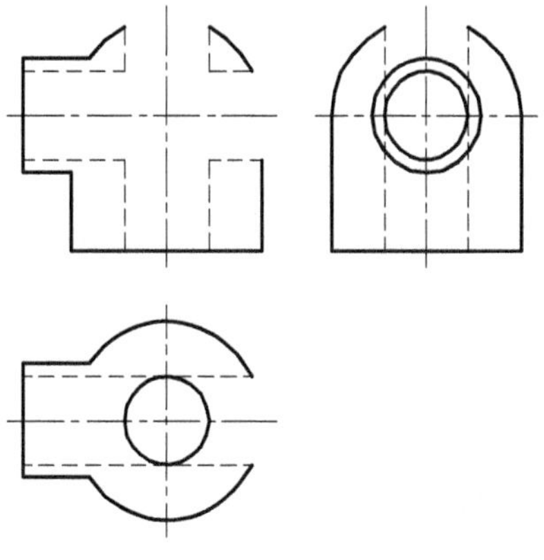

题 3-38 图

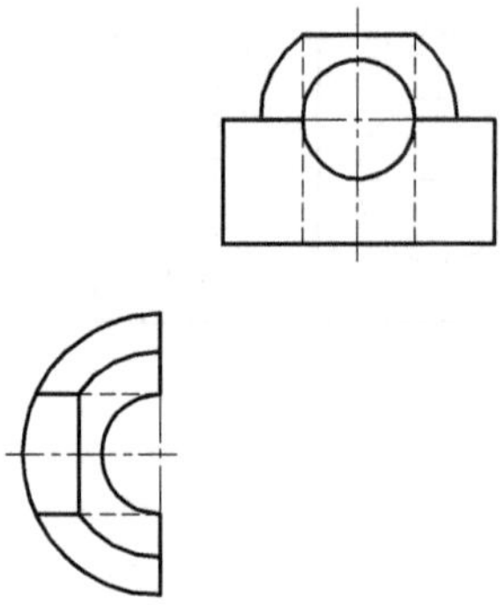

题 3-39 图

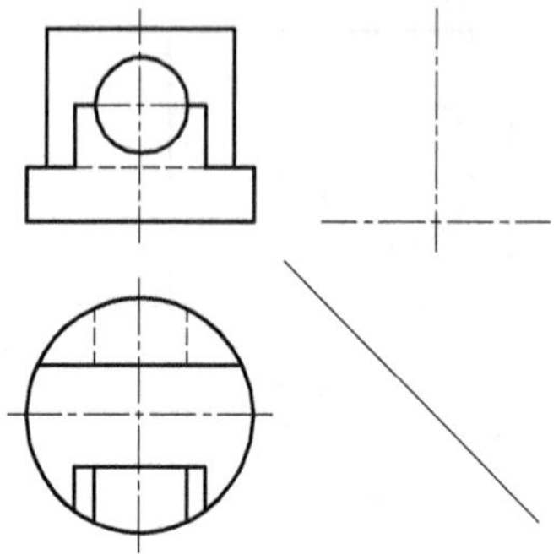

题 3-40 图

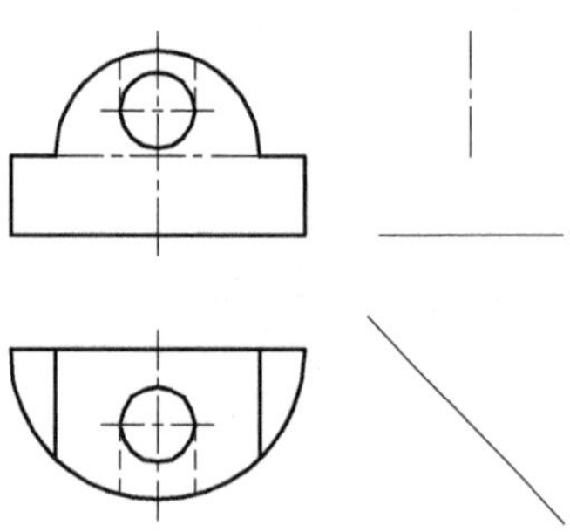

题 3-41 图

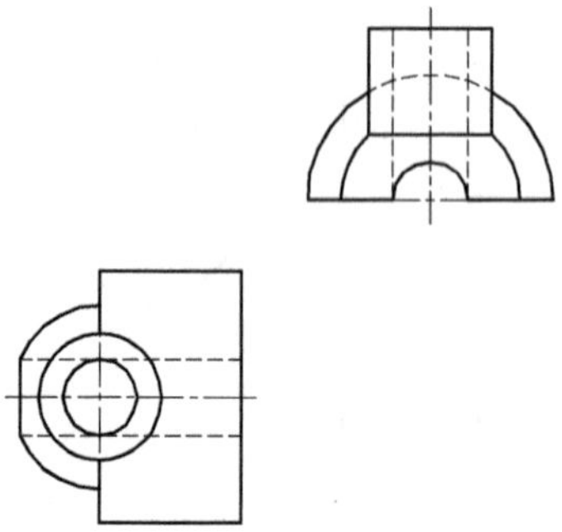

题 3-42 图

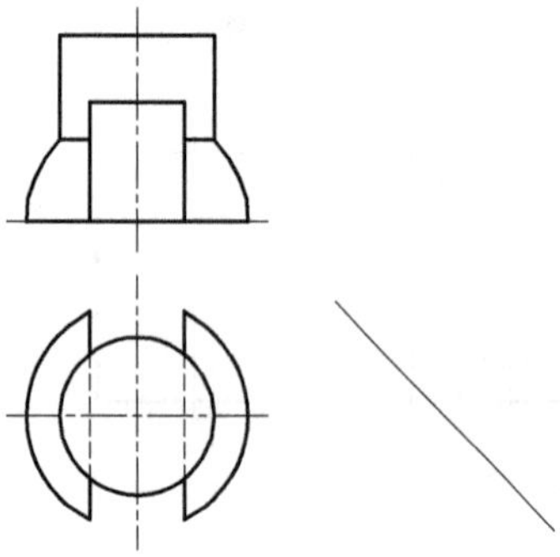

题 3-43 图

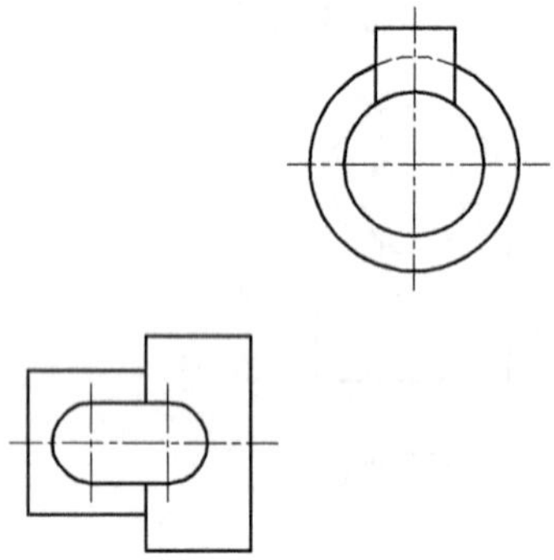

题 3-44 图

六、参考答案

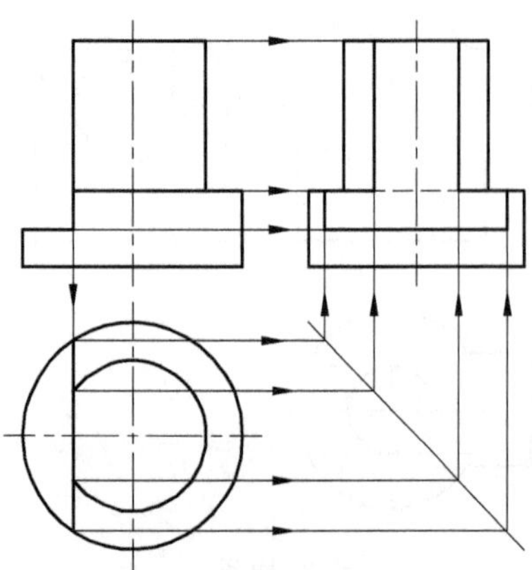

题 3-1

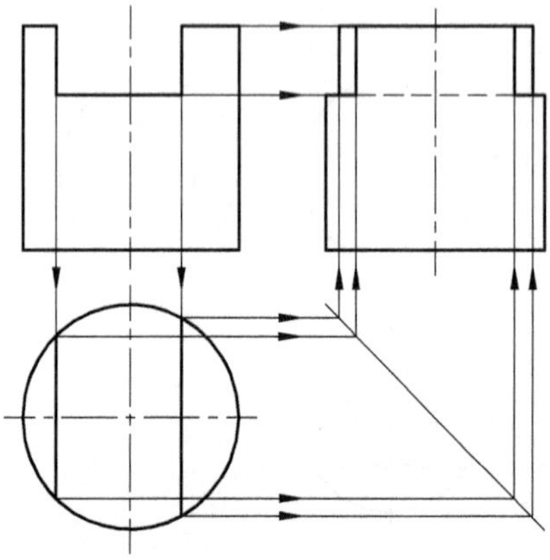

题 3-2

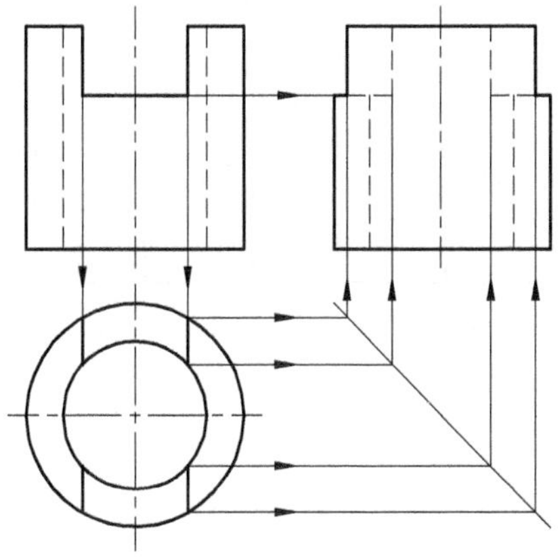

题 3–3

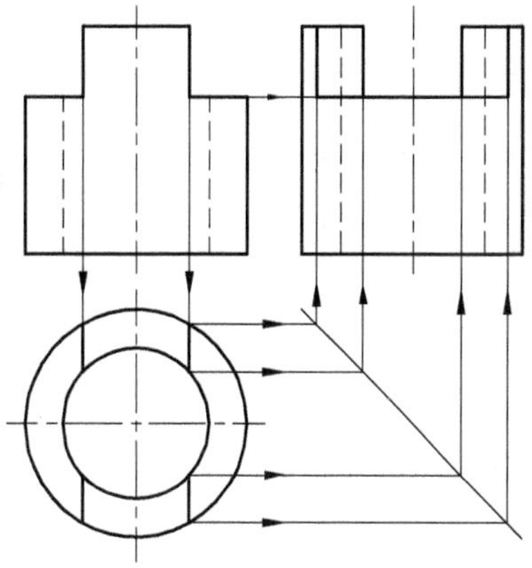

题 3–4

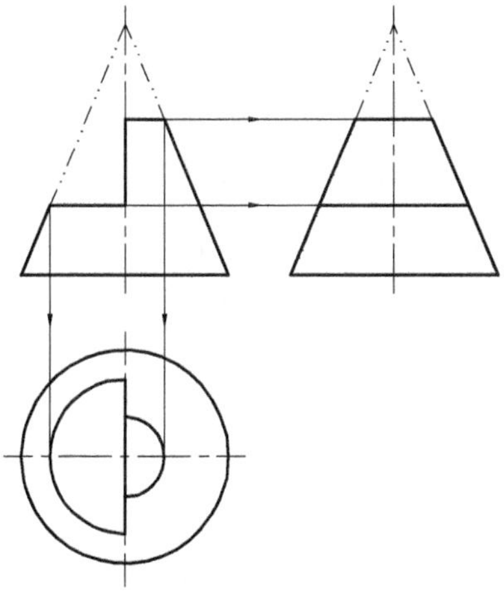

题 3–5

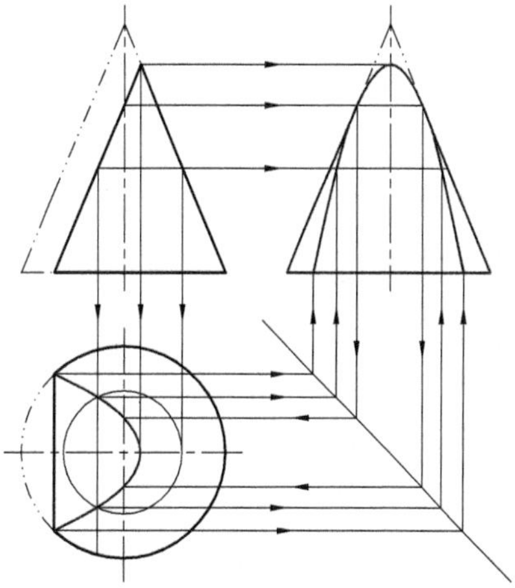

题 3–6

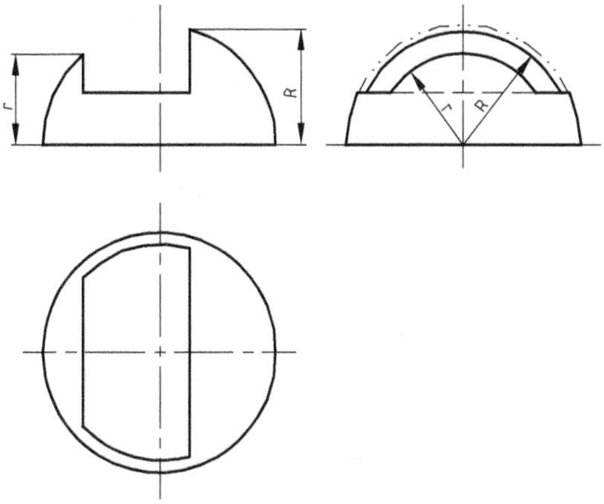

题 3–7

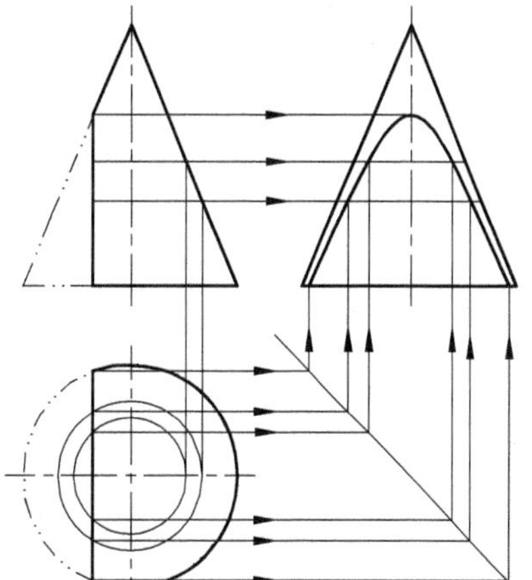

题 3–8

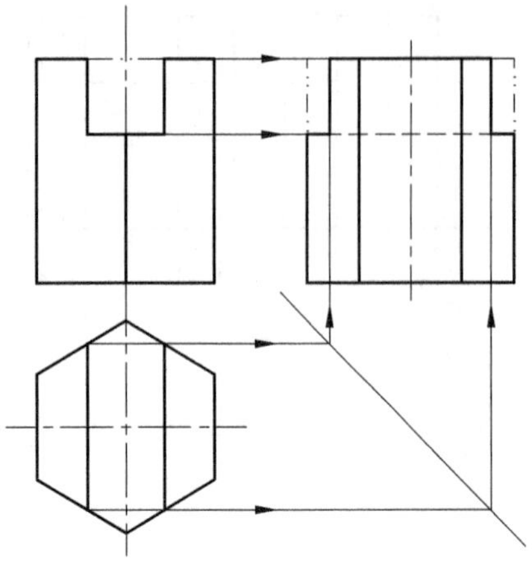

题 3-9

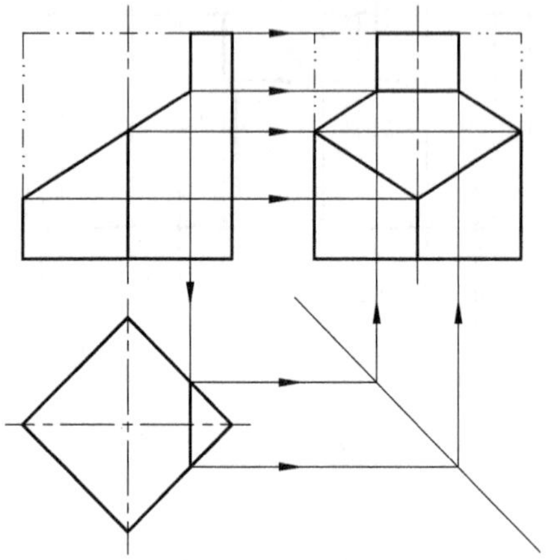

题 3-10

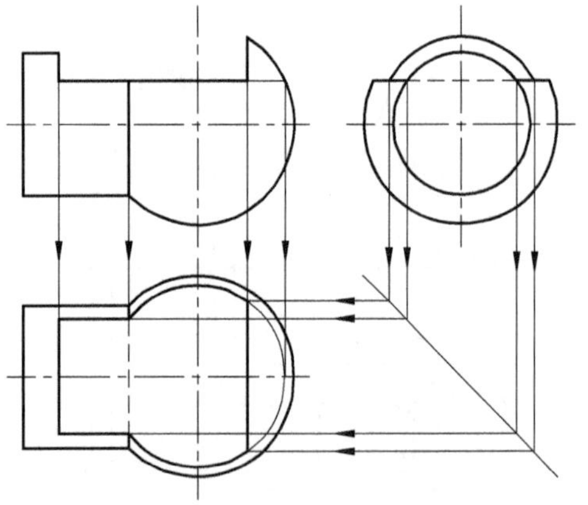

题 3-11

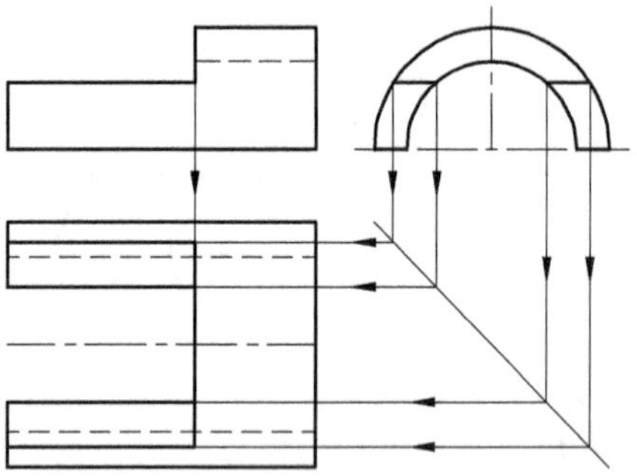

题 3-12

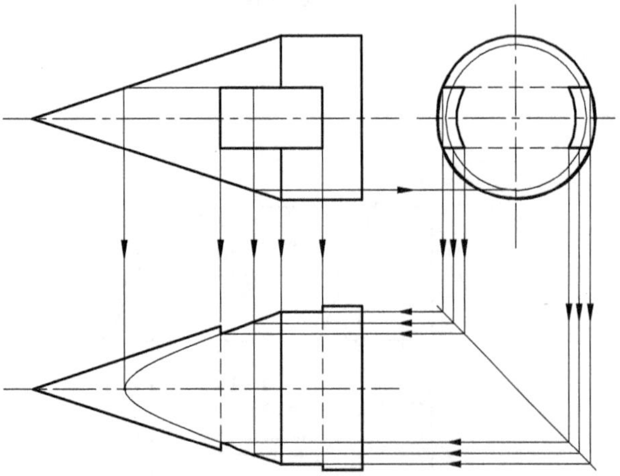

题 3-13

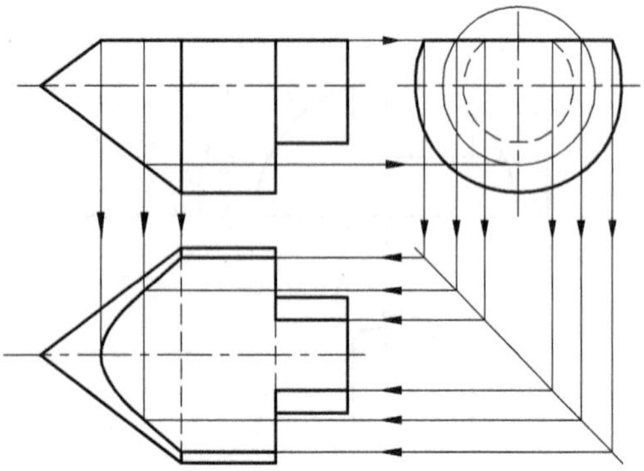

题 3-14

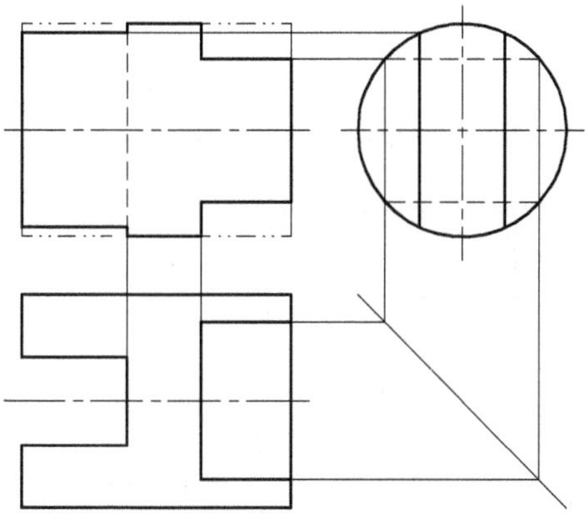

题 3–15

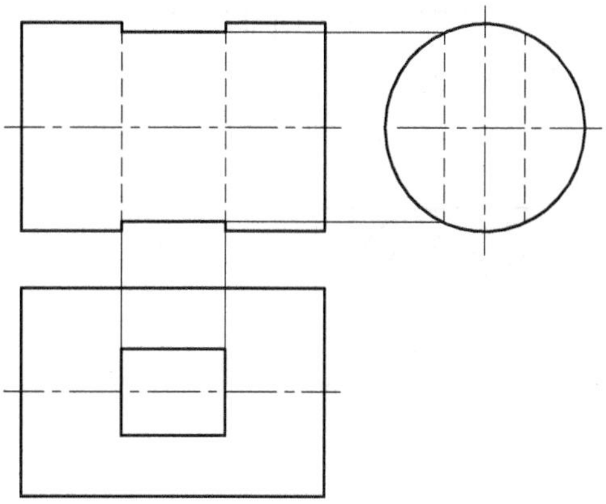

题 3–16

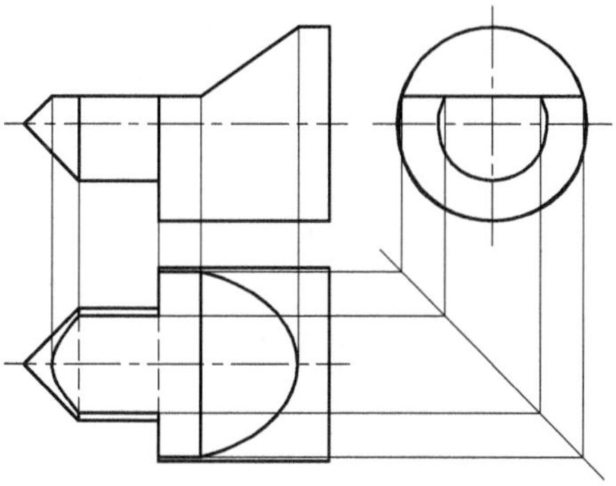

题 3–17

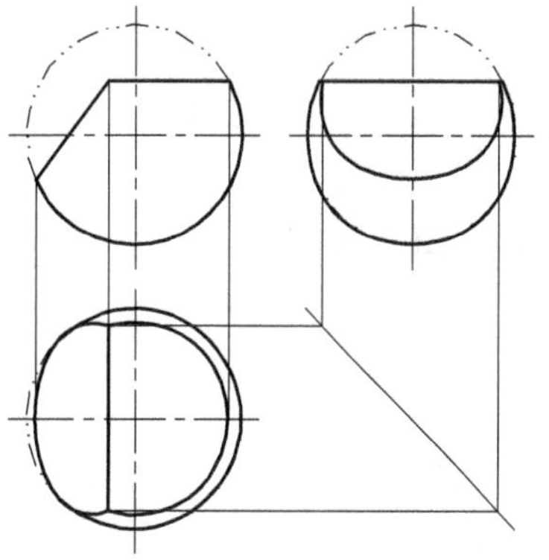

题 3–18

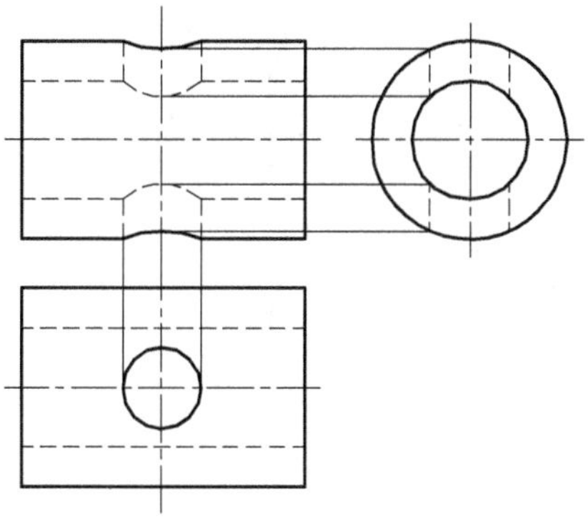

题 3–19

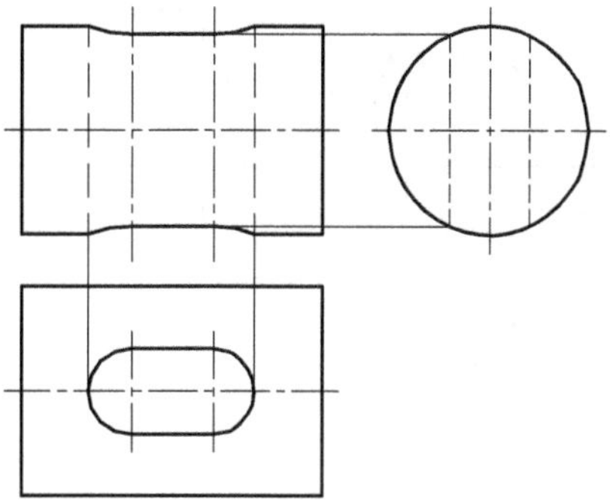

题 3–20

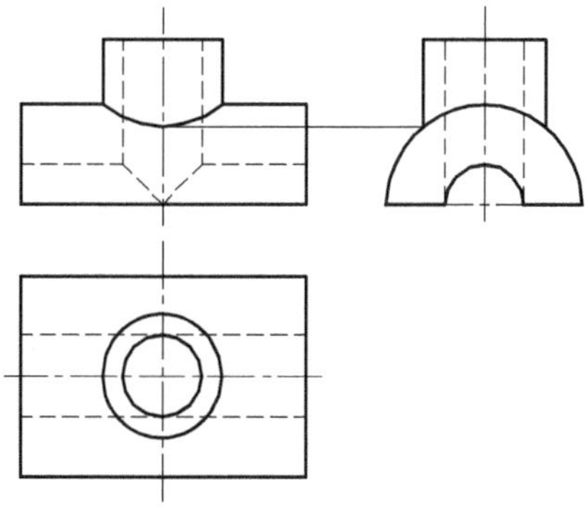

题 3–21

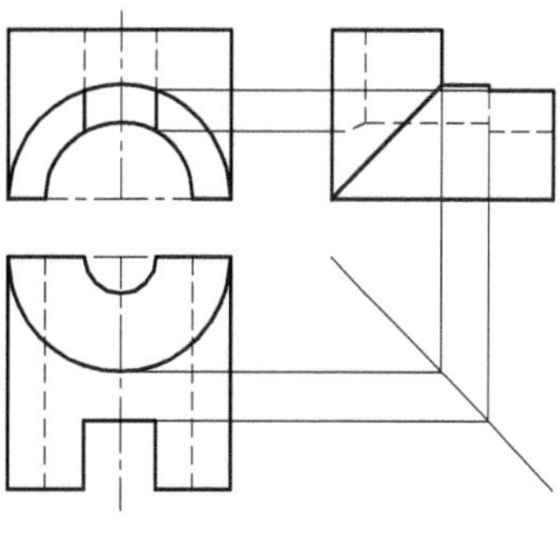

题 3–22

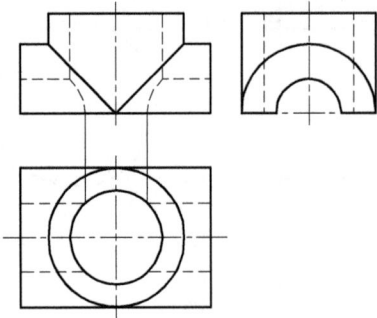

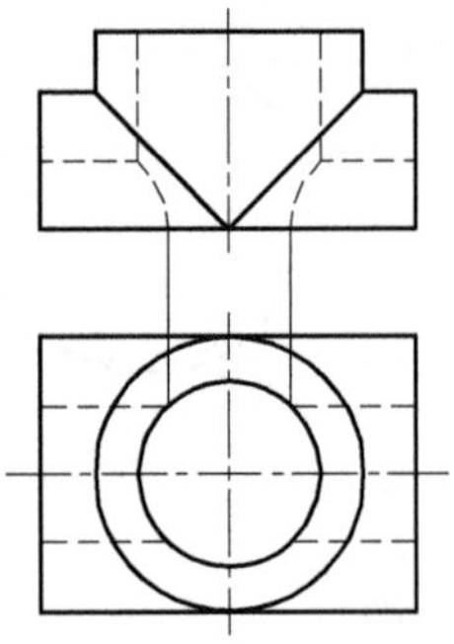

题 3-23

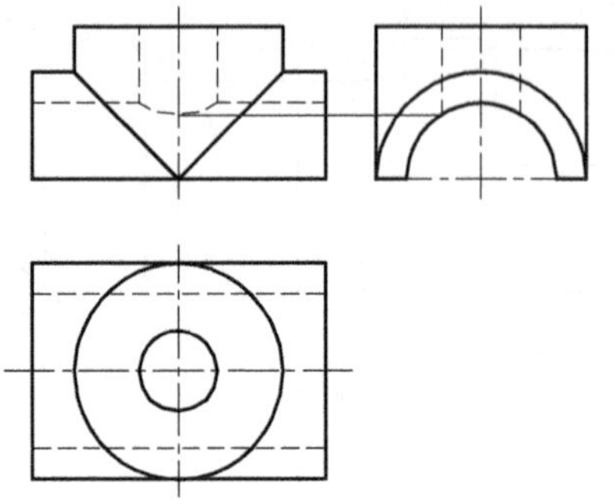

题 3-24

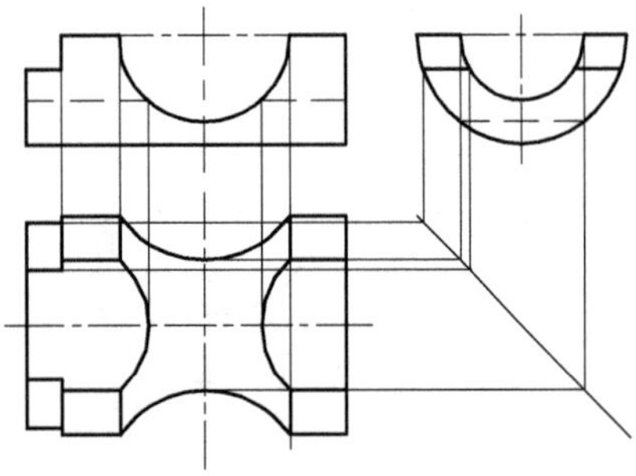

题 3-25

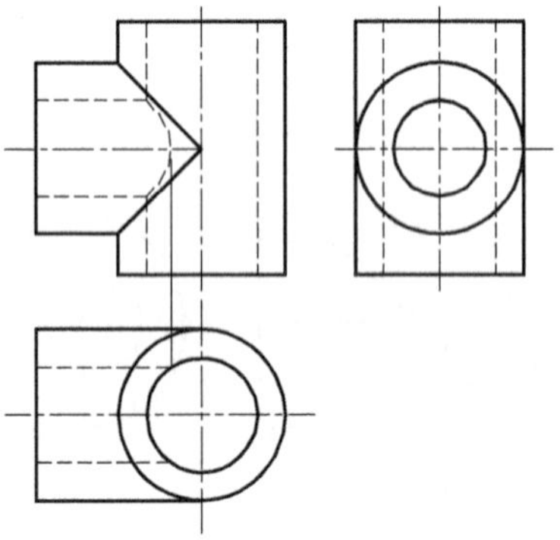

题 3-26

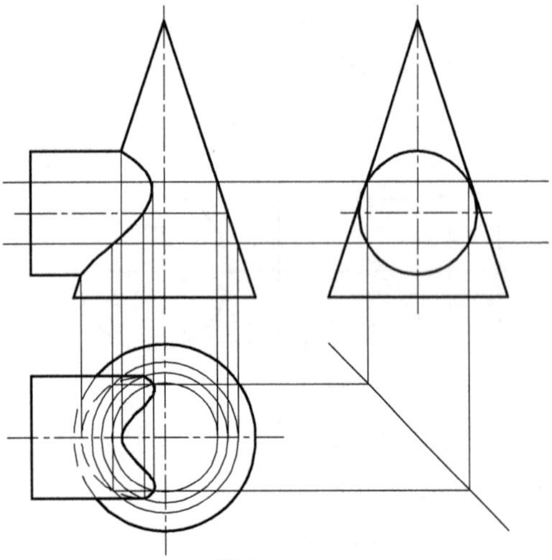

题 3-27

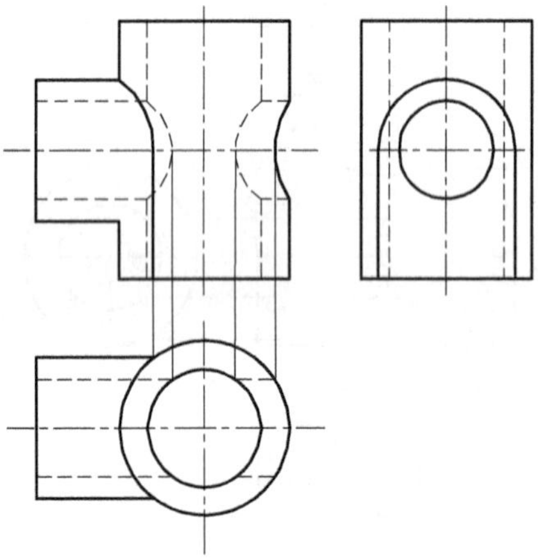

题 3-28

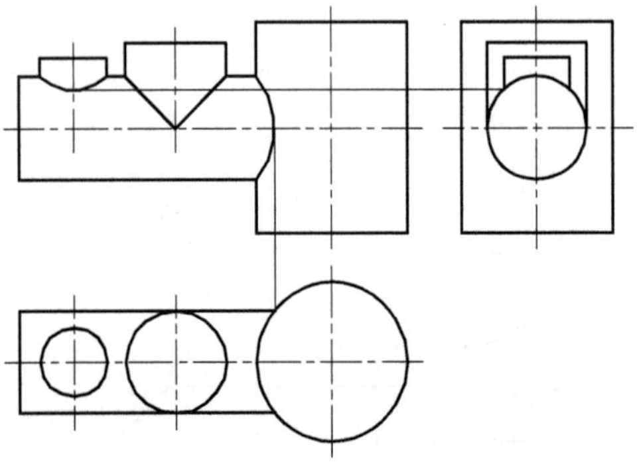

题 3-29

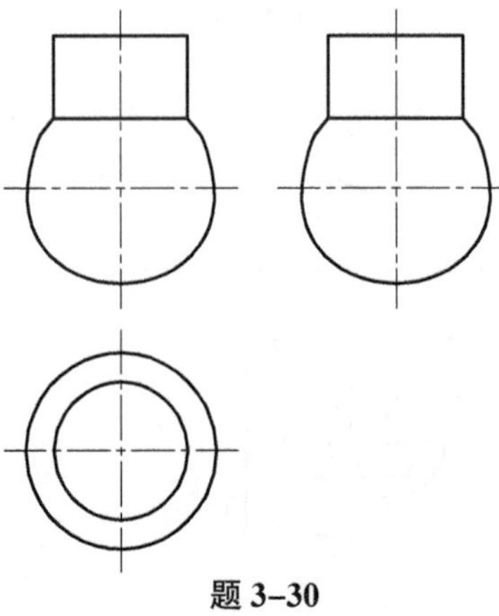

题 3-30

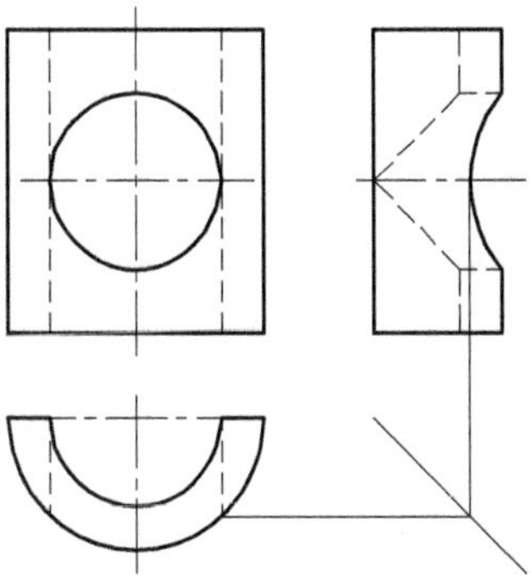

题 3-31

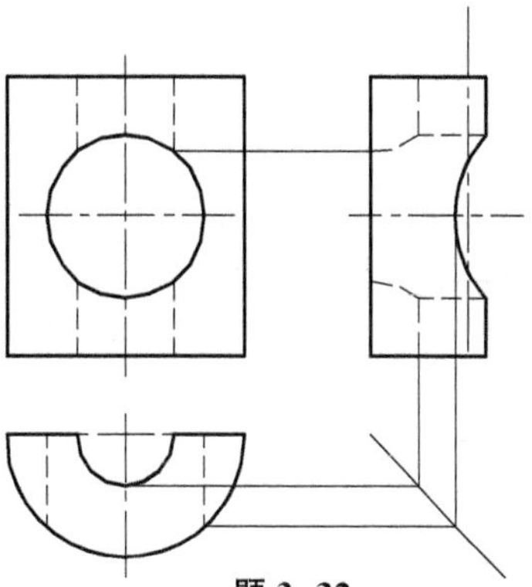

题 3-32

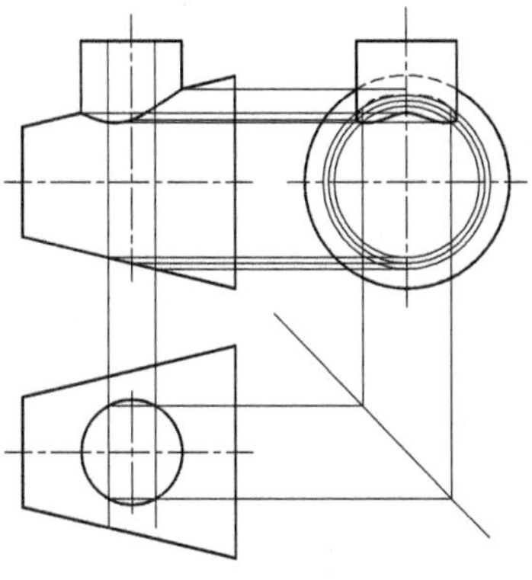

题 3-33

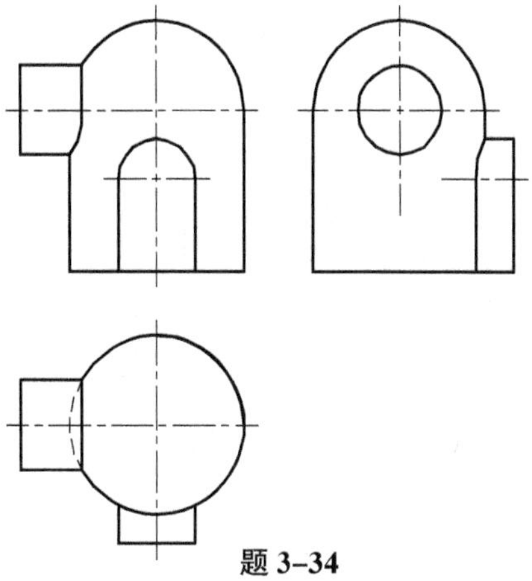

题 3-34

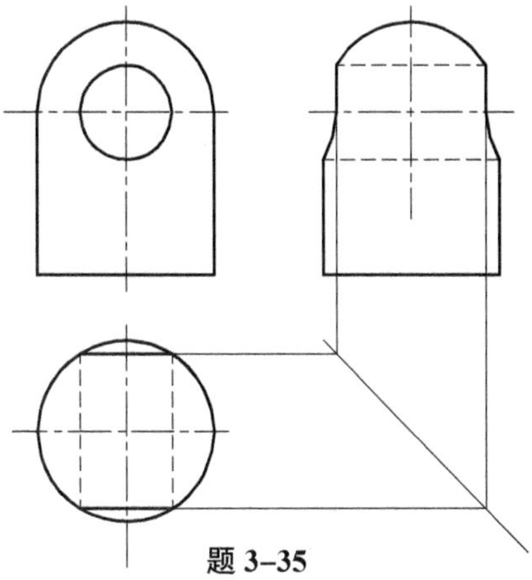

题 3-35

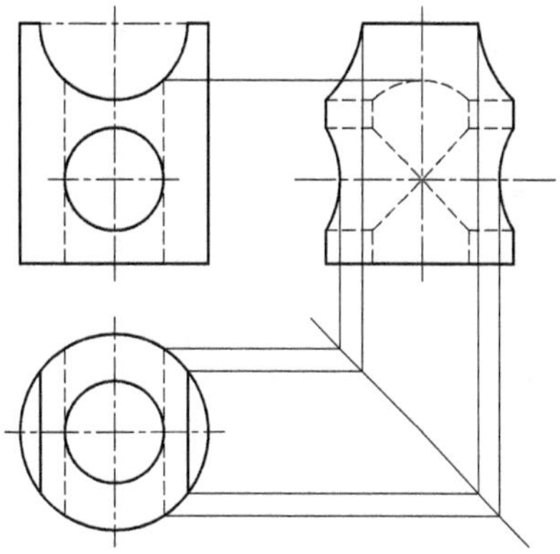

题 3-36

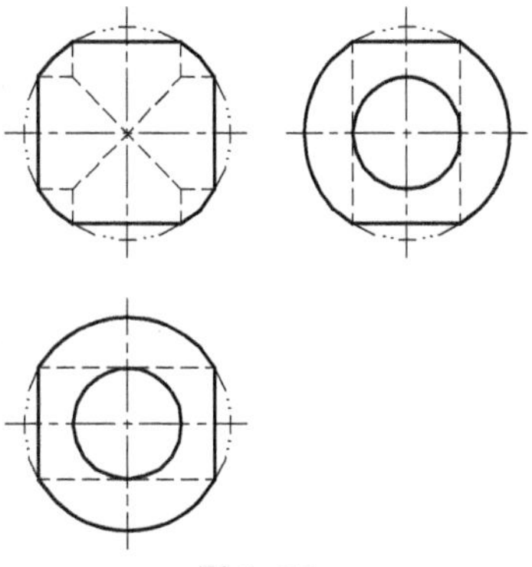

题 3-37

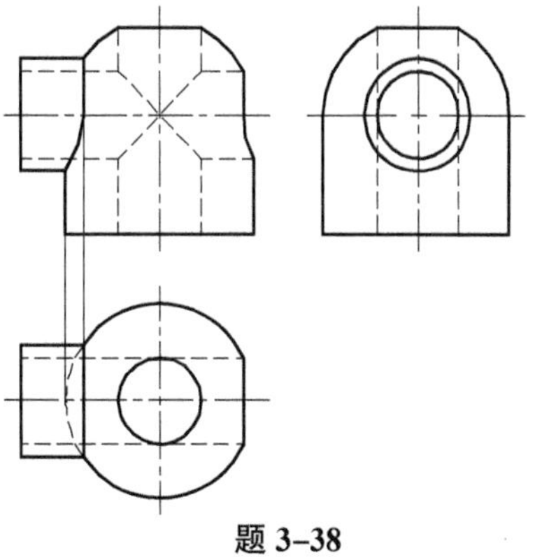

题 3-38

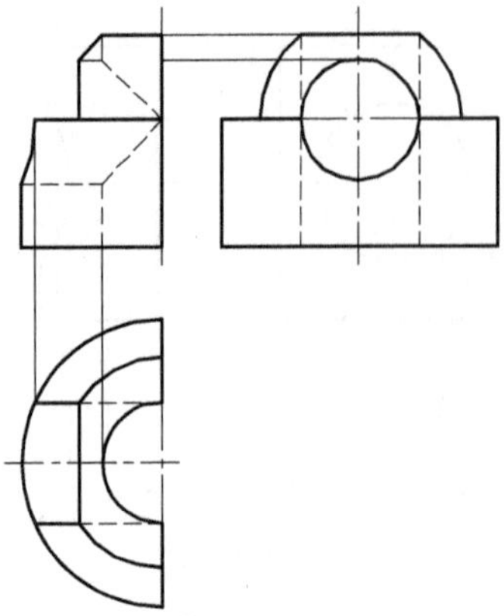

题 3-39

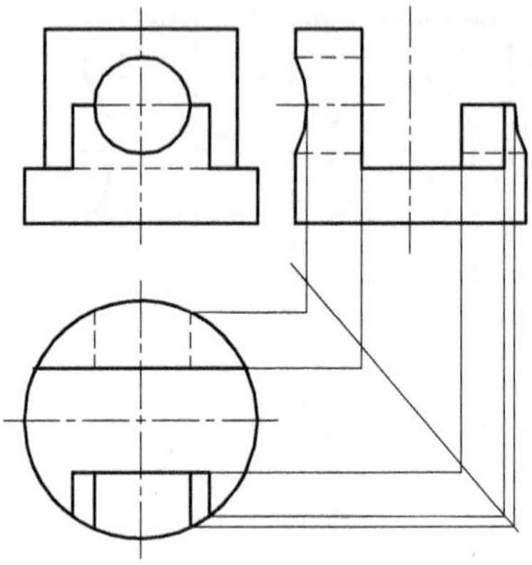

题 3-40

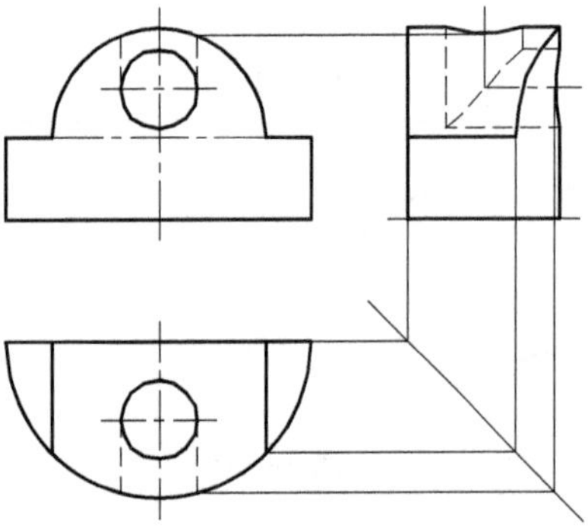

题 3-41

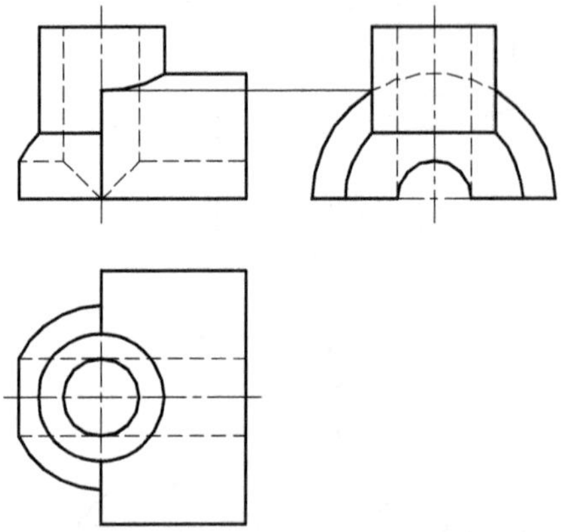

题 3-42

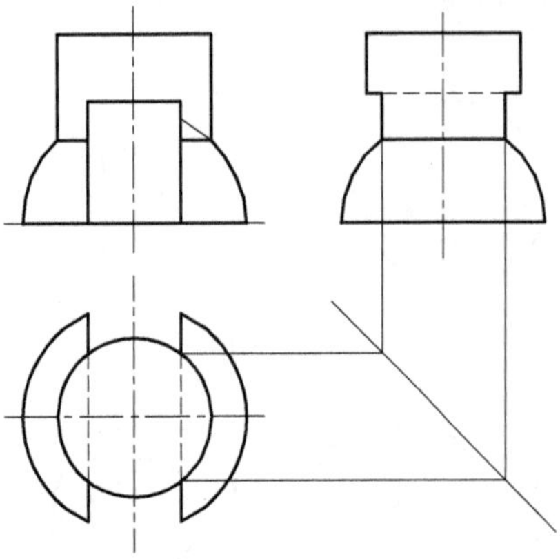

题 3-43

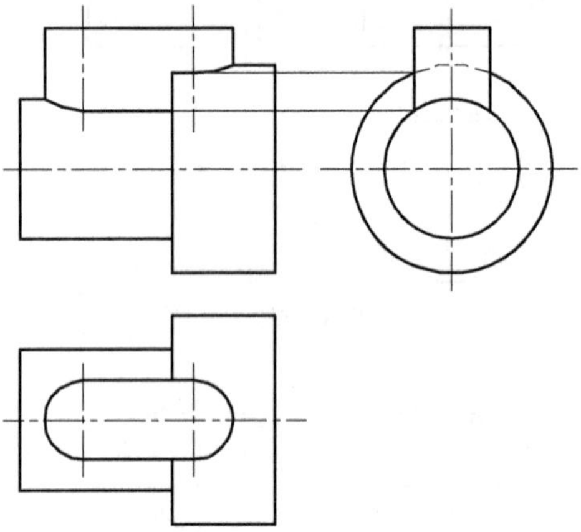

题 3-44

第4章　轴测图

本章知识要点

1. 掌握轴测图基本知识。
2. 熟练掌握正等轴测图的画法。
3. 掌握斜二等轴测图、正二等轴测图的画法。

一、轴测图基础知识

轴测图的基本知识包括轴测图的形成、正等轴测图和斜二等轴测图的轴间角和轴向伸缩系数。中、高级制图员主要掌握正等轴测图的绘制原理和基本作图方法，能熟练绘制组合体的正等轴测图。

1. 轴测图、轴间角和轴向伸缩系数　将物体连同其空间直角坐标系，沿不平行于任一坐标平面的方向，用平行投影法将其投射在单一投影面（轴侧投影面）上所得到的图形称为轴测图。空间直角坐标系的 OX、OY 和 OZ 坐标轴，在轴测投影面上的投影 O_1X_1、O_1Y_1 和 O_1Z_1，称为轴测轴；两轴测轴间的夹角 $\angle X_1O_1Y_1$、$\angle X_1O_1Z_1$、和 $\angle Z_1O_1Y_1$，称为轴间角，如图 4–1 所示。物体上平行于坐标轴的线段在轴测图上的长度与实际长度之比叫作轴向变形系数（X、Y、Z 轴上的轴向变形系数分别用 p、q、r 表示）。轴间角和轴向伸缩系数是画轴测图的两个主要参数。

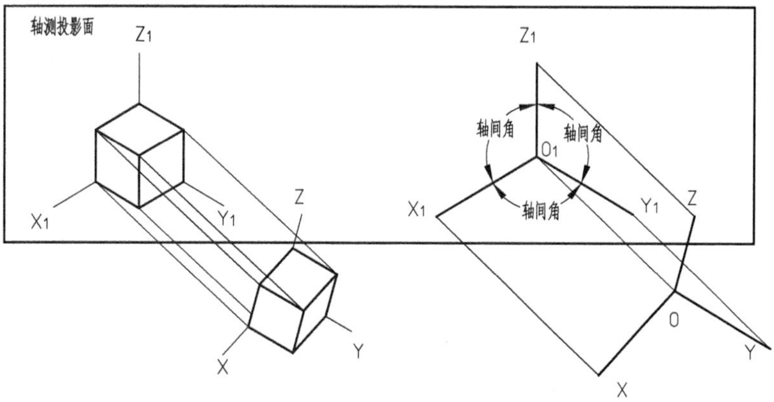

图 4–1　轴测轴、轴间角示意图

2. **轴测图分类** 轴测图按投射方向与轴侧投影面垂直与否有正轴测图和斜轴测图之分。按轴向伸缩系数是否相等分为等测、二等测和不等测三种。最常用的是正等轴测图和斜二轴测图，如图 4–2 所示。

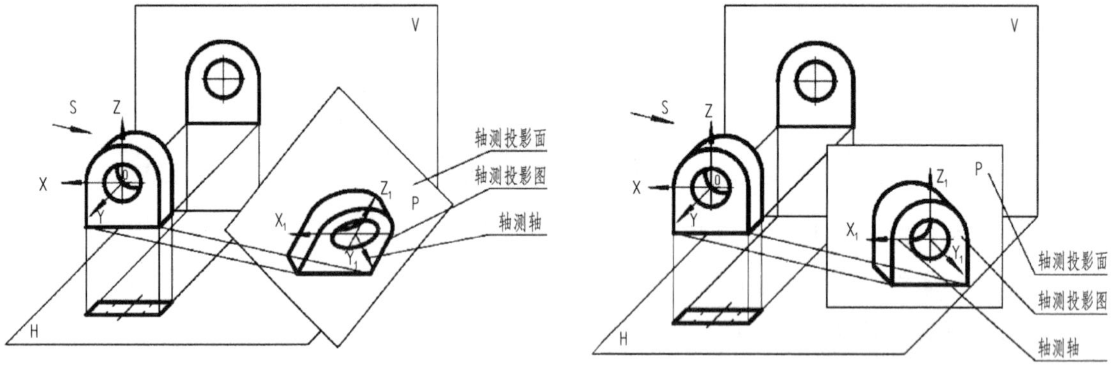

（a）正等轴测图的形成　　（b）斜二轴测图的形成

图 4–2　正等轴测图、斜二轴测图示意图

3. **平行性、定比性** 物体上相互平行的直线的轴测投影仍平行，且投影长度与原来的线段长度成定比。

4. **正等轴测图的轴间角、轴向伸缩系数** 在正等轴测图中，轴间角（$\angle X_1O_1Y_1$、$\angle Y_1O_1Z_1$、$\angle X_1O_1Z_1$）均为 120°，轴向伸缩系数均为 0.82，如图 4–3 所示。作图时为了避免计算，通常采用简化伸缩系数 1。

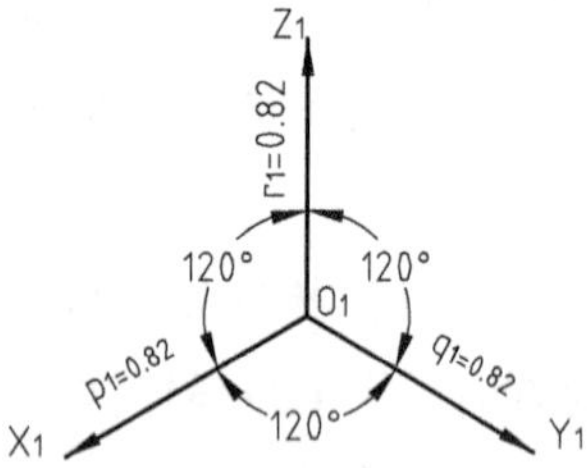

图 4–3　正等轴测图的轴测轴、轴间角与轴向伸缩系数

5. **圆的正等轴测图** 平行于坐标面的圆的正等轴测图都是椭圆，一般采用棱形四心圆弧法近似画出椭圆。

6. **斜二轴测图的轴间角、轴向伸缩系数** 斜二轴测图中，X_1 和 Z_1 间的轴间角为 90°，Y_1 轴和 X_l 轴、Z_1 轴的夹角都是 135°，X 轴和 Z 轴的轴向伸缩系数都等于 1，Y 轴的轴向伸缩系数为 0.5，如图 4–4 所示。

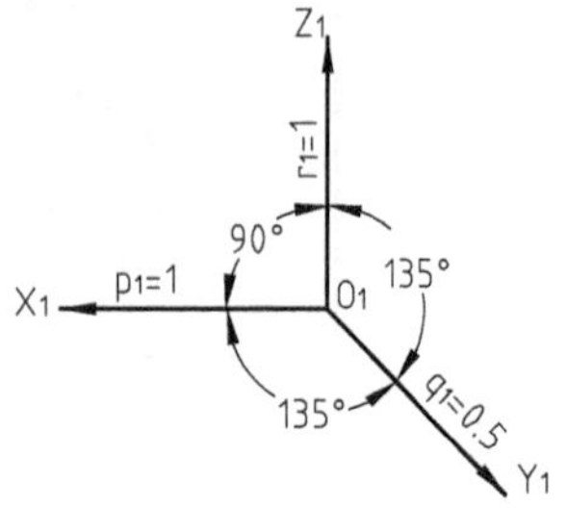

图 4–4　斜二轴测图的轴测轴、轴间角与轴向伸缩系数

7. **绘制轴测图的一般步骤** 具体绘制方法有坐标法、叠加法和切割法，一般步骤如下。

（1）在投影图上画出物体的直角坐标系。

（2）在适当位置画出相应的轴测轴。

（3）依据轴测轴画物体的轴测图。

8. **轴测剖视图** 轴测剖视图通常用假想的两个相互垂直的剖切平面将物体剖开。轴侧剖视图上的不同断面的剖面线方向，要依据相应轴测坐标面两轴测轴上由伸缩系数确定的点的连线来确定。

9. **画轴测剖视图的方法** 画轴测剖视图的方法有两种。

（1）先画外形再作剖视图。

（2）先画断面形状再画投影。

10. **轴测装配图画法**　轴测装配图画法分为：整体式画法、分解式画法、整体与分解相结合的画法。整体式画法用以说明产品的工作原理和各零件之间的装配和连接关系；画图的关键是如何正确确定各个零件的定位面并处理好遮挡关系。分解式轴测装配图也称“爆炸”装配图，用以说明产品的装配顺序。整体轴测装配图一般都画成剖视图，即在各个零件的轴测图上作剖视。

二、绘制轴测图

根据制图员考查内容，举例说明带斜面或切口平面立体的三视图，其正等轴测图的画法；根据一个视图方向带圆或圆弧立体的三视图，其正等轴测图的画法。

【例 4–1】 根据图 4–5（a）所示三视图，画出其立体的正等轴测图。

分析

通过形体分析可知，该立体是由长方体切割形成的，作图时可先画出长方体的正等轴测图，再按逐次切割的顺序作图。

（1）在三视图上选坐标原点，定坐标轴［图 4–5（b）］。

（2）画正等轴测轴［图 4–5（c）］。

（3）画切割前完整长方体的轴测图［图 4–5（d）］。

（4）切前斜面［图 4–5（e）］。

（5）切 V 形槽［图 4–5（f）］。

（6）擦去作图线，描深，完成作图［图 4–5（g）］。

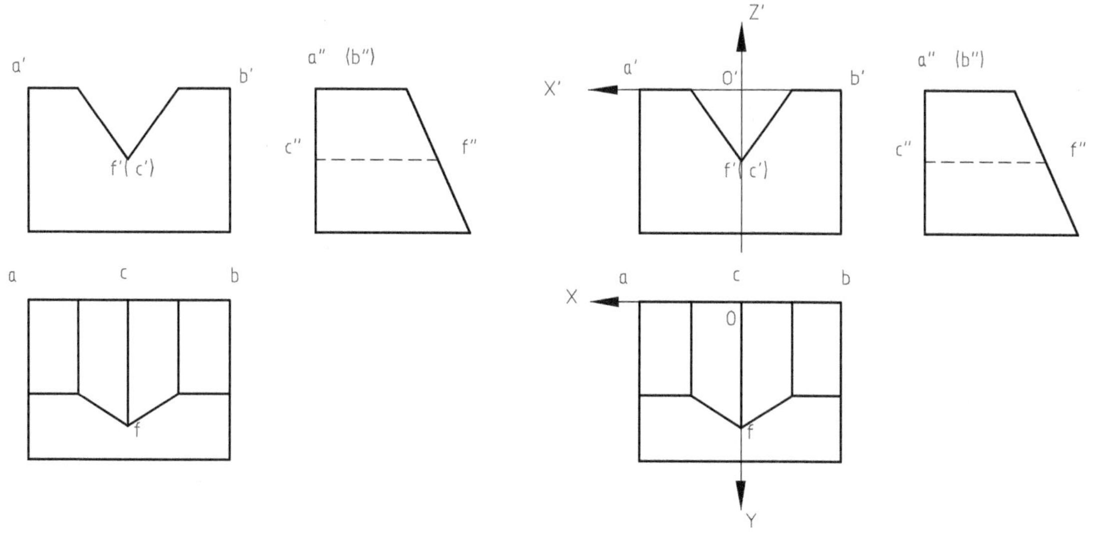

（a）已知组合体的三视图　　（b）选坐标原点，定坐标轴

图 4–5

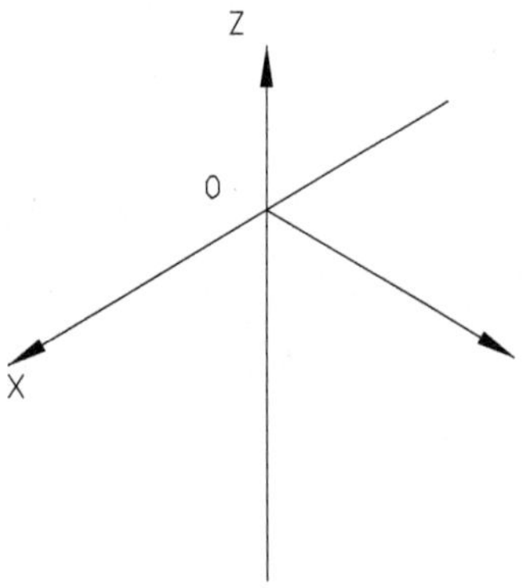

（c）画正等轴测轴

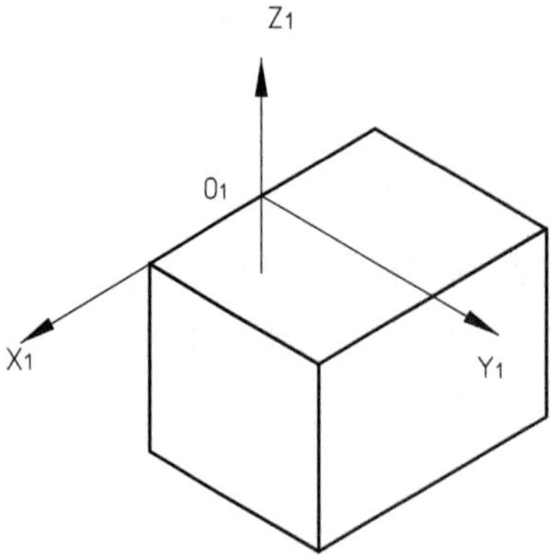

（d）画切割前的完整长方体

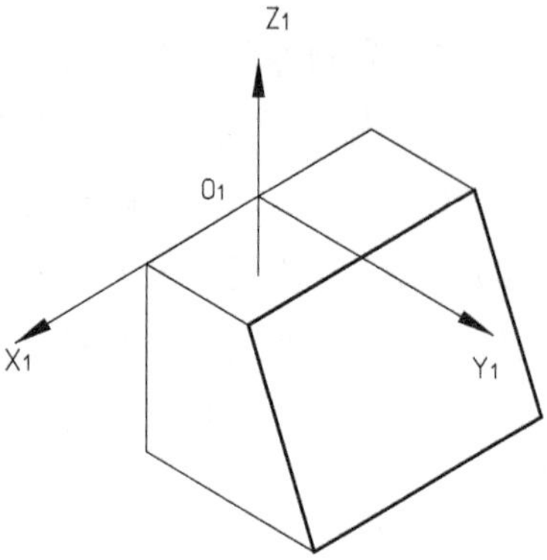

（e）切前斜面

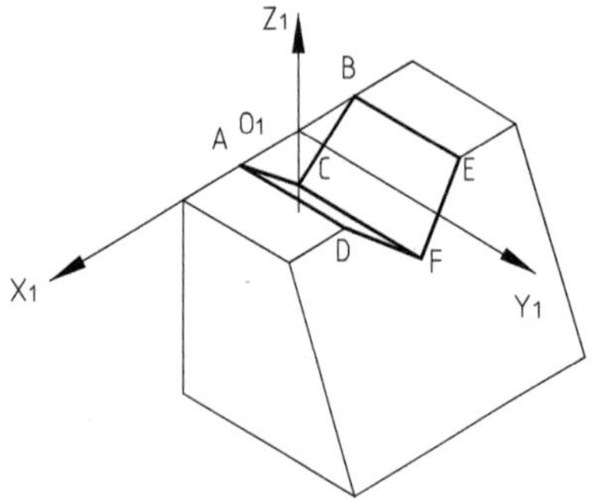

（f）切 V 形槽

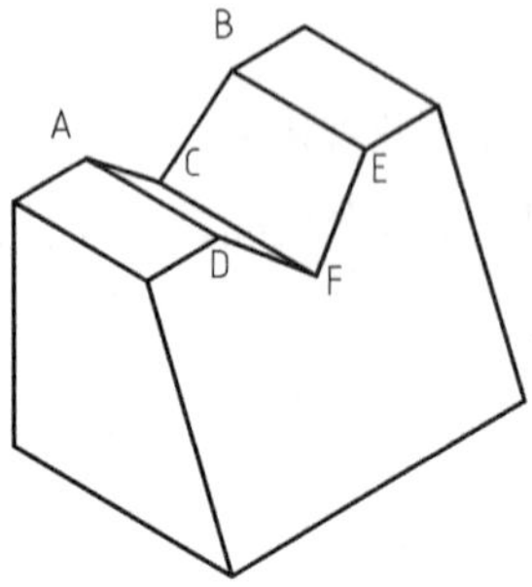

（g）整理、描深

图 4–5　正等轴测图的画图步骤

【**例 4–2**】 根据图 4–6（a）所示三视图，画出该组合体的正等轴测图。

分析

通过形体分析可知，该组合体是由长方体切割形成的，切割的顺序是首先用一个水平面和一个一般位置平面切掉左上部分，其次是从左向右开通槽。作图时，可先画出长方体的正等轴测图，再按切割的顺序作图。

作图

（1）画切割前的完整长方体的轴测图［图 4–6（b）］。

（2）画与投影面平行的水平截切面［图 4–6（c）］。

（3）画梯形通槽［图 4–6（d）］。

（4）画一般位置的截平面 1—2—3—8—7—6—5—4［图 4–6（e）］。

（5）整理、描深，完成全图［图 4–6（f）］。

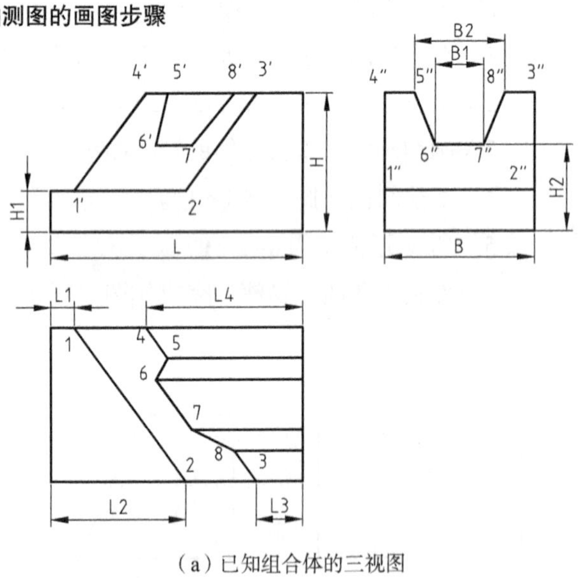

（a）已知组合体的三视图

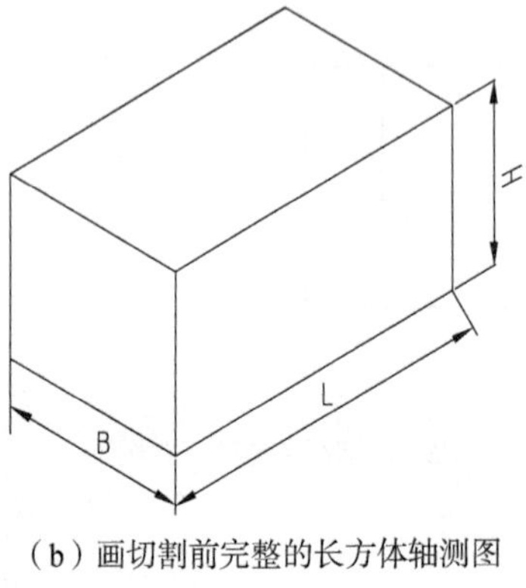

（b）画切割前完整的长方体轴测图

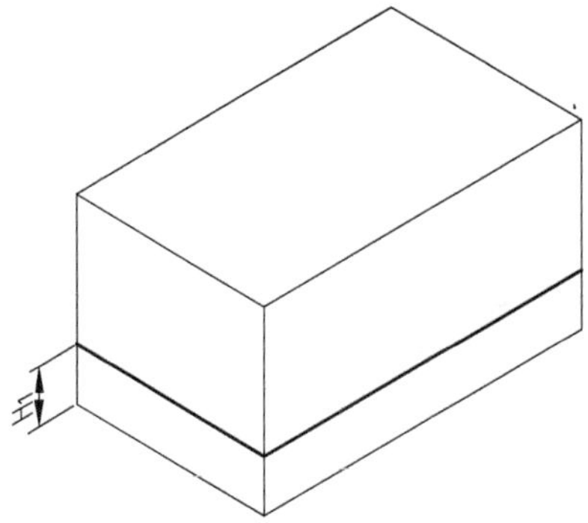

（c）画与投影面平行的水平截切面

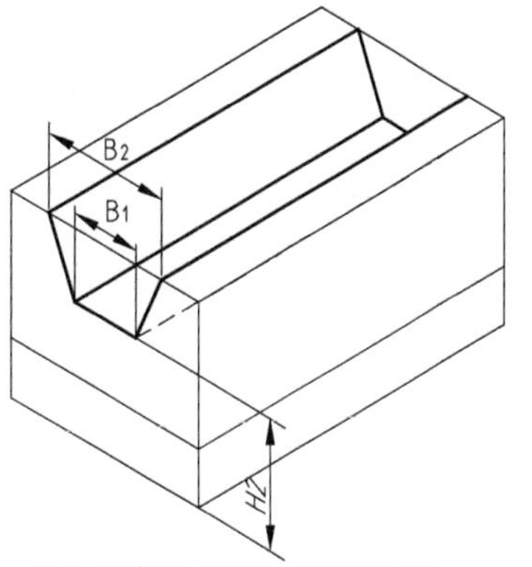

（d）画与投影面垂直的截平面

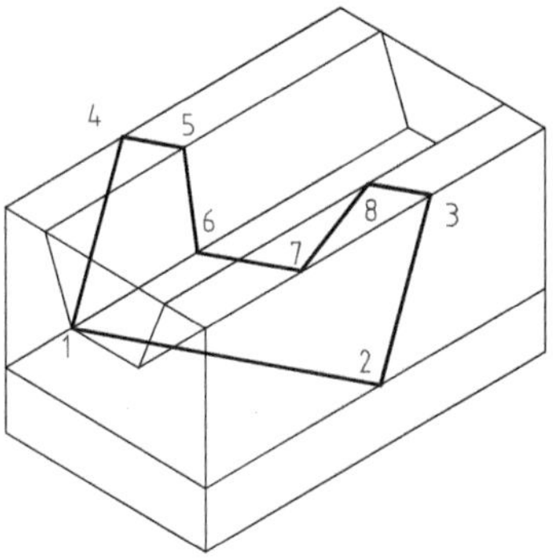

（e）画一般位置的截平面

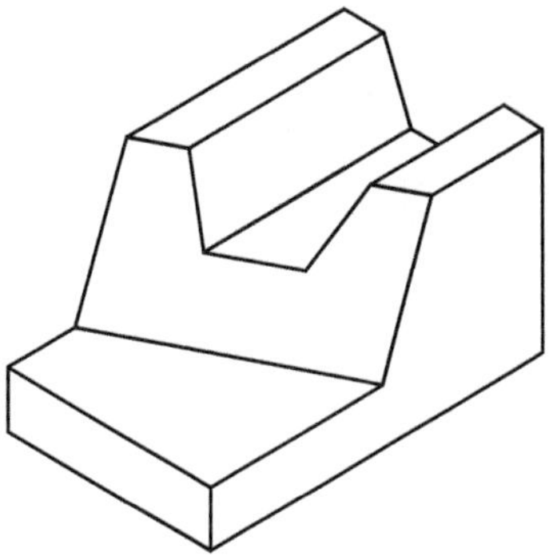

（f）整理、描深，完成全图

图 4–6　切割型组合体的正等轴测图画法

【例 4–3】 根据图 4–7（a）所示三视图，画出该组合体的正等轴测图。

分析

由已知的三视图可知，该立体是叠加型组合体，由底板、圆柱筒、支承板、肋板四部分组成。作图时按照逐个形体叠加的顺序画图。作图步骤如图 4–7（b）、（c）、（d）、（e）、（f）所示。

作图

（1）画底板［图 4–7（b）］。

（2）画圆柱筒［图 4–7（c）］。先在图 4–7（a）中延长圆柱筒前端面圆的中心线，假设它穿过肋板与底板的顶面相交，过交点在底板顶面上向右做 X 向直线与底板的右顶边相交，将他们作为辅助线，按图 4–7（a）中的尺寸就可以画出圆筒前端面圆的中心线和圆柱筒的轴测图。

（3）画支承板［图 4–7（d）］。先画支承板与底板顶面的交线，还要画出在支承板前端面上圆柱筒的部分轴测图，最后作出切线。

（4）画肋板及底板上的圆柱孔和圆角［图 4–7（e）］。画肋板先画左侧面。

（5）整理、描深，完成全图［图 4–7（f）］。

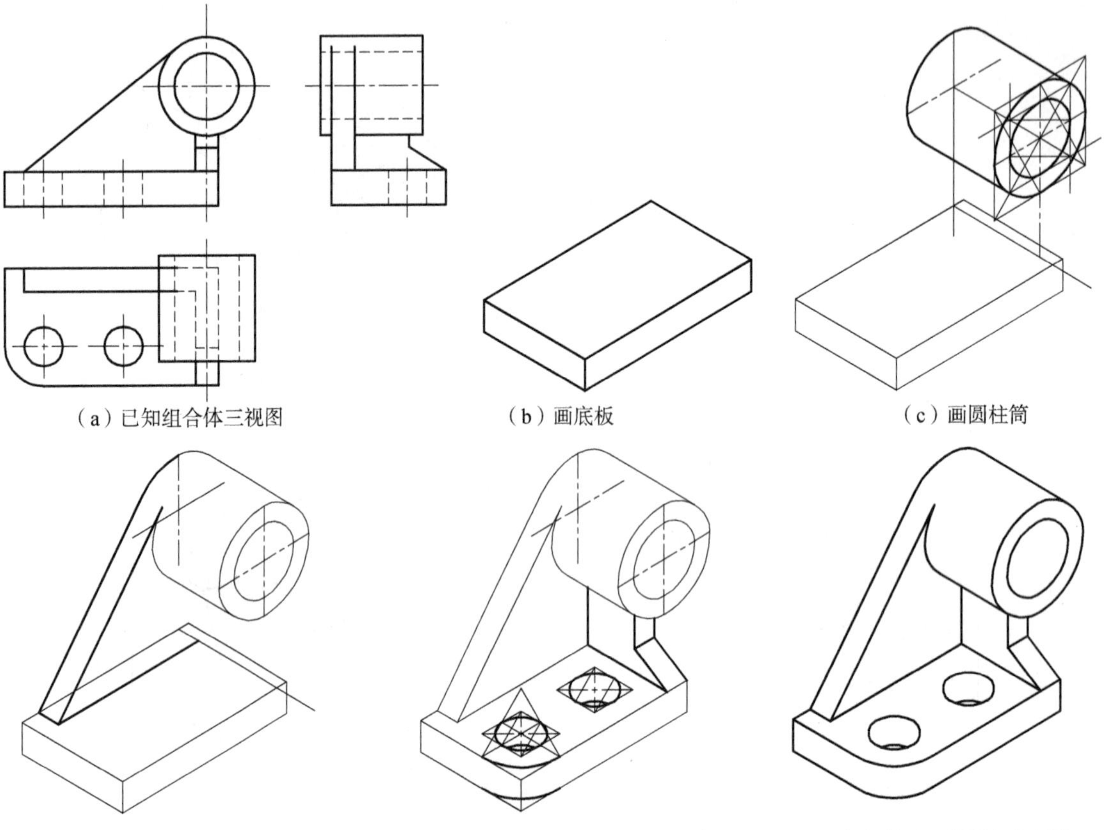

（a）已知组合体三视图　（b）画底板　（c）画圆柱筒

（d）画支承板　（e）画肋板及底板上的圆柱孔和圆角　（f）整理、描深完成全图

图 4-7 叠加型组合体的正等轴测图画法

三、轴测图的考核方式

1. **中级制图员的考核方式**　正等侧和斜二测的基本知识内容（包括轴间角、轴向伸缩系数和投影特性），以选择题的形式出现，根据带斜面或切口平面立体的三视图，绘制其正等轴测图。

2. **高级制图员考核方式**　正等侧和斜二测的基本知识内容（包括轴测剖视、剖后轴测图的画法，剖面线的画法），以选择题的形式出现；根据一个视图方向带圆或圆弧立体的三视图，绘制其正等轴测图。

四、练习题

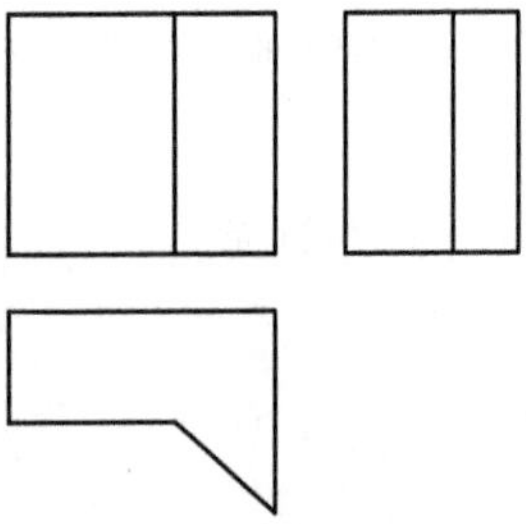

题 4-1 图

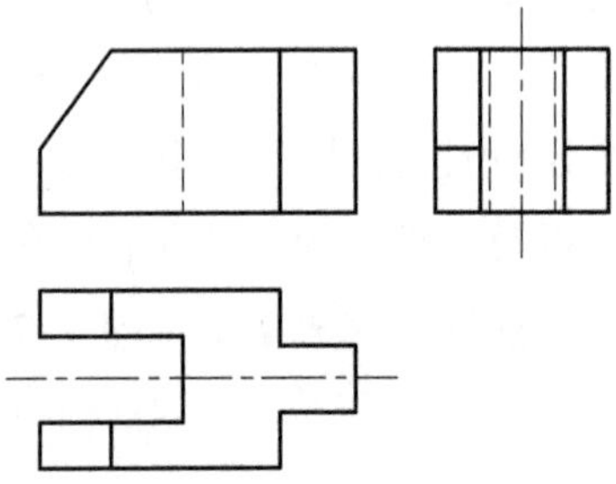

题 4-2 图

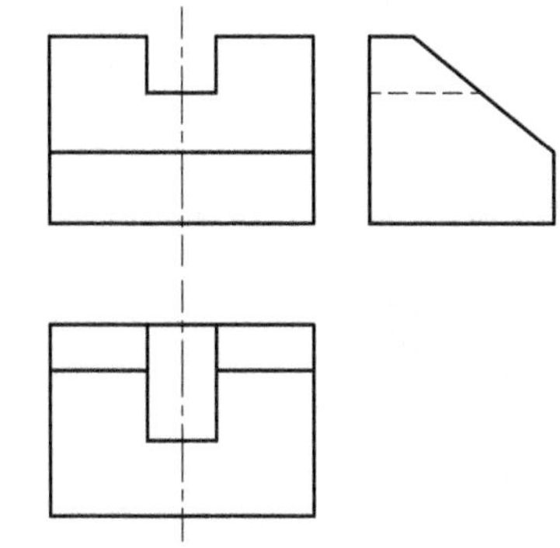

题 4-3 图

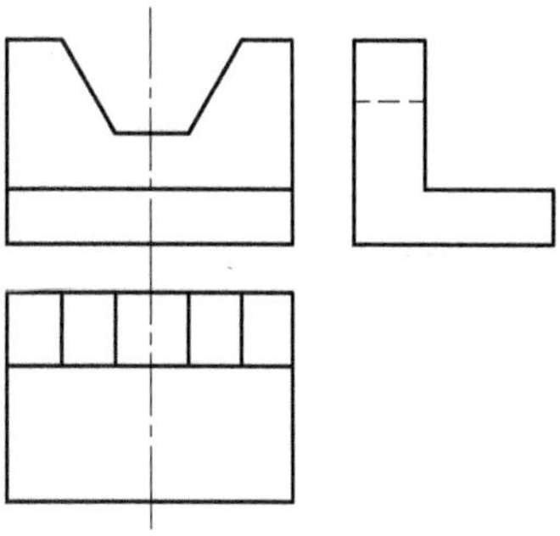

题 4-4 图

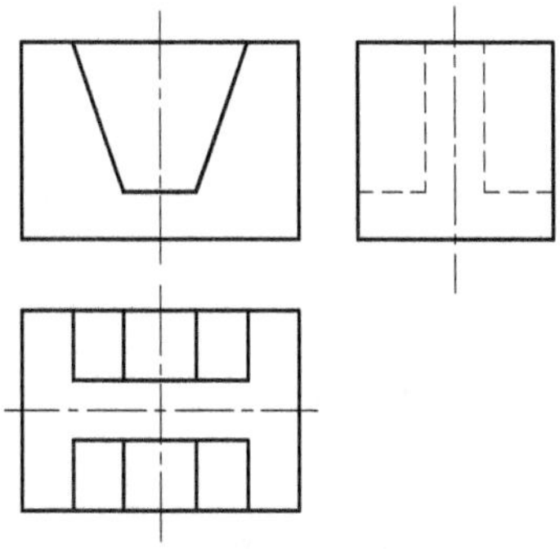

题 4-5 图

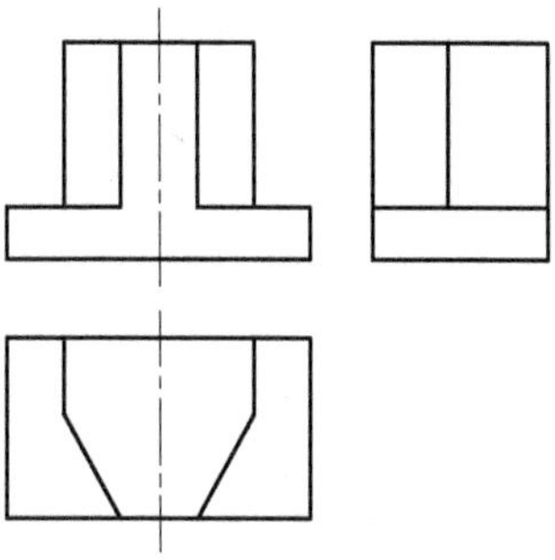

题 4-6 图

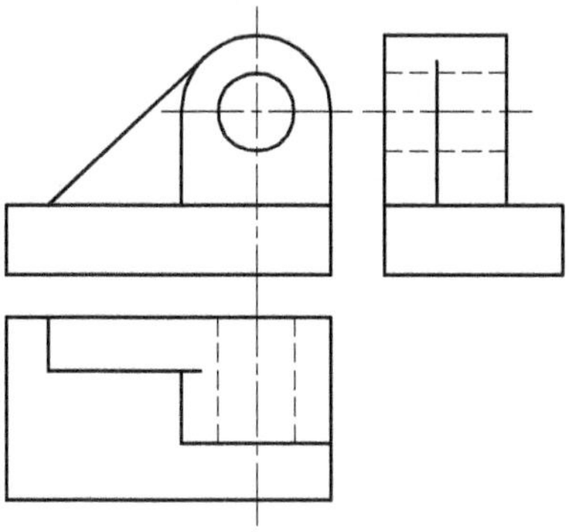

题 4-7 图

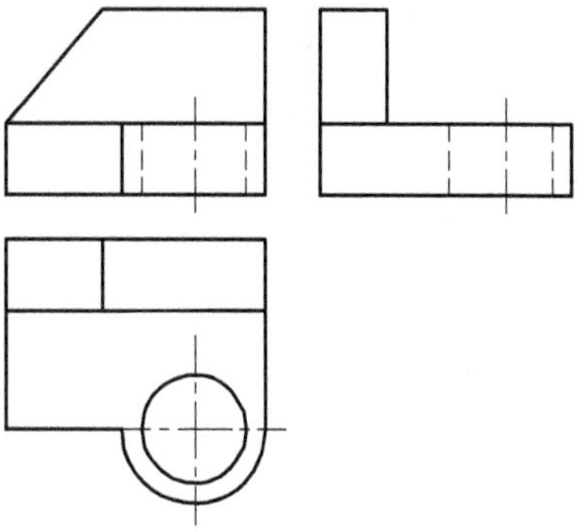

题 4-8 图

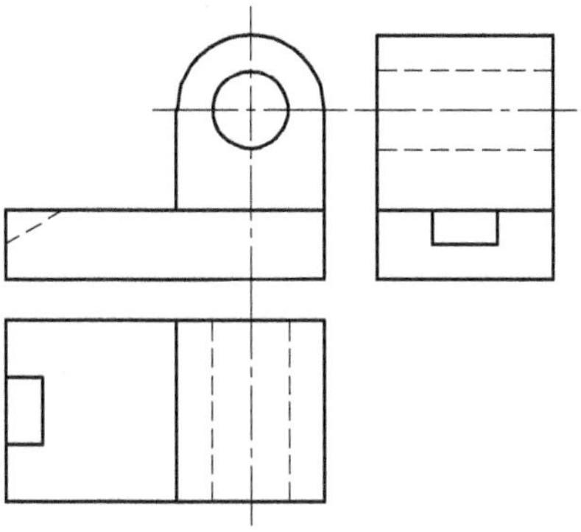

题 4-9 图

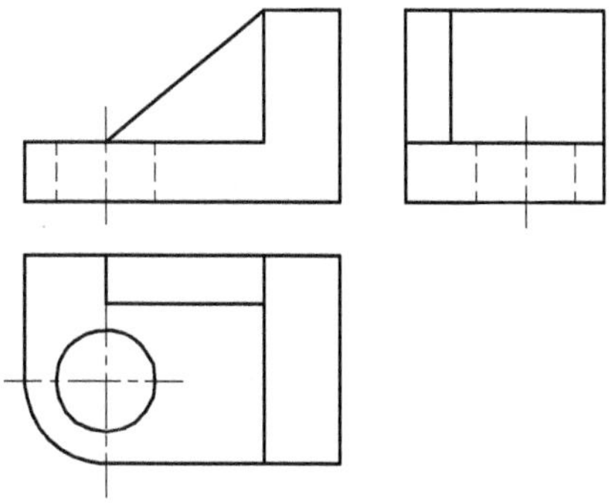

题 4-10 图

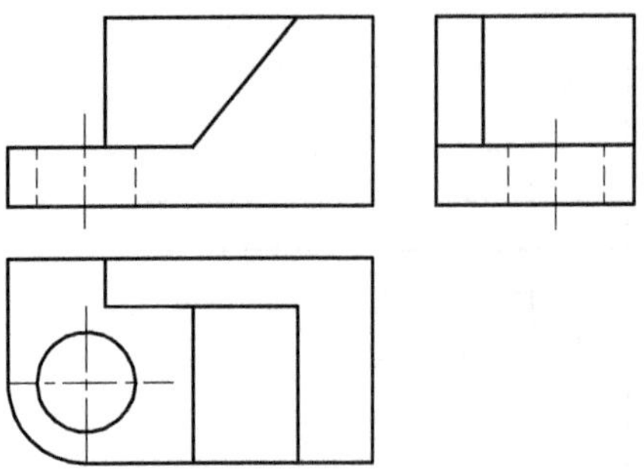

题 4-11 图

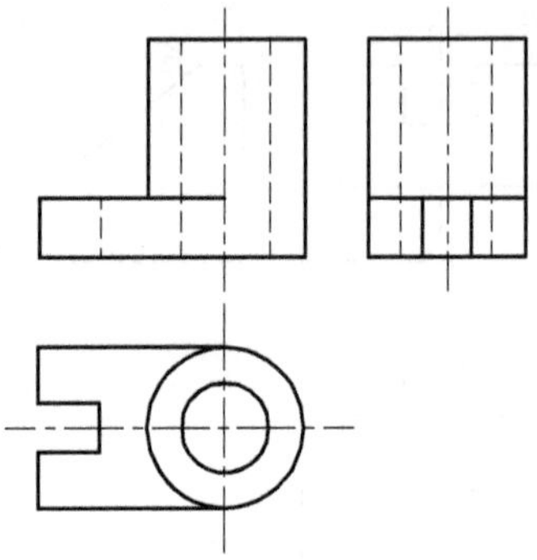

题 4-12 图

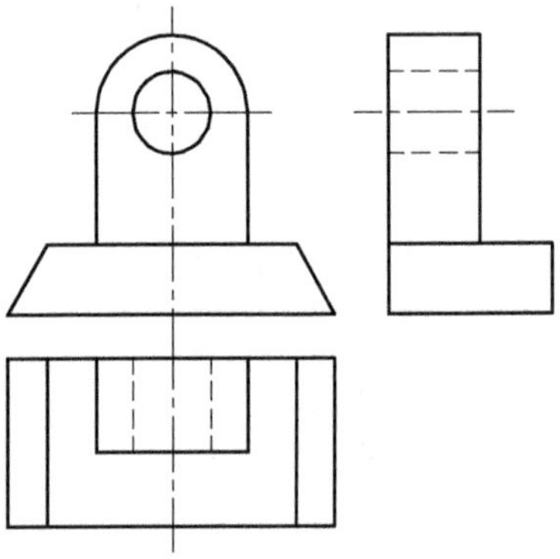

题 4-13 图

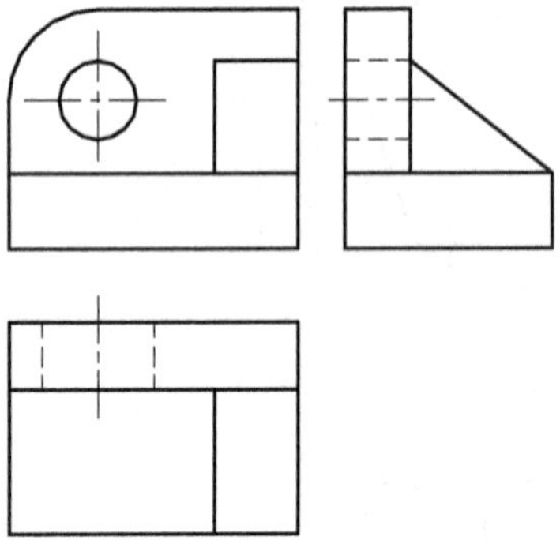

题 4-14 图

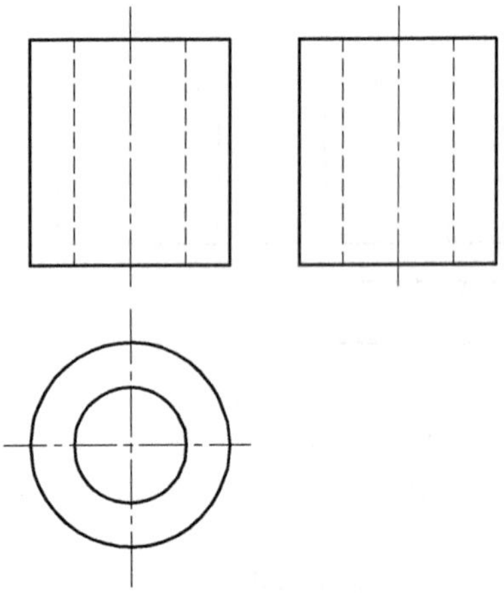

题 4-15 图

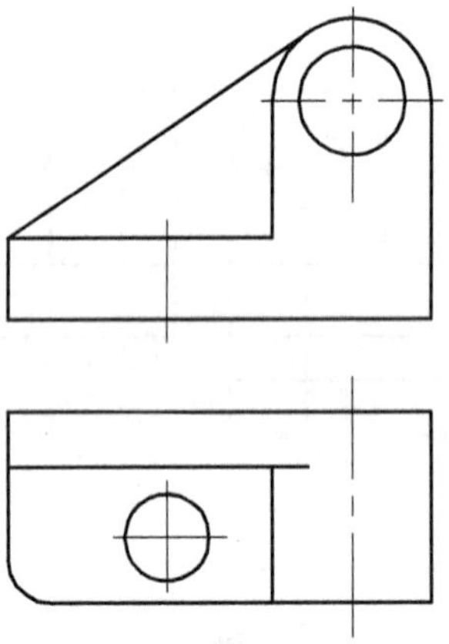

题 4-16 图

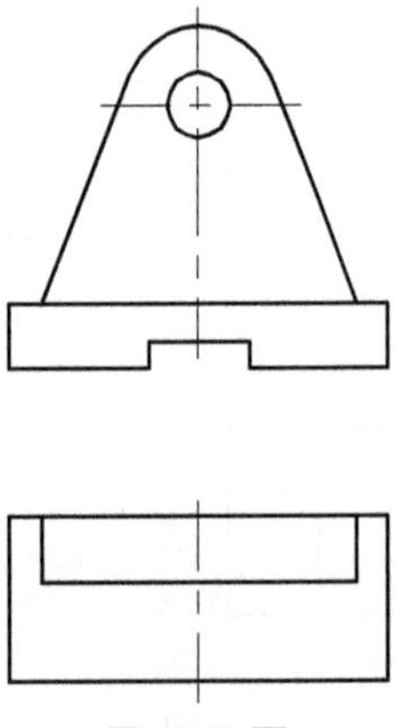

题 4-17 图

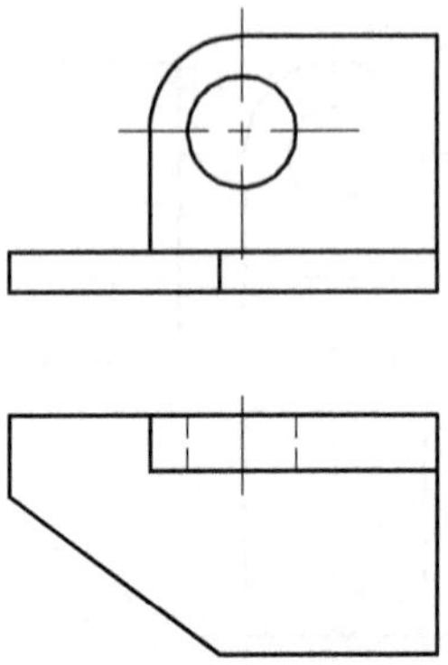

题 4-18 图

五、参考答案

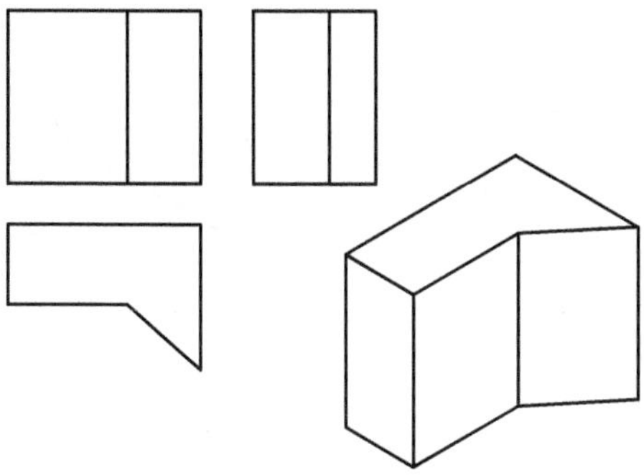

题 4-1

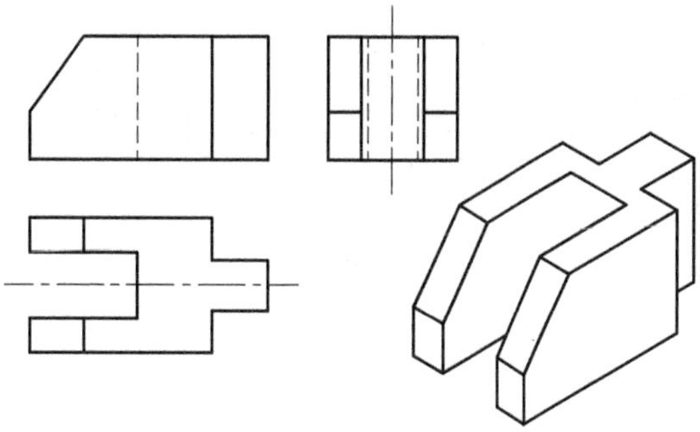

题 4-2

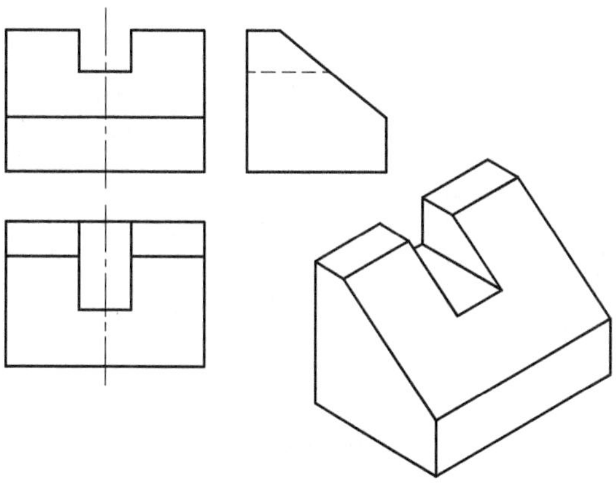

题 4-3

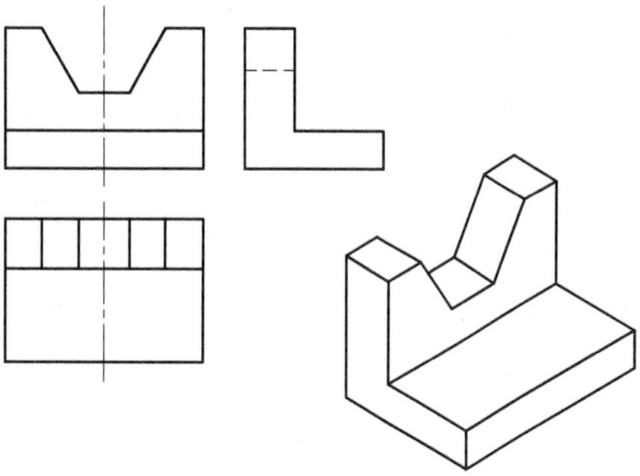

题 4-4

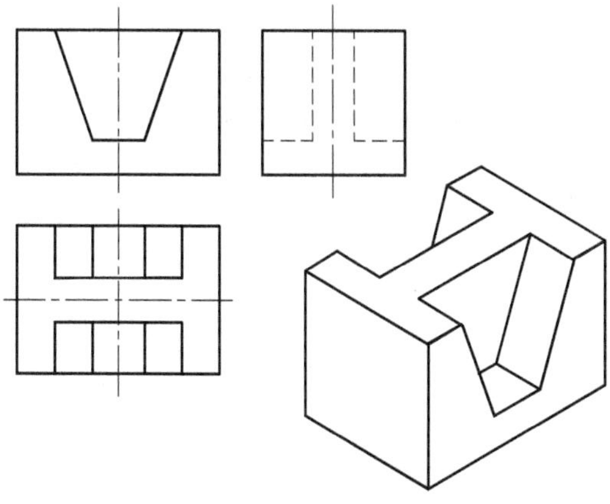

题 4-5

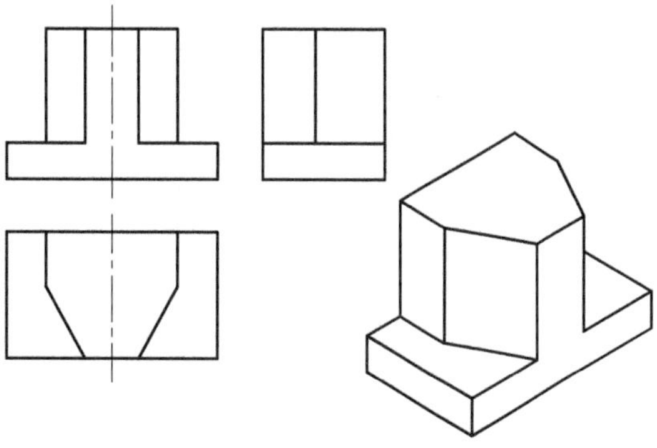

题 4-6

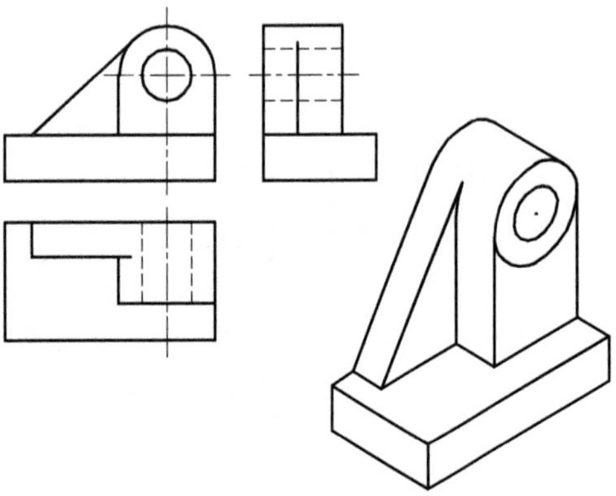

题 4-7

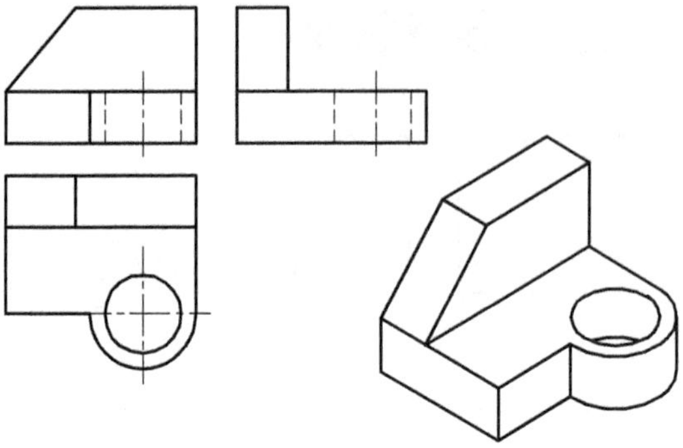

题 4-8

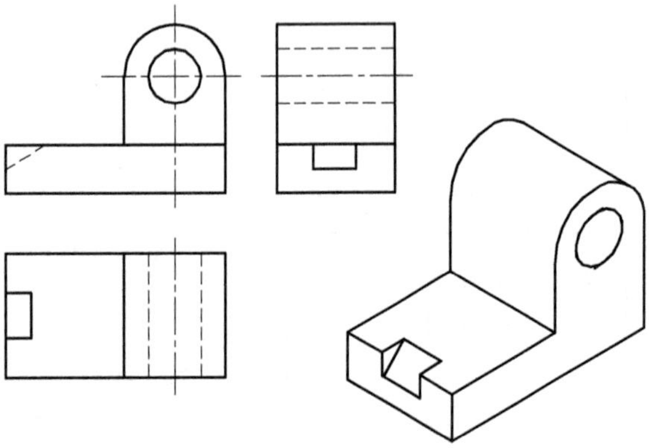

题 4-9

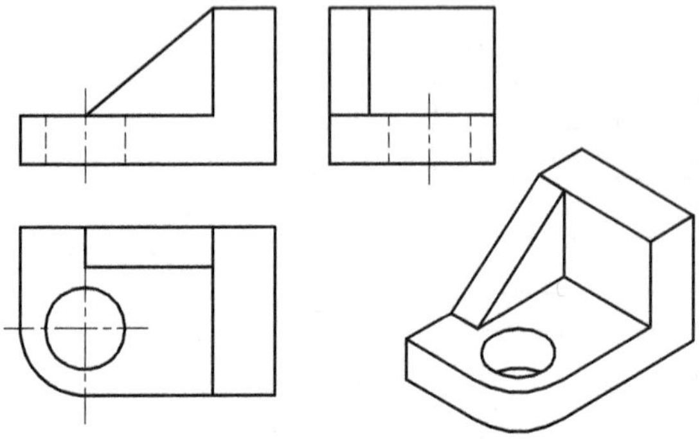

题 4-10

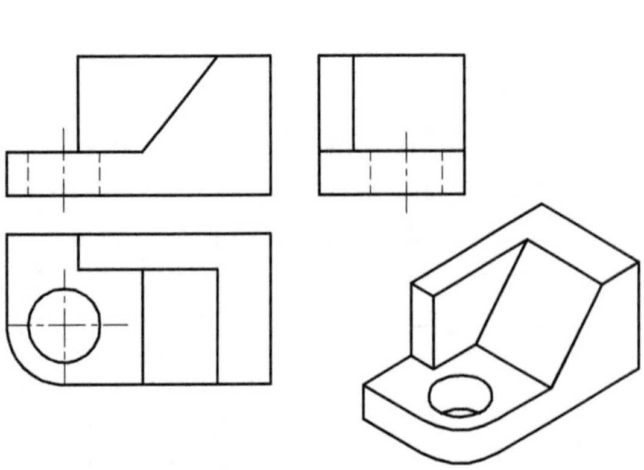

题 4-11

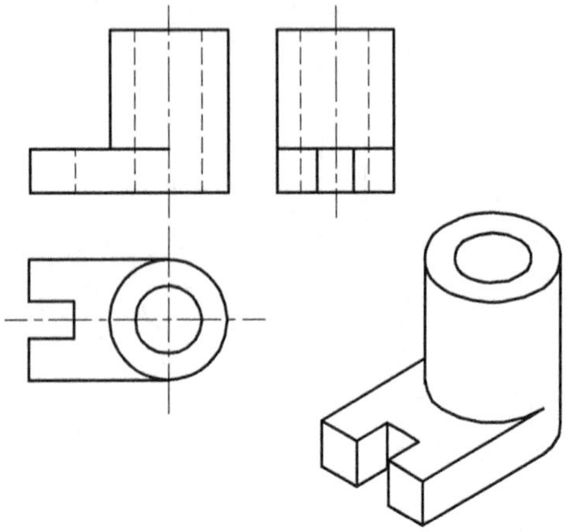

题 4-12

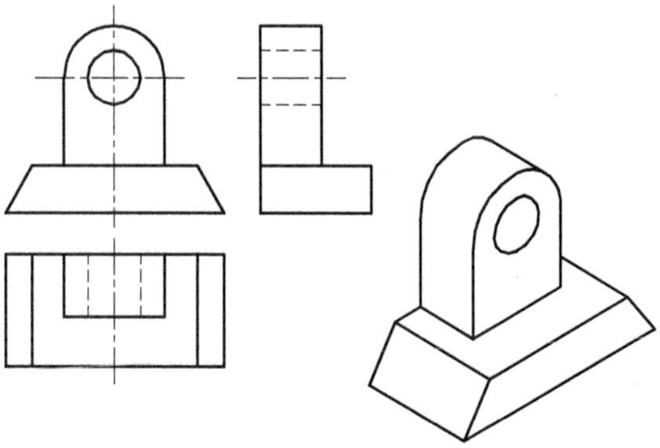

题 4-13

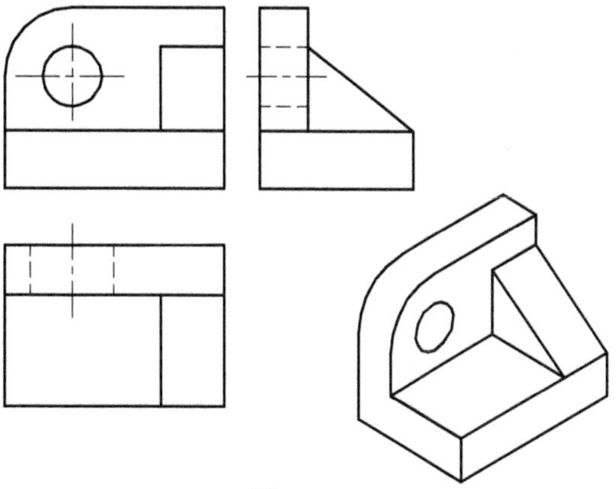

题 4-14

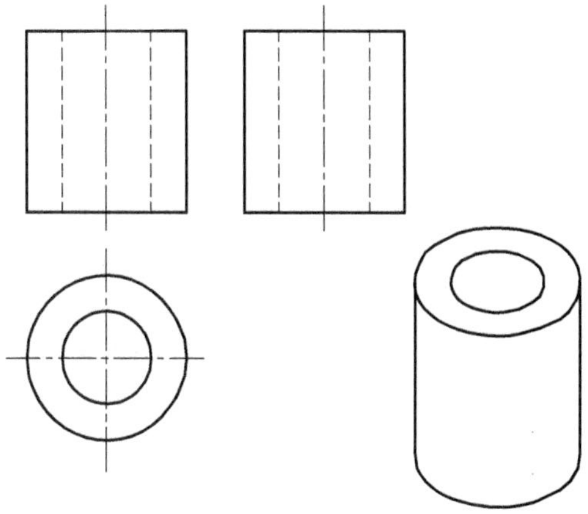

题 4-15

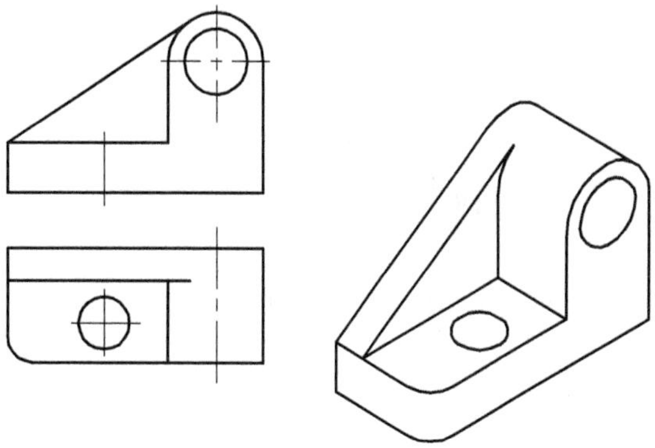

题 4-16

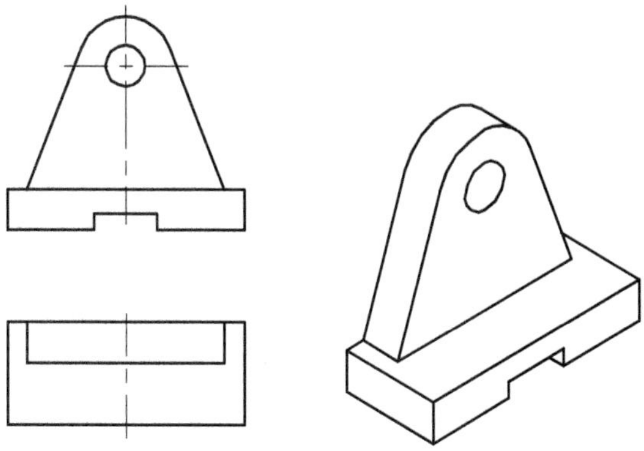

题 4-17

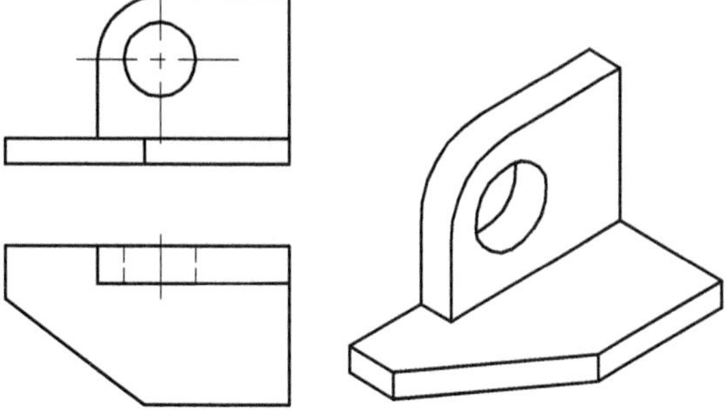

题 4-18

第5章 机件的表达方法

本章知识要点

1. 能熟练地掌握各种视图的形成、画法、配置与标注方法。
2. 能熟练地掌握各种剖视图的形成、配置、适用范围和画法。
3. 能熟练地掌握断面图的画法、配置与标注方法。
4. 掌握局部放大图的画法，掌握图形的一些简化画法。

一、视图

视图主要用来表达机件的外部结构形状。视图分为基本视图、向视图、局部视图和斜视图四类。

（一）基本视图

基本视图是将机件向6个基本投影面投射所得的视图，是其主要表达方法，选择时优先选择采用主视图、俯视图、左视图。

（二）向视图

向视图是可自由配置的基本视图，当某视图不能按投影关系配置时，可采用向视图绘制，并做相应的标注，如图5-1所示。

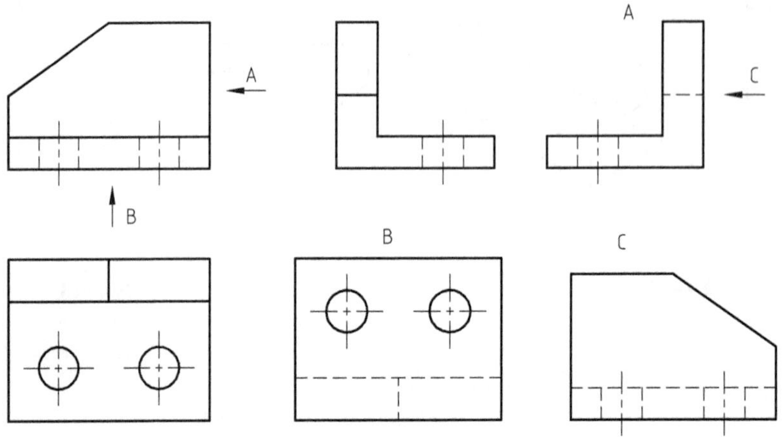

图5-1 向视图的标注

（三）局部视图

局部视图是将机件的某一部分向基本投影面投射所得到的视图。局部视图可按基本视图配置形式配置，也可按向视图的配置形式配置。局部视图视具体情况进行标注，如图 5–2（a）所示，*A*、*B* 均为局部视图。对于对称结构的机件，将其视图只画一半或四分之一的画法也符合局部视图的定义，可将其视为是以细点画线作为断裂边界的局部视图的特殊画法，此时应在细点画线的两端画出两条与其垂直的细实线，如图 5–2（b）所示。

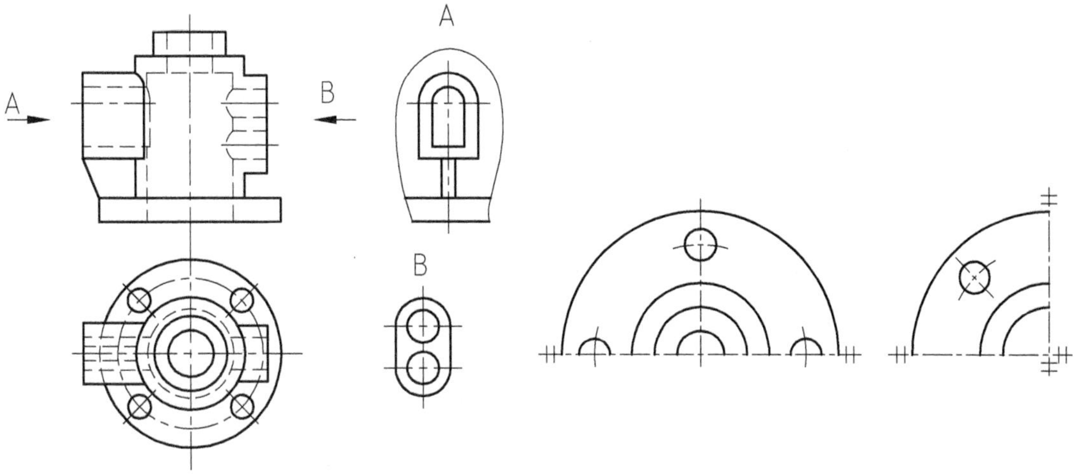

（a）　　　　　　　　　　（b）

图 5–2　局部视图的标注

（四）斜视图

斜视图是将机件向不平行于基本投影面的平面投影所得到的视图。斜视图一般按投影关系配置，必要时也可配置在其他适当的位置。斜视图要进行标注的注意事项如图 5–3 所示。

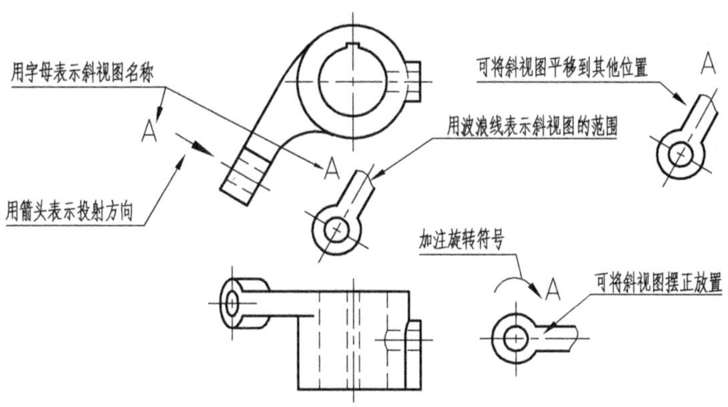

图 5–3　斜视图的标注

【例 5–1】 如图 5–4 所示，在主视图的右方画出 *A* 向斜视图。

分析

A 向斜视图是画在与 *A* 向箭头方向垂直的平面上，其位置可以根据视图的空间位置而定。本题是画在机件倾斜部分的右上方，按投影关系对应，或在适当位置旋转配置。

作图

（1）确定 A 向斜视图的位置，如图 5-4（a）所示。

（2）在俯视图上确定视图的宽度，如尺寸 L。

（3）长度方向直接由辅助线按“长对正”原则作图，如图 5-4（a）所示。

（4）标注斜视图，在视图上方写上对应字母“A”。

（5）必要时，可将斜视图在适当位置旋转放正画出，如图 5-4（b）所示。

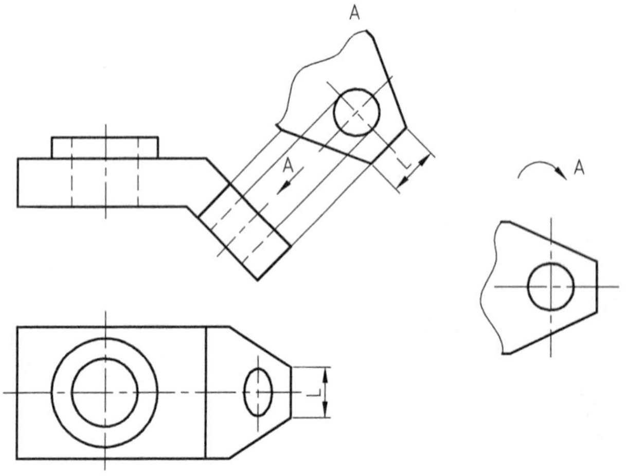

（a）　　　　（b）

图 5-4　斜视图

二、剖视图

（一）剖视图的作用、画法、标注和配置

1. **剖视图的作用**　剖视图主要用于表达机件的内部结构，如图 5-5（a）所示。

2. **剖视图的画法**　剖视图是假想的用剖切面将机件剖开，将处在观察者与剖切面之间的部分移去，而将其余部分向投影面投射，并在剖面区域加上剖面符号所得的图形。需要注意的是剖视图需将机件剖开是假想的，并不是真正把机件切掉一部分，因此，除了剖视图之外，其他视图不受剖视图的影响，仍应按完整机件画出视图。

剖切后，留在剖切面之后的可见部分，应全部向投影面投射，用粗实线画出所有可见部分的投影；一般省去剖视图中的虚线；应特别注意不要漏画空腔中线、面的投影，如图 5-5（b）所示。在剖视图中，凡是被剖切到的部分应画上剖面符号，如图 5-6（a）所示。

3. **剖视图的标注**　剖视图一般应进行标注，剖视图标注的三要素为剖切符号、投射方向（箭头）和剖视图名称。具体标注方法要根据剖视图的位置情况而选择。一般标注方法：用剖切符号表示剖切位置，用箭头表示剖开机件后的投影方向，用字母表示剖视图的名称，如图 5-6（a）所示；可省略的标注方法：当剖视图按投影关系配置，中间没有被其他图形隔开时，可省略表示投射方向的箭头，如图 5-6（b）中 A—A 视图；当单一剖切平面通过机件的对称平面或基本对称平面，且剖视图按投影关系配置，中间没有被其他图形隔开时，则不必标注，如图 5-6（b）的主视图。

4. **剖视图的配置位置** 剖视图的配置位置有如下几种：按基本视图的对应位置配置，如图 5-6（a）所示；按投影关系配置在与剖切符号相对应的位置上，如图 5-6（b）所示的主视图、左视图；允许配置在其他位置上。配置在其他位置上时，必须进行标注，如图 5-6（b）所示 *B—B* 视图。

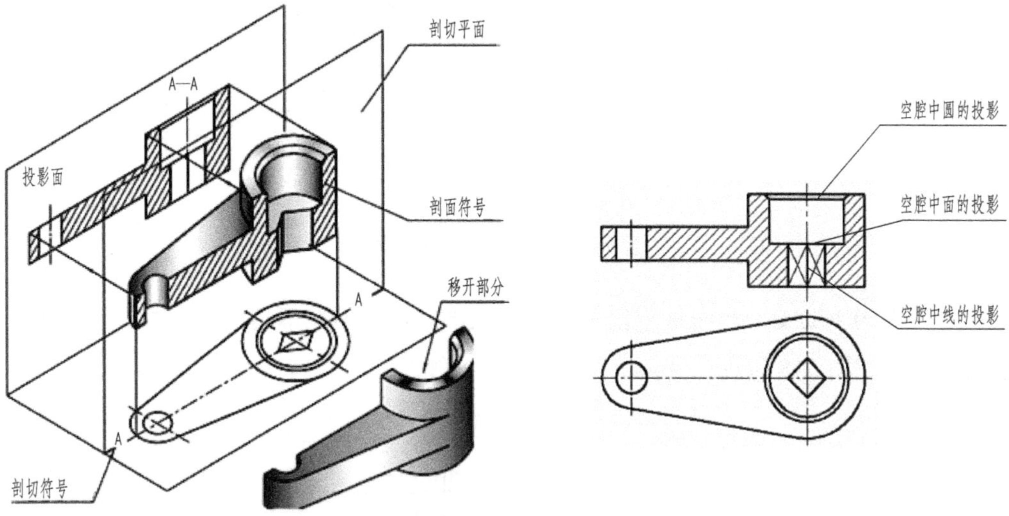

（a）剖视图的概念　　（b）剖视图的画法

图 5-5 剖视图

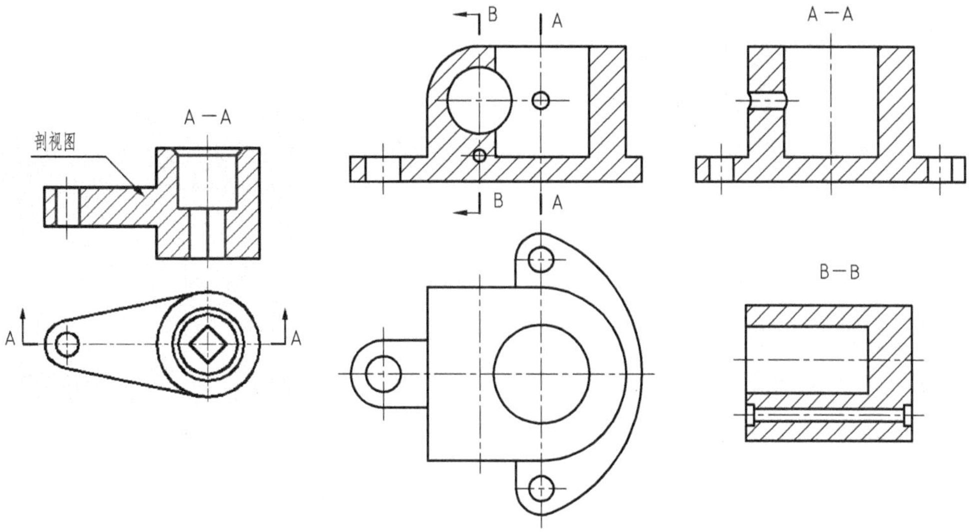

（a）一般标注方法　　（b）可省略的标注方法

图 5-6 剖视图的标注方法

（二）剖切面的种类

剖切面可分为三种。

1. **单一剖切面** 即用一个剖切面剖开机件，如图 5-6 所示。

2. **几个相交的剖切面** 当用一个剖切平面不能通过机件的各内部结构，而机件在整体上又具有回转轴时，可用两个相交的剖切平面剖开机件而得到全剖视图，如图 5-7 所示。

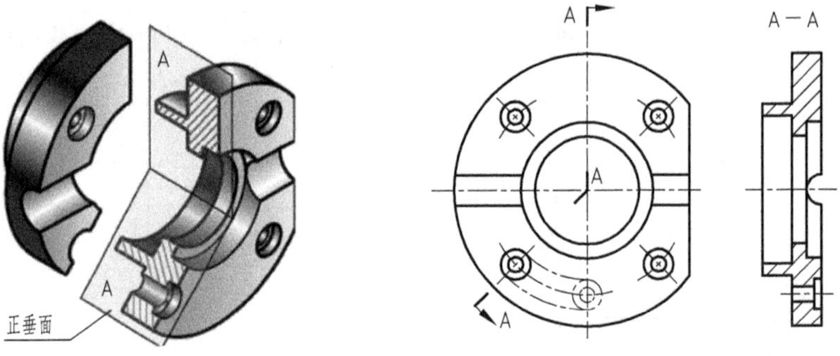

图 5-7　几个相交的剖切面

3. **几个平行的剖切面**　当机件上需要表达的内部结构排列在不同层面上时，可采用平行的剖切平面剖切，如图 5-8 所示。

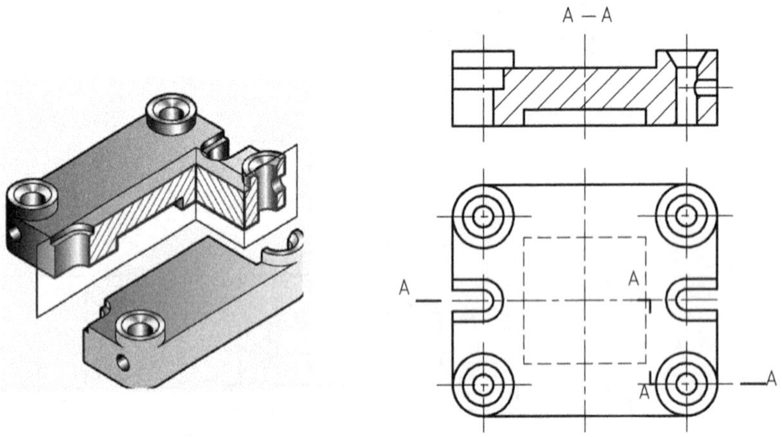

图 5-8　几个平行的剖切面

（三）剖视图的种类和用途

按剖开机件的范围大小不同，剖视图可分为全剖视图、半剖视图和局部剖视图三种。

1. **全剖视图**　用剖切面将机件完全剖开所得到的剖视图称为全剖视图。机件的外形简单或复杂均另有视图表达清楚，如图 5-6 所示。

2. **半剖视图**　若机件具有对称平面，在向垂直于对称平面的投影面投射时，可以对称中心线为界，一半画成剖视图，另一半画成视图。半剖视图主要用于内外形状都需要表达、结构对称或基本对称的机件。剖视图一般放在对称中心线的右方和下方，视图与剖视图分界线用点画线表示，如图 5-9 所示。

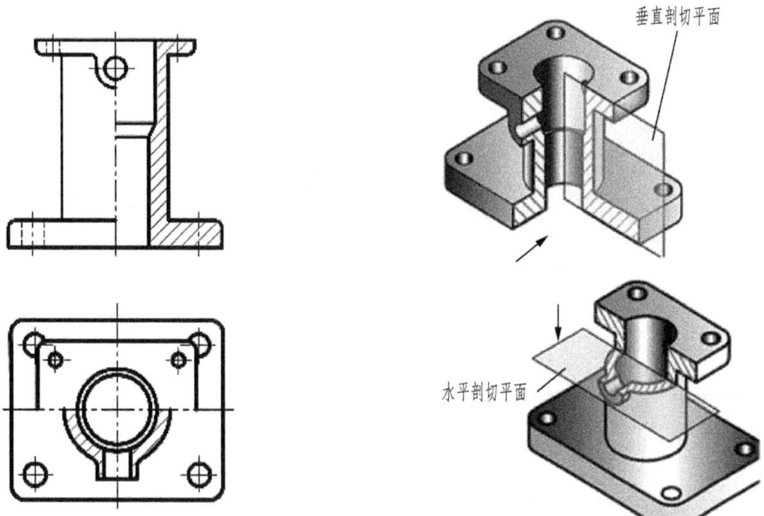

图 5-9　半剖视图

3. ***局部剖视图***　用剖切面局部地剖开机件所得的剖视图。适用场合：局部剖视图主要用于需要同时表达不对称机件的内外形状，如图 5-10（a）所示；虽有对称面，但轮廓线与对称中心线重合，不宜采用半剖视图时，可采用局部剖视图，如图 5-10（b）所示。

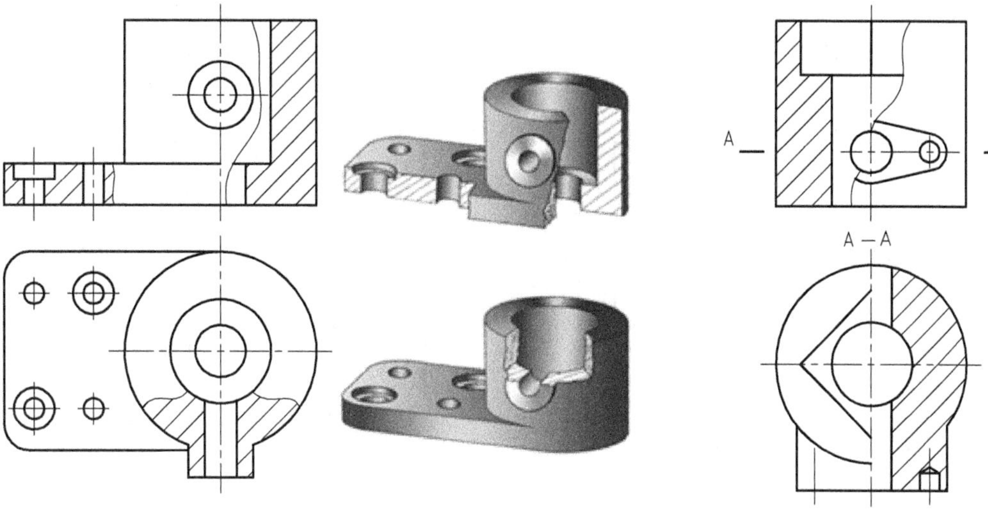

（a）　　　　（b）

图 5-10　局部剖视图

（四）绘制剖视图

下面通过几个典型的实例重点说明剖视图的画图方法。

【例 5-2】　如图 5-11（a）所示将主视图改画为全剖视图。

分析

用形体分析法和线面分析法对该组合体组成部分的形状、结构进行分析，并想象出组合体的形状，如图 5-11（b）所示。

作图

（1）在前后对称面处将组合体剖开，去掉剖切面前面的部分，把过剖切面上的虚线变为实线，如图 5-11（c）所示。

（2）在剖切面经过的实心部分画上剖面线，如图 5-11（d）所示。

（3）由于主视图的剖视图与俯视图按投影关系配置，标注的“三要素”省略。

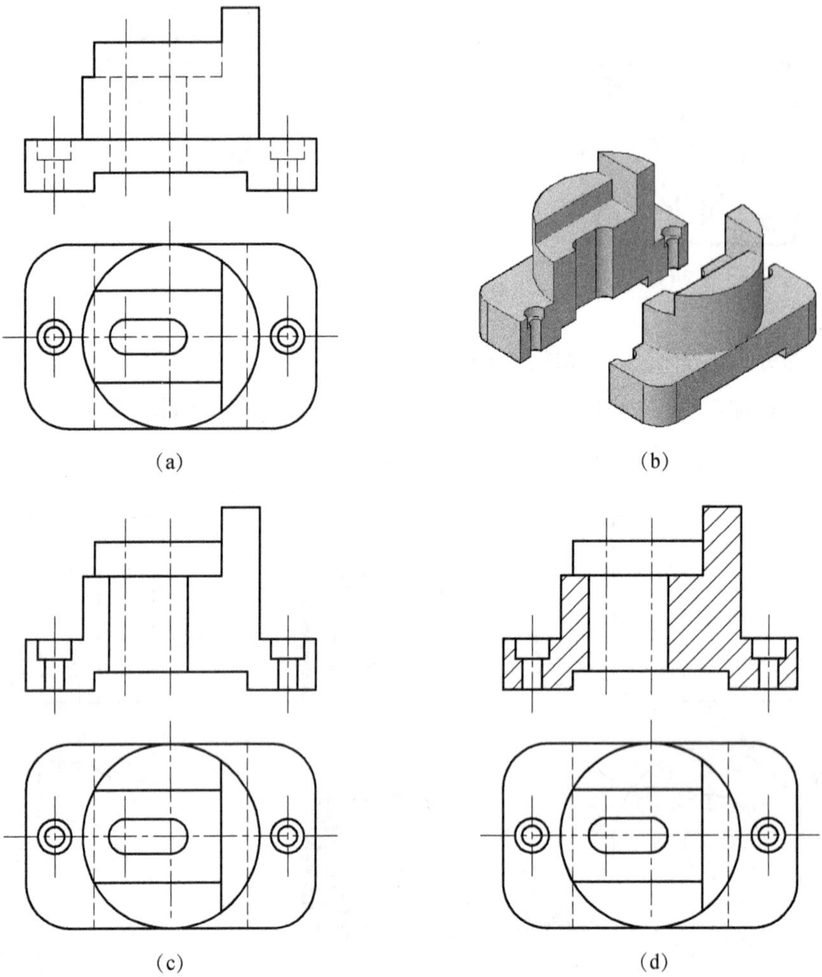

图 5-11　组合体全剖视图

【例 5-3】 如图 5-12（a）所示，将主视图改画为半剖视图。

分析

用形体分析法分析该组合体组成部分的形状、结构，并读懂组合体，如图 5-12（a）所示。

作图

（1）在前后对称面处将组合体剖开，左半部分可见轮廓线保留，虚线擦掉，右半部分在剖切面上的虚线变为实线，外形轮廓擦掉Ⅰ、Ⅱ处，中间分界线用点画线绘制，如图 5-12（b）所示。

（2）在剖切面经过的实心部分画上剖面线，如图 5-12（c）所示。

（3）由于主视图的剖视图与俯视图按投影关系配置，标注的“三要素”省略。

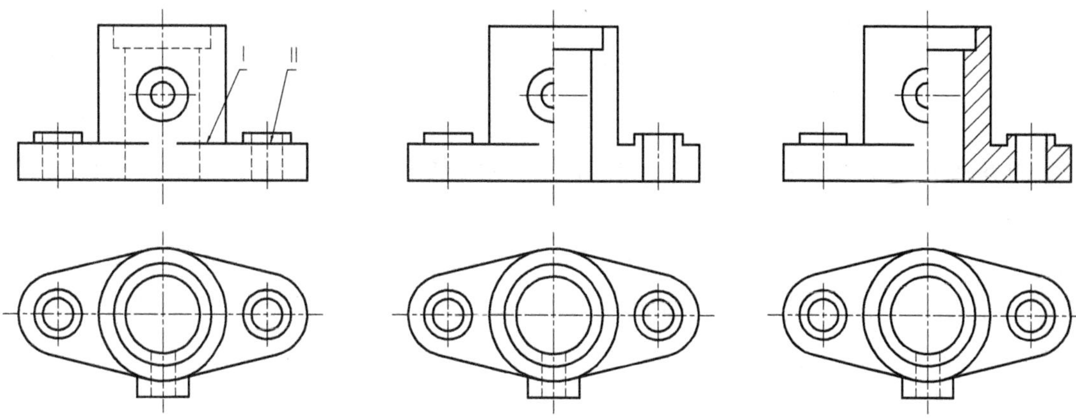

（a）　　（b）　　（c）

图 5–12　组合体半剖视图

【例 5–4】 如图 5–13（a）所示，补画剖视图中所缺的图线。

分析

（1）确定主视图、左视图的剖视种类和剖切位置。经观察、分析，主视图是半剖视图，剖切面通过圆柱筒轴线的正平面。左视图是全剖视图，剖切面是通过物体的左右对称面，如图 5–13（a）所示。

（2）用形体分析法和线面分析法读懂组合体。底座是一长方体，其上部中间开一长方形的槽，槽的底面上放一圆筒，圆筒中间挖上小下大的阶梯孔，圆筒的前面开一圆孔，后面开一方孔。

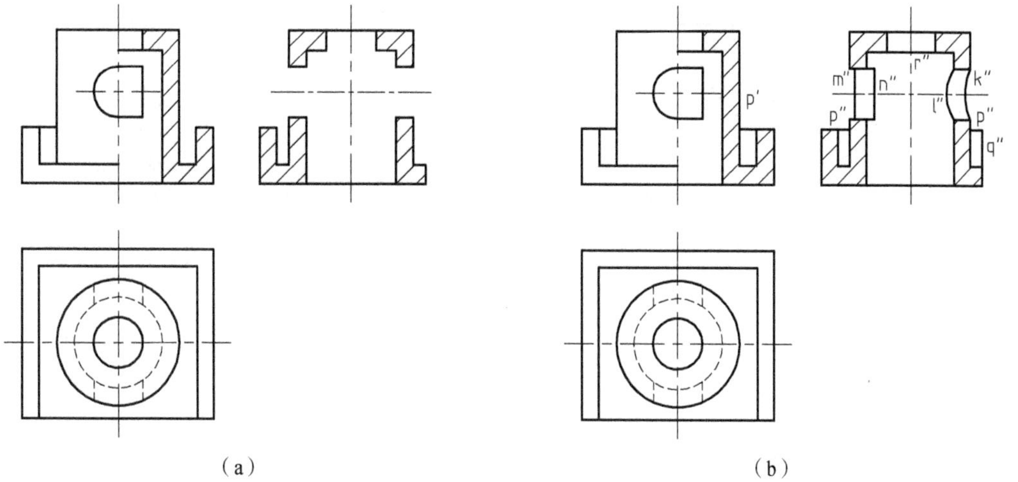

（a）　　（b）

图 5–13　组合体剖视图补画漏线

作图

（1）查形体表面的投影。底座上面 P 所对应的主视图和左视图漏画 p'、p''，底座前表面 Q 所对应的左视图漏画 q''。

（2）查轮廓线的投影。在左视图上，圆筒前面圆柱孔与圆筒的内外表面有相贯线，应画出 k''、l''；圆筒后面方孔与圆筒的内外表面有截交线，应画出 m''、n''。

（3）查连接方式。圆筒内部的上下孔是叠加组合，交界处为一平面台阶，左视图上漏画了

该平面的投影 r''，应补上。

补线时，要进行以上“三查”，图上的错误是不难发现的。

【例 5-5】 如图 5-14（a）所示，将主视图、俯视图作局部剖视图。

分析

该组合体是由底板和两个圆柱筒组成［图 5-14（a）］。

（1）主视图上有底板上开的孔和轴线铅垂的圆柱筒的阶梯孔，需分别进行两次局部剖（或从左向右大范围作一次局部剖）。

（2）俯视图上前面的水平圆柱筒，只需一次局部剖。

作图

组合体局部剖视如图 5-14（b）所示。

（1）通过 *B*—*B* 位置和 *C*—*C* 位置进行剖切，可作出主视图上的两处局部剖视图。

（2）通过 *A*—*A* 位置进行剖切，可作出俯视图上的一处局部剖视图。

注意： ①标注均可省略。

②波浪线不能画到视图外边，不要与轮廓线重合，空心处不画波浪线。

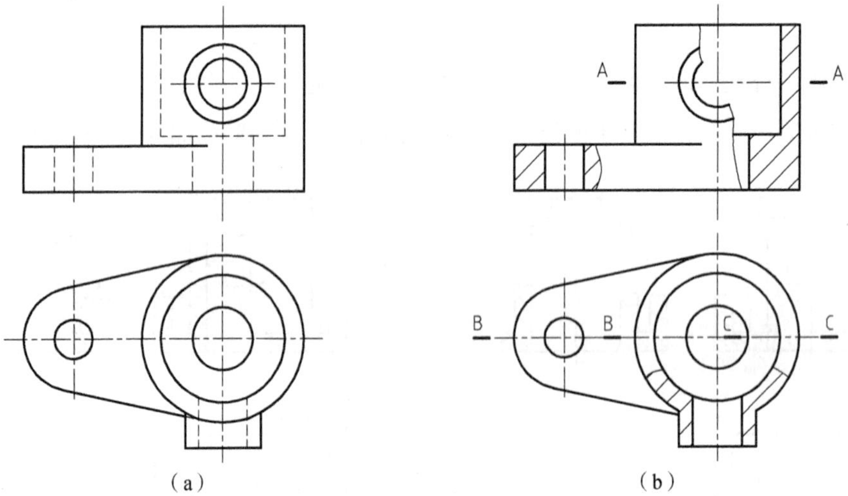

（a）　　（b）

图 5-14　组合体局部剖视

三、断面图

用剖切面假想地将机件的某处断开，仅画出该剖切面与机件接触部分的图形称为断面图，如图 5-15 所示。按断面图配置位置的不同，断面图可分为移出断面图和重合断面图两种。

1. 移出断面图

（1）画在视图之外的断面图称为移出断面图，轮廓线用粗实线绘制。

（2）移出断面图的画法及配置原则。

①移出断面图通常配置在剖切线的延长线上，如图 5-16（b）、（c）所示。

②必要时也可以配置在其他适当的位置，如图 5-16（a）、（d）所示。

③对称的移出断面图也可画在视图的中断处，如图 5-16（e）所示。

④用两个或多个相交剖切平面剖切得出的移出断面图，中间一般应断开，如图 5-16（f）所示。

⑤当剖切平面通过由回转面形成的孔或凹坑等结构的轴线时，这些结构应按剖视图画出，如图 5-16（g）所示。

⑥当剖切平面通过非圆孔，会导致出现完全分离的断面时，则这些结构应按剖视图要求绘制，如图 5-16（h）所示。

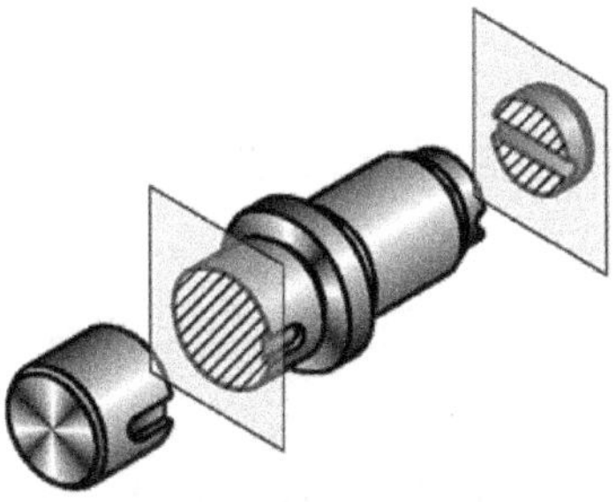

（a）阶梯轴立体图

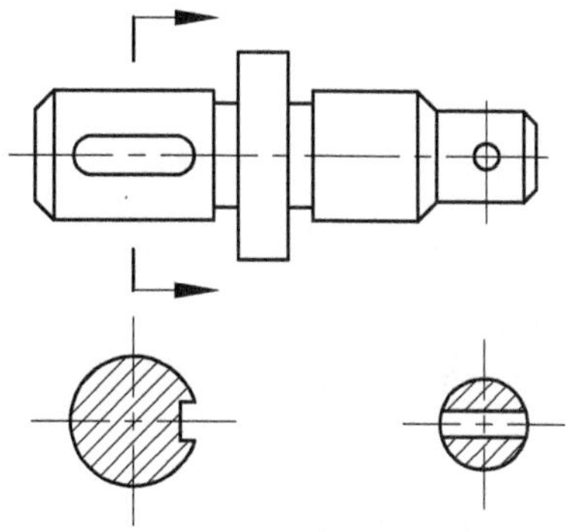

（b）阶梯轴断面图

图 5-15　断面图

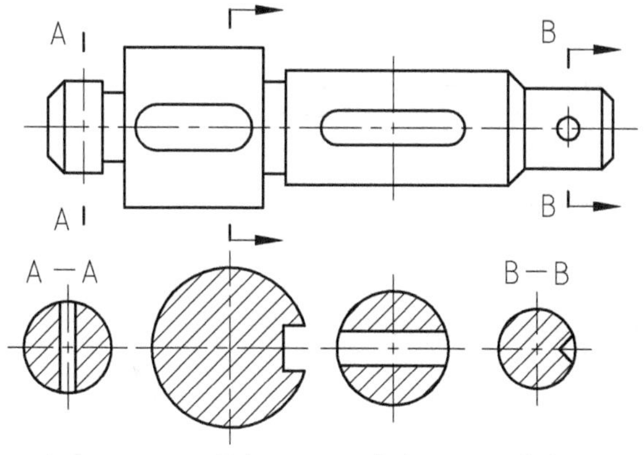

（a）　（b）　（c）　（d）

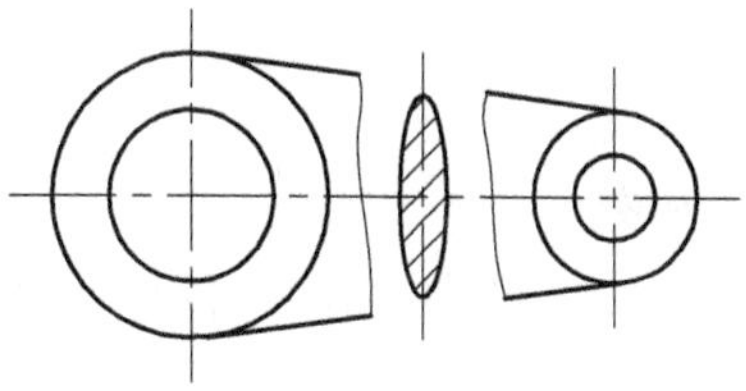

（e）

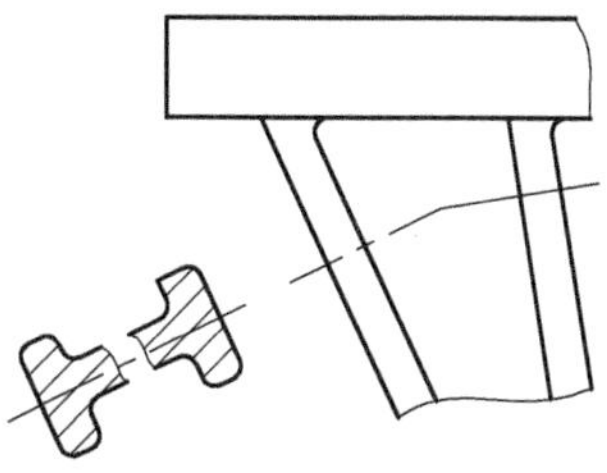

（f）

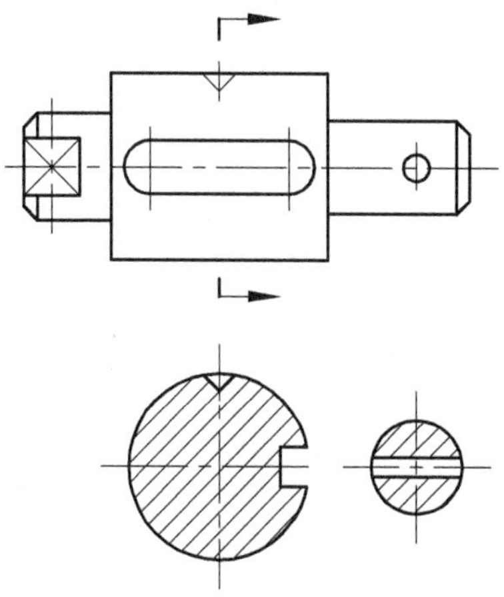

（g）

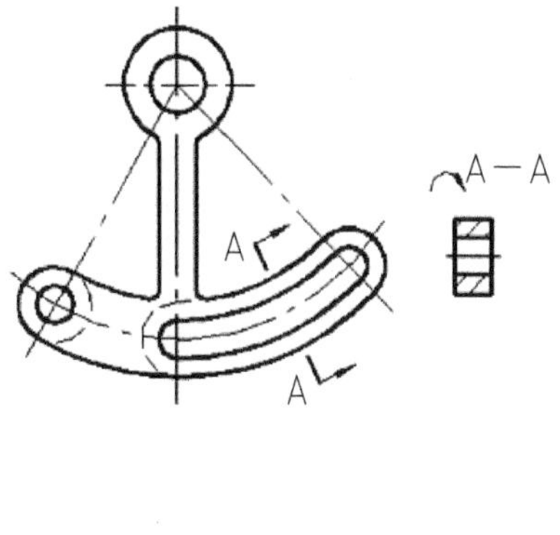

（h）

图 5-16　移出断面图

2. 重合断面图

（1）剖切后将断面图形重叠在视图上，这样得到的断面图，称为重合断面图。重合断面图的轮廓线规定用细实线绘制，如图 5–17 所示。

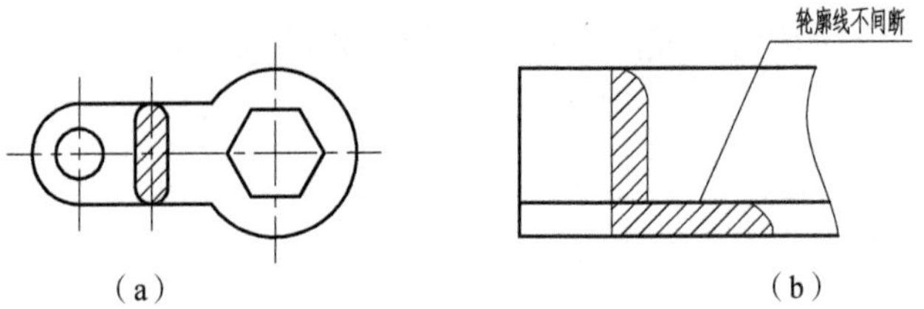

图 5–17　重合断面图

（2）重合断面图的画法及配置原则。

①当视图中的轮廓线与重合断面的图形重叠时，视图中的轮廓线仍应连续画出，不能间断，如图 5–17（b）所示。

②对称的重合断面，不必标注。不对称的重合断面，在不致引起误解时，可省略标注。

【例 5–6】 作出如图 5–18 所示指定位置的三个移出断面图（槽深 4mm）。

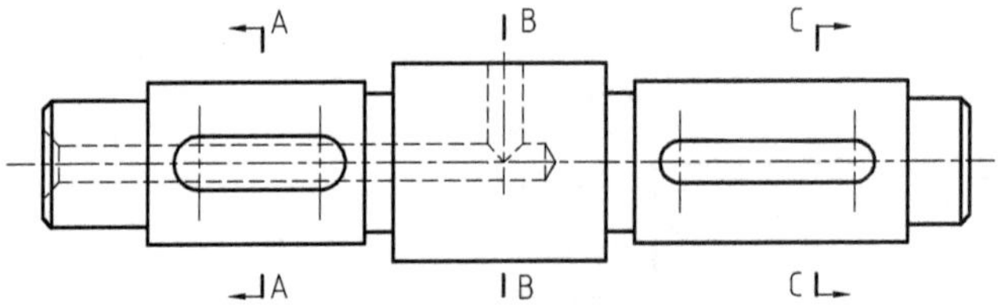

图 5–18　阶梯轴

分析

A—A、*C—C* 断面上各有一键槽，*B—B* 断面上是两个等径孔垂直相交。

作图

如图 5–19 所示，*A—A* 断面可画在剖切面的正下方，尺寸从图上量取，字母可省略；*B—B* 断面可画在剖切面的正下方，由于为剖切平面通过回转面形成的孔的轴线的情况，故按剖视图绘制，尺寸从图中量取，图形对称，标注三要素可省略；*C—C* 断面的画法同 *A—A*。

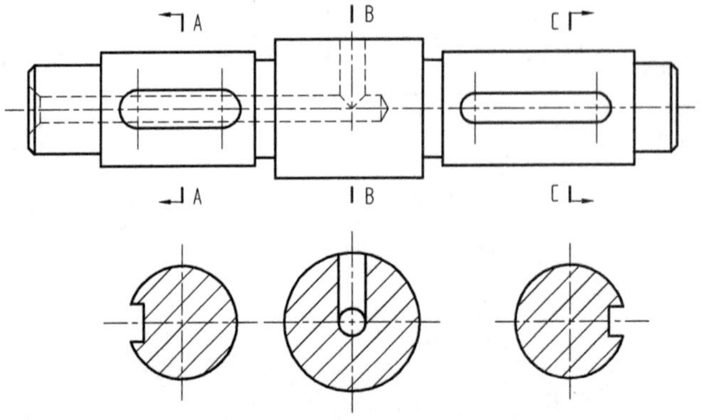

图 5–19　阶梯轴断面图的画法与标注

四、局部放大图与简化画法

当机件上的某一细小结构表达不清楚，可以将机件该部分结构，用大于原图形所采用的比例画出，此图形称为局部放大图，如图 5–20 所示。

（1）局部放大图可画成视图、剖视图或断面图，它与被放大部分的表示法无关。绘制局部放大图时，用细实线圆圈出被放大的部位，并尽量配置在被放大部位的附近。当同一机件上有几个被放大的部位时，必须用罗马数字依次标明被放大的部位，并标注出相应的罗马数字，且在局部放大图的上方标注出相应的罗马数字和相应的比例，用分式的形式上下分开标出［图 5–20（a）］。而机件上只有一处放大时，局部放大图只需注明比例［图 5–20（b）］。

（2）对于机件的肋、轮辐及薄壁等，按纵向剖切都不画剖面符号，而用粗实线将它与邻接部分分开。但剖切平面横向剖切这些结构时，则应画出剖面符号，如图 5–21 和图 5–22 所示。

（3）当回转体上均匀分布的肋、轮辐、孔等结构不处于剖切平面时，可将这些结构旋转到剖切平面上画出，如图 5–23 所示。

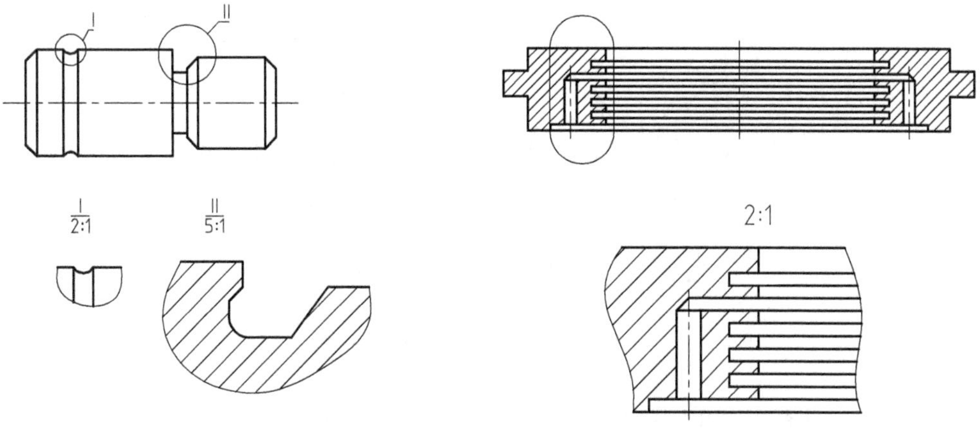

（a）　　（b）

图 5–20　局部放大图

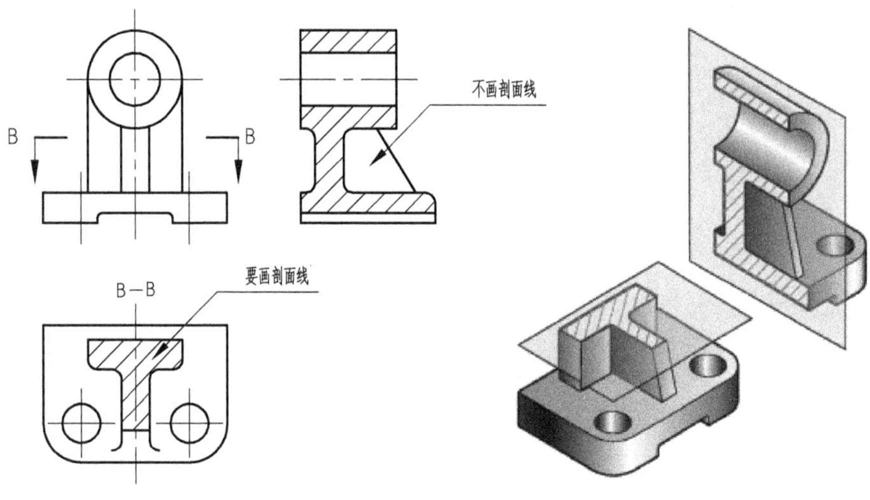

图 5–21 肋板的规定画法

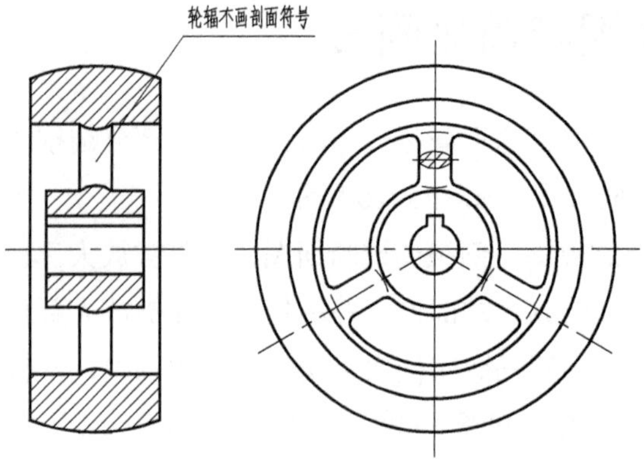

图 5-22　轮辐的规定画法

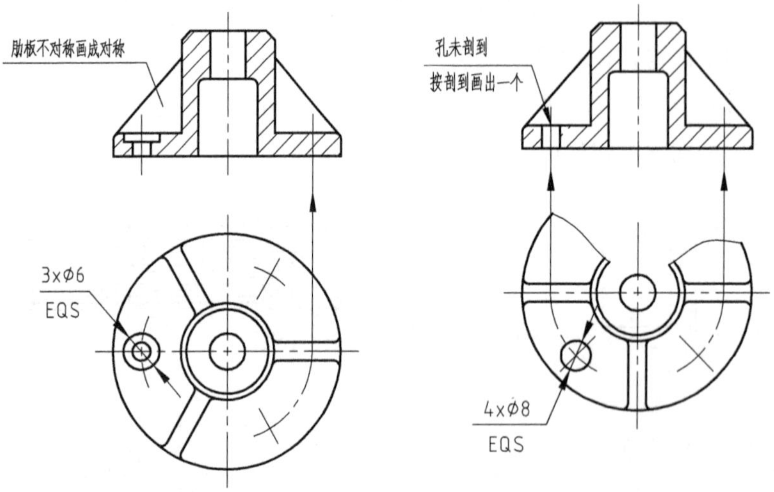

图 5-23　均布孔、肋的简化画法

（4）当机件上具有多个相同结构要素（如孔、槽、齿等）并且按一定规律分布时，只需画出几个完整的结构，其余用细实线连接，或画出它们的中心线，但必须在图中注明它们的总数，如图 5-24 所示。对于厚度均匀的薄片零件，可采用图 5-24（a）中所注 *t*2（厚度 2mm）的形式直接表示圆片的厚度，以减少视图的个数。

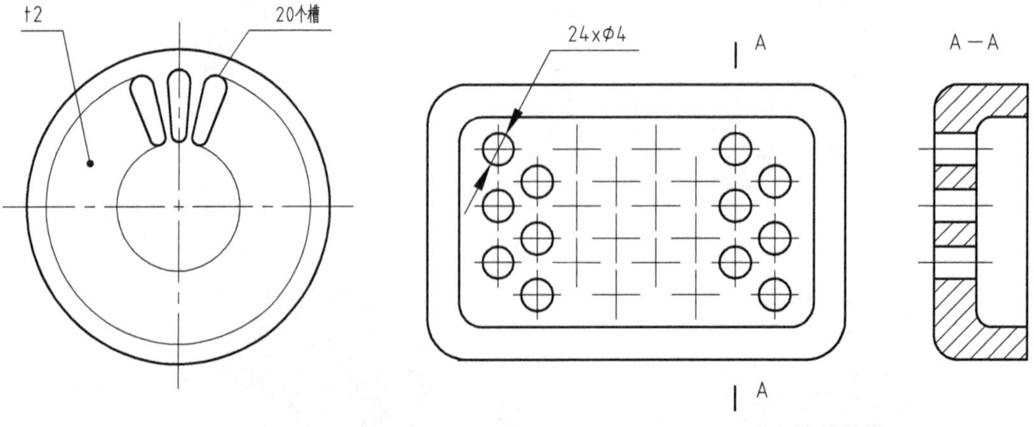

（a）　　（b）

图 5-24　相同结构要素的简化画法

（5）较长的机件（轴、杆、型材、连杆等）沿长度方向的形状一致或按一定规律变化时，可断开后缩短绘制，如图 5-25 所示。

（6）与投影面倾斜角度小于或等于 30° 的圆或圆弧，手工绘图时，其投影可用圆或圆弧代替，而不必画出椭圆，如图 5-26 所示。

（7）当图形不能充分表达平面时，可用平面符号（相交的两细实线）表示，如图 5-27 所示。

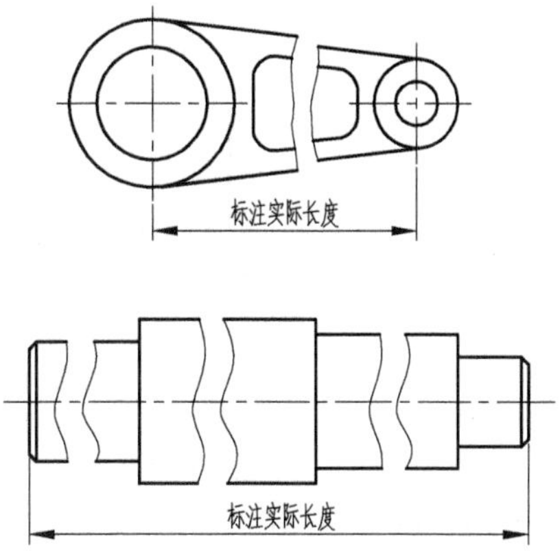

图 5-25　断开画法

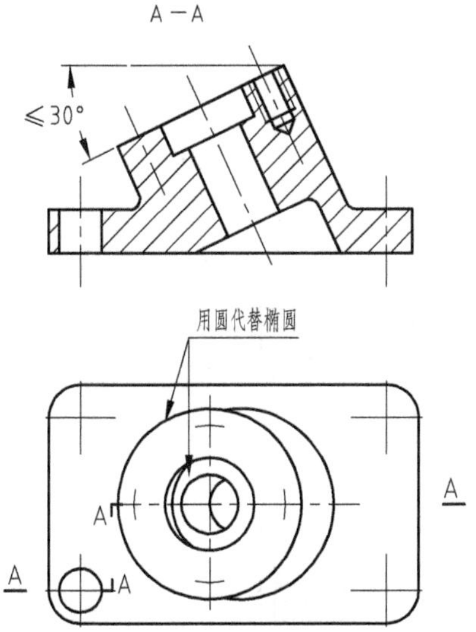

图 5-26　较小倾斜角度的圆的简化画法

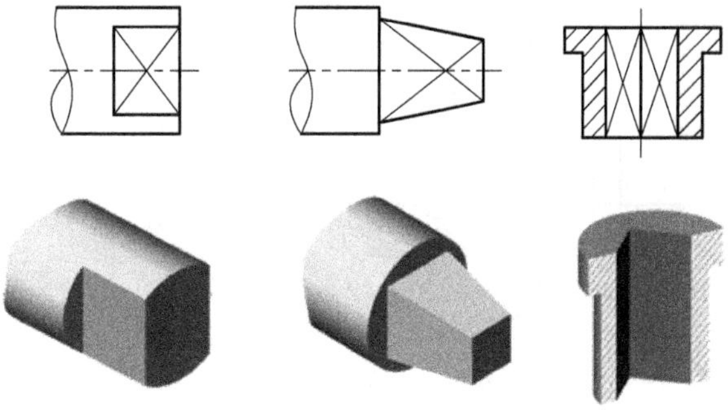

图 5-27　用符号表示平面

五、机件的考核方式

1. **中级制图员的考核方式**　根据给出的视图，补画其他视图或剖视图；绘制物体倾斜部分的斜视图或斜剖视图。

2. **高级制图员考核方式**　根据给出组合体的视图画出指定的全剖和半剖视图，要求形体形状比较复杂，具有内部结构并有两处以上截交线或相贯线。

六、练习题

1. 题 5-1~ 题 5-16，画全剖左视图。

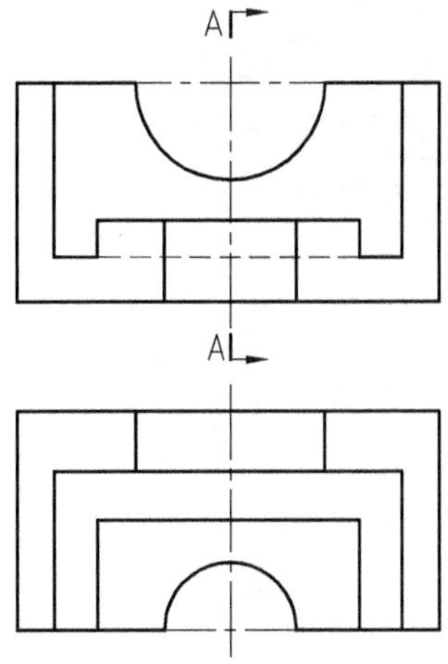

题 5-1 图

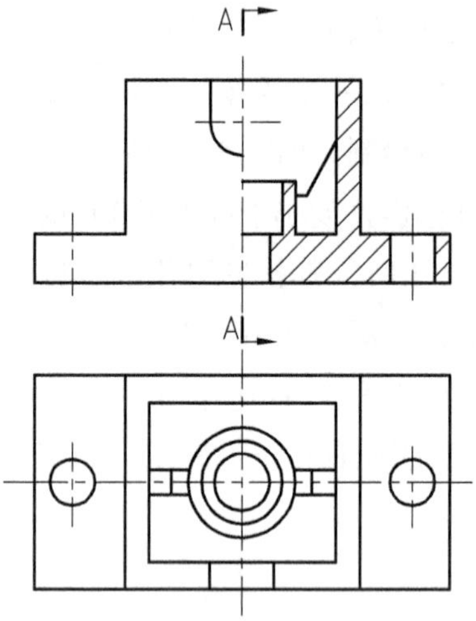

题 5-2 图

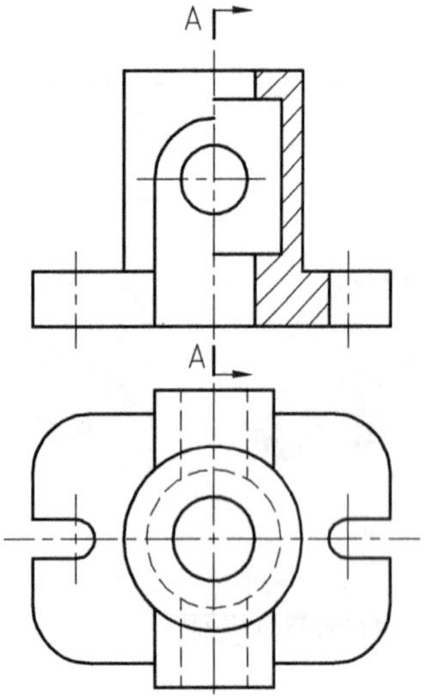

题 5-3 图

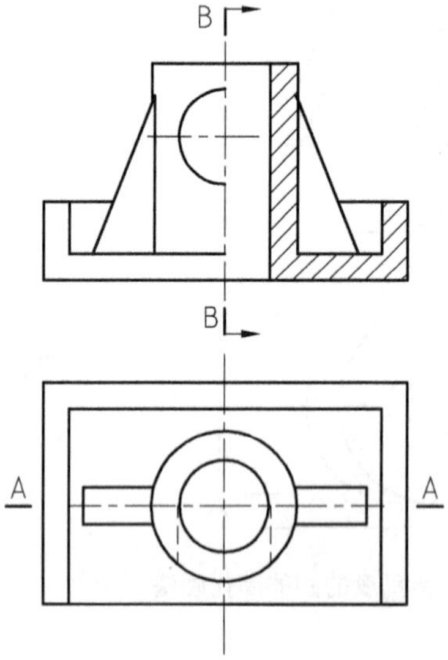

题 5-4 图

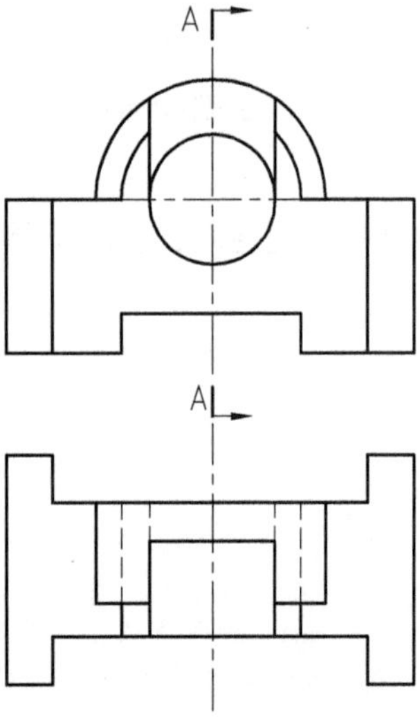

题 5-5 图

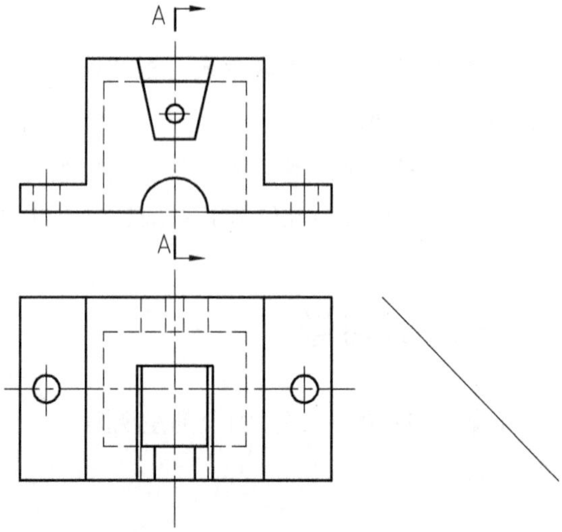

题 5-6 图

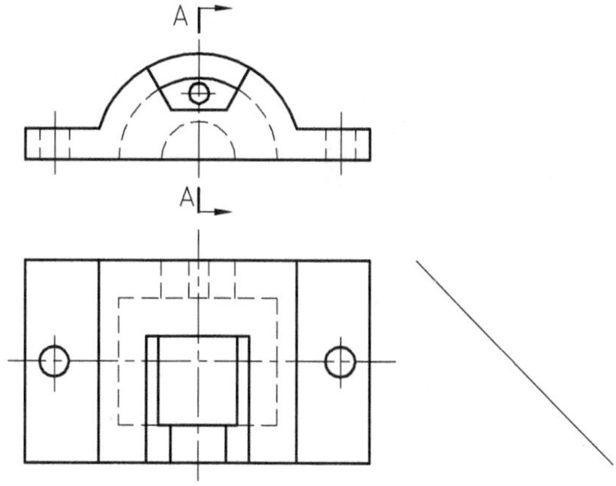

题 5-7 图

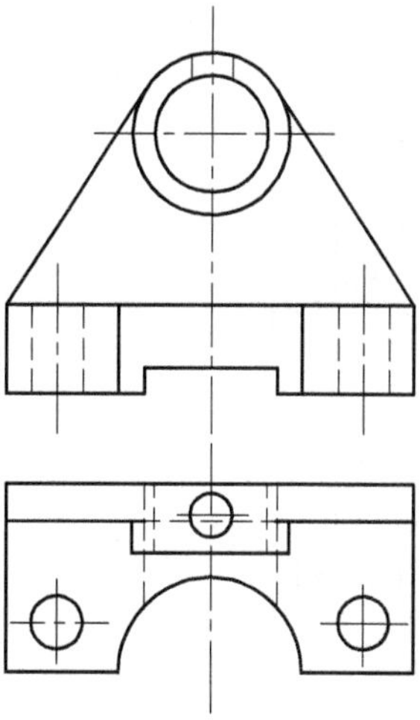

题 5-8 图

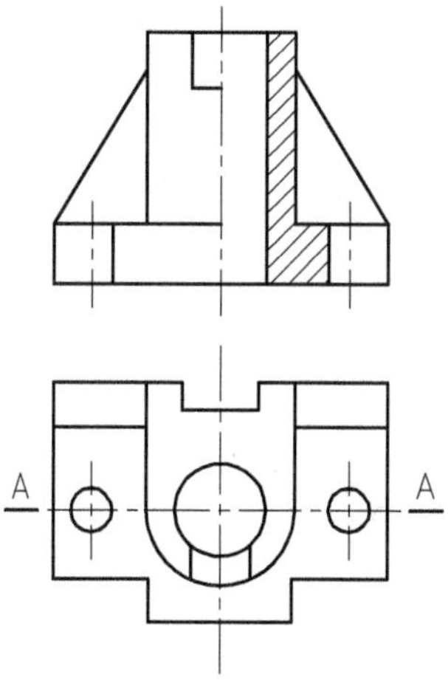

题 5-9 图

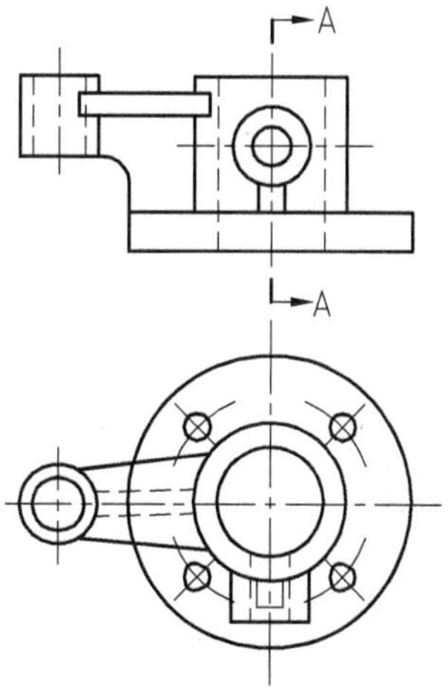

题 5-10 图

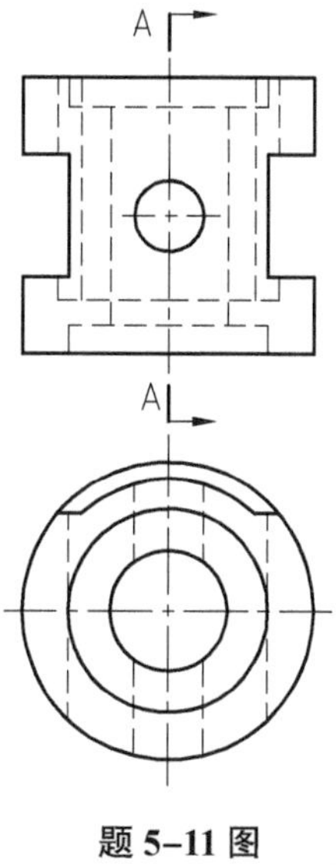

题 5-11 图

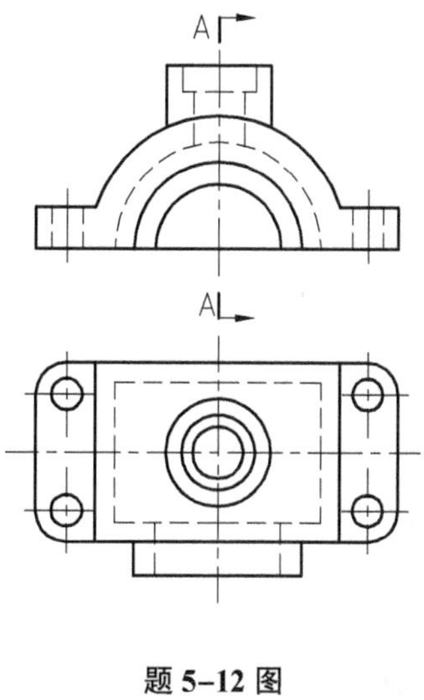

题 5-12 图

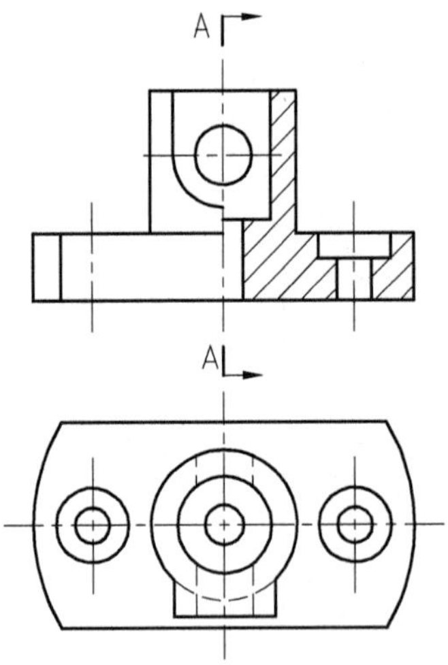

题 5-13 图

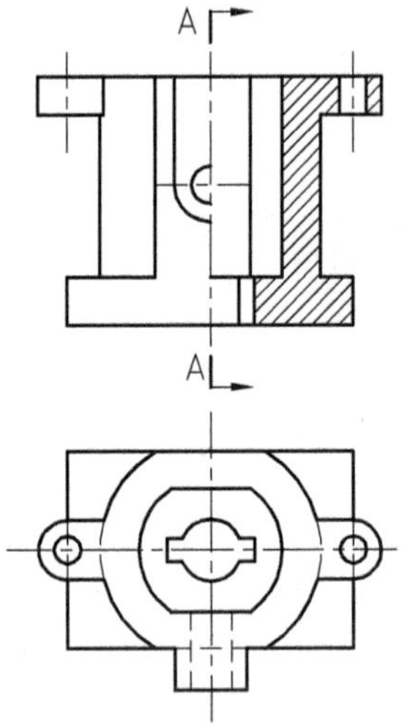

题 5-14 图

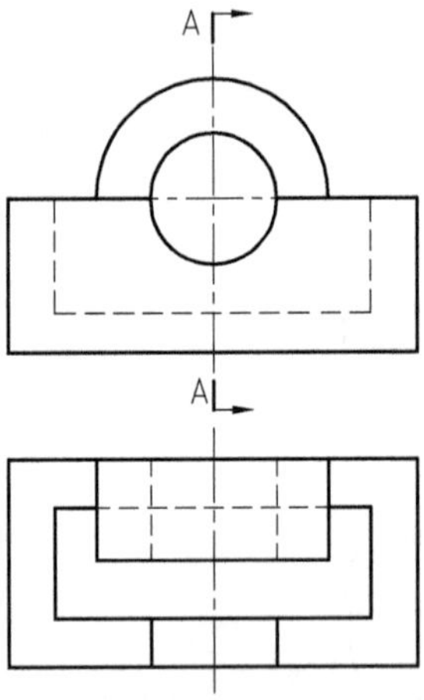

题 5-15 图

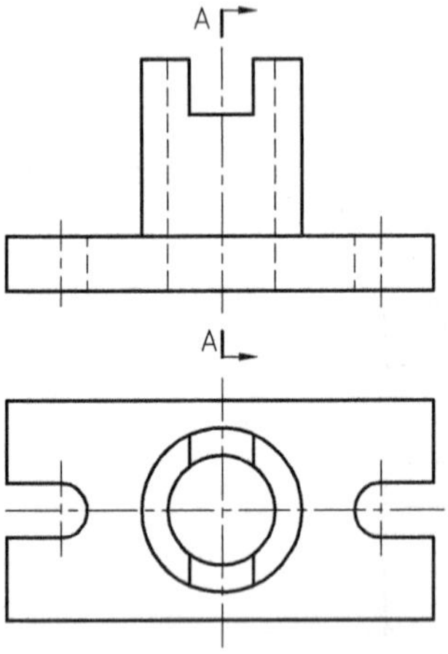

题 5-16 图

2. 题 5-17~ 题 5-22，画半剖左视图。

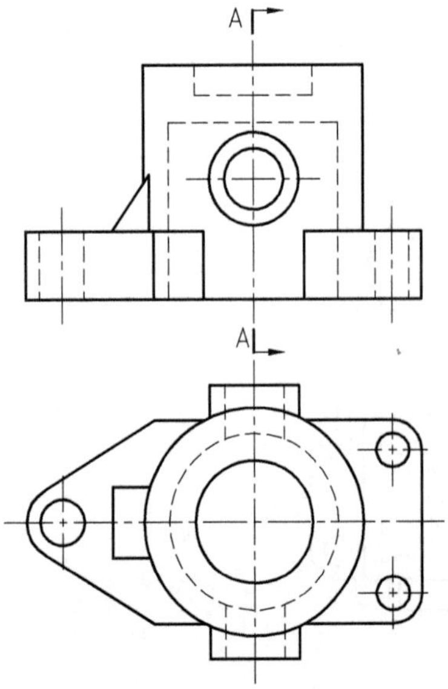

题 5-17 图

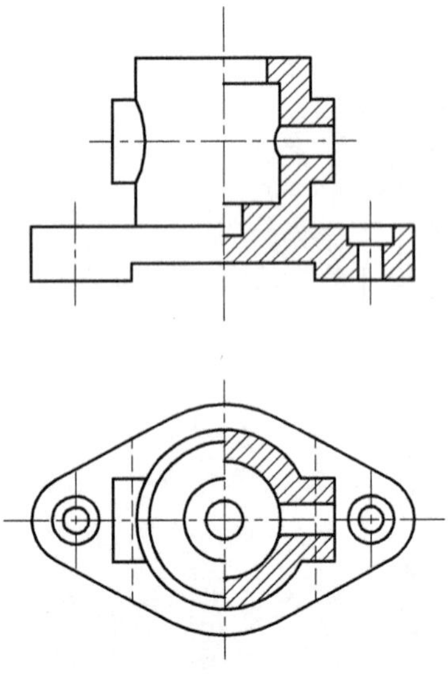

题 5-18 图

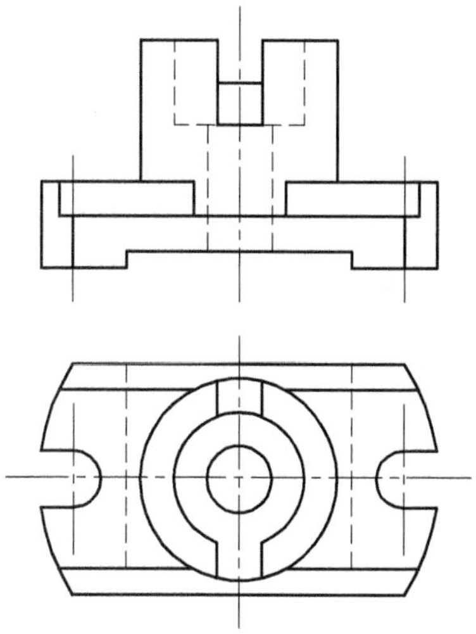

题 5-19 图

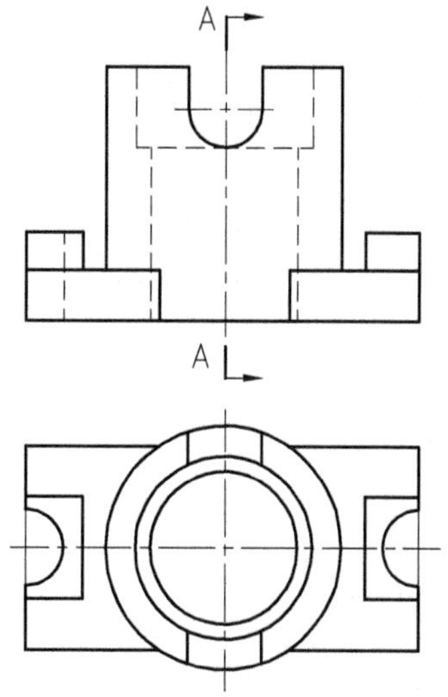

题 5-20 图

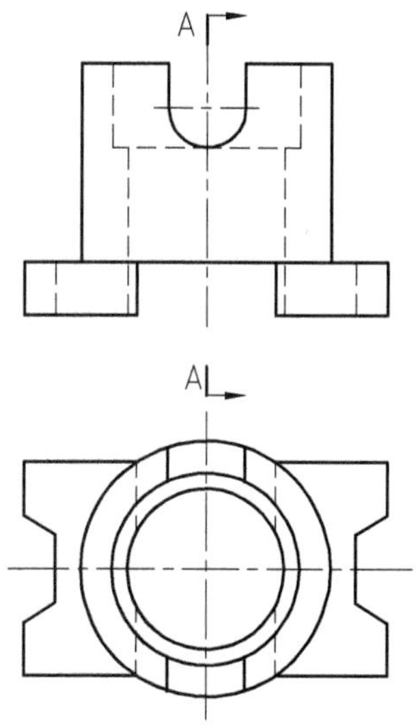

题 5-21 图

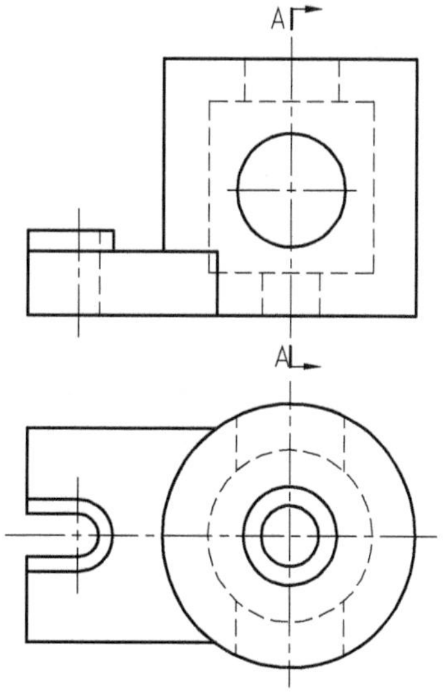

题 5-22 图

3. 题 5-23~ 题 5-27，画半剖主视图。

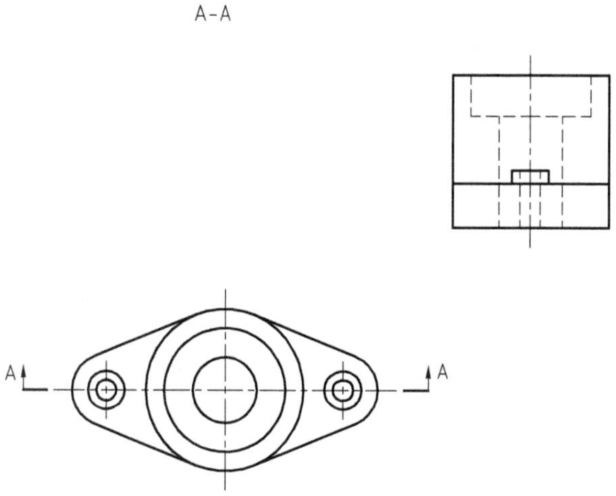

题 5-23 图

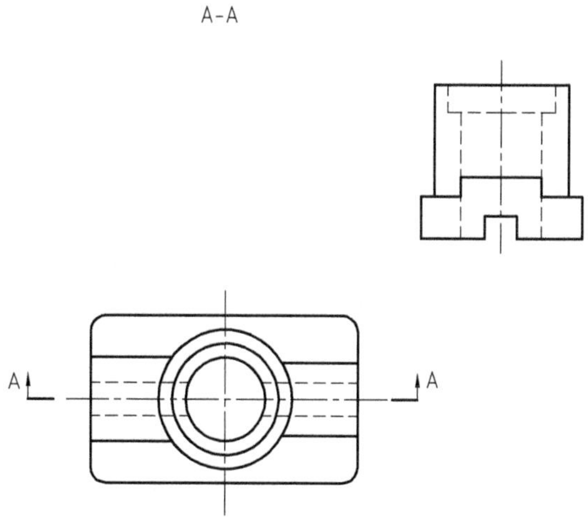

题 5-24 图

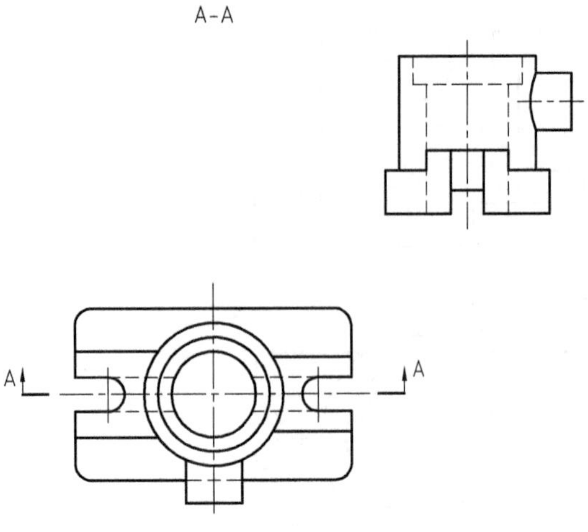

题 5-25 图

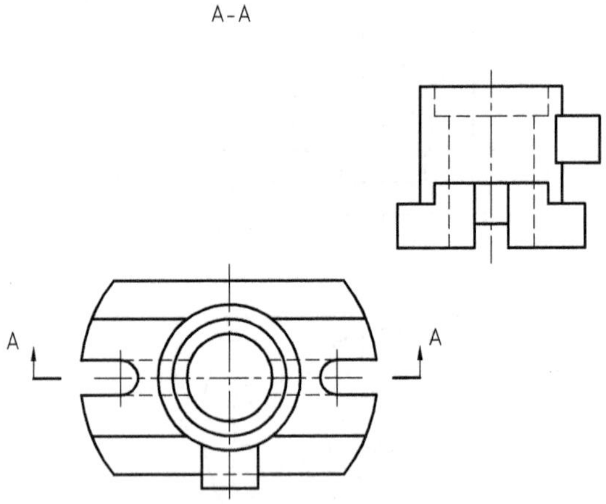

题 5-26 图

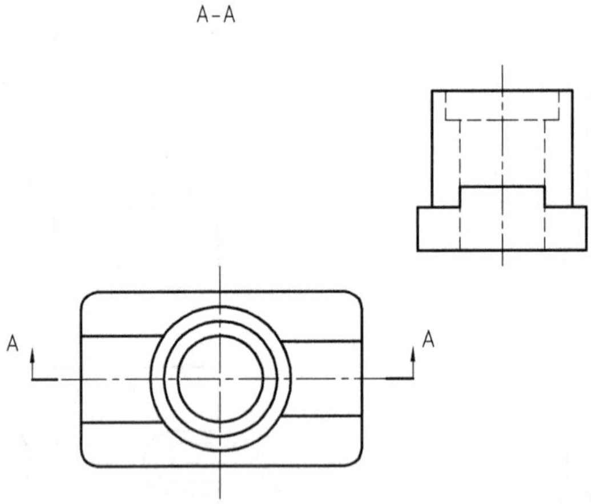

题 5-27 图

4. 题 5-28，画全剖主视图。

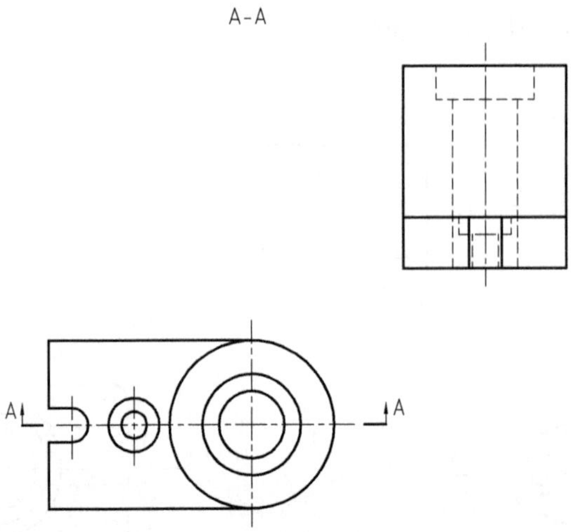

题 5-28 图

5. 题 5-29~ 题 5-32，画斜视图。

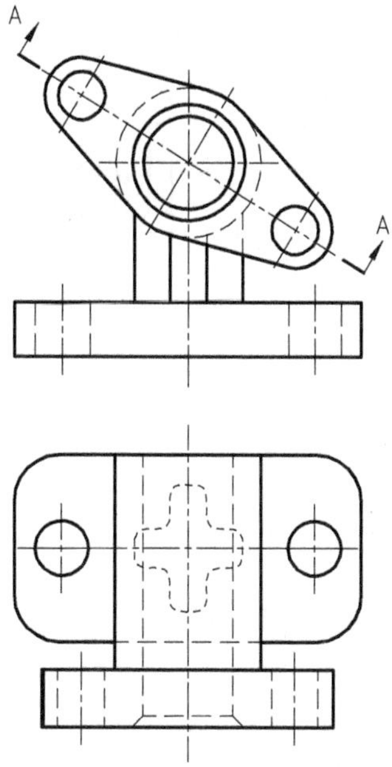

题 5-29 图

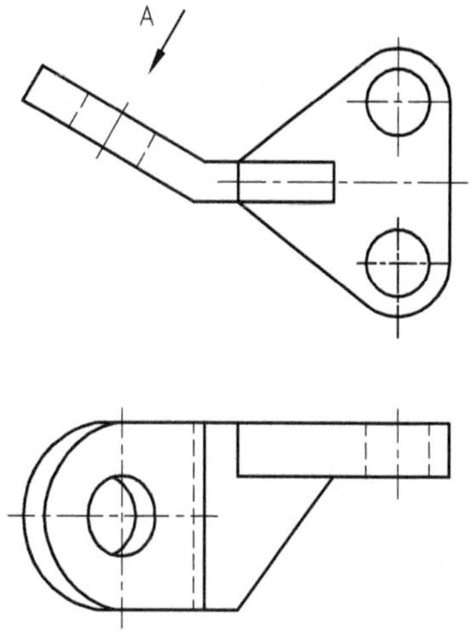

题 5-30 图

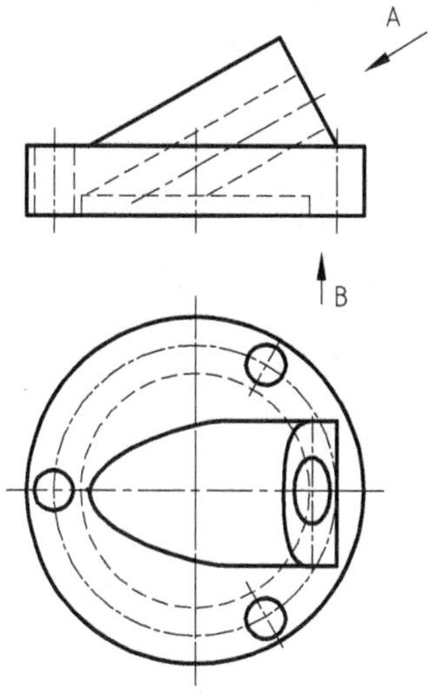

题 5-31 图

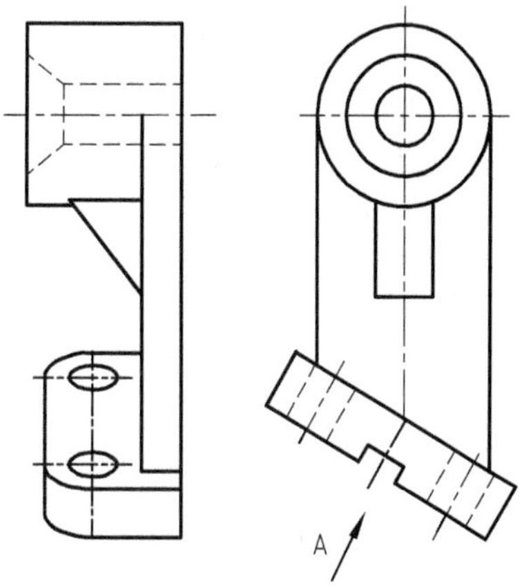

题 5-32 图

七、参考答案

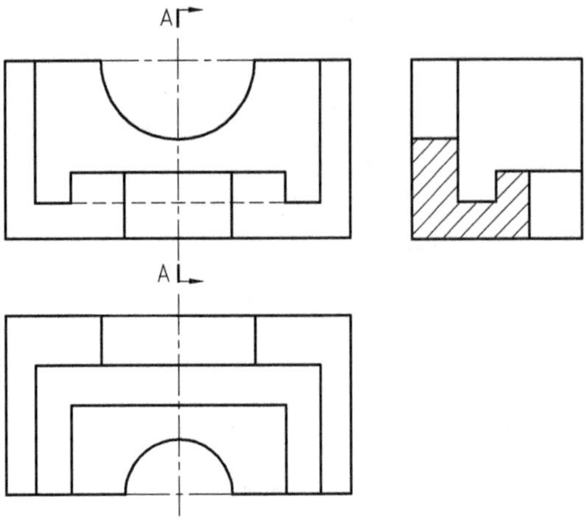

题 5-1

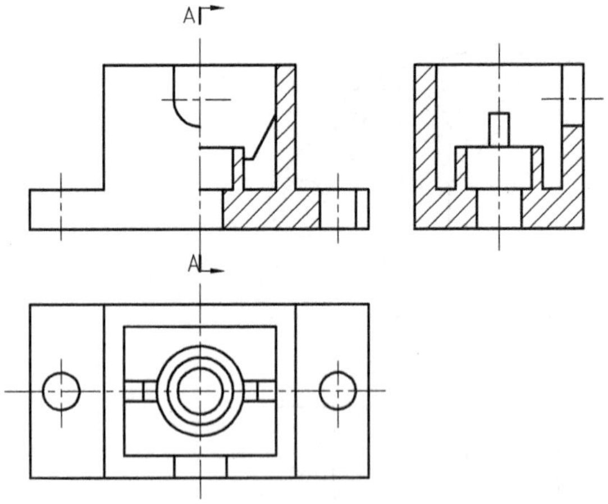

题 5-2

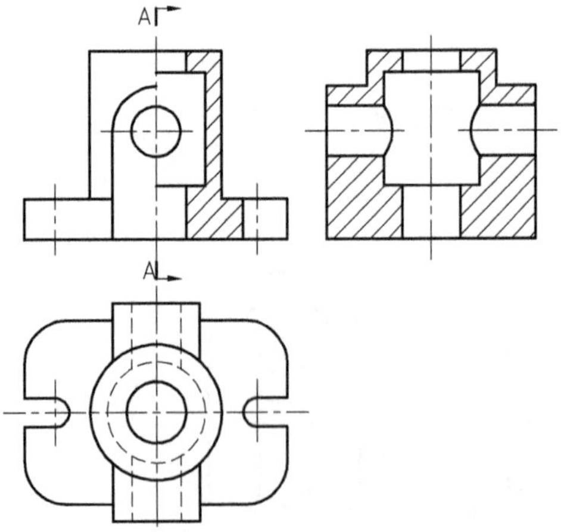

题 5-3

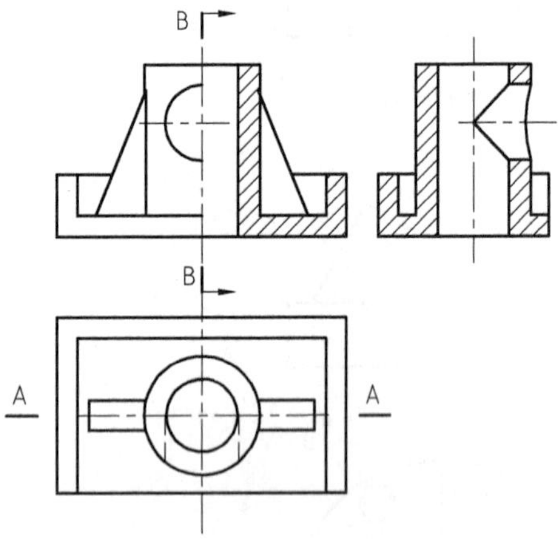

题 5-4

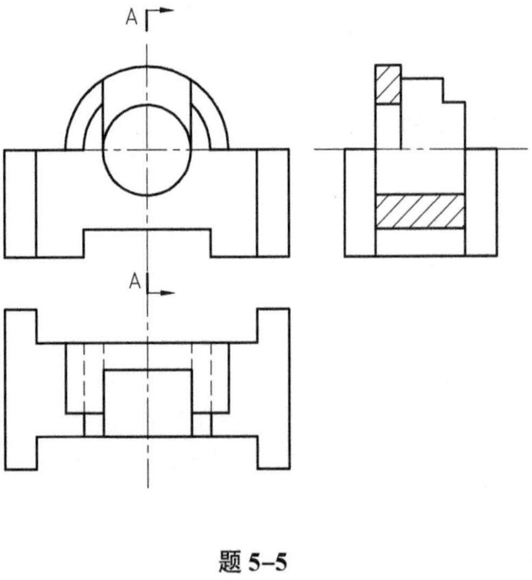

题 5-5

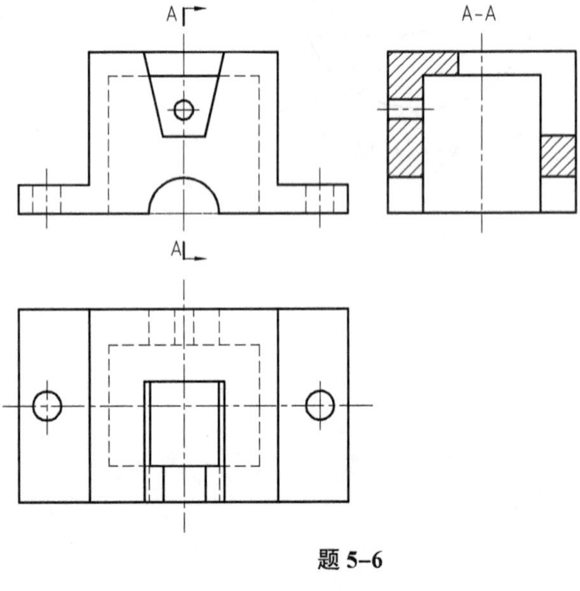

题 5-6

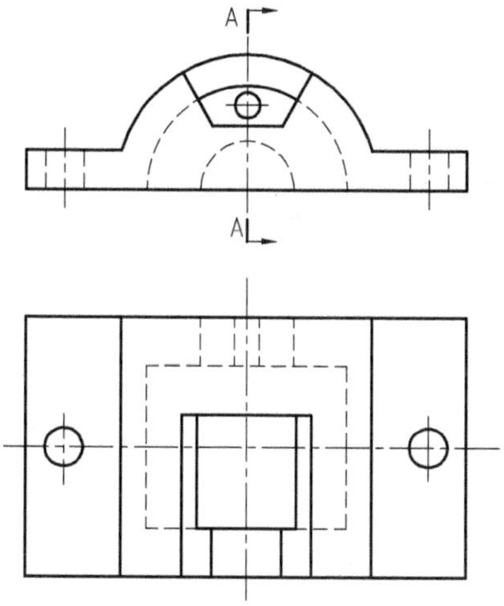

题 5-7

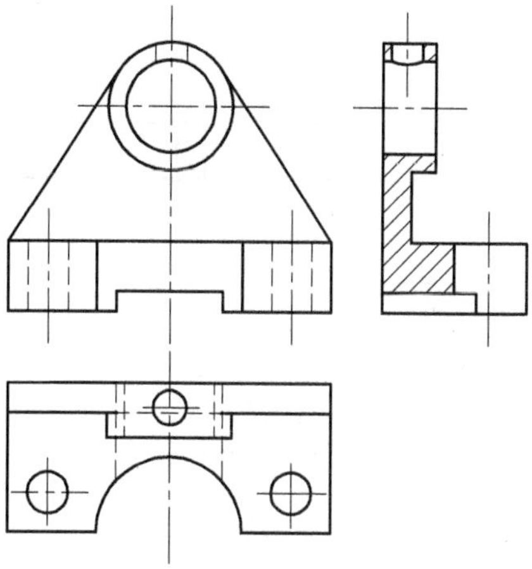

题 5-8

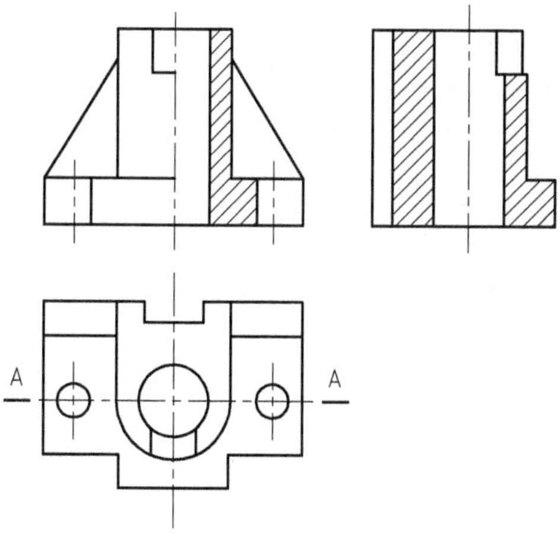

题 5-9

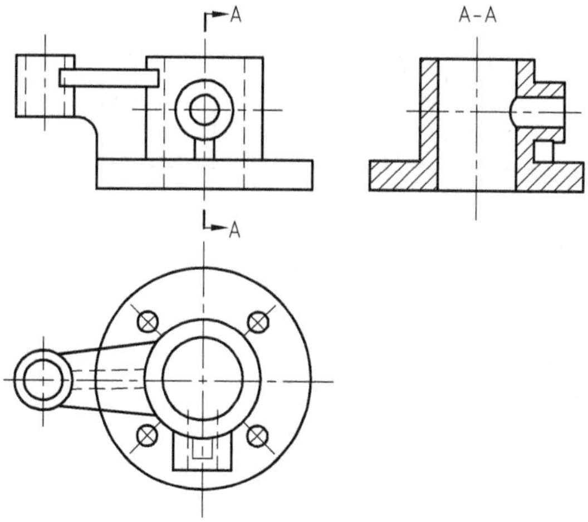

题 5-10

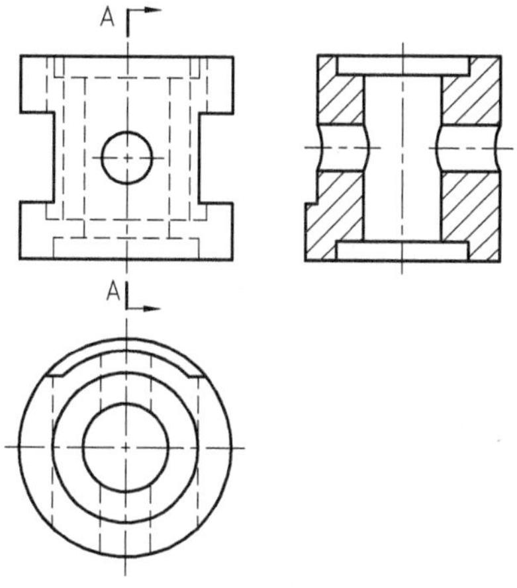

题 5-11

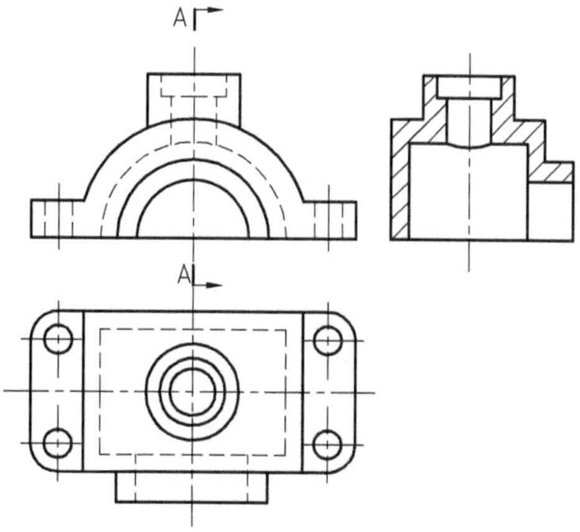

题 5-12

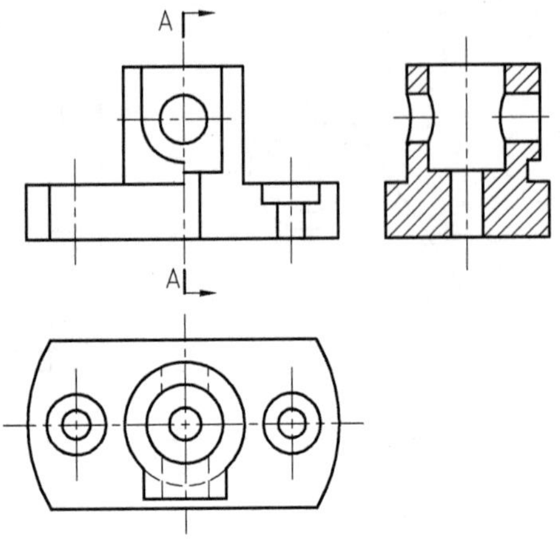

题 5-13

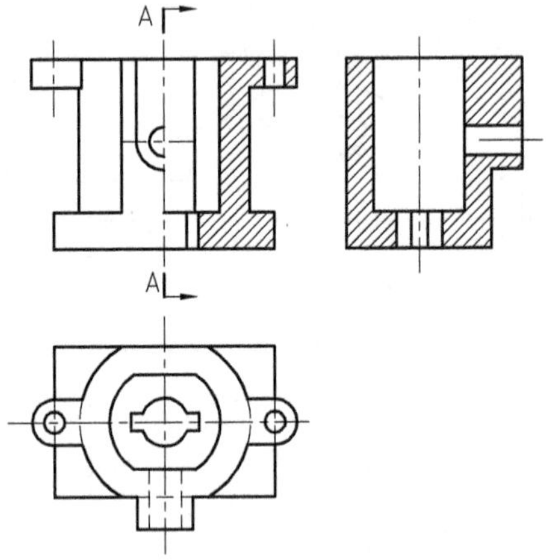

题 5-14

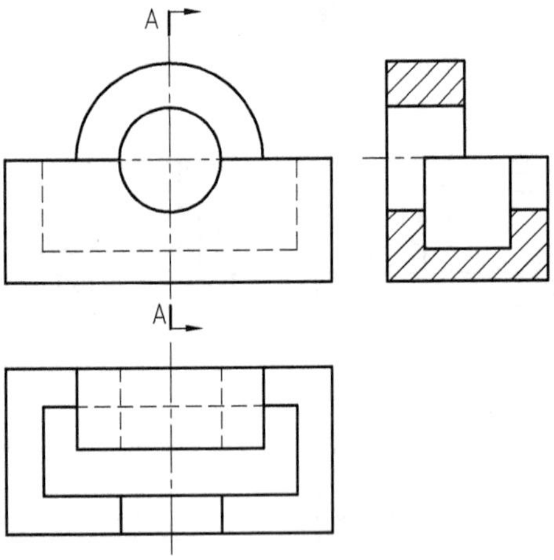

题 5-15

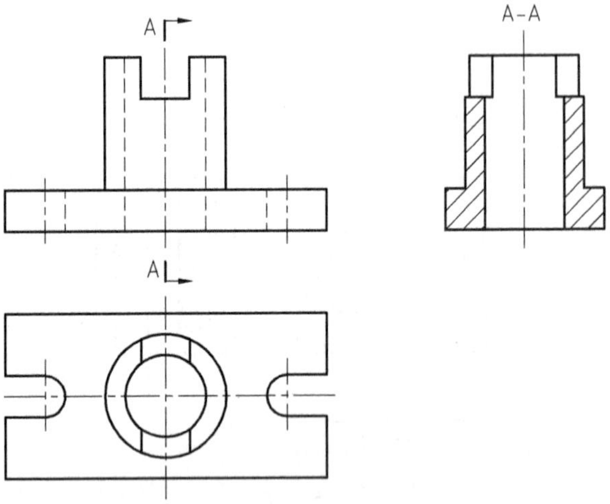

题 5-16

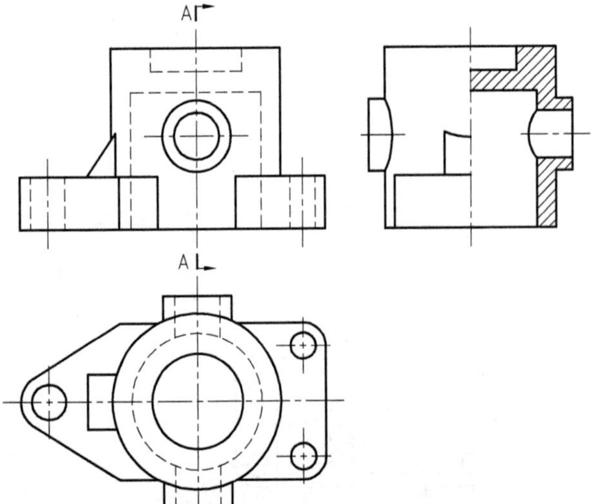

题 5-17

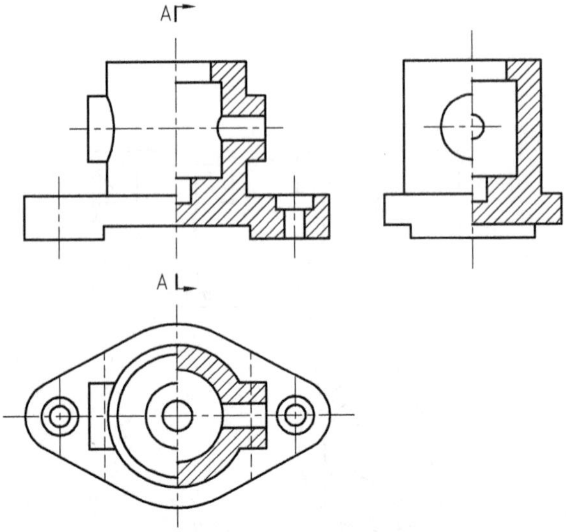

题 5-18

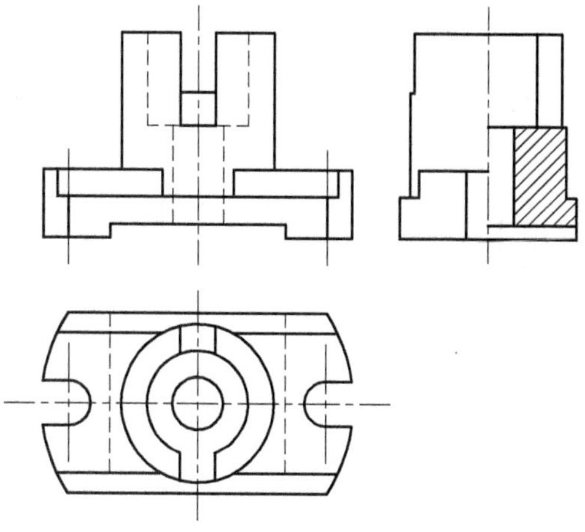

题 5-19

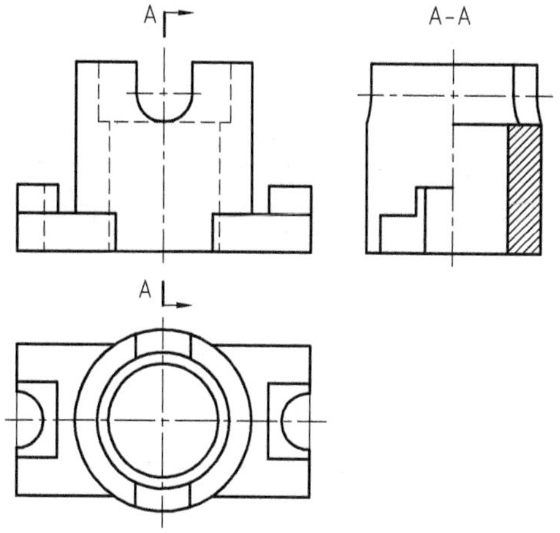

题 5-20

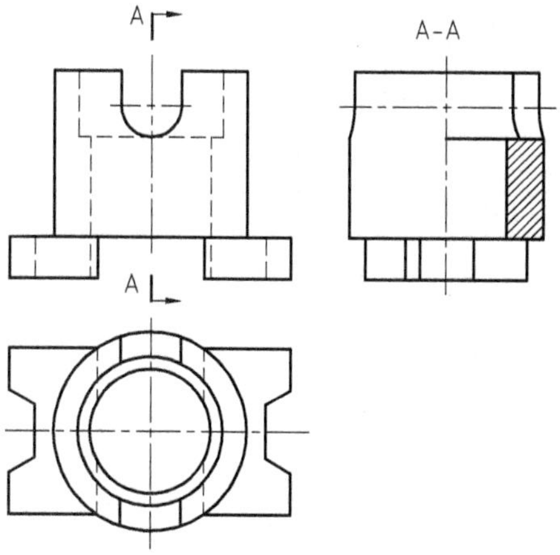

题 5-21

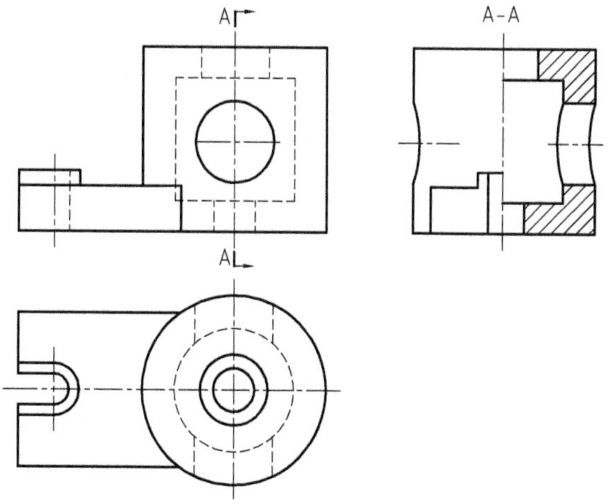

题 5-22

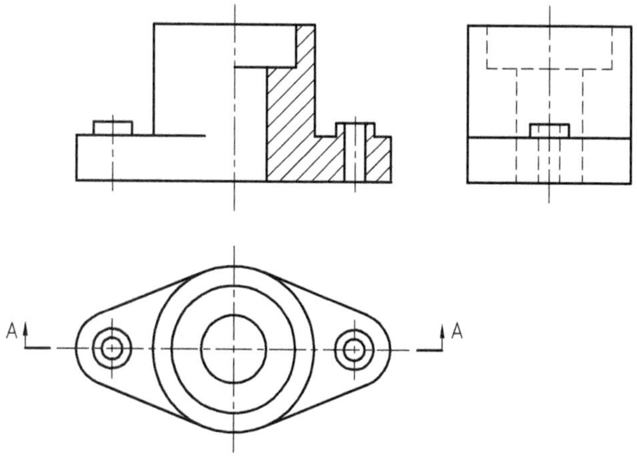

题 5-23

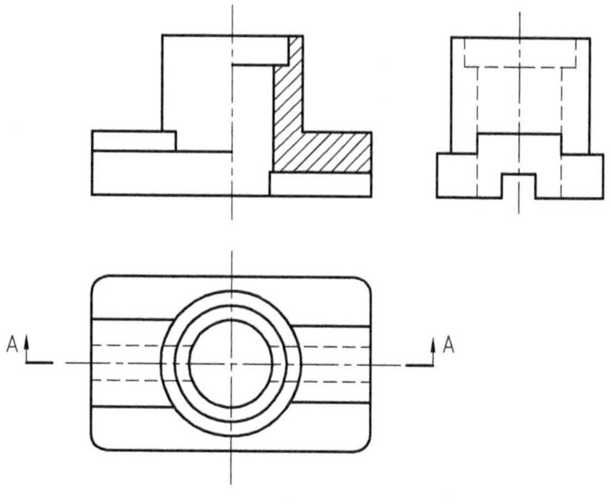

题 5-24

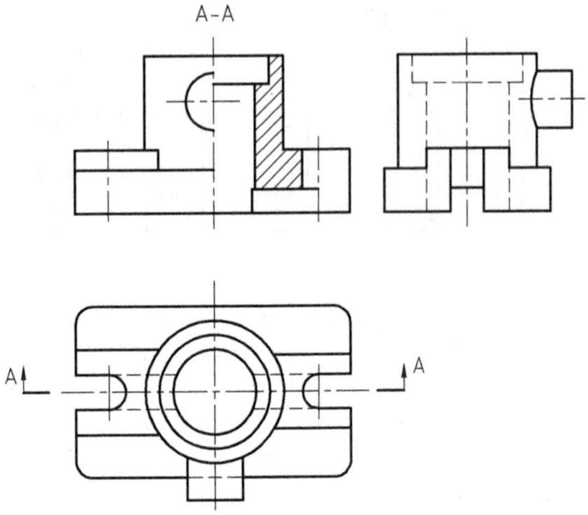

题 5-25

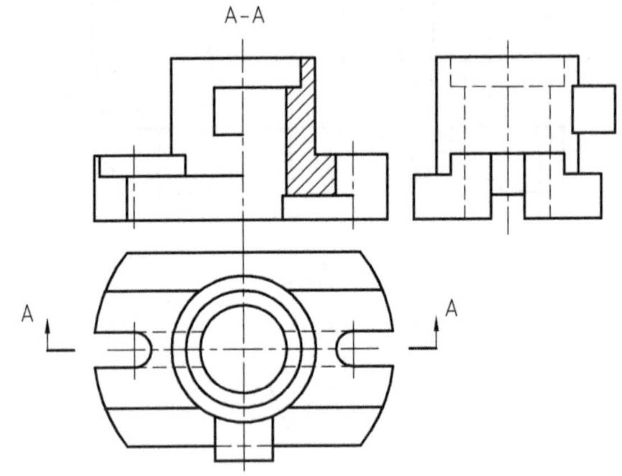

题 5-26

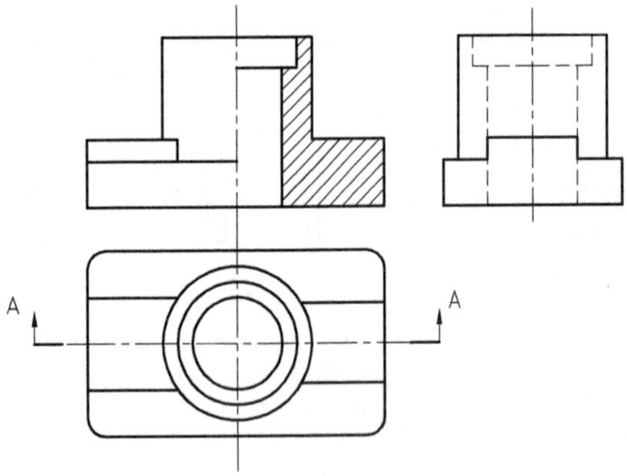

题 5-27

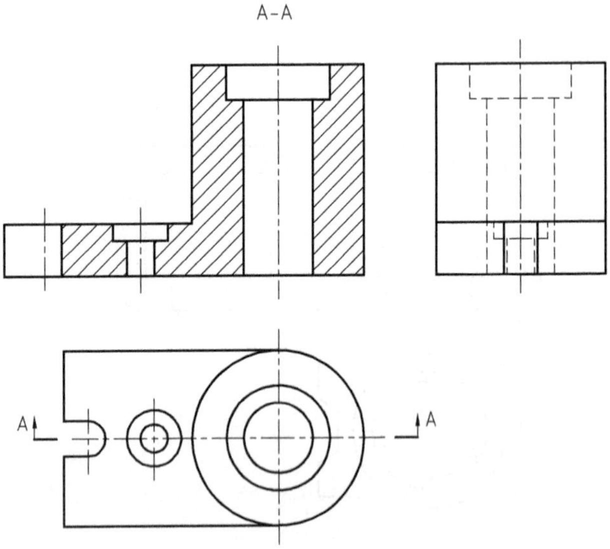

题 5-28

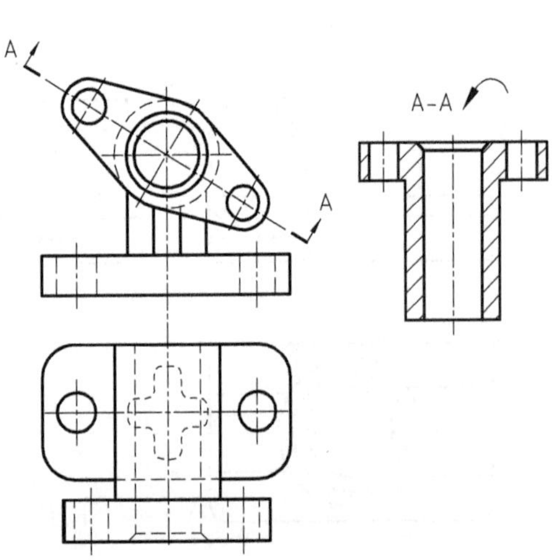

题 5-29

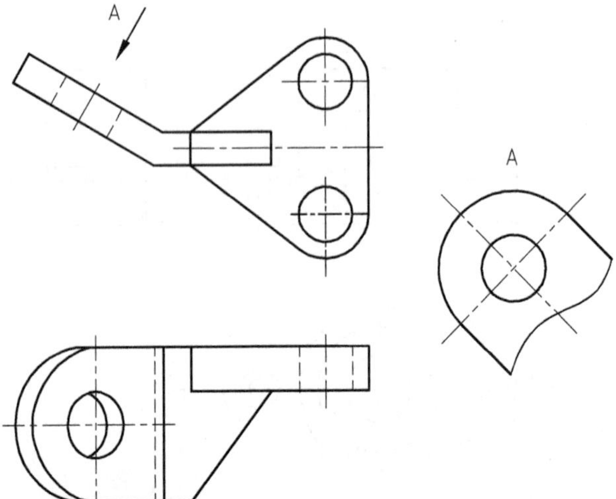

题 5-30

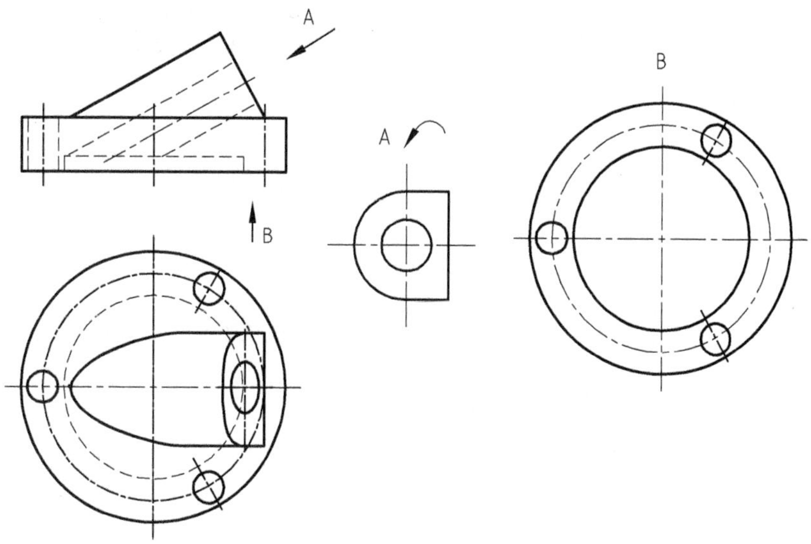

题 5-31

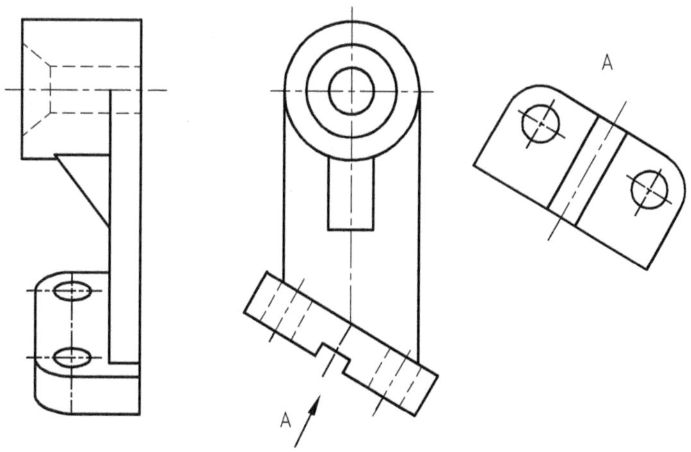

题 5-32

第 6 章　常用机件及结构要素的表达法

本章知识要点

1. 能熟练掌握标准螺纹的规定画法和标注方法。
2. 掌握常用紧固件及标记，熟练掌握螺栓、双头螺柱、螺钉连接的形式、适用场合和简化画法。
3. 熟练掌握直齿圆柱齿轮的尺寸关系、单个画法和啮合画法。
4. 掌握键、销的连接画法和标记方法。
5. 掌握滚动轴承的标记方法，并会用特征画法、通用画法和规定画法绘制轴承。
6. 掌握圆柱螺旋压缩弹簧的几何计算、规定画法和在装配图中的画法。

一、螺纹

1. 螺纹的基本知识

（1）在圆柱或圆锥表面上，沿螺旋线所形成的具有相同剖面的连续凸起和沟槽，一般称其为“牙”，如图 6–1（a）所示。螺纹有内螺纹、外螺纹之分，使用时，将内螺纹、外螺纹旋合在一起，如图 6–1（b）所示。

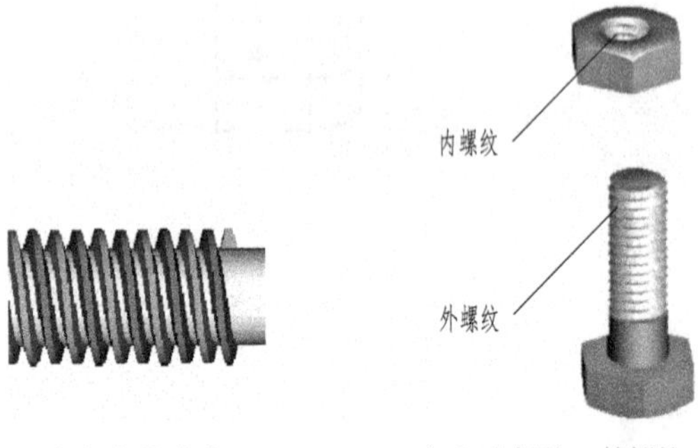

（a）螺纹的形成　（b）内螺纹、外螺纹

图 6–1　螺纹

（2）螺纹的基本要素有牙型、直径、螺距、线数和旋向。

（3）常用螺纹牙型有三角形、梯形、锯齿形，如图 6–2 所示。

（4）螺纹直径有大径、小径和中径，大径又称作公称直径，如图 6–3 所示。

（5）螺纹有单线螺纹和多线螺纹之分，如图 6–4 所示。

（6）螺纹的旋向。螺纹的旋向分右旋和左旋，如图 6–5 所示。

（7）螺纹按用途分类。可分为紧固螺纹、传动螺纹、管螺纹和专用螺纹。

螺纹的牙型、大径、螺距、线数和旋向称为螺纹五要素，只有这五个要素都相同的外螺纹和内螺纹才能互相旋合。

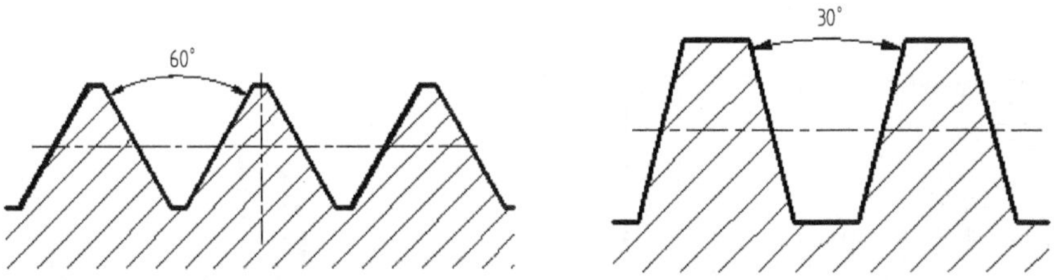

（a）三角形螺纹　　（b）梯形螺纹

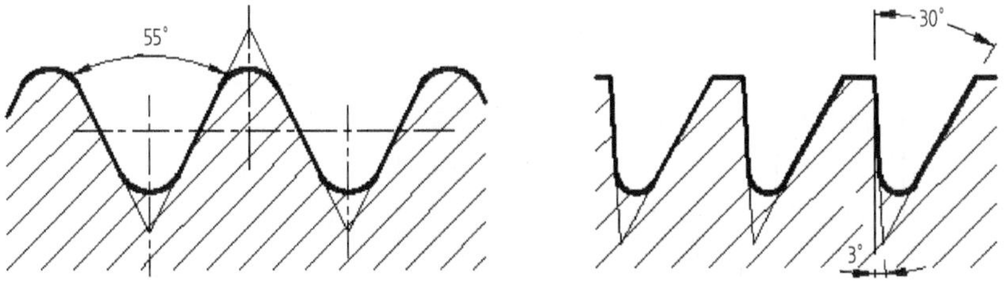

（c）管螺纹　　（d）锯齿形螺纹

图 6–2　螺纹牙型

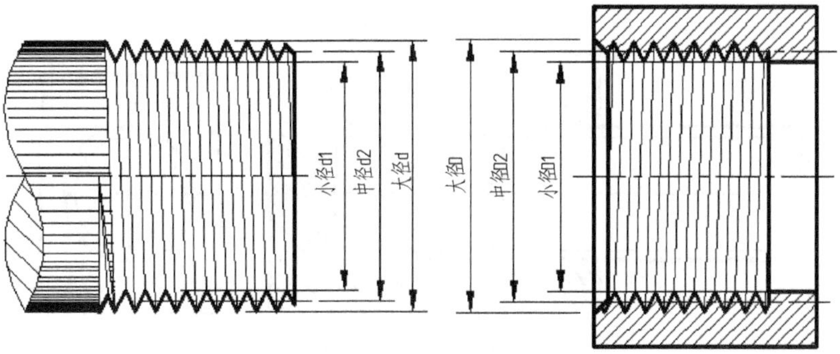

图 6–3　内螺纹、外螺纹的三种直径

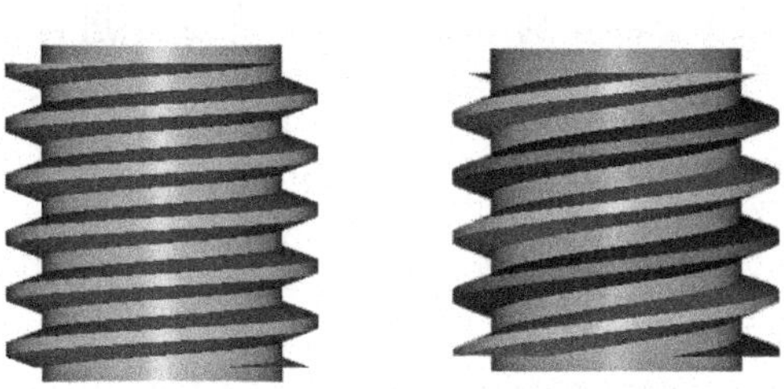

（a）单线螺纹　　（b）多线螺纹

图 6–4　螺纹线数

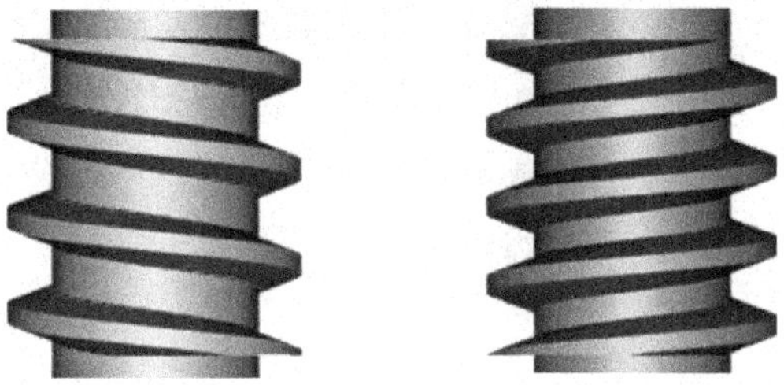

（a）左旋螺纹　　（b）右旋螺纹

图 6–5　螺纹旋向

2. ***螺纹的规定画法***

（1）画内外螺纹时，螺纹牙顶（外螺纹的大径线，内螺纹的小径线）用粗实线表示；牙底（外螺纹的小径线，内螺纹的大径线）用细实线表示。在投影为圆的视图上，外螺纹的大径画粗实线，小径为 3/4 细实线圆弧，如图 6–6（a）所示；内螺纹的小径画粗实线，大径为 3/4 细实线圆弧，如图 6–6（b）所示。

（2）内外螺纹连接用剖视图表示时，其旋合部分按外螺纹的画法表示，其余部分仍按各自的规定画法表示；表示内、外螺纹大、小径的细实线和粗实线应分别对齐，如图 6–6（c）所示。

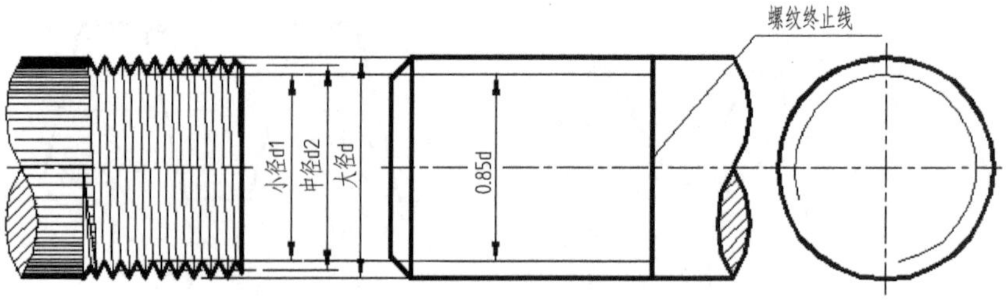

（a）外螺纹的画法

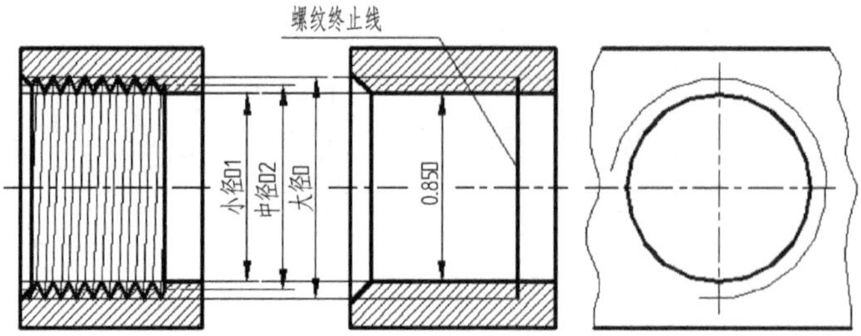

（b）内螺纹的画法

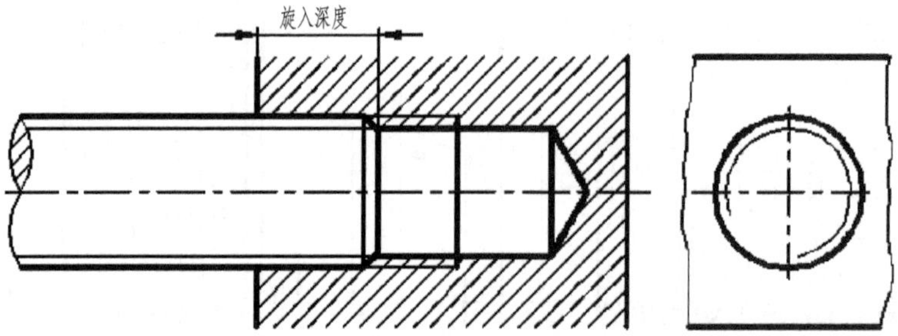

（c）内外螺纹旋合的画法

图 6-6　螺纹的画法

3. **螺纹的标注**　按规定画法表示的螺纹，分辨不出螺纹的类别及结构要素，故必须进行标注。国家标准规定了各种螺纹的标注方法。

（1）普通螺纹的标记。特征代号　公称直径 × 螺距　旋向 - 中径、顶径公差带代号 - 旋合长度代号。例如：

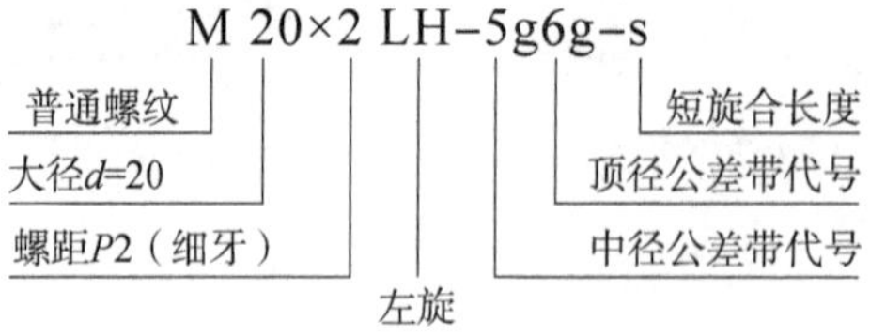

普通螺纹的标注如图 6-7 所示。

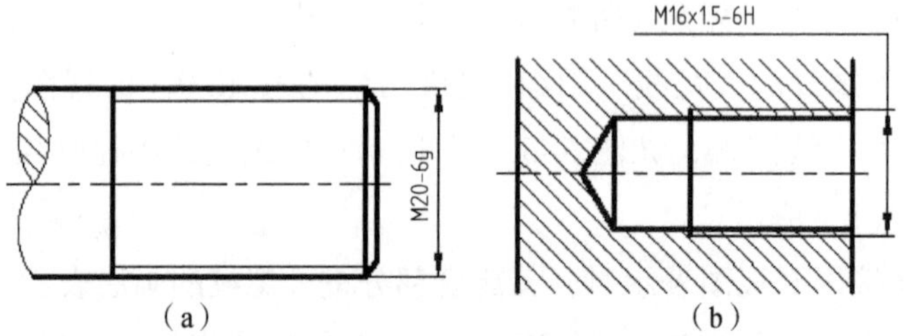

（a）　　（b）

图 6-7　普通螺纹

（2）传动螺纹的标记。特征代号　公称直径 × 螺距　旋向 – 中径、顶径公差带代号 – 旋合长度代号。例如：

Tr40×7（14/2）–7H–L

梯形螺纹
大径D=40
螺距P7导程14线数2
右旋
中径、顶径公差带代号
长旋合长度

传动螺纹的标注如图 6–8 所示。

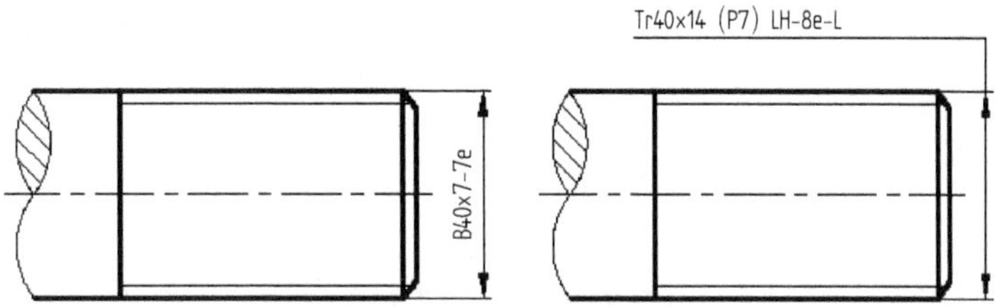

图 6–8　传动螺纹

（3）管螺纹的标记。

密封管螺纹：特征代号　尺寸代号 – 旋向代号

非密封管螺纹：特征代号　尺寸代号　公差等级代号 – 旋向代号

管螺纹的标注如图 6–9 所示。

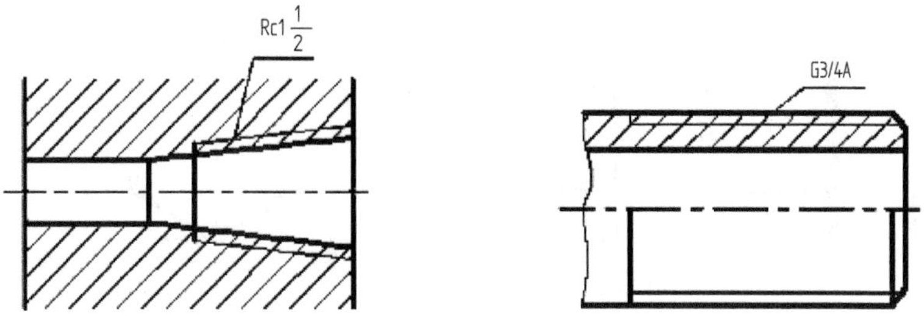

（a）密封的管螺纹标记及标注　　（b）非密封的管螺纹标记及标注

图 6–9　管螺纹

（4）普通螺纹、传动螺纹是以尺寸的样式标注，如图 6–7 和图 6–8 所示；管螺纹是以从大径引出引线的形式标注，如图 6–9 所示。

二、螺纹紧固件及连接画法

（一）螺纹紧固件的种类及标记

1. **常用的螺纹紧固件**　常用的螺纹紧固件有螺栓、双头螺柱、螺钉、螺母和垫圈等，均为标准件。

2. **螺纹紧固件的基本连接形式**　其基本连接形式有螺栓连接、螺柱连接、螺钉连接三种，如图 6–10 所示。

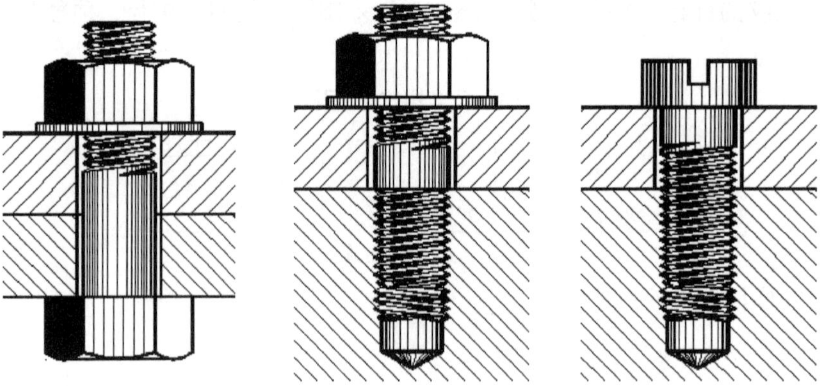

（a）螺栓连接　　（b）螺柱连接　　（c）螺钉连接

图 6–10　常用螺纹紧固件的连接

3. **标准件标注的一般形式**　标准件的标注含名称、国标号、规格尺寸三项。

（二）螺栓连接

螺栓用来连接不太厚而且又允许钻成通孔的两个零件。所用的紧固件有螺栓、垫圈和螺母。

螺栓、垫圈和螺母的画法：通常采用比例画法绘制各螺纹紧固件，即各部分尺寸均与螺纹大径（公称直径）*d* 成一定的比例关系而近似画出，如图 6–11 所示。

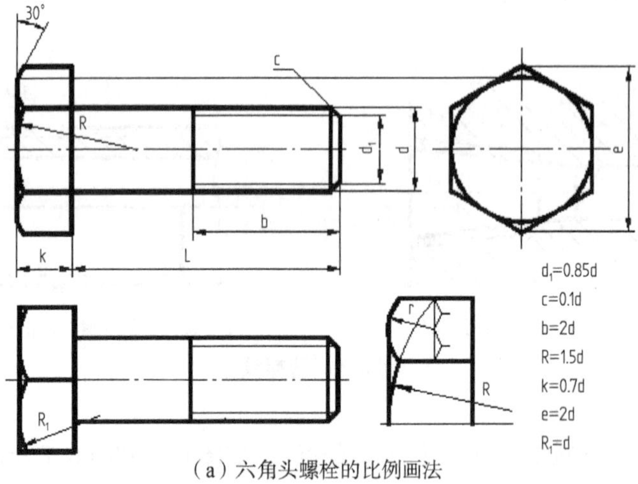

（a）六角头螺栓的比例画法

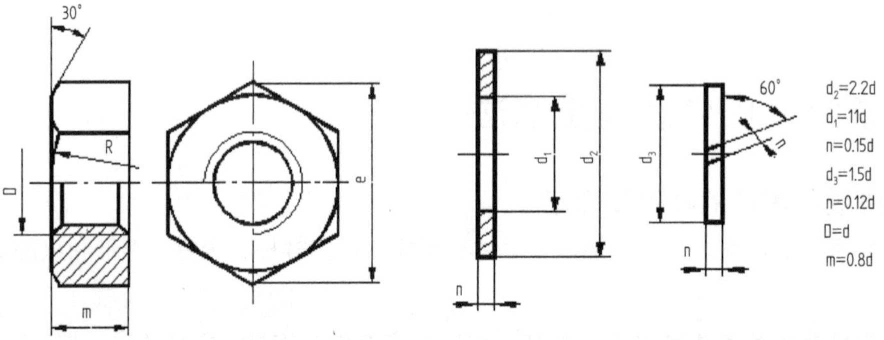

（b）六角头螺母的比例画法　　（c）垫圈的比例画法

图 6–11　螺栓、螺母和垫圈的比例画法

【例 6-1】 用简化画法画出螺栓连接图。

螺栓连接的画图步骤如图 6-12 所示。画螺栓连接图时，要注意以下几点。

（1）螺栓连接装配图，可按简化画法绘制。

（2）当剖切平面通过螺纹紧固件轴线时，螺栓、螺母及垫圈应按不剖绘制。

（3）两零件接触表面画一条线，不接触表面画两条线。

（4）两零件邻接时，不同零件的剖面线方向应相反，或者方向一致、间隔不等。

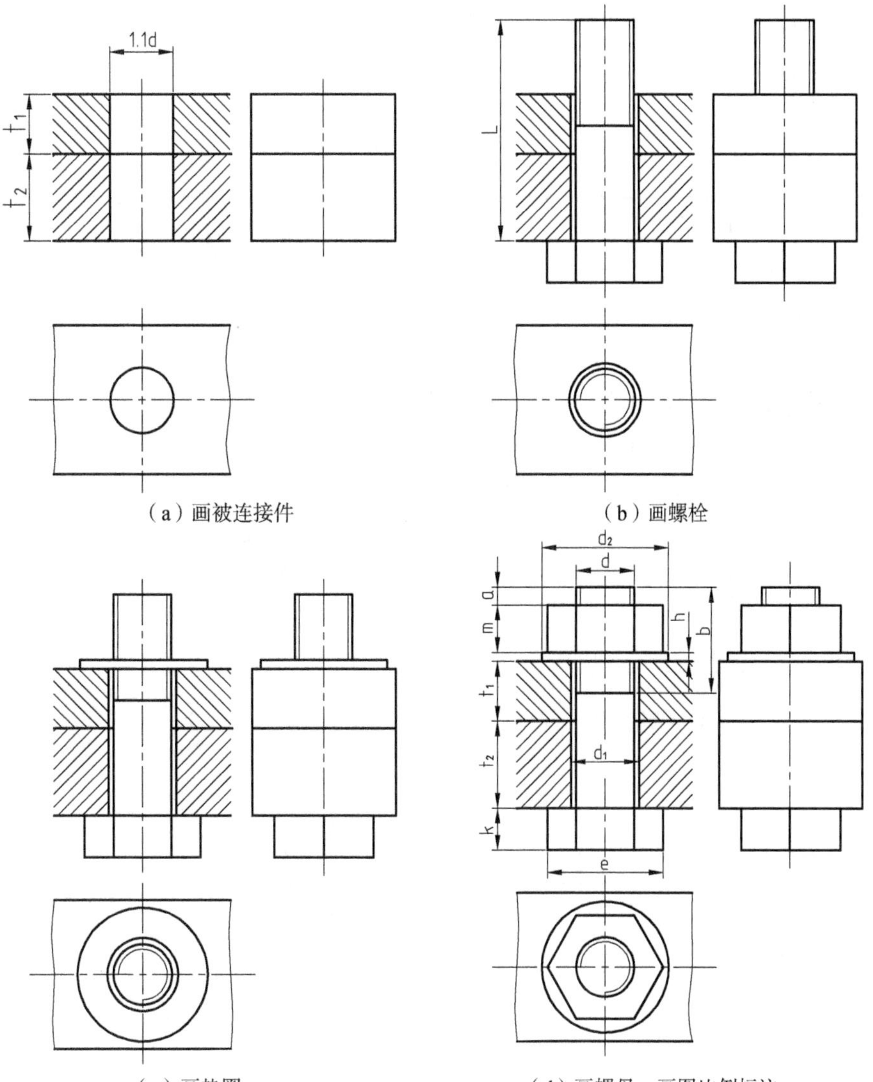

（a）画被连接件　（b）画螺栓

（c）画垫圈　（d）画螺母、画图比例标注

图 6-12　螺栓连接画图步骤

（三）双头螺柱连接

用于被连接零件之一较厚，或加工通孔困难，或因频繁拆卸又不易采用螺钉连接时，一般用螺柱连接。所用的紧固件由双头螺柱、螺母、垫圈组成。

螺柱的两头均加工有螺纹，一端旋入被连接件，称为旋入端；拧螺母的一端称为紧固端，如图 6-13 所示。

图 6-13　双头螺柱

双头螺柱旋入端长度 b_m 对应于不同材料，有下列四种取值：钢或青铜时，取 $b_m=d$；铸铁时，取 $b_m=1.25d$ 或 $b_m=1.5d$；铝合金时，取 $b_m=2d$。

【例 6–2】 用简化画法画出双头螺柱连接图。

双头螺柱连接的画图步骤如图 6–14 所示。画双头螺柱连接时，要注意以下几点。

（1）连接图中，螺柱旋入端的螺纹终止线应与两个被连接零件的接触面平齐，表示旋入端全部拧入，足够拧紧；螺柱伸出端螺纹终止线应低于较薄零件顶面轮廓线。

（2）弹簧垫圈用作放松，开口方向应向左斜。

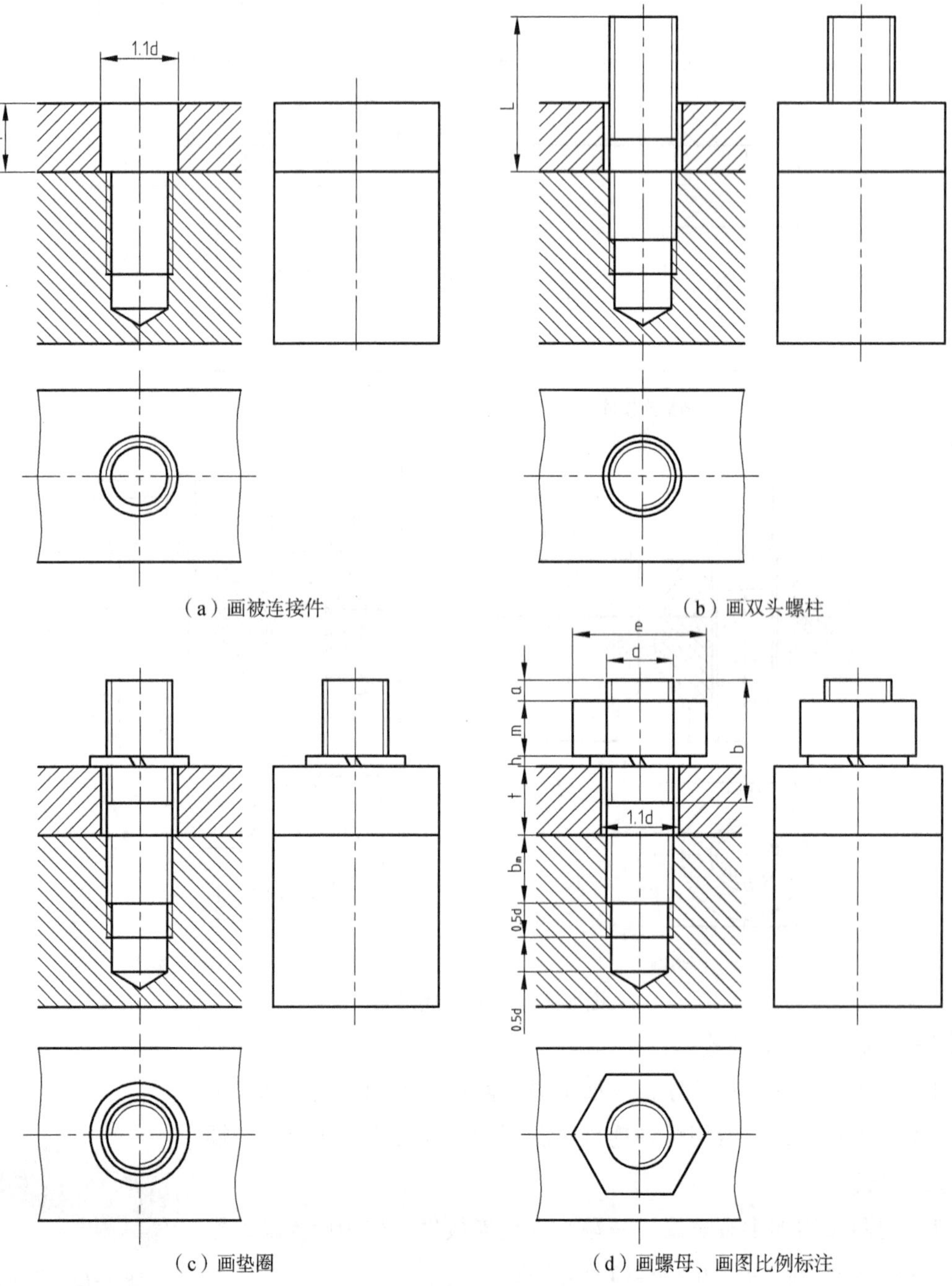

图 6–14　双头螺柱连接的画图步骤

（四）螺钉连接

用于被连接经常拆卸且受力不大的零件。两个被连接零件中，较厚的加工螺纹孔，较薄的零件加工出通孔，不用螺母，直接将螺钉穿过通孔拧入螺纹孔中。

连接螺钉由头部和螺钉杆组成。螺钉头部有沉头、盘头、内六角圆柱头等多种形状。紧定螺钉前端的形状有锥端、平端和长圆柱端等，如图 6-15 所示。

（a）开槽沉头螺钉　（b）开槽盘头螺钉　（c）内六角圆柱头螺钉

图 6-15　螺钉的种类

【例 6-3】 用简化画法画出螺钉连接图。

螺钉连接的画图步骤如图 6-16 所示。画螺钉连接时，要注意以下几点。

（1）不用螺母，一般也不用垫圈，而是把螺钉直接拧入被连接件。

（2）若有螺纹终止线，应高于两被连接件接触面轮廓线，表示还有足够的拧紧力，或在螺杆上画成全螺纹。

（3）螺钉头的一字槽的投影在主视图被放正绘制，在俯视图规定画成与水平线成 45°。当槽口的宽度小于 2mm 时，槽口投影可涂黑。

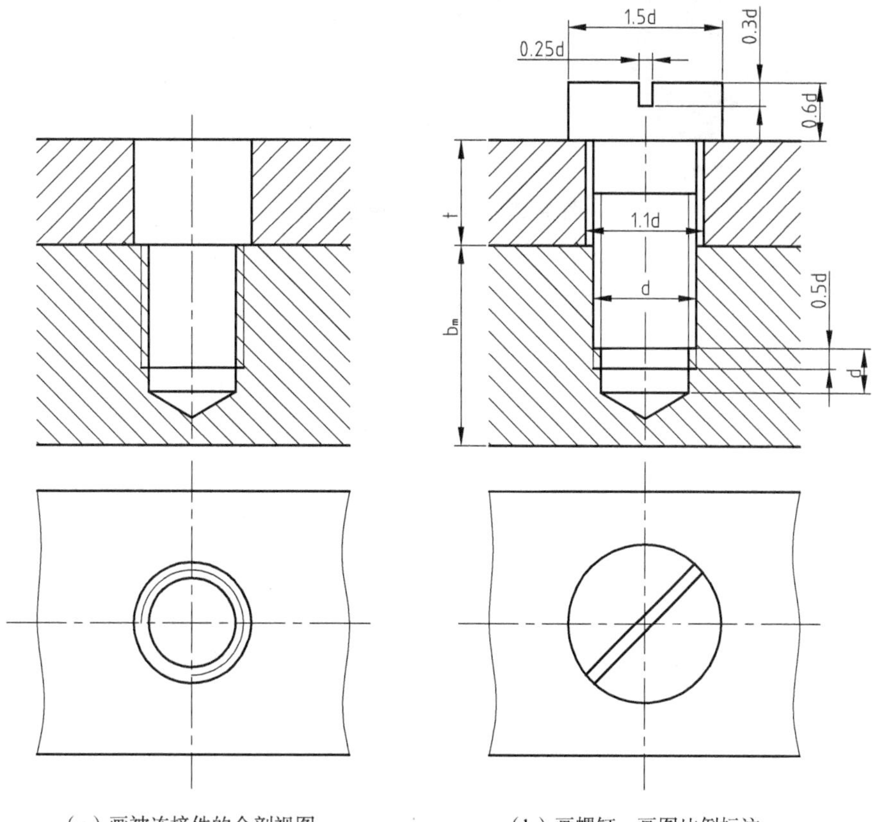

（a）画被连接件的全剖视图　（b）画螺钉、画图比例标注

图 6-16　螺钉连接的画图步骤及画图比例标注

三、齿轮

1. 齿轮的基本知识

（1）齿轮是应用广泛的传动零件，可以传递动力，又可以改变转速和回转方向。其轮齿部分已经标准化，齿廓线最常见的是渐开线。

（2）齿轮传动有圆柱齿轮传动（两齿轮轴线平行）、圆锥齿轮传动（两齿轮轴线相交）、蜗轮蜗杆传动（两齿轮轴线交叉）三种类型。如图 6-17 所示，其中齿轮齿条传动是圆柱齿轮传动的特例。

（3）圆柱齿轮按轮齿方向有直齿、斜齿和人字齿之分，如图 6-18 所示。

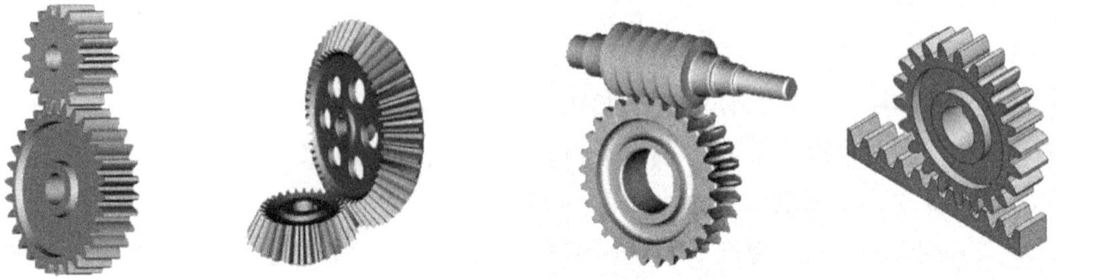

（a）圆柱齿轮传动　（b）锥齿轮传动　（c）蜗轮蜗杆传动　（d）齿轮齿条传动

图 6-17　常见的齿轮传动形式

（a）直齿　（b）斜齿　（c）人字齿

图 6-18　圆柱齿轮轮齿方向

（4）直齿圆柱齿轮各部分名称及代号，如图 6-19 所示。

齿顶圆直径 d_a

齿根圆直径 d_f

分度圆直径 d

齿高 h

齿顶高 h_a

齿根高 h_f

齿距 p

齿厚 s

齿数 z

模数 m

压力角、齿形角 α

中心距 a

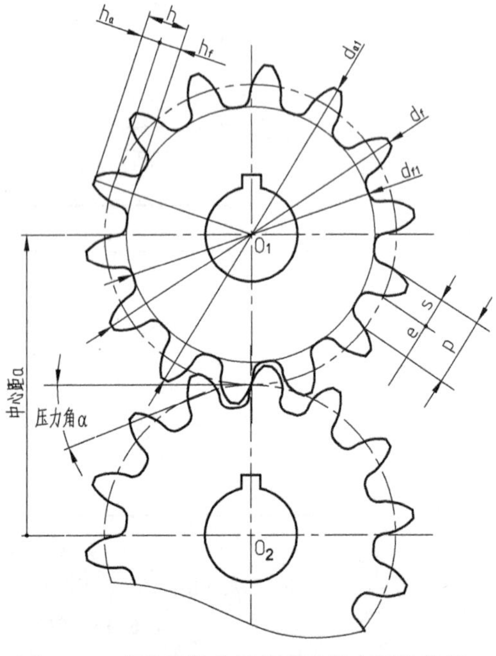

图 6-19　直齿圆柱齿轮各部分的名称和代号

（5）直齿圆柱齿轮轮齿部分的尺寸关系见表 6–1，基本参数：模数为 m，齿数为 z。

表 6–1 直齿圆柱齿轮基本参数

序号	名称	符号	计算公式
1	齿距	p	$p=m\pi$
2	齿顶高	h_a	$h_a=m$
3	齿根高	h_f	$h_f=1.25m$
4	齿高	h	$h=2.25m$
5	分度圆直径	d	$d=m_Z$
6	齿顶圆直径	d_a	$d_a=m（z+2）$
7	齿根圆直径	d_f	$d_f=m（z-2.5）$
8	中心距	a	$a=\frac{1}{2}m（z_1+z_2）$

z、m、α 为齿轮的基本参数，两标准直齿圆柱齿轮正确啮合的条件是 m、α 相等。

2. 单个直齿圆柱齿轮的画法

（1）齿轮的轮齿部分，国家标准做了相应的画法规定。其余结构按齿轮轮廓的真实投影绘制。

（2）齿顶圆和齿顶线用粗实线绘制；分度圆和分度线用细点画线表示；齿根圆和齿根线用细实线绘制（也可省略不画）。在剖视图中，齿根线用粗实线绘制，无论剖切平面是否通过轮齿，轮齿一律按不剖绘制，如图 6–20 所示。

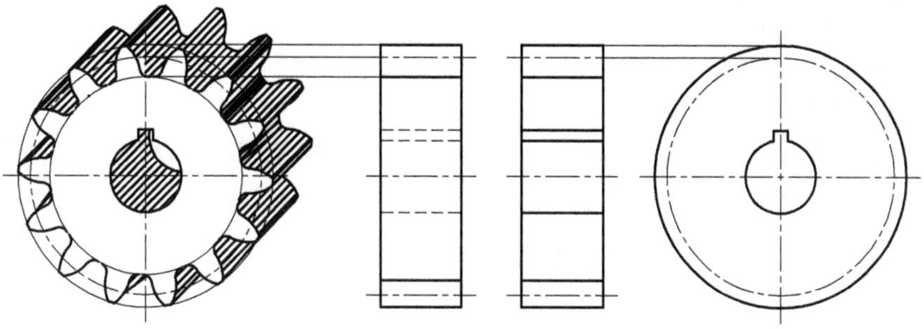

图 6–20 直齿圆柱齿轮的画法

（3）斜齿轮的画法和直齿轮的相同，当需要表示齿线方向时，可用三条与齿向相同的细实线表示，如图 6–21 所示。

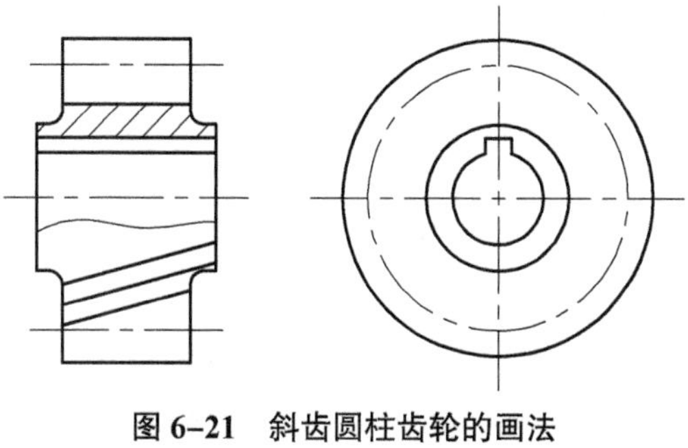

图 6–21 斜齿圆柱齿轮的画法

3. 两齿轮啮合的画法 两齿轮啮合时，啮合区按如下规定绘制，如图 6–22 所示。

（1）在投影为圆的视图上，两齿轮的分度圆画成相切，齿根圆及啮合区内的齿顶圆可省略不画。

（2）在非圆投影的剖视图中，啮合区共画 5 条线：表示两齿轮节线重合的细点画线，表示两齿轮齿根线的两粗实线，表示两齿轮齿顶线的一粗实线和一细虚线。

（3）齿顶线和齿根线之间的间隙为 0.25m。

（4）在非圆投影的外形图中，啮合区的节线画成粗实线，其他线均不画。

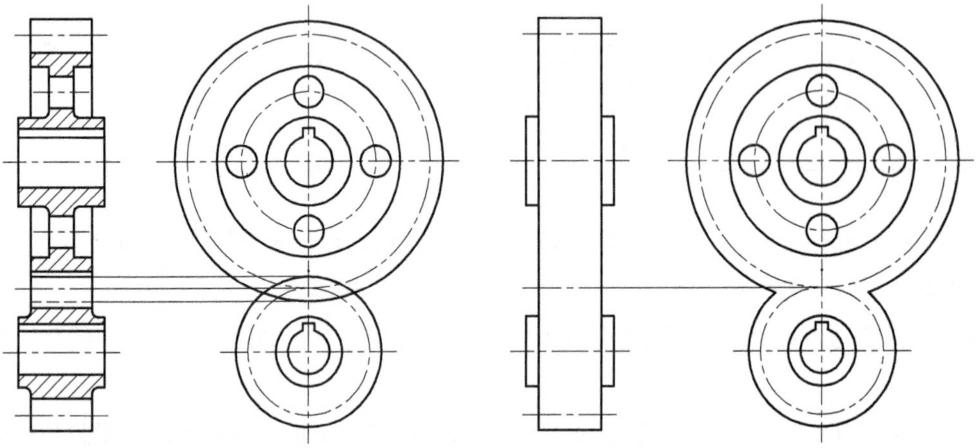

图 6–22　直齿圆柱齿轮啮合画法

四、键与销

1. 键的种类、标记、画法

（1）键是标准件，种类多。常用的键有普通平键、半圆键、钩头楔键和花键等，主要用于连接轴和轴上的零件（如齿轮、皮带轮等），使两者同步旋转，传递扭矩和旋转运动。其中普通平键有 A 型、B 型和 C 型三种类型，如图 6–23 所示。

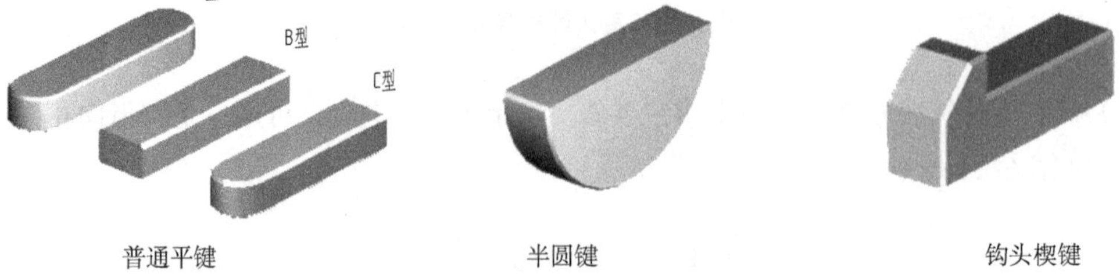

图 6–23　键的种类

（2）键按标准件的规定形式标记。普通平键除 A 型不标记型号外，B 型、C 型要注出型号。

（3）键的结构简单，作图时只需注意其在装配图中的表达方法。

①普通平键的工作表面是两侧面，这两个侧面与键槽的两侧面相接触，键的底面与轴上键

槽的底平面相接触，所以画一条粗实线。键的顶面与键槽顶面不接触，有一定的间隙量，故画两条线，如图 6–24 所示。

②半圆键与普通平键类似，两侧面为键的工作表面，只应在接触面上画一条轮廓线，如图 6–25 所示。

③钩头楔键的上顶面有 1∶100 的斜度，装配时将键沿轴向打入键槽中。钩头楔键是靠上下表面与轮毂键槽和轴键槽之间的摩擦力将二者连接。因而装配图中键的上下表面没有间隙，如图 6–26 所示。

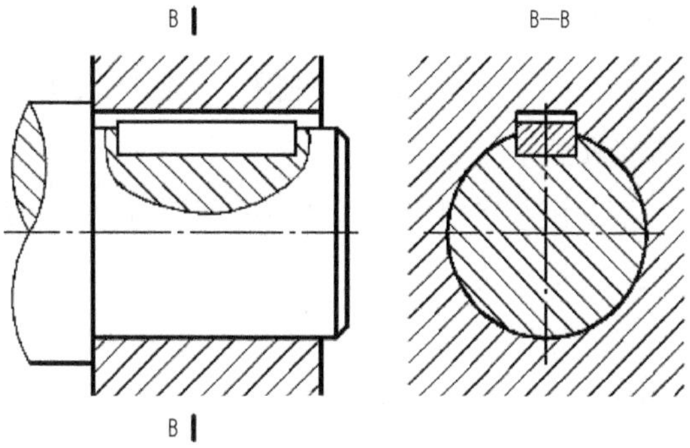

图 6–24　普通平键联接画法

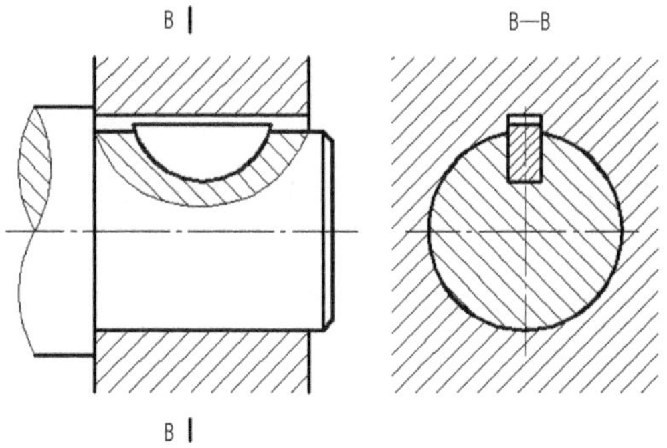

图 6–25　半圆键联接画法

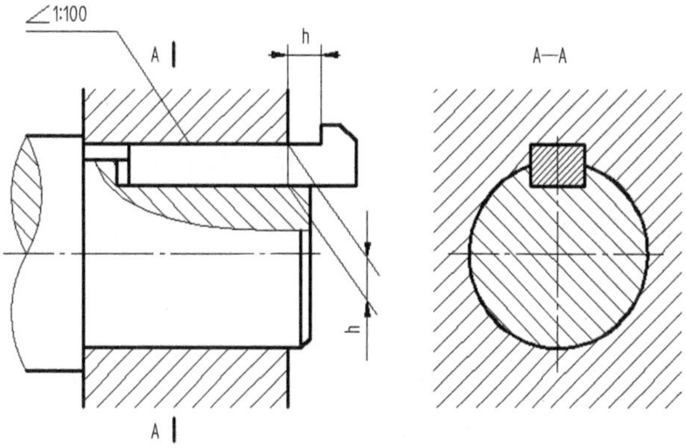

6–26　钩头楔键联接的画法

④当传递的载荷较大时，需采用花键联接。花键有矩形花键、渐开线花键和三角花键。矩形花键的联接画法如图 6–27 所示。

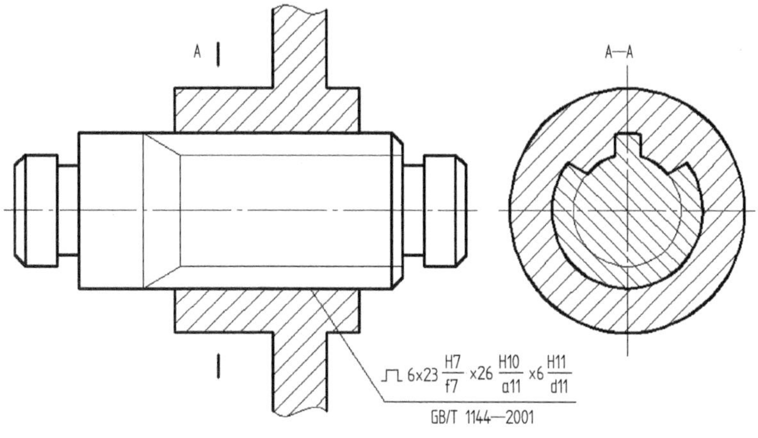

图 6–27　矩形花键的联接画法

（4）画键联接装配图时，剖切平面通过键与轴的轴线或对称面时，轴与键均按不剖绘制。

（5）为了表示轴上的键槽，在轴的投影为非圆的视图上采用局部剖视。

（6）键与键槽的尺寸按轴的直径 d 在相应的标准中查取。

2. 销的种类、标记、画法

（1）销是标准件，也可构成可拆联接，常用于联接和定位。常用的销有圆柱销、圆锥销和开口销，如图 6–28 所示。

（2）销按标准件的规定形式标记。

（3）当剖切平面通过销的轴线时，销按不剖绘制。

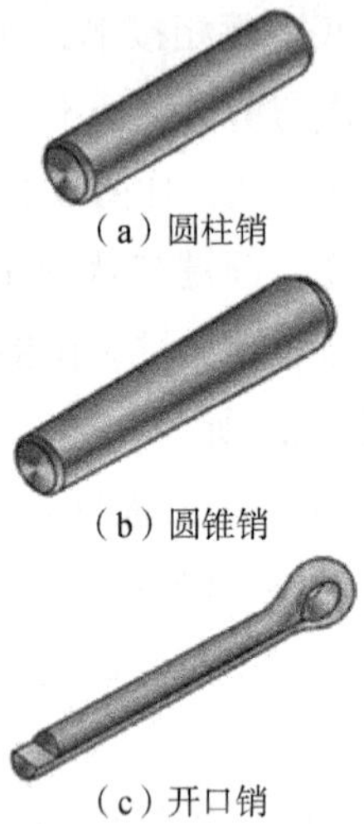

（a）圆柱销

（b）圆锥销

（c）开口销

图 6–28　常用销的种类

五、弹簧

1. 弹簧的基本知识

（1）弹簧的种类较多，作用各有不同，可用于缓冲、减振、夹紧、测力以及储存能量等。常用的弹簧有压缩弹簧、拉伸弹簧、扭转弹簧、板弹簧、平面涡卷弹簧，如图 6–29 所示。

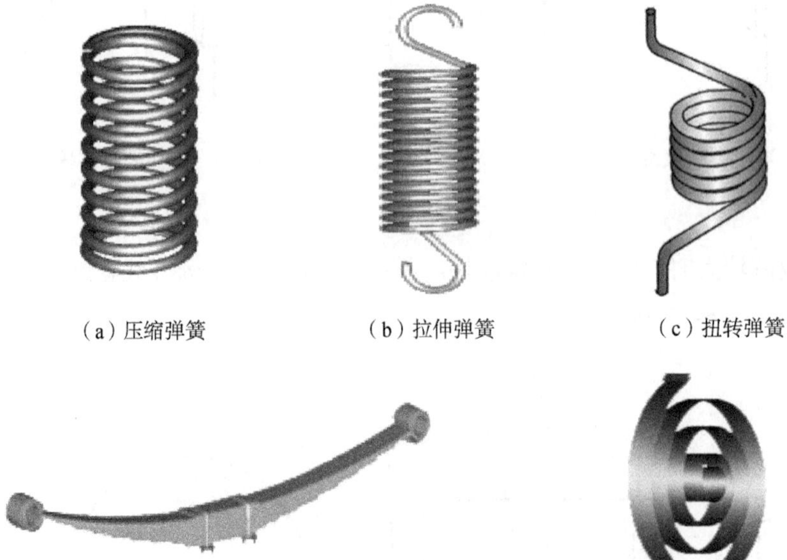

（a）压缩弹簧　（b）拉伸弹簧　（c）扭转弹簧

（d）板弹簧　（e）平面涡卷弹簧

图 6–29　常见弹簧种类

（2）圆柱螺旋压缩弹簧各部分的名称及尺寸关系。弹簧直径 d、弹簧外径 D_2、弹簧内径 $D_1=D_2-2d$、弹簧中径 $D=(D_1+D_2)/2=D_1+d=D_2-d$、有效圈数 n、支承圈数 nz（一般为 1.5、2、2.5 圈）、总圈数 n_1：$n+nz$、节距 t、自由高度 $H_0=nt+(nz-0.5)d$、展开长度 $L\approx n_1\sqrt{(\pi D)^2+t^2}$，如图 6–30 所示。

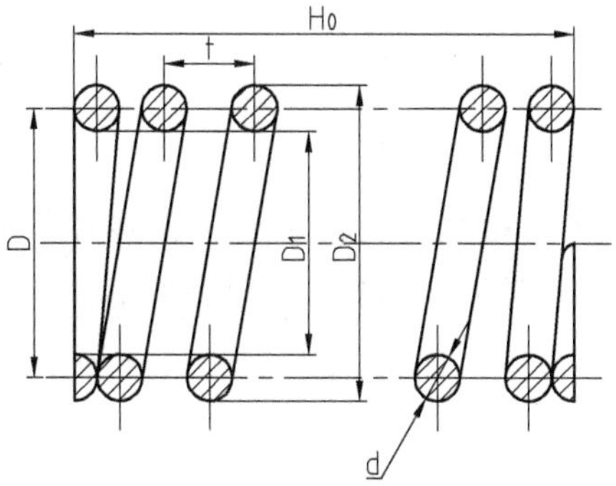

图 6-30　圆柱螺旋压缩弹簧各部分的名称及尺寸

2. **圆柱螺旋压缩弹簧的规定画法**

（1）在平行于螺旋弹簧轴线的投影面的视图中，其各圈的轮廓应画成直线。

（2）有效圈数在四圈以上时，可以每端只画出 1~2 圈（支承圈除外），其余省略不画。

（3）螺旋弹簧均可画成右旋，但左旋弹簧不论画成左旋还是右旋，一律要注写旋向“左”字。

（4）螺旋压缩弹簧如要求两端并紧且磨平时，不论支承圈数为多少均按 2.5 圈绘制；必要时，也可按支承圈的实际结构绘制。

绘制圆柱螺旋压缩弹簧的步骤如图 6-31 所示。

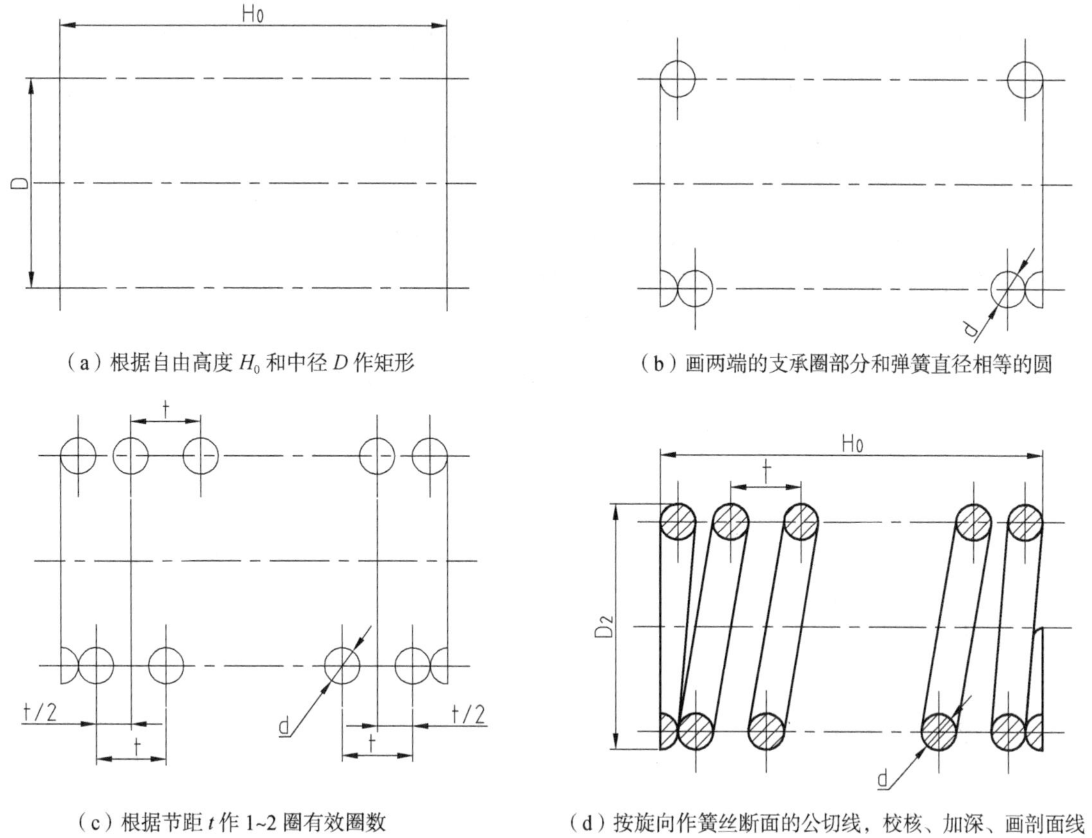

H0
D
d
（a）根据自由高度 H_0 和中径 D 作矩形
（b）画两端的支承圈部分和弹簧直径相等的圆
t
t/2
d
（c）根据节距 t 作 1~2 圈有效圈数
H0
D2
（d）按旋向作簧丝断面的公切线，校核、加深、画剖面线

图 6-31　圆柱螺旋压缩弹簧的画图步骤

六、滚动轴承

1. 结构和类型

（1）滚动轴承是支承转轴的标准组件。按可承受载荷的方向不同，滚动轴承分为向心轴承、推力轴承、向心推力轴承三种类型，如图 6–32 所示。

（2）滚动轴承的结构一般由外圈、内圈、滚动体、保持架四部分组成，如图 6–32 所示。

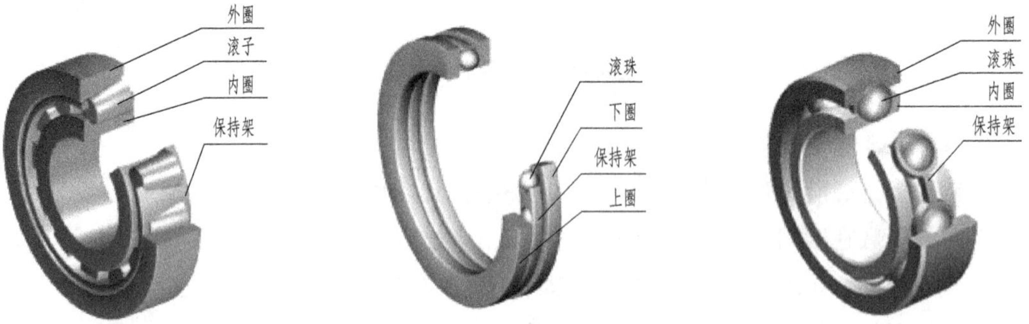

（a）深沟球轴承　　（b）推力球轴承　　（c）圆锥滚子轴承

图 6–32　滚动轴承的类型及结构组成

2. 简化画法和规定画法

（1）国家标准对滚动轴承的画法作了统一规定，有简化画法和规定画法之分，简化画法又分通用画法和特征画法两种，均在装配图中使用。

（2）当不需要确切地表示滚动轴承的外形轮廓、承载特性和结构特征时，采用通用画法，见表 6–2。

（3）当需要确切地表示滚动轴承的结构特征时，采用特征画法，见表 6–3。

（4）在滚动轴承产品图样、使用说明书和装配图中通常采用规定画法，见表 6–4。

表 6–2　滚动轴承通用画法的尺寸比例示例

通用画法	需表示外圈无挡边的通用画法	需表示内圈有单挡边的通用画法
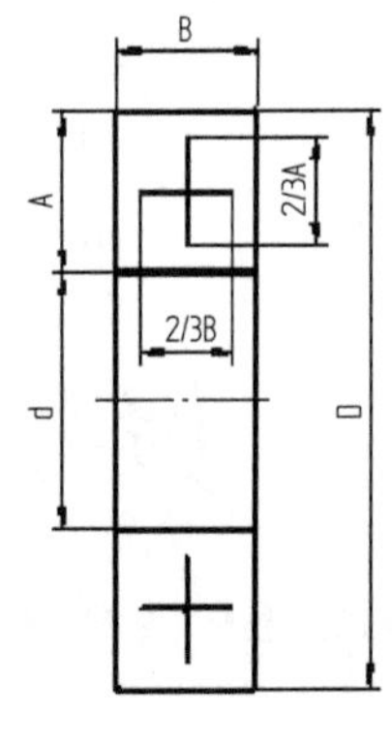	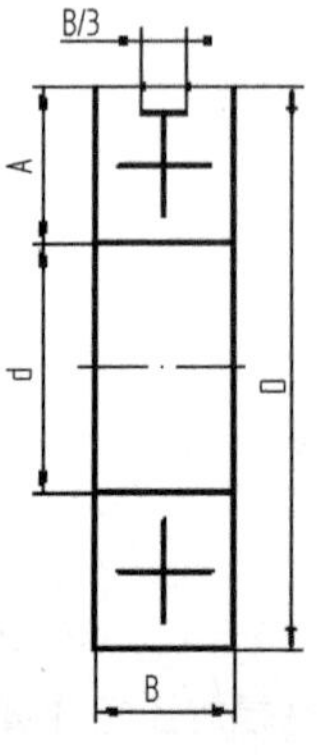	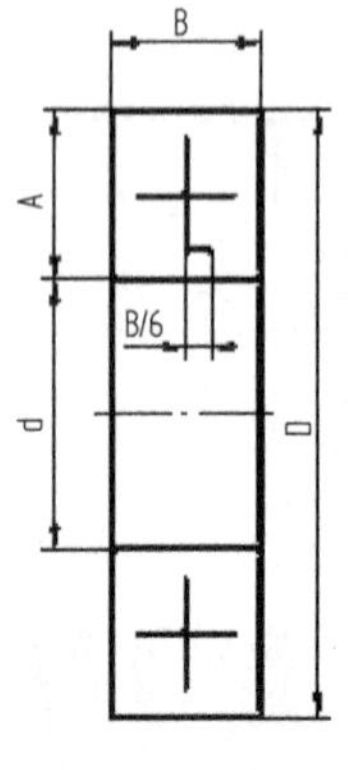

表 6–3　常用滚动轴承的特征画法的尺寸比例示例

深沟球轴承	圆锥滚子轴承	推力球轴承
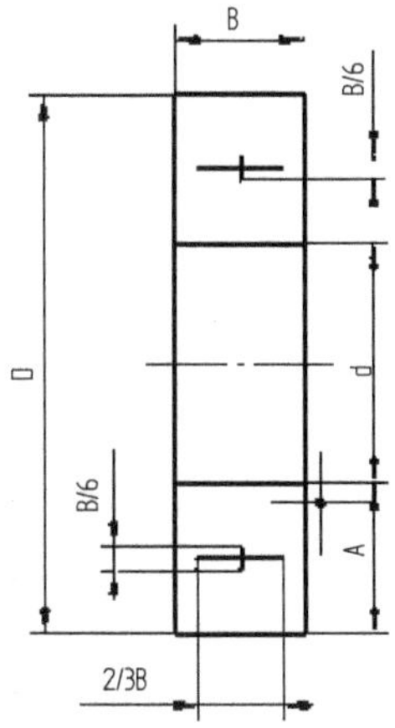	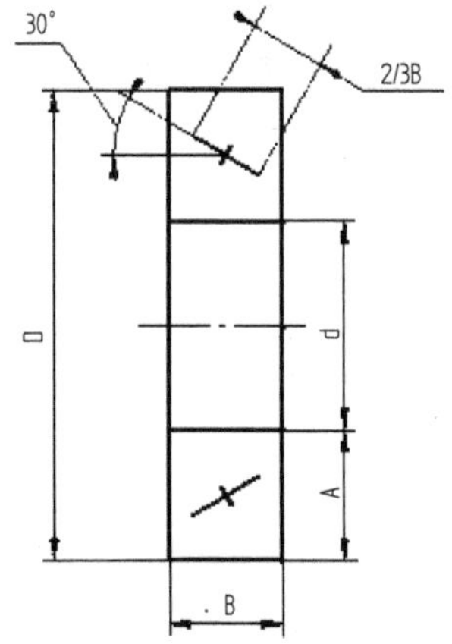	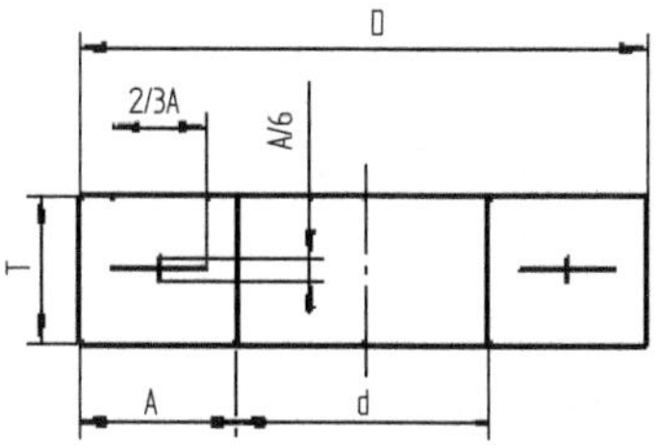

表 6–4　常用滚动轴承的规定画法的尺寸比例示例

深沟球轴承	圆锥滚子轴承	推力球轴承
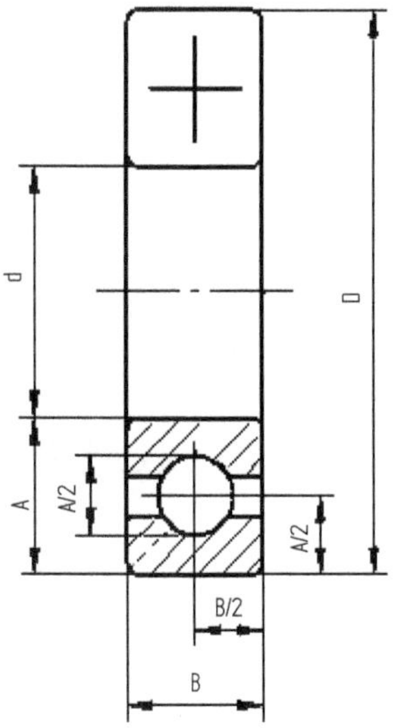	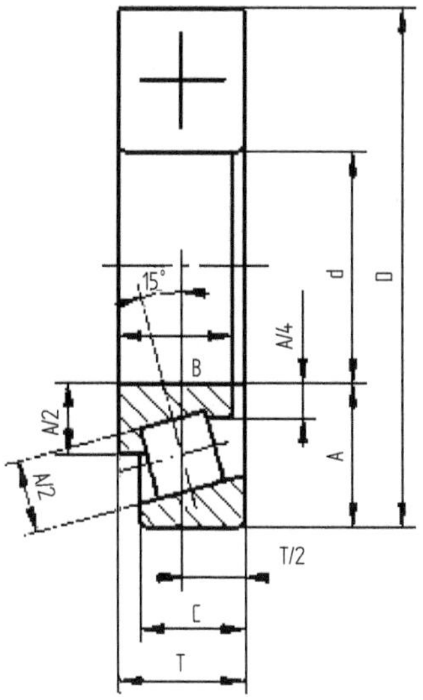	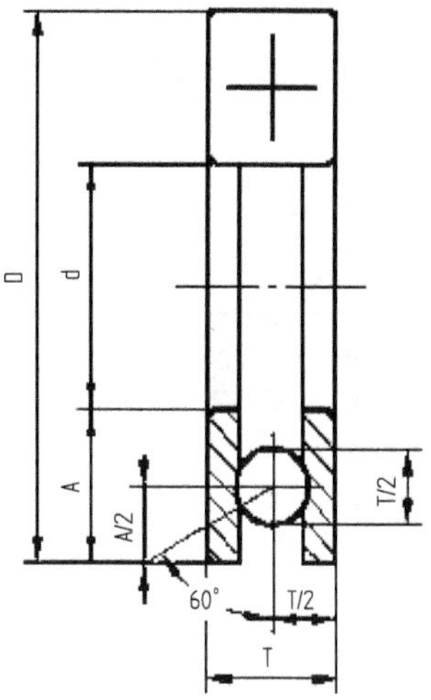

七、常用机件的考核方式

1. **中级制图员的考核方式**　补充完整螺纹连接装配图中所缺的图线；指出螺纹连接装配图中的错误，在指定位置画出正确的图形；螺纹紧固件（包括螺栓连接、螺柱连接、螺钉连接）的规定画法。

2. **高级制图员的考核方式**　齿轮的基本知识、主要参数计算和规定画法，以选择题的形式出现。

八、练习题

1. 题 6-1~6-3，补画螺栓、螺柱、螺钉连接装配图中的漏线。

2. 题 6-4，分析螺柱连接装配图中的错误，并改正。

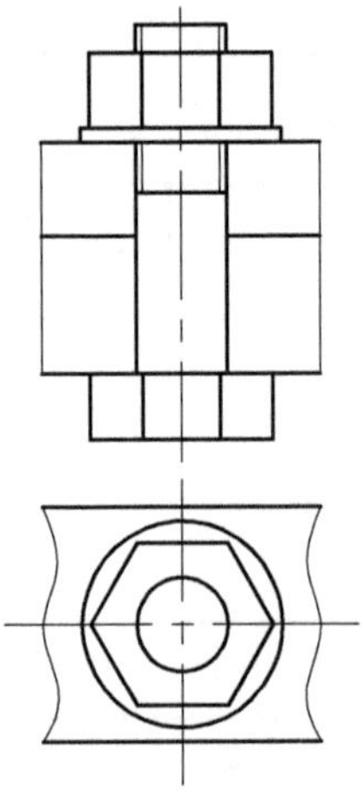

题 6-1 图

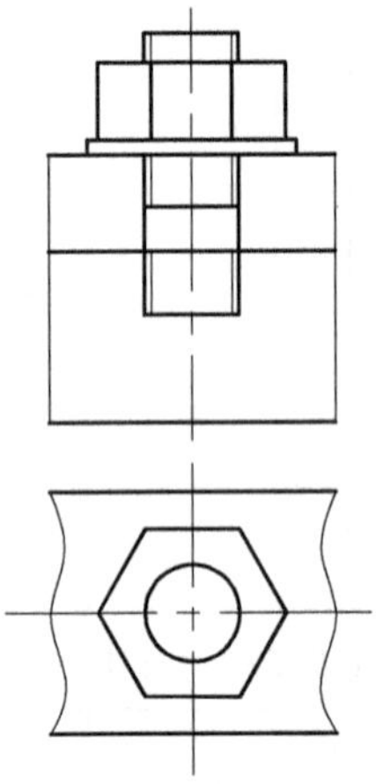

题 6-2 图

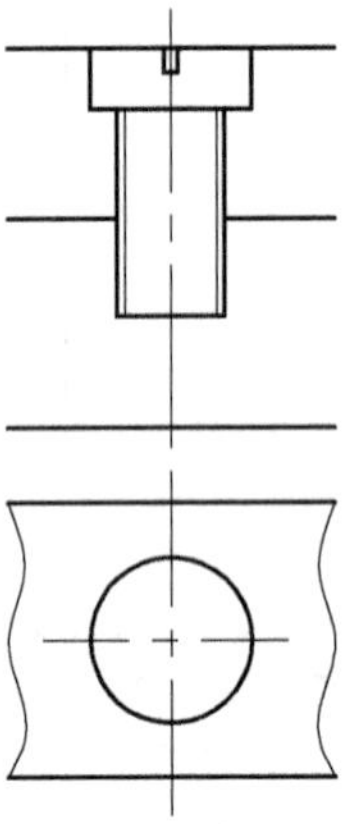

题 6-3 图

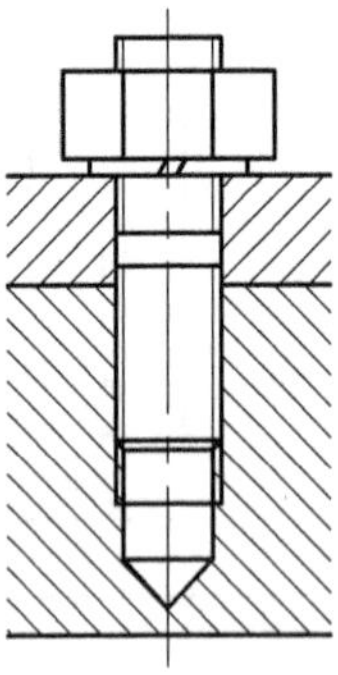

题 6-4 图

九、参考答案

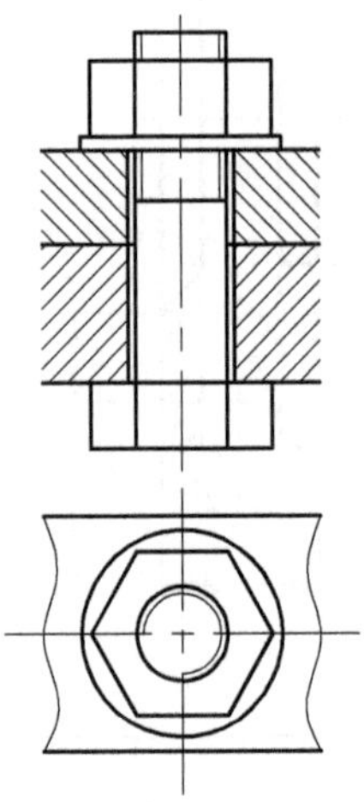

题 6-1

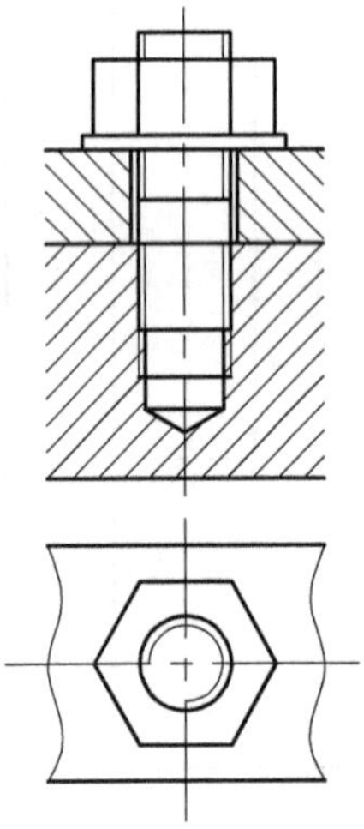

题 6-2

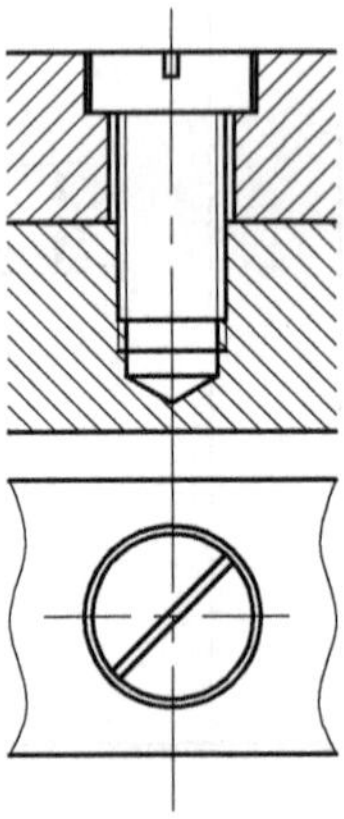

题 6-3

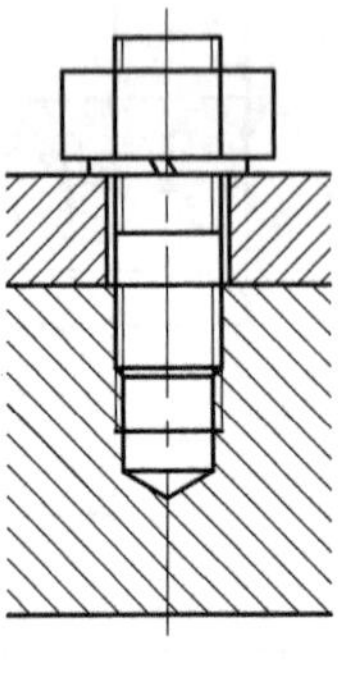

题 6-4

第7章　零件图的识读与绘制

本章知识要点

1. 对零件具有一定的结构分析能力。
2. 具有较强的确定零件表达方案的能力。
3. 对零件的质量有较强的控制能力，能较为合理地进行尺寸及相关的工程标注。
4. 掌握零件的测绘步骤和方法，能较熟练地绘制零件图。
5. 具有较强的识读零件图的能力。

一、零件概述

（一）零件的作用与分类

1. **零件的作用**　任何一台机器设备都是由若干零件按一定关系装配而成的。每一零件在机器中都发挥着一种或几种功能、作用。

2. **零件的分类**　机器中的零件一般分为通用件和专用件。通用件分为标准件和常用件；专用件一般按结构形状特征、主要功用和加工方法分为四种典型类别，即轴套类零件、盘盖类零件、叉架类零件、箱体类零件。每类零件的表达方法有共性的一面，掌握各类零件的表达方法后，可以做到举一反三、触类旁通。

（二）零件图的作用与内容

1. **零件图的作用**　表达单个零件的结构形状、大小和有关技术要求的图样，称为零件图。它在设计、制造、检验、维修、仿制、革新及交流等生产工作中均有应用，它直接服务于生产，是生产中的重要技术文件。

2. **零件图的内容**　一张完整的零件图一般应包含4部分内容：一组视图、完整的尺寸、必要的技术、要求和标题栏，如图7-1所示。

（三）零件的视图选择

零件的视图选择包括主视图的选择和其他视图的选择。

1. **主视图的选择**　主视图是表达零件形状最重要的视图，是零件图的核心，选择时应从两

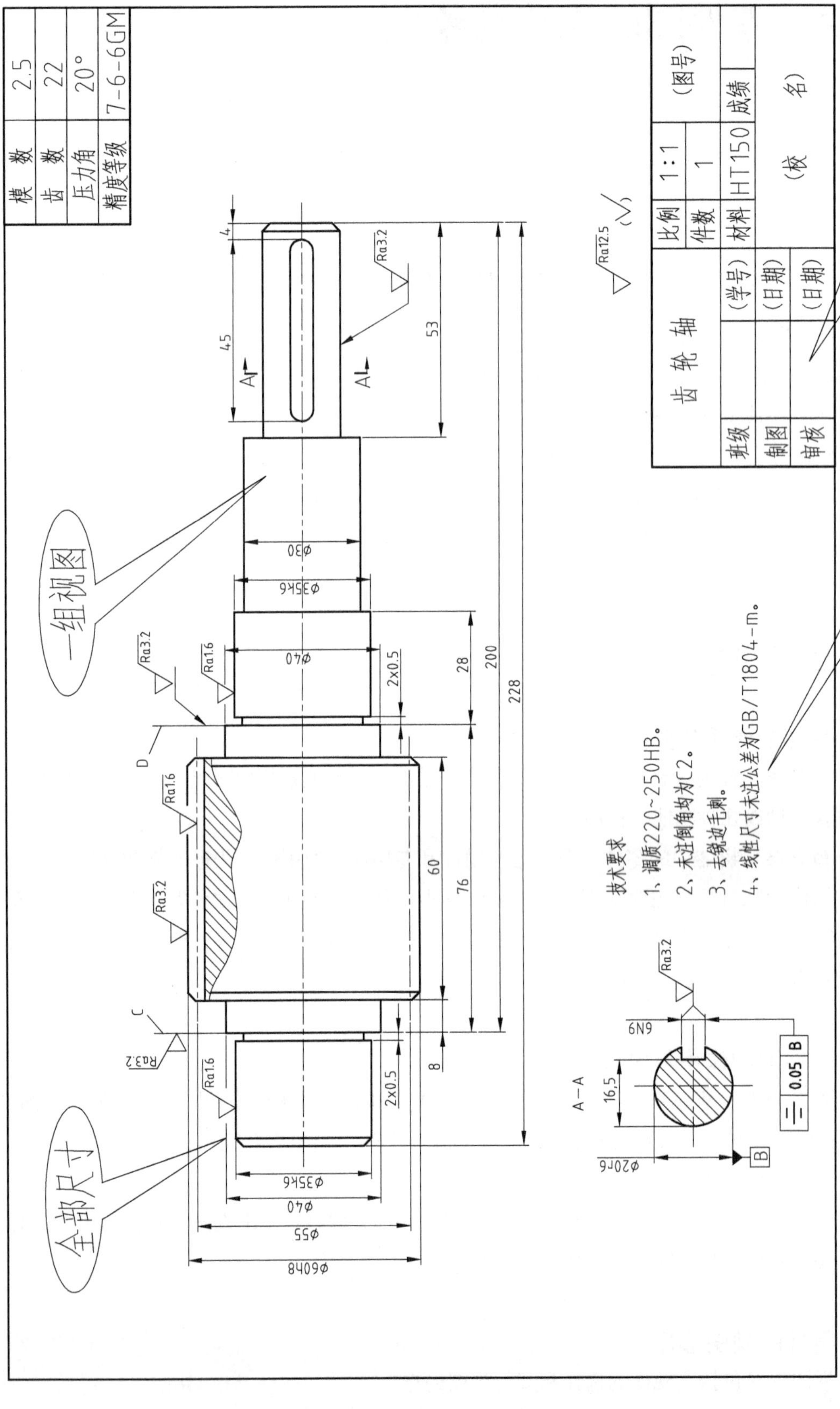

模数 2.5
齿数 22
压力角 20°
精度等级 7-6-6GM
一组视图
全部尺寸
技术要求
标题栏
4
45
53
200
228
28
60
76
8
2x0.5
2x0.5
φ30
φ35k6
φ40
φ35k6
φ40
φ55
φ60h8
A
A
C
D
Ra3.2
Ra1.6
Ra3.2
Ra1.6
Ra3.2
Ra3.2
Ra1.6
Ra12.5 (√)
A—A
16.5
6N9
φ20r6
Ra3.2
⌯ 0.05 B
B
技术要求
1、调质220~250HB。
2、未注倒角均为C2。
3、去锐边毛刺。
4、线性尺寸未注公差为GB/T1804-m。
齿轮轴
比例 1:1
件数 1
材料 HT150
(图号)
班级 (学号)
制图 (日期)
审核 (日期)
成绩
(校 名)

图 7-1 齿轮轴零件图

个方面综合考虑：一是通过形状特征分析确定零件的主视图的投射方向；二是按加工位置和工作位置的原则确定零件的安放位置。

2. **其他视图的选择**　在选择其他视图时，在保证充分表达零件结构形状的前提下，尽可能使零件的视图数目为最少。应使每一个视图都有其表达的重点内容，具有独立存在的意义，具体如下。

（1）每一个视图都有表达的重点，各个视图相互配合、相互补充，表达内容尽量不重复。

（2）零件的内部结构选择恰当的剖视图和断面图。

（3）对尚未表达清楚的局部形状和细小结构，补充必要的局部视图和局部放大图。

（4）尽量采用省略、简化画法表达。

3. **轴套类零件结构特点**　轴套类零件一般为同轴回转体。零件上常带有键槽、销孔、轴肩、倒角、圆角、螺纹退刀槽或砂轮越程槽等结构。这类零件主要在车床或磨床上加工，主视图应按加工位置原则选择，一般应将零件的轴线水平放置画图。轴套类零件一般只画一个主视图，对于零件上的键槽、孔等细节，通常采用移出断面、局部视图、局部剖视图、局部放大图等表达方法，如图 7-2 所示。

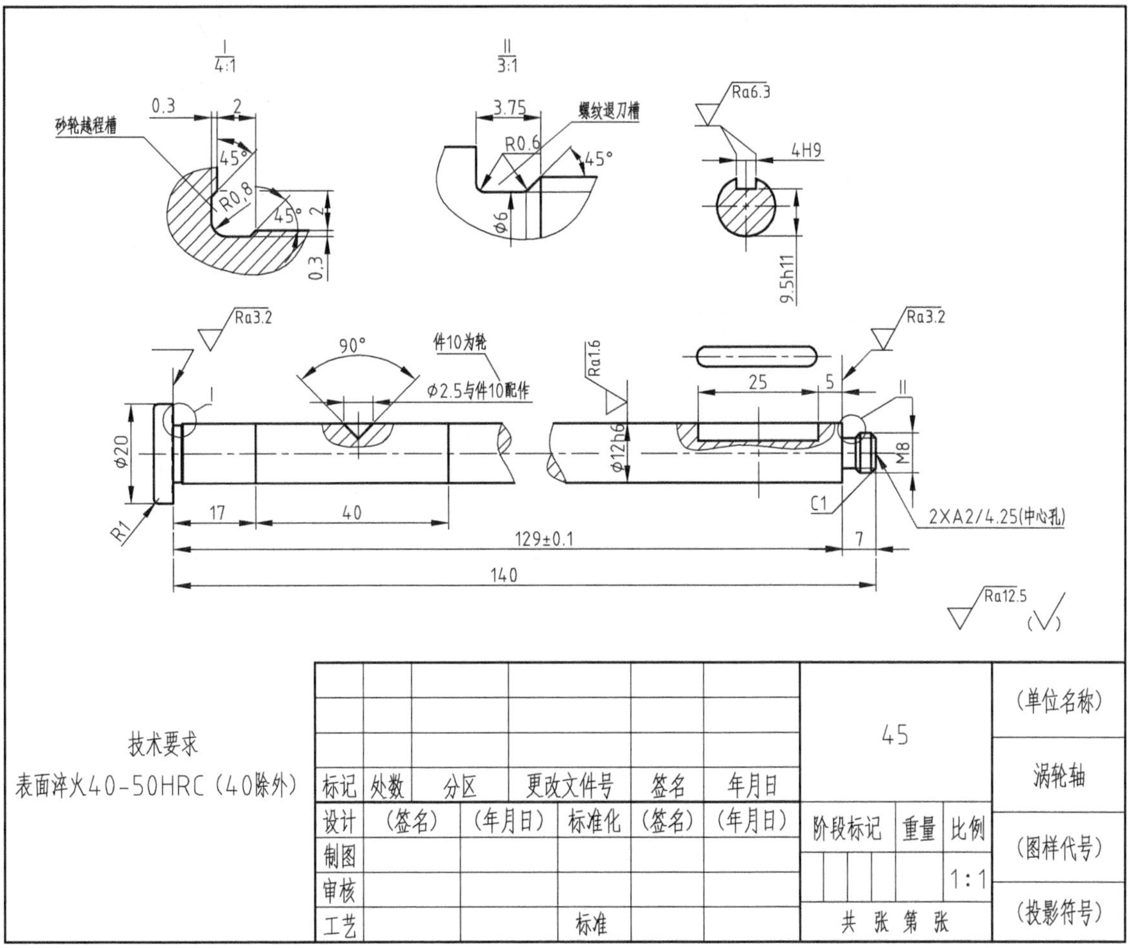

图 7-2　蜗杆轴零件图

4. **盘盖类零件结构特点** 盘盖类零件一般为回转体或其他几何形状的扁平的盘状体，轴向长度小于直径。常带有各种形状的凸缘、均布的圆孔、轮辐和肋等结构。该类零件主要也是在车床上加工，主视图应遵循加工位置原则，将零件的轴线水平放置画图，并用剖视图表达内部结构及相对位置。盘盖类零件一般需要两个以上的基本视图，除主视图外，其他视图主要表达轮盘上连接孔或轮辐、肋板等的数目和分布情况，如图 7–3 所示。

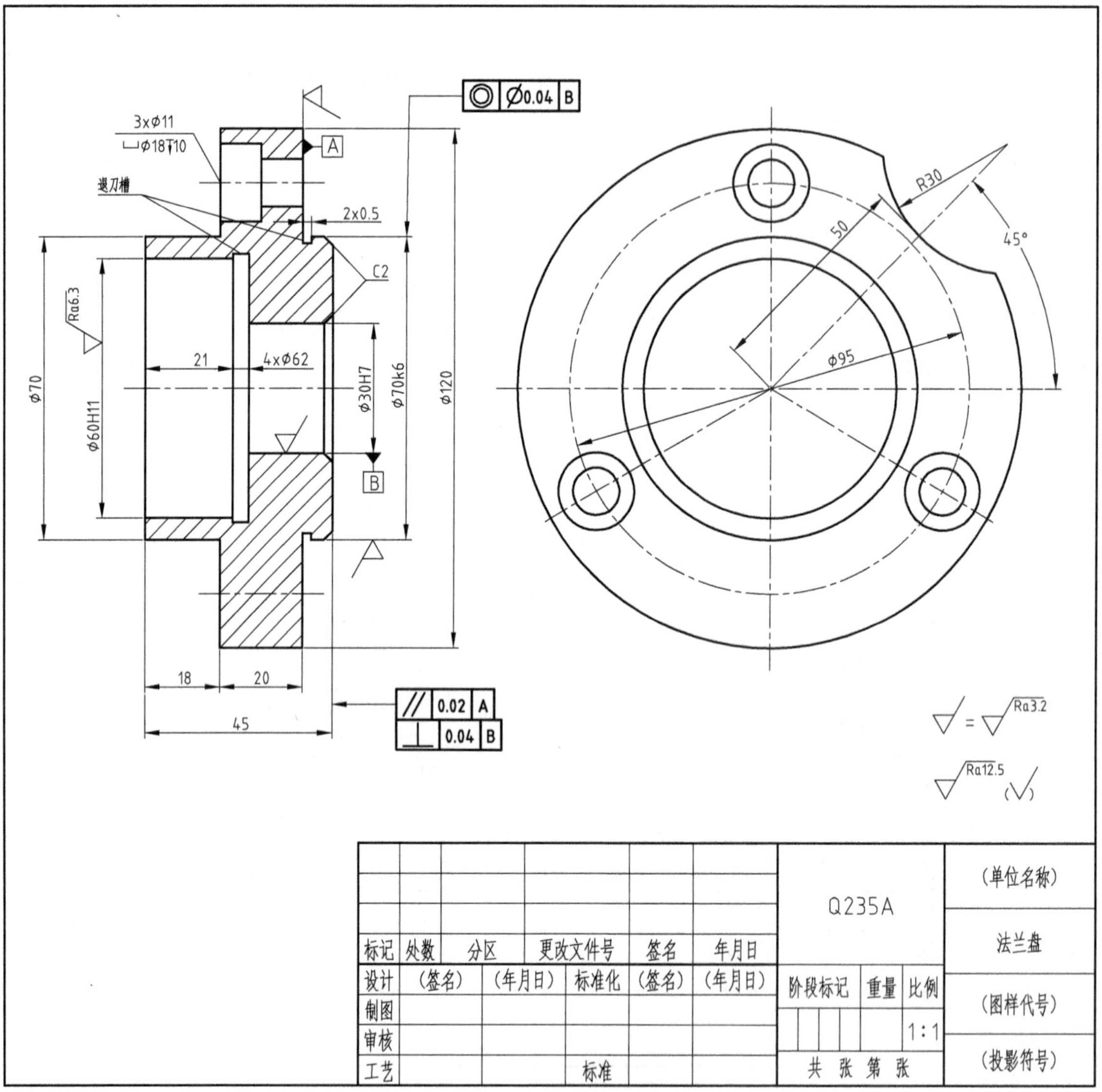

图 7–3 法兰盘零件图

5. **叉架类零件结构特点** 叉架类零件很不规则，一般比较复杂，为典型的叠加形成组合体，常作夹持或支持其他零件用。该类零件一般需要两个或两个以上的基本视图。由于加工位置多变，主视图的选择要能够反映零件的形状特征。其他视图要配合主视图，在主视图没有表达清楚的结构上采用移出断面图、局部视图和斜视图等表达，如图 7–4 所示。

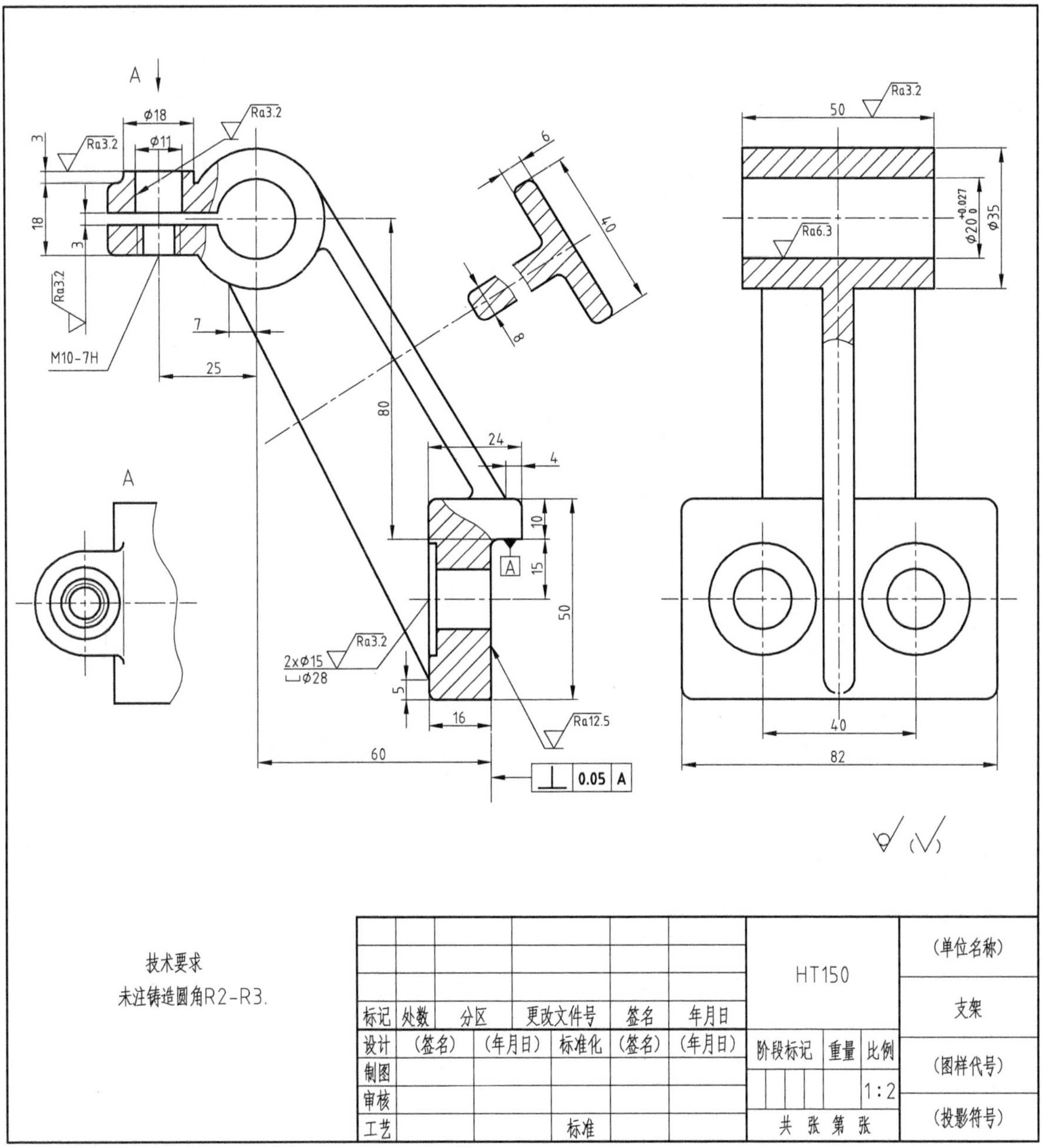

图 7-4 支架零件图

6. **箱体类零件的结构特点** 箱体类零件一般均比较复杂，毛坯多采用铸造，工作表面采用铣削或刨削，箱体上的孔系多采用钻、扩、铰、镗等。其有复杂的内腔和外形结构，并带有轴承孔、凸缘、肋板、安装孔、螺孔等结构。该类零件一般要用三个或三个以上的基本视图。由于加工工序较多，加工位置多变，主视图可采用工作位置和形状特征原则考虑，并采用剖视，以重点反映其内部结构。其他视图的表达方法可采用全剖视图、局部剖视图等，如图 7-5 所示。

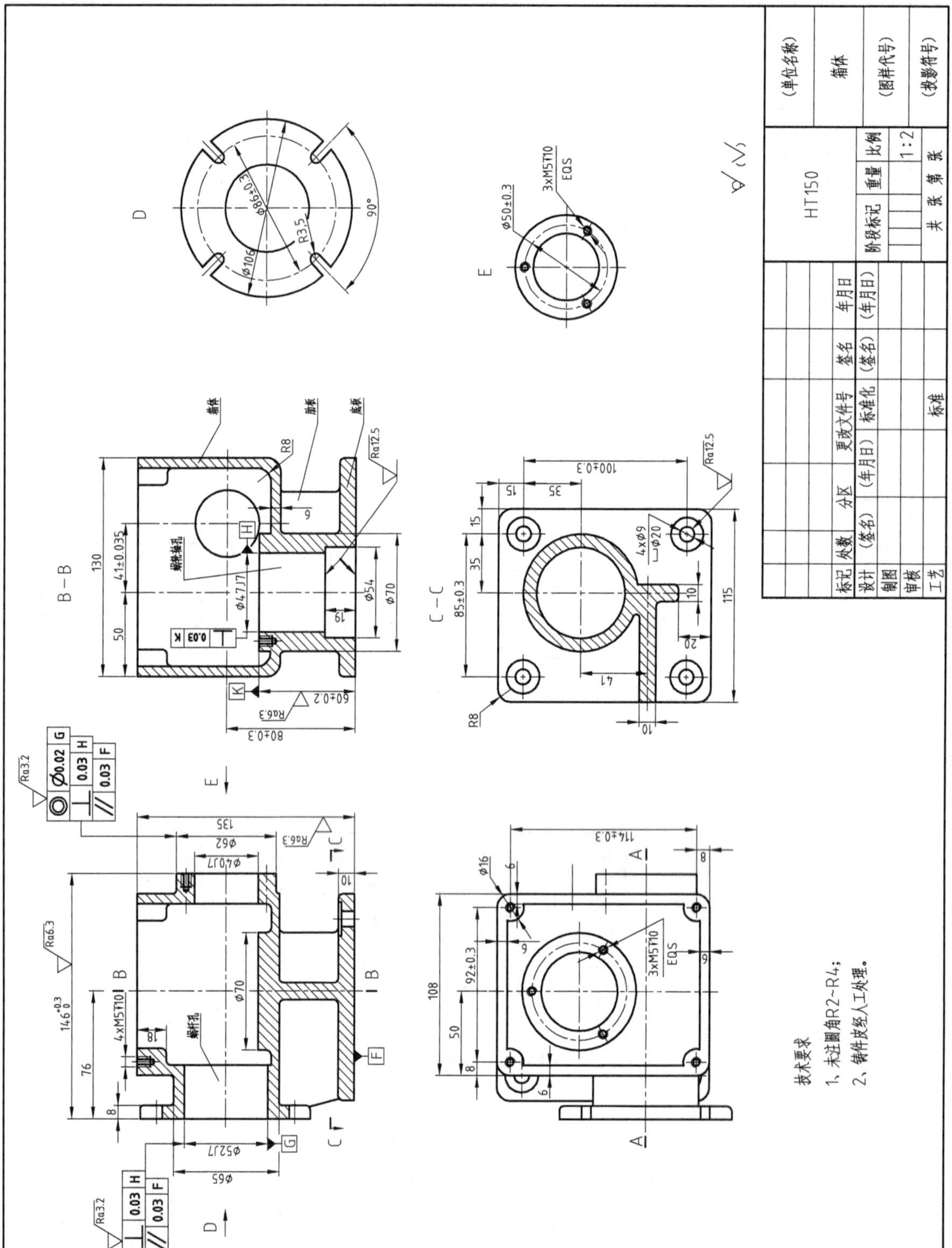

图 7-5 蜗轮蜗杆减速器箱体零件图

（四）零件的尺寸标注

1. **零件的尺寸标注要求**　零件图上标注尺寸的要求是正确、完整、清晰、合理。

2. **零件图的尺寸基准**　依据作用不同可分为两种：一是设计时确定零件表面在机器中位置所依据的点、直线和平面，称为设计基准（也称主要基准），常选择在零件的对称面、回转轴线、主要加工面、安装底面、大的端面等；二是加工与测量时，确定零件在机床或夹具、量具中位置所依据的点、直线和平面，称为工艺基准（也称辅助基准）。选择基准时，应尽可能使工艺基准与设计基准重合，这样可以避免基准不一致而引起的误差。

3. **设计基准与工艺基准**　如图 7–6 所示，为齿轮轴在箱体中的安装情况，确定轴向位置依据的是端面 *A*，确定径向位置依据的是轴线 *B*，所以设计基准是端面 *A* 和轴线 *B*。在加工齿轮轴时，大部分工序是采用中心孔定位，中心孔所体现的直线与机床主轴回转轴重合，也是圆柱面的轴线，所以，轴线 *B* 又为工艺基准。

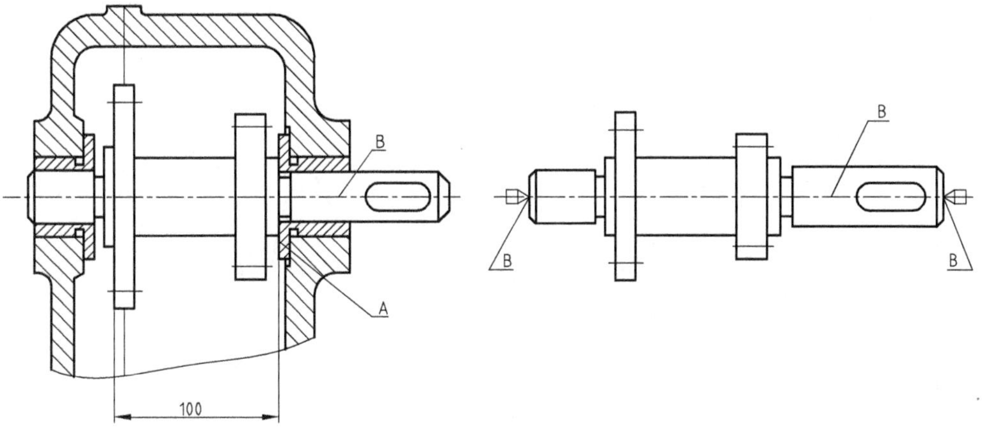

图 7–6　设计基准与工艺基准

4. **合理标注尺寸的原则**　既要符合设计要求又要符合工艺要求。满足设计要求即零件上的重要尺寸必须从基准直接注出，要避免出现封闭的尺寸链；满足工艺要求即标注尺寸要符合加工顺序和加工方法，便于测量，如图 7–7 所示。

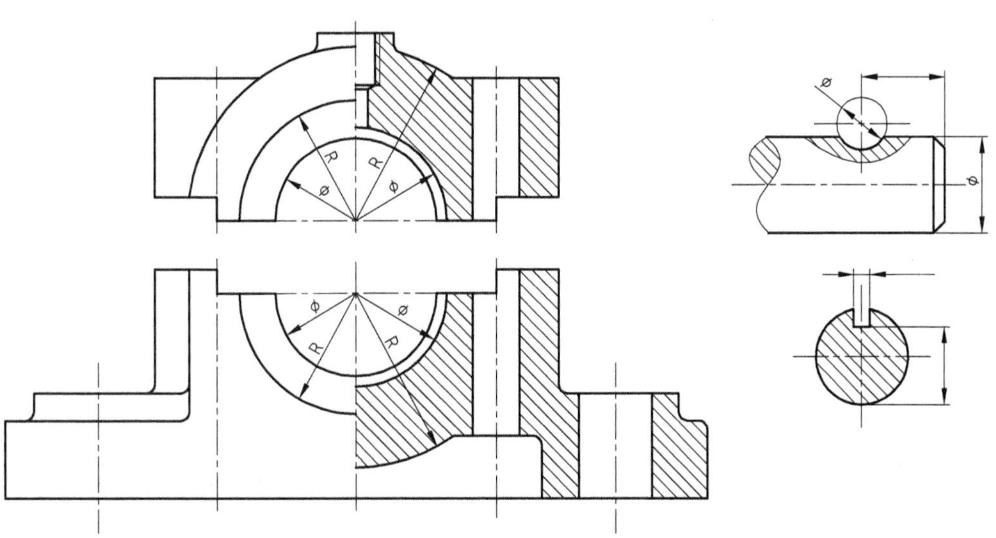

图 7–7　轴承盖孔的尺寸标注

（五）零件图上的技术要求

1. **零件图上的技术要求** 主要是指几何精度方面的要求，如表面结构、极限与配合、形位公差及材料热处理等。技术要求一般采用符号、代号或标记标注在图形上，或者用文字注写在图样的适当位置。

2. **表面结构** 表面结构是表面粗糙度、表面波纹度、表面缺陷、表面纹理和表面几何形状的总称。

3. **表面粗糙度** 零件加工表面上具有的较小间距的峰谷所组成的微观几何形状特性称为表面粗糙度。表面粗糙度是评定零件表面质量的一项重要技术指标，对于零件的配合、耐磨性、耐腐蚀性以及密封性等都有显著影响，是零件图中必不可少的一项技术要求。

4. **零件表面结构参数** 对于零件表面结构的状况，可由三个参数组加以评定，即轮廓参数、图形参数、支承率曲线参数，其中轮廓参数是我国机械图样中目前最常用的评定参数。轮廓参数中评定粗糙度轮廓的两个高度参数是：轮廓的算术平均偏差 *Ra*、轮廓的最大高度 *Rz*，如图 7-8 所示。

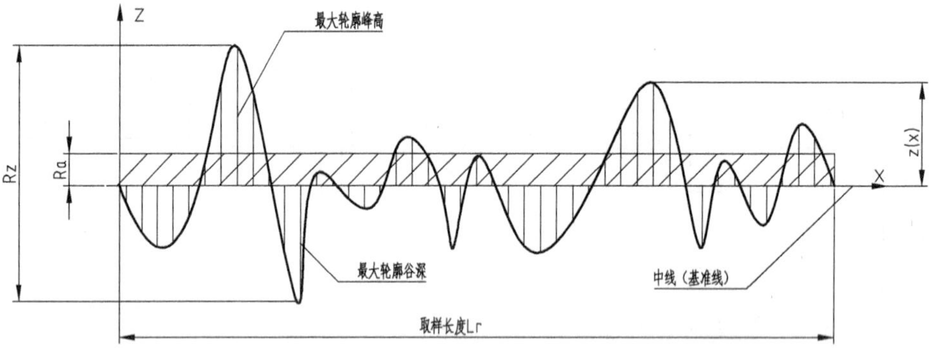

图 7-8 轮廓的算术平均偏差 ***Ra*** 和轮廓的最大高度 ***Rz***

5. **轮廓的算术平均偏差 *Ra* 值** 轮廓的算术平均偏差 *Ra* 值越小，表示零件表面质量要求越高。常用的 *Ra* 值有 25、12.5（用于非接触面），6.3、3.2（用于接触面），1.6、0.8（用于配合面）。

6. **表面结构的注写和读取** 表面结构要求的注写和读取方向与尺寸的注写和读取方向一致。表面结构要求可标注在轮廓线上，其符号应从材料外指向并接触表面。必要时，表面结构也可以用带箭头或黑点的指引线引出标注，如图 7-9 所示。

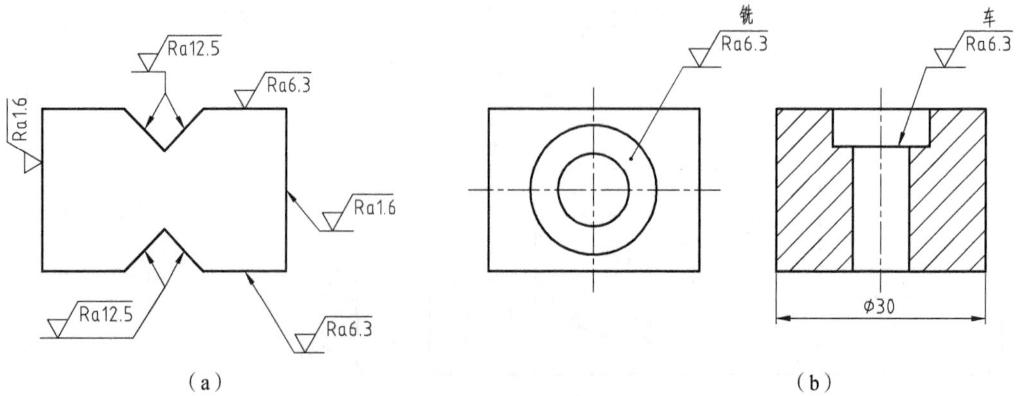

图 7-9 表面结构要求在轮廓线上的标注

7. **尺寸公差**　为保证零件的互换性，必须将零件的实际尺寸控制在允许的变动范围内，尺寸允许的变动量称为尺寸公差，简称公差。公差等于最大极限尺寸与最小极限尺寸之差，或为上、下偏差之差，公差为正值。尺寸公差可以用表示公差大小和相对零线位置的一个区域，即公差带图的形式表示，如图 7-10 所示。

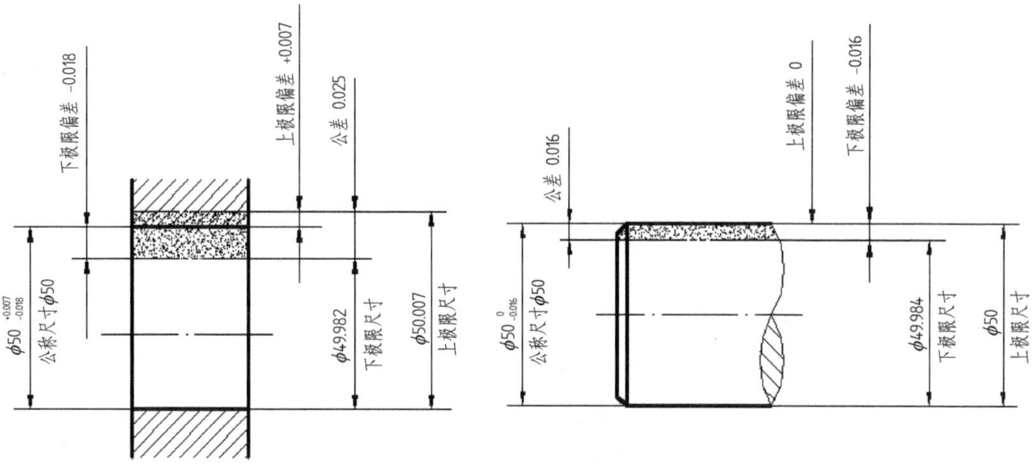

图 7-10　极限与配合的基本术语

8. **公差带**　国家标准规定了公差带由标准公差和基本偏差组成。标准公差决定公差带的高度，其大小由公差等级和公称尺寸决定。公差划分为 20 个等级，分别为 IT01、IT0、IT1、IT2、…、IT18，其中 IT01 精度最高，IT18 精度最低。基本偏差确定公差带相对零线的位置，一般为靠近零线的那个偏差。轴、孔各有 28 种基本偏差，孔用大写字母表示，轴用小写字母表示，如图 7-11 所示。

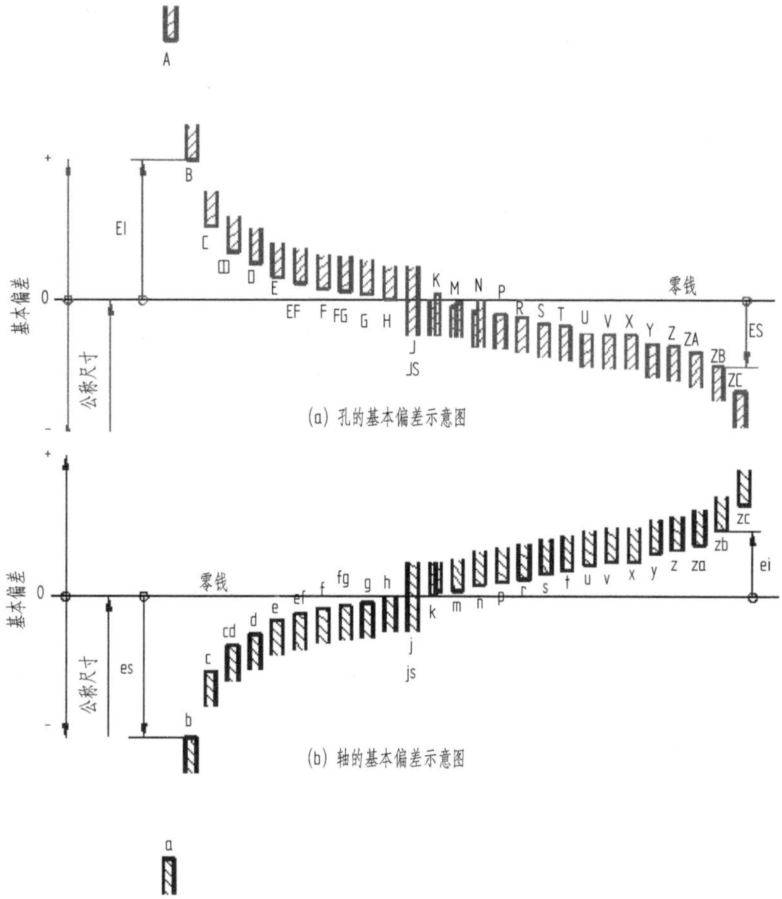

图 7-11　基本偏差代号

9. **配合** 公称尺寸相同，相互结合的轴和孔公差带之间的关系称为配合。配合可分为间隙配合（孔的公差带在轴的公差带上方）、过渡配合（轴和孔的公差带相互交叠）和过盈配合（孔的公差带在轴的公差带下方）三类。如图 7-12 所示，配合的基准制有基孔制（H）和基轴制（h）。

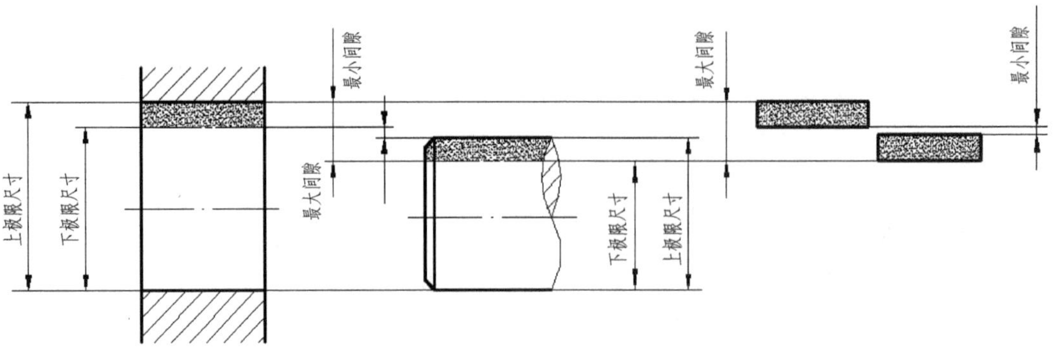

（a）间隙配合

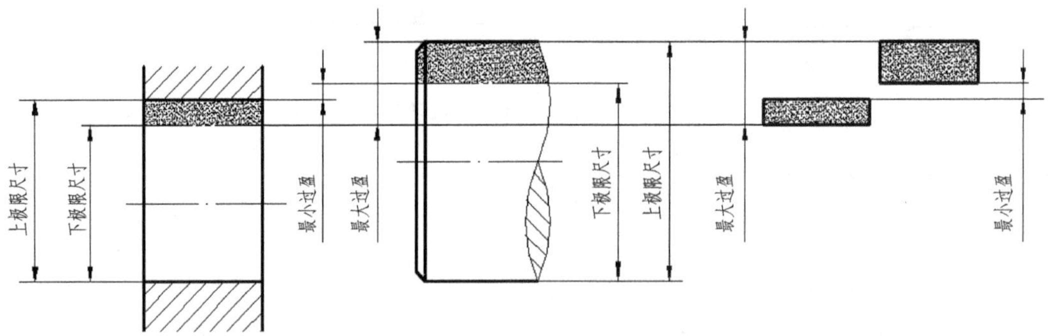

（b）过盈配合

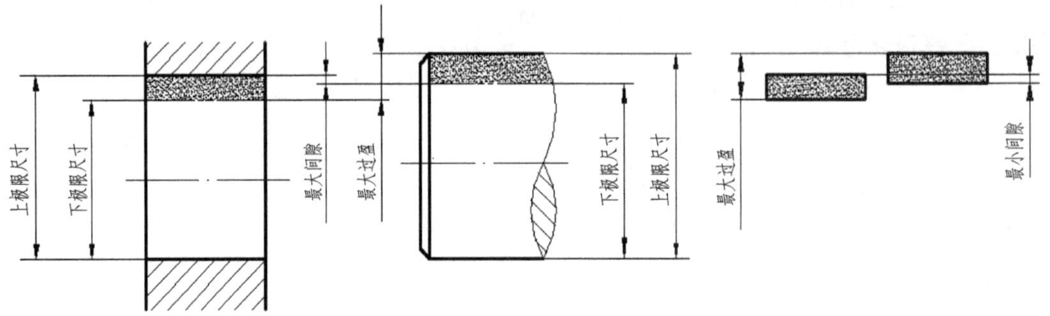

（c）过渡配合

图 7-12　配合类型

10. **线性尺寸的公差** 在零件图中，线性尺寸的公差有三种标注形式：一是只标注公差带代号；二是只标注上、下极限偏差；三是既标注公差带代号，又标注上、下极限偏差，此时偏差值用括号括起来，如图 7-13 所示。

11. **配合代号** 在装配图上一般只标注配合代号。配合代号用分数形式表示，分子为孔的公差带代号，分母为轴的公差带代号，如图 7-14（a）所示。对于与轴承等标准件相配的孔或轴，则只标注专用件（配合件）的公差带代号，如图 7-14（b）所示。

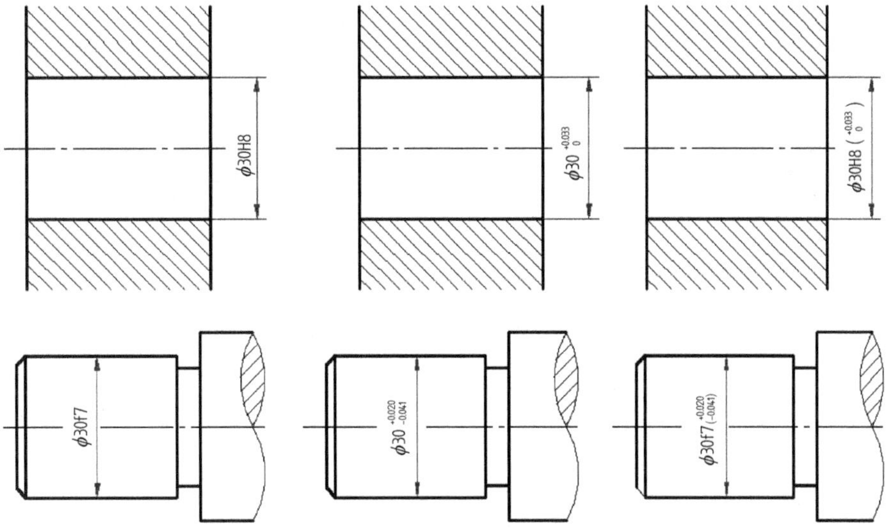

图 7-13　零件图中极限偏差的标注

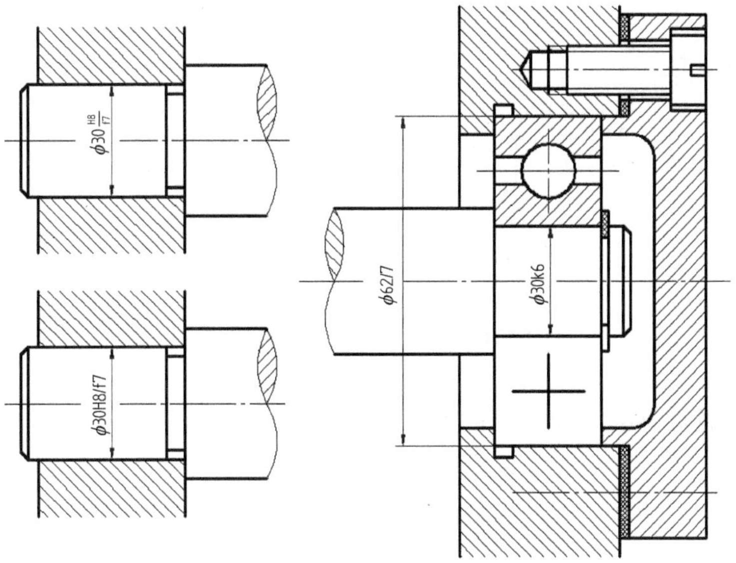

（a）　　　　　　　　（b）

图 7-14　装配图中配合代号的标注

12. **几何公差**　几何公差包括形状、方向、位置和跳动公差。零件在加工过程中，不仅产生尺寸误差和表面粗糙度，而且会产生几何误差。几何误差的允许变动量称为几何公差。在机械图样中，几何公差应采用公差框格、几何特征符号、公差值、基准、被测要素以及其他附加符号等标注。几何公差的几何特征符号见表 7-1。

13. **公差框格及基准代号**　几何公差的公差框格及基准代号画法如图 7-15 所示。指引线连接被测要素和公差框格，指引线的箭头指向被测要素的表面或其延长线，箭头方向一般为公差带的方向。框格中的字符高度与尺寸数字的高度相同。基准中的字母一律水平书写。

表 7-1　几何公差的几何特征符号

公差类型	几何特征	符号	有无基准	公差类型	几何特征	符号	有无基准
形状公差	直线度	—	无	方向公差	线轮廓度	⌒	有
	平面度	▱	无		面轮廓度	⌓	有
	圆度	○	无	位置公差	位置度	⌖	有
	圆柱度	⌭	无		同轴度	◎	有
	线轮廓度	⌒	无		对称度	⌯	有
	面轮廓度	⌓	无		线轮廓度	⌒	有
方向公差	平行度	//	有		面轮廓度	⌓	有
	垂直度	⊥	有	跳动公差	圆跳动	↗	有
	倾斜度	∠	有		全跳动	⌰	有

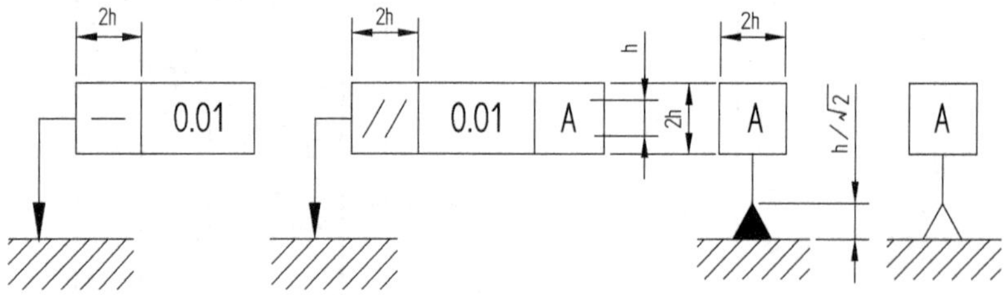

图 7-15　几何公差框格及基准代号

【例 7-1】 说明 ϕ50H8、ϕ50f7 的含义。

【解】

（1）ϕ50H8 的含义：ϕ50 是孔的公称尺寸；H8 是孔的公差带代号；H 是孔的基本偏差代号；8 是孔的公差等级代号。

（2）ϕ50f7 的含义：ϕ50 是轴的公称尺寸；f8 是轴的公差带代号；f 是轴的基本偏差代号；7 是轴的公差等级代号。

【例 7-2】 查表写出 ϕ18H8/f7 的极限偏差数值，并判断其配合类型。

【解】

（1）H8/f7 是基孔制的配合。H8 是基准孔的公差带代号，f7 是配合轴的公差带代号。

（2）ϕ18H8 是基准孔的极限偏差，由附表查得：上偏差 =+0.027, 下偏差 =0，所以 ϕ18H8 可写成 $\phi18^{+0.027}_{0}$；ϕ18f7 是配合轴的极限偏差，由附表查得：上偏差 es=−0.016，下偏差 ei=−0.034，所以 ϕ18f7 可写成 $\phi18^{-0.016}_{-0.034}$。

（3）ϕ18H8/f7 是间隙配合。

二、零件图的识图方法

（一）读零件图的基本要求

（1）对零件有一个概括的了解，如名称、用途、材料和数量等。

（2）根据给出的视图，想象出零件的形状，进而明确零件在设备或部件中的作用及零件各部分的功能。

（3）通过阅读零件图的尺寸，了解零件各部分的大小，进一步分析各方向尺寸的主要基准。

（4）明确制造零件的主要技术要求，如表面粗糙度、尺寸公差、几何公差、热处理及表面处理等要求，以便确定正确的加工方法。

（二）读零件图的方法和步骤

1. **看标题栏粗略了解零件**　从标题栏了解零件的名称、材料、比例和数量等，对零件有个总体印象，如零件的类型、大致轮廓和结构等。

2. **分析研究视图，明确表达目的**

（1）明确视图关系。根据视图布局，确定主视图，围绕主视图分析其他视图的配置。对于剖视图、断面图，要找到剖切位置与方向；对于局部视图和局部放大图，要找到投影方向和部位，弄清楚各个图形彼此间的投影关系。

（2）分析视图，想象零件结构形状。采用形体分析法和线面分析法，由组成零件的基本形体入手，由大到小，从整体到局部，明确每一部分在各个视图中的投影范围与各部分之间的相对位置，逐步想象出零件结构形状。

3. **看尺寸，分析尺寸基准**　识别和判断哪些尺寸是主要尺寸，各方向的主要尺寸基准是什么，明确零件各组成部分的定形尺寸、定位尺寸及总体尺寸。

4. **分析技术要求**　零件图上的技术要求主要有表面粗糙度、极限与配合、几何公差及文字说明的加工、制造、检验等要求组成。要分析了解零件加工精度、材料热处理、表面处理等要求，读懂各种代号的含义。

5. **综合看懂全图**　综上所述，将零件的结构形状、尺寸标注及技术要求综合起来，就能比较全面地阅读这张零件图。在实际读图过程中，上述步骤常常是穿插进行的。

【例 7–3】　读“机座”零件图（图 7–16）。

1. **看标题栏**　从标题栏了解该零件的名称是机座，应归为箱体类零件，起支承作用；从材料为 HT200 可知，零件毛坯采用铸造，所以具有铸造工艺要求的结构，如铸造圆角、起模斜度、铸造壁厚均匀等。

2. **明确视图关系**　如图 7–16 所示的机座零件图，采用了主视图、俯视图、左视图三个基本视图，主视图采用半剖视，左视图采用局部剖视，俯视图采用全剖视。

3. **分析视图，想象零件结构形状**　从机座的零件图可以看出零件的基本结构形状。它的基本形体由三部分构成，上部是圆柱体，下部是长方形底板，底板和圆柱体之间由“H”型支承

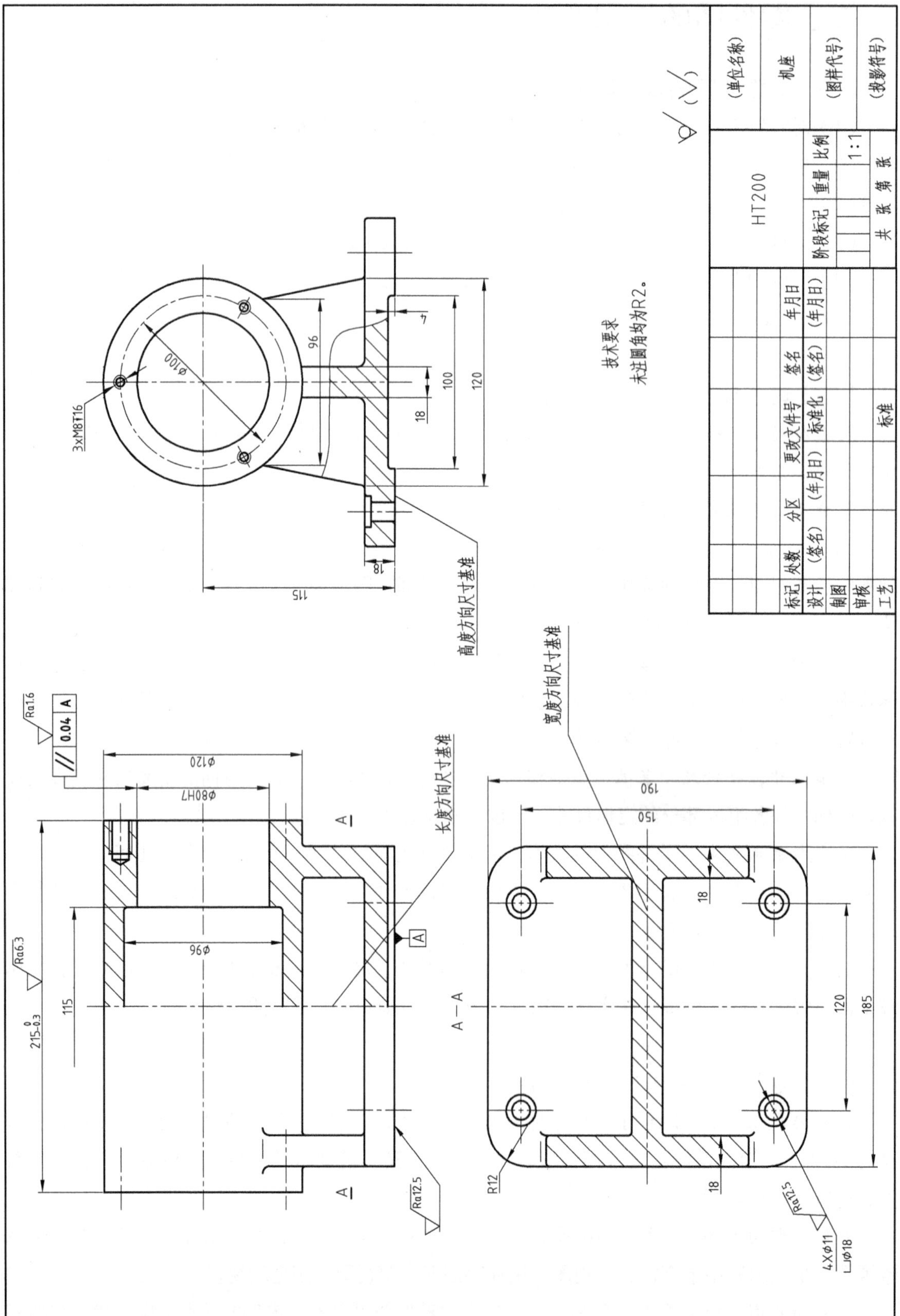
技术要求
未注圆角均为R2。
(单位名称)
机座
(图样代号)
(投影符号)
HT200
阶段标记
重量
比例
1:1
共 张 第 张
标记 处数 分区 更改文件号 签名 年月日
设计 (签名) (年月日) 标准化 (签名) (年月日)
制图
审核
工艺
标准
高度方向尺寸基准
宽度方向尺寸基准
长度方向尺寸基准
A—A
3xM8↧16
φ100
96
100
120
18
115
4
φ120
φ80H7
φ96
215-0.3
0.04
A
Ra1.6
Ra6.3
Ra12.5
190
150
185
R12
4Xφ11
⌴φ18

图 7-16 机座零件图

板连接。仔细分析还可看出，圆柱体的内部由三段圆柱孔组成，两端的 ϕ80H7 是轴承孔，中间的 ϕ96 是毛坯面。柱面端面上各有 3 个 M8 的螺孔。底板上有 4 个 ϕ11 的地脚孔，“H”形支承板和圆柱为相交关系。

4. 看尺寸，分析尺寸基准　长度方向的定位尺寸是 120，宽度方向的定位尺寸是 150，高度方向的定位尺寸是 115。长、宽、高三个方向的基准如图 7–16 所示。

5. 看技术要求　机座零件图中，精度最高的是 ϕ80H7 轴承孔，表面粗糙度 Ra=1.6 μm，且与底面保持平行度要求。

【例 7–4】　读图 7–17 所示“拨叉”零件图，并补画后视外形图。

概括了解

由图 7–17 的标题栏可了解该零件为拨叉，属于叉架类零件，材料为 ZL102，绘图比例为 1∶1，表达方案采用主视图和左视图两个基本视图，其上各采用局部剖视图画法。

详细分析

由形体分析法可知，该零件由 5 个基本体组成：上部两正交圆柱、下部为一梯形柱、中间过渡部分为一梯形支承板和一矩形肋板。注意到各部分之间的位置关系，可初步想象出整体的立体全貌。再由结构分析法把握相应结构，叉架类零件一般两端为工作部分，如图 7–17 所示，

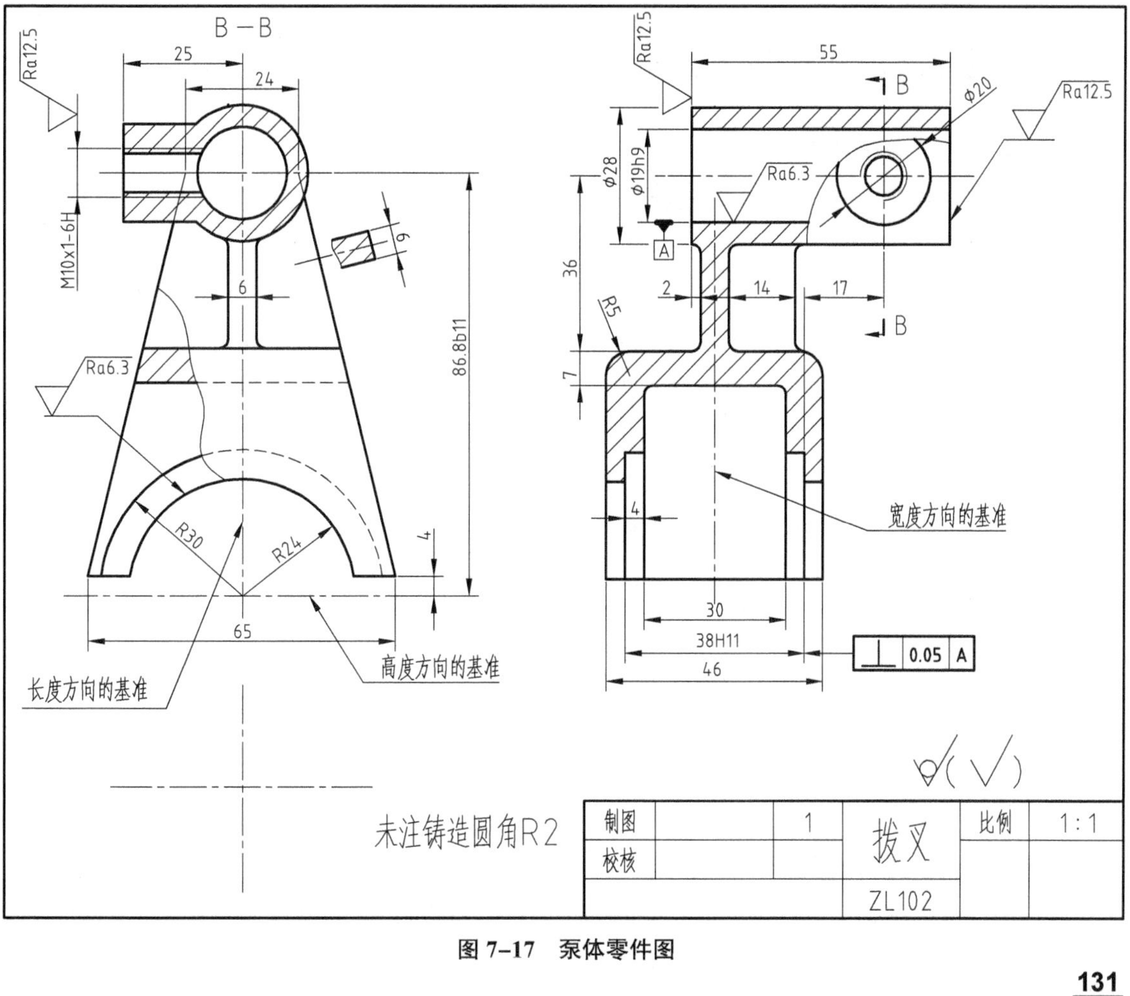

图 7–17　泵体零件图

上部圆孔（配合）和螺孔（连接）及下部与被拨动件有关联的圆弧形阶梯孔等应为功能结构。工艺结构则有铸造圆角和倒角。

该零件各方向的主要尺寸基准为：长度基准为主视图上的基本对称线，宽度基准为左视图底部居中的竖直细点画线，高度基准则为主视图底部过圆心的水平中心线（图 7–17）。

由上述功能结构可知，功能尺寸应为 ϕ19H9、36、M10 × 1–6H、38H11、R30 和 86.8b11 等，其他尺寸从定形、定位角度大致分析一下即可。

该件为铸造件，经过一定加工获得。各功能结构部位相应的尺寸精度和表面粗糙度相对有较严格的要求，如 H9、6H、H11、*Ra*6.3 等。另外宽度基准相对 ϕ19H9 圆孔的轴线有一定的垂直度要求，公差为 0.05mm。从整体看，该件属于中等偏下精度要求水平。

综合归纳

将上述分析联系起来，形成对该件的完整印象。

作图

按叠加型组合体的组成过程，依照形体分析法进行补图，注意被遮挡的轮廓不要画虚线，处理好各基本体的表面过渡关系，进行必要的铸造圆角处理，符合工程图的表达要求，俯视图如图 7–18 所示。

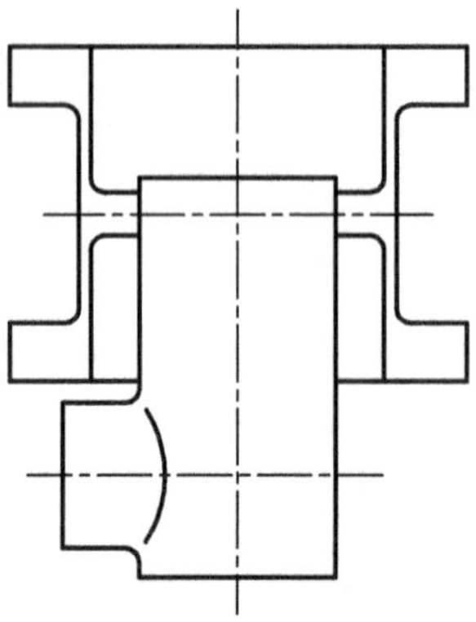

图 7–18　拨叉组合体的俯视图

三、零件图的考核方式

1. 中级制图员的考核方式

（1）读图的考核方式。读图主要包括读支架类零件图和读箱体类零件图。两类零件的复杂程度有以下要求。

①支架类零件。从视图的数量和结构来说，基本视图的数量不少于 3 个，其结构应含有固定用底板、支承结构和肋板三大部分，并带有螺孔、凸台和凹坑、铸造圆角等结构。

②箱体类零件。从视图的数量和结构来说，基本视图不少于 3 个，结构的主体是箱体和底板，体内有空腔。底板上有连接孔和定位孔、凸台和凹坑、螺孔、铸造圆角等工艺结构。

（2）尺寸标注的考核方式。尺寸标注主要在轴类、盘盖类零件图中体现。主要考核尺寸标注的正确性、完整性和合理性。这两类零件的复杂程度有以下要求。

①尺寸不少于 20 个。要掌握常见工艺结构，如倒角、退刀槽、铸造圆角以及均布孔等尺寸标注方法。

②一张零件图中需标注表面粗糙度的不少于 5 处，等级不少于 4 个级别。应能解释表面粗糙度代号、参数的含义，并能正确标注。

③一张零件图中带有公差的尺寸数量不少于 3 个。应能够解释尺寸公差的含义，并能正确标注。

2. 高级制图员考核方式

零件图部分需掌握草图知识，如测绘的知识、目测零件尺寸的方法、徒手绘图的技巧、测量工具的使用等，考核以选择题形式出现。

四、练习题

题 7–1　注全零件尺寸（从图中 1∶1 量取，取整数），按表中给出的 *Ra* 的数值，在题 7–1（b）中标注表面粗糙度。

（1）

表面	A	B	C	D	其余
Ra/um	6.3	3.2	1.6	0.8	12.5

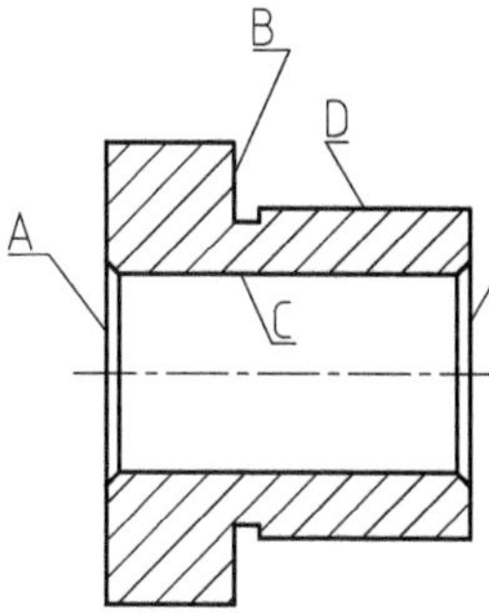

（a）

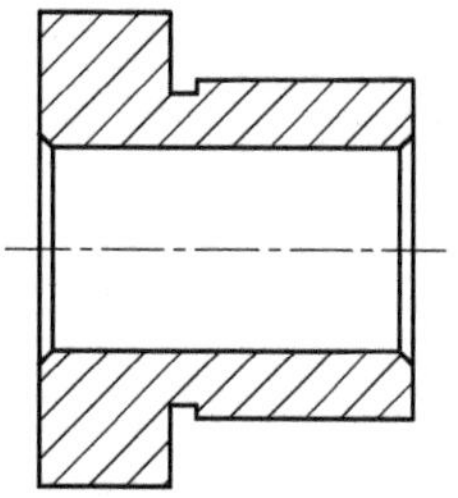

（b）

（2）

表面	A	B	C	其余
Ra/um	6.3	3.2	1.6	不加工

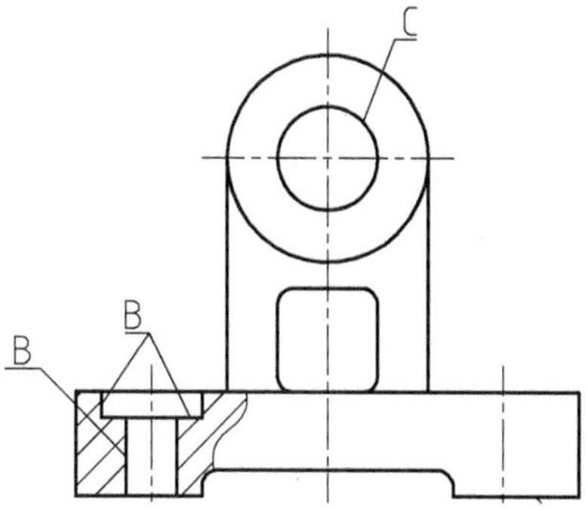

（a）

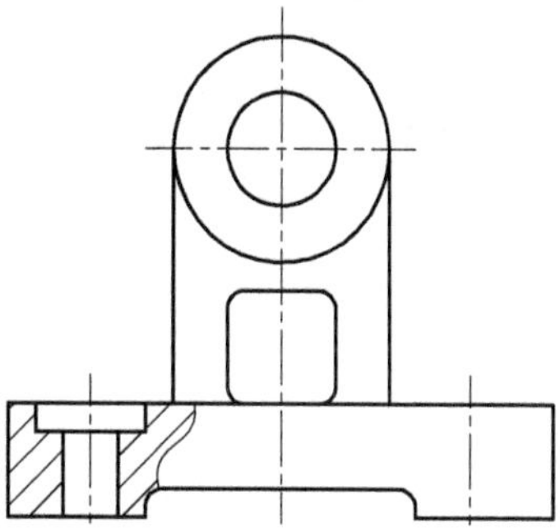

（b）

题 7–1 图　粗糙度标注

题 7–2　读“端盖”零件图，并回答问题。

1. 主视图采用了________剖视图。

2. ϕ16H7 中，公差带代号是__________，公差等级是__________，公称尺寸是__________。

3. 写出主视图左侧6×ϕ7⌴ϕ11↧5的定位尺寸______________。

4. 解释$\dfrac{3\times\text{M5-7H}↧10}{\text{孔}↧12}$的含义____。

5. 解释主视图左侧 ϕ32H8 尺寸的含义____。

6. | ⊥ | 0.04 | A | 被测要素为________的________端面，基准要素为________的轴线，检测项目是___________________，公差值是__________________。

7. 右端面上 $\phi10$ 圆柱孔的定位尺寸是______________。

8. 在图上指定位置画出右视图的外形图（虚线不画）。

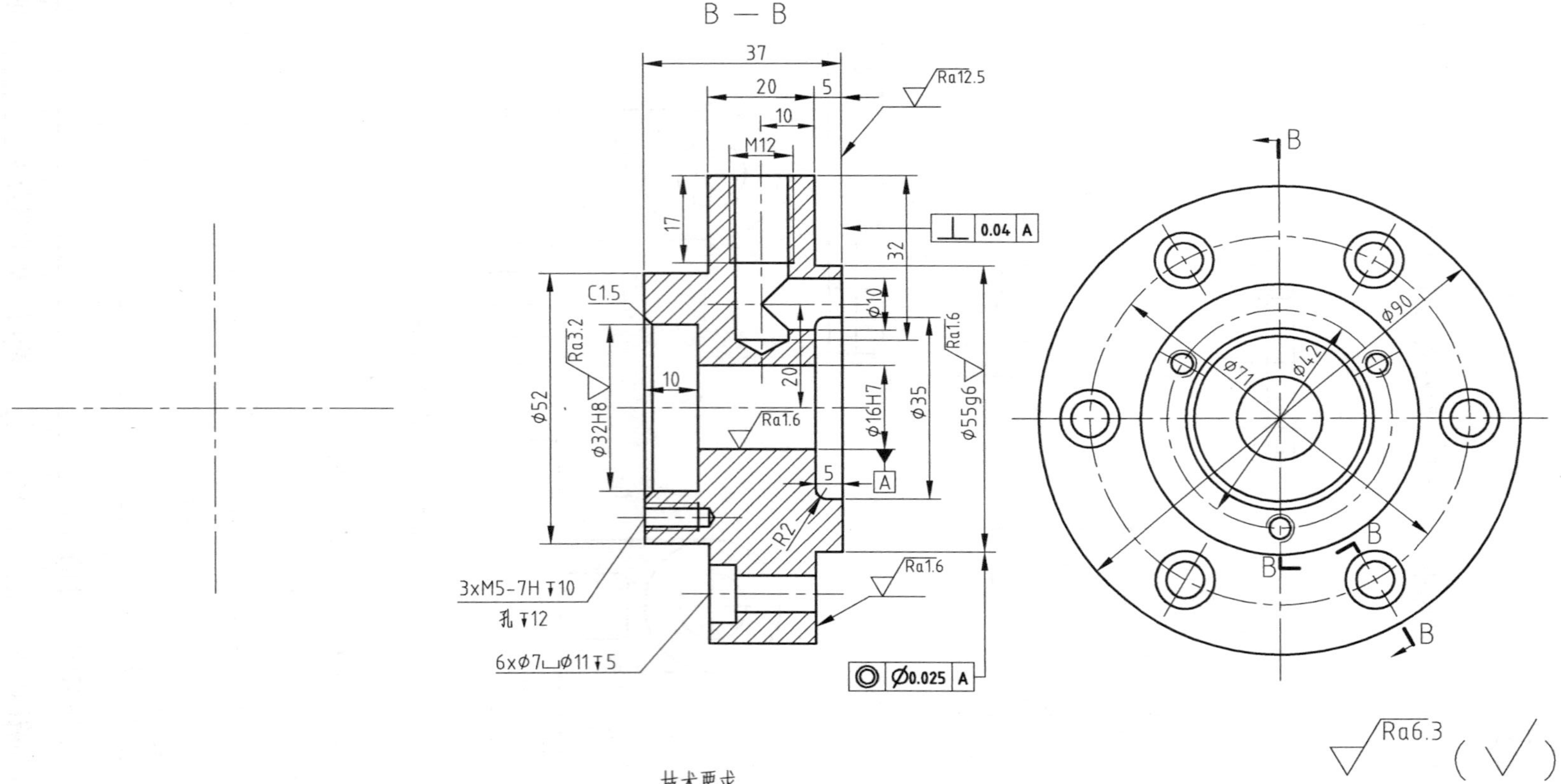

技术要求

1、铸件不得有砂眼、裂纹。

2、锐边倒角为C1。

端　盖			比例	1:1	（图号）	
			件数	1		
班级		（学号）	材料	HT150	成绩	
制图		（日期）	（校　　名）			
审核		（日期）				

题 7-2 图　端盖零件图

题 7–3　读“壳体”零件图，并回答问题。

1. 在图样右方作出 C 向视图，即主视图的外形图（只画可见轮廓线）。
2. 在图中用指引线指出长、宽、高三个方向的主要尺寸基准。
3. ϕ62H8 表示公称尺寸是__________，公差带代号是__________，公差等级为__________，是否基孔？______________。

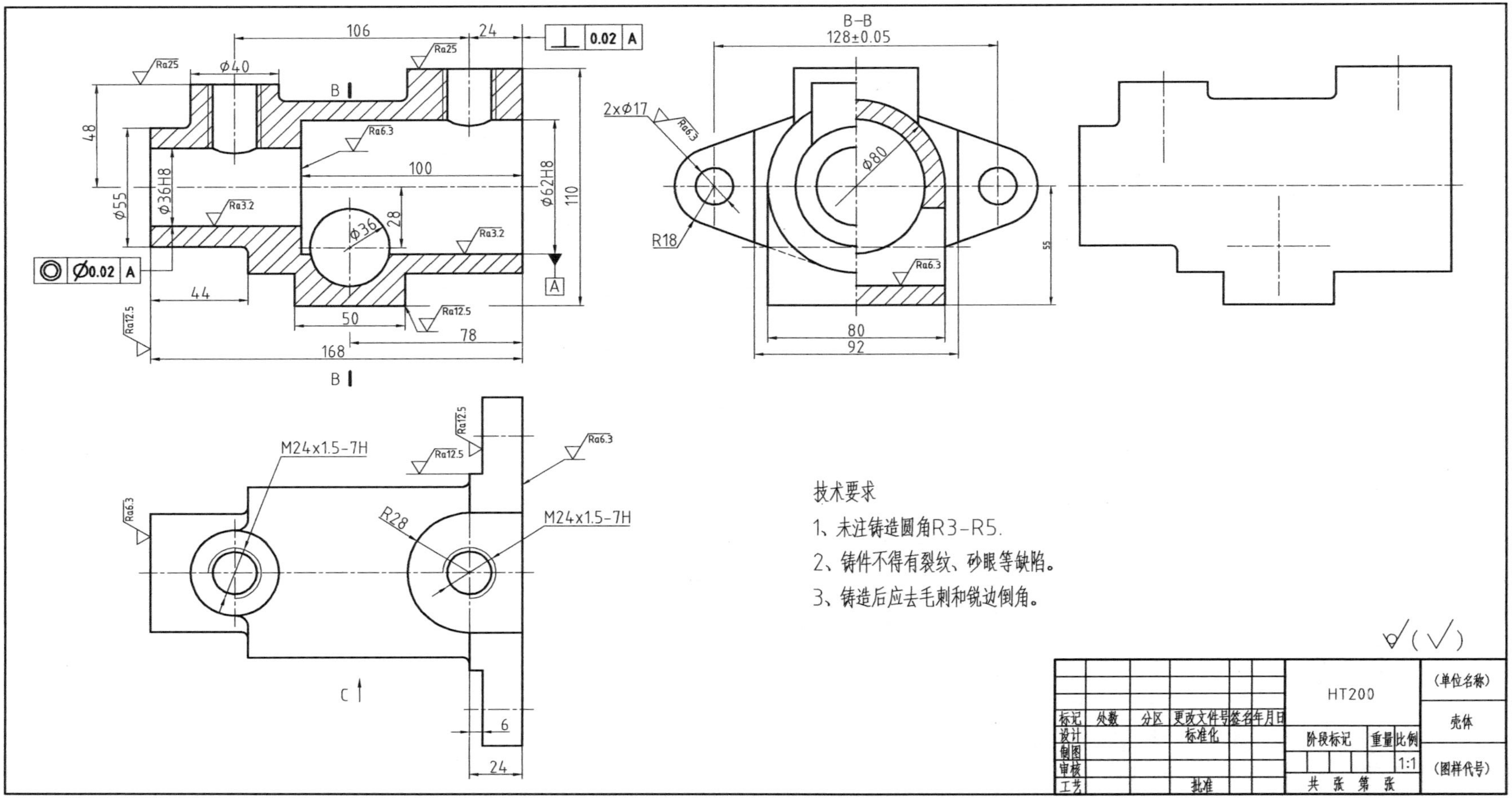

题 7–3 图　壳体零件图

4. 中心距尺寸 128±0.05，最大可加工成______，最小可加工成______，公差值是______。

5. M24×1.5–7H 是______螺纹，大径是______，螺距______，旋向______，中径和顶径公差带代号是______。

6. [◎ | ϕ0.02 | A]所指的被测要素是______，基准要素是______，检验项目是______，公差值是______。

7. 壳体右端面的表面粗糙度代号是______，ϕ80 外圆柱面的表面粗糙度代号是______。

8. ϕ36 圆柱孔的定位尺寸是______和______。

题 7–4 读“夹具体”零件图，按下列要求完成作图。

1. 主视图为什么采用全剖视图？不采用全剖视图是否可以？

2. 指出图中长、宽、高三个方向的主要基准。

3. 该零件左上方的开口形状是怎样的？

4. 说明图形中各形位公差的含义。

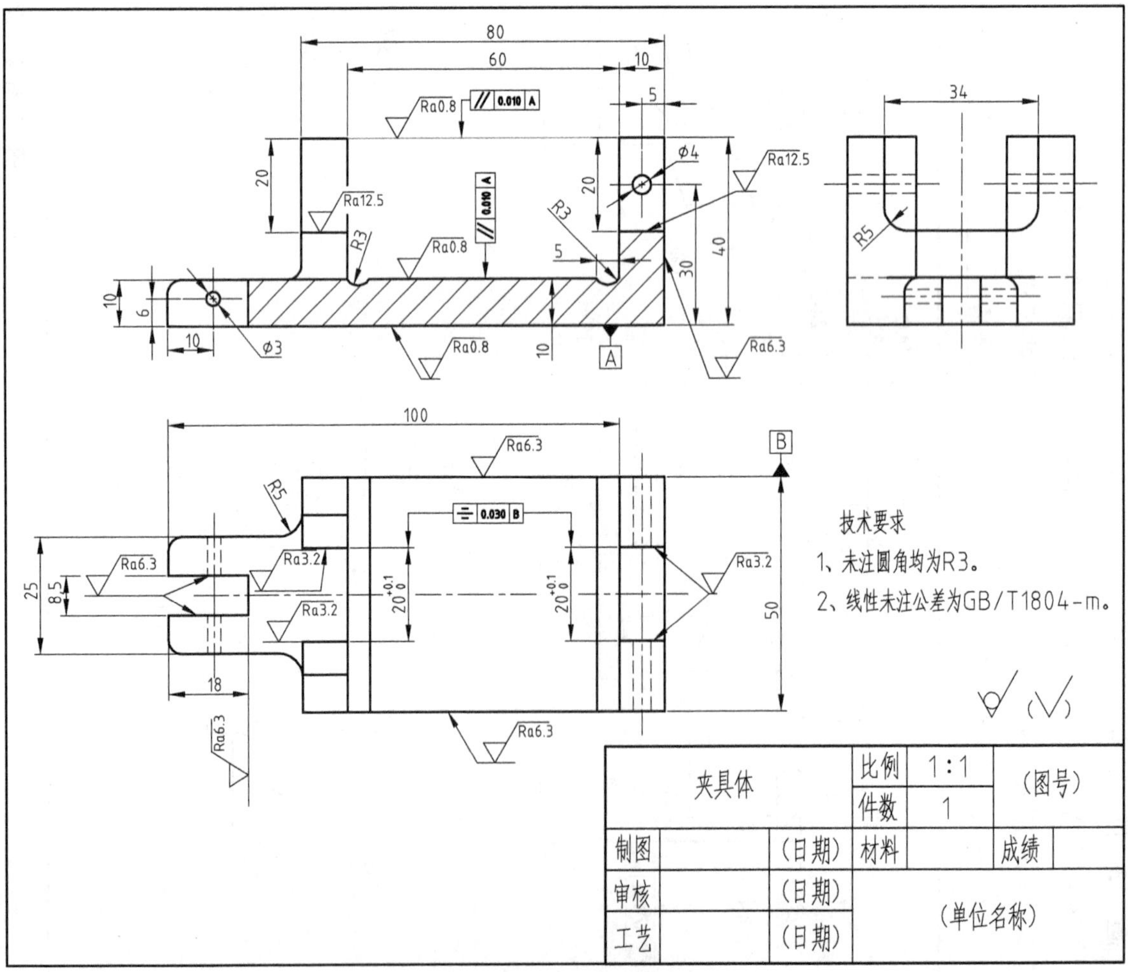

题 7–4 图　夹具体零件图

题 7-5　读“轴”零件图，并回答下列问题。

1. 图中采用哪些表达方法？
2. 指出长度方向的主要基准。
3. 图中哪些尺寸精度较高？
4. 解释图中的形位公差。
5. 左端孔的底部为什么要有 2×2 槽？

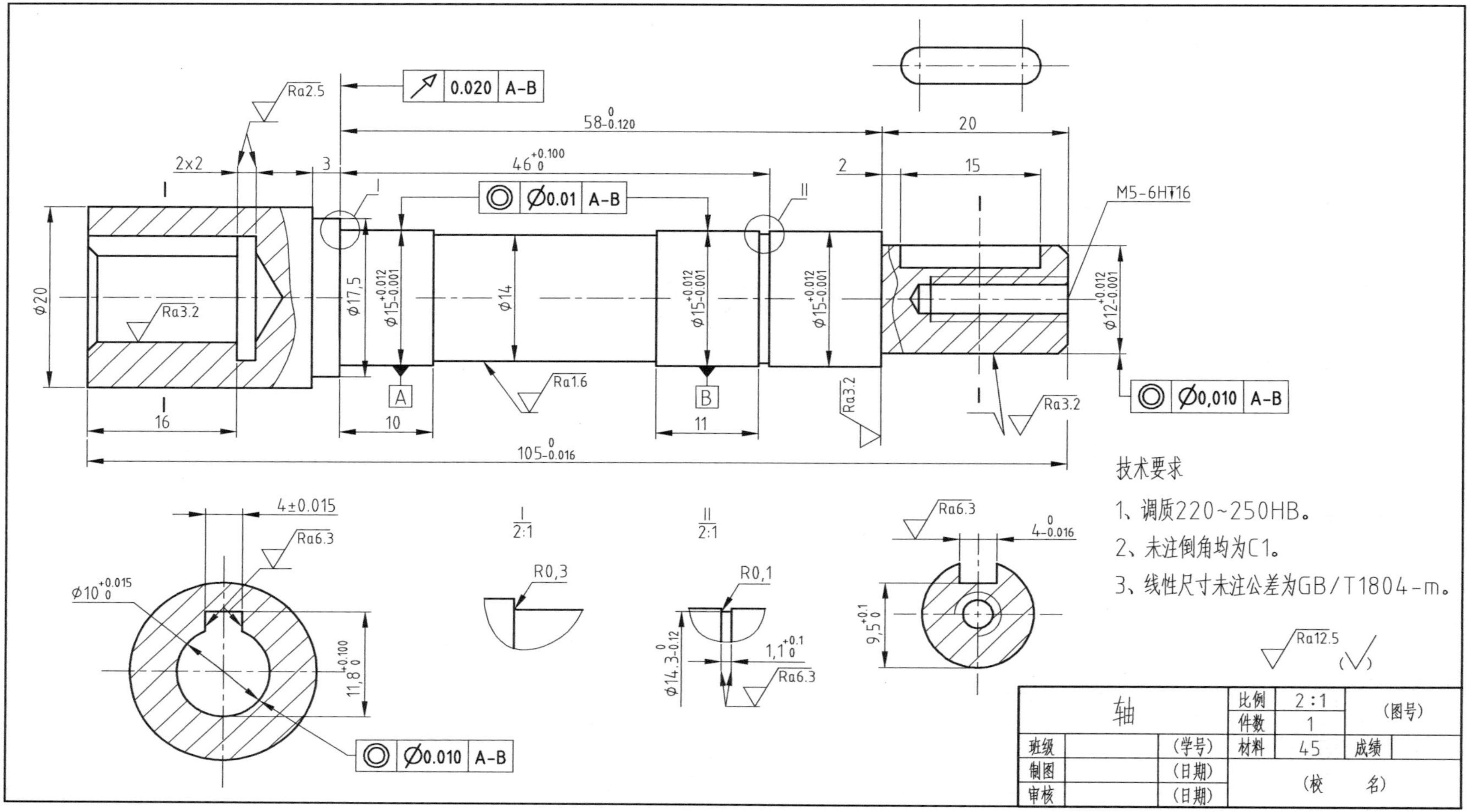

题 7-5 图　轴零件图

题 7-6 读“蜗轮箱”零件图，回答下列问题。

1. 蜗轮箱由哪几部分构成？
2. A 是什么视图？是表达那个部位的？
3. 指出长、宽、高三个方向尺寸的主要基准。
4. 说明图中各形位公差的含义。

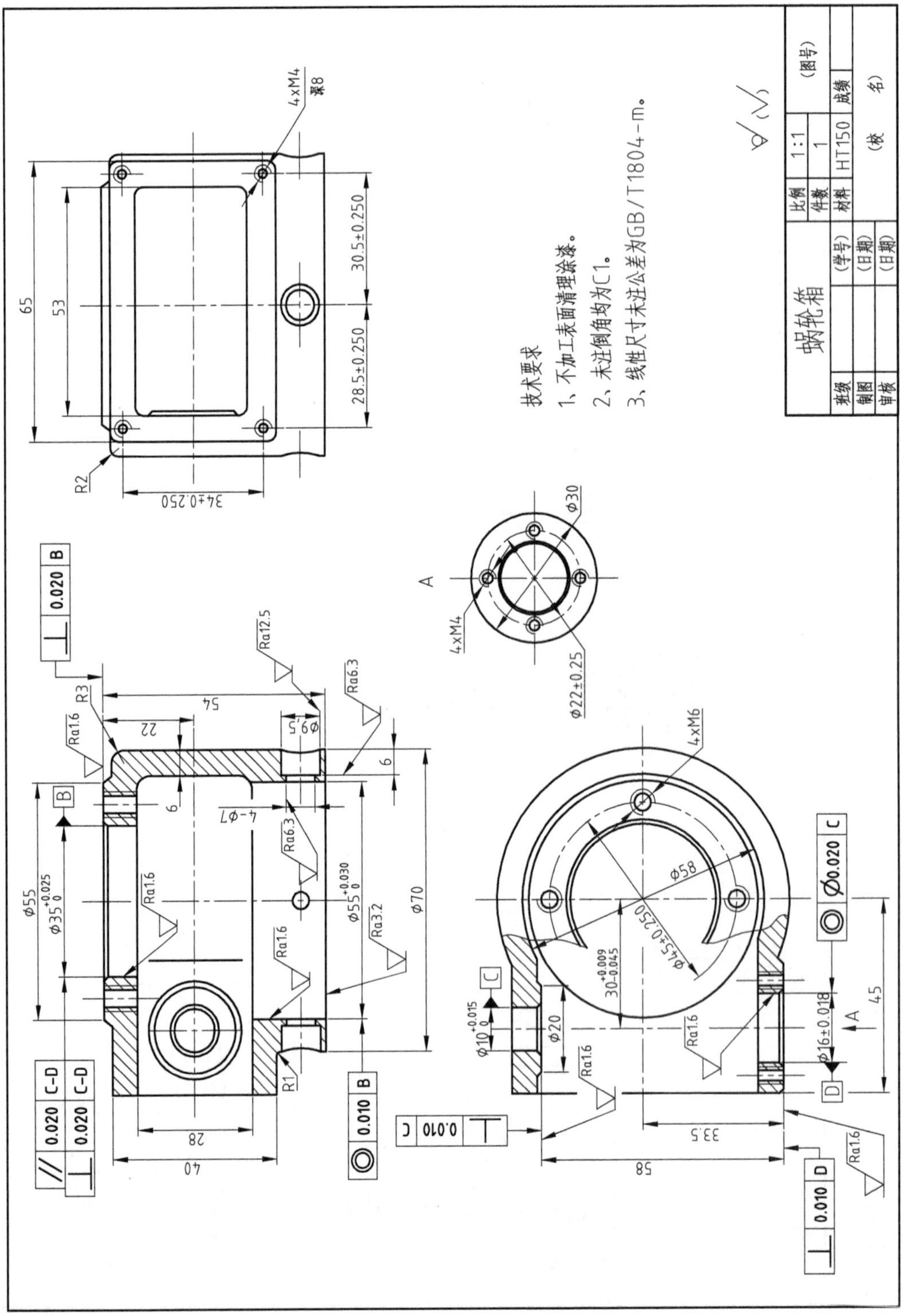

题 7-6 图 蜗轮箱零件图

题 7–7　读“拨叉”零件图，并回答问题。

1. 拨叉由哪几部分组成？

2. 图中都采用哪些表达方法？为什么？

3. 说明拨叉长、宽、高三个方向的主要尺寸基准。

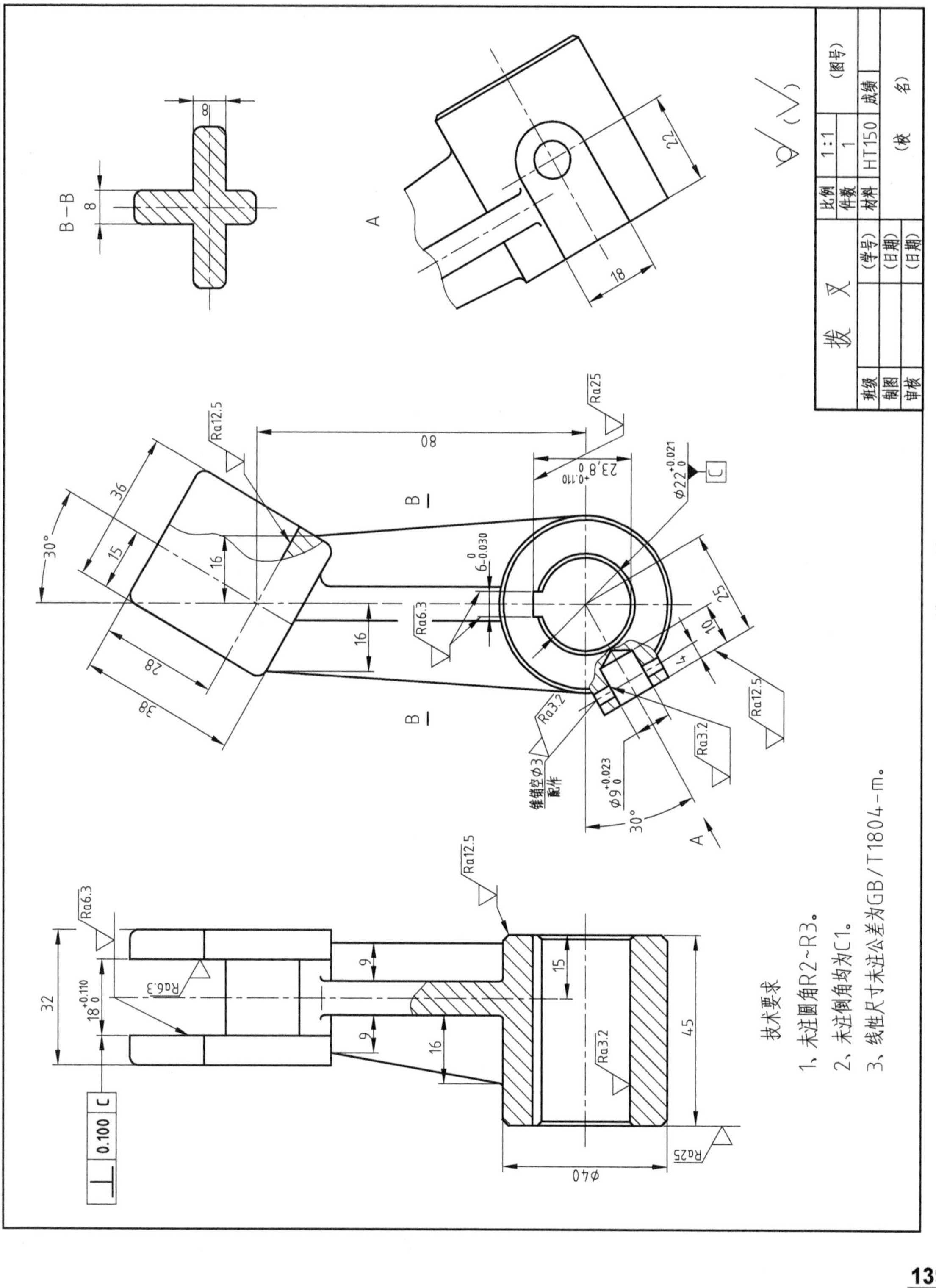

题 7–7 图　拨叉零件图

题 7–8 读“支架”零件图，并回答问题。

1. 指出长、宽、高三个方向的主要尺寸基准。
2. *A* 向视图是什么视图。
3. 支架由哪几部分组成?

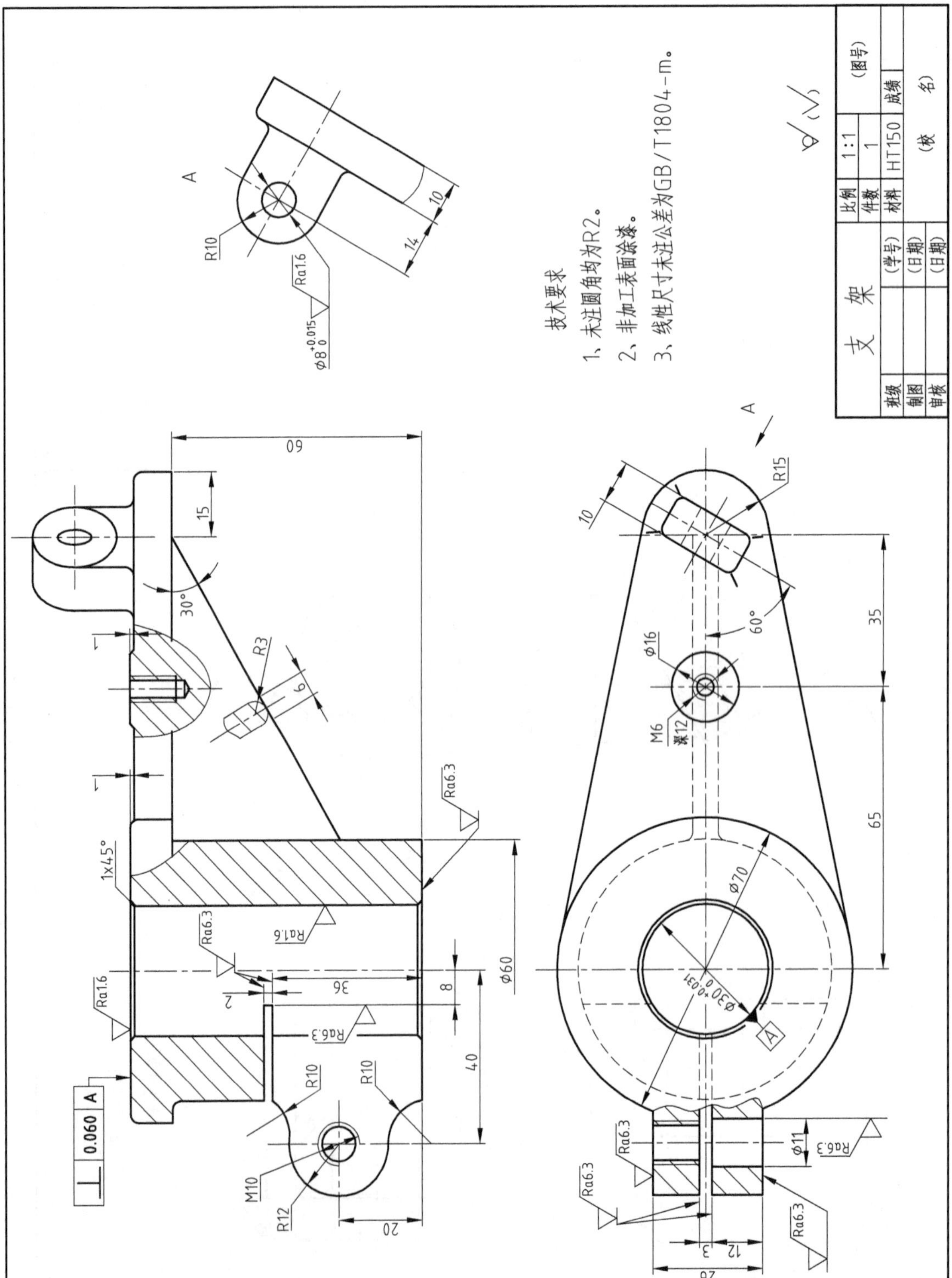

题 7–8 图 支架零件图

题 7–9　读“端盖”零件图，并回答问题。

1. *A*—*A* 是什么视图？

2. 解释图中的形位公差。

3. 零件下方圆弧槽 *R*33 有什么作用？

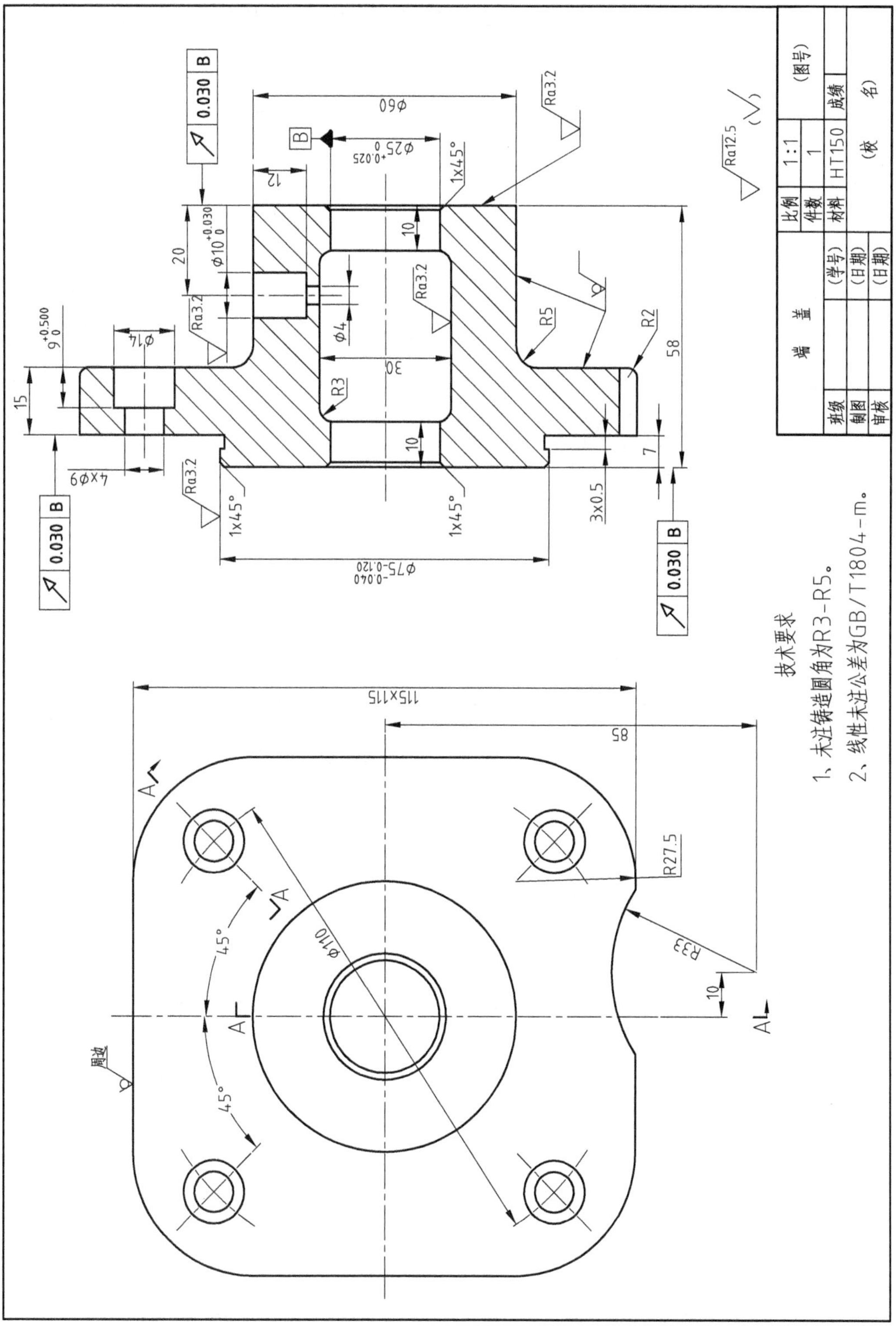

题 7–9 图　端盖零件图

题 7–10 读“阀体”零件图，回答下列问题。

1. 该零件用了______________个图形表达，名称分别为______________。

2. 主视图、俯视图分别采用______________剖切方法______________剖视图。

3. 在图中指引标注长、宽、高三个方向的主要尺寸基准。

4. 该图中的表面粗糙度共有____种，其中去除材料的表面中最光滑表面的 *Ra* 值为______。

5. 螺纹代号 M27 × 1.5 的含义____。

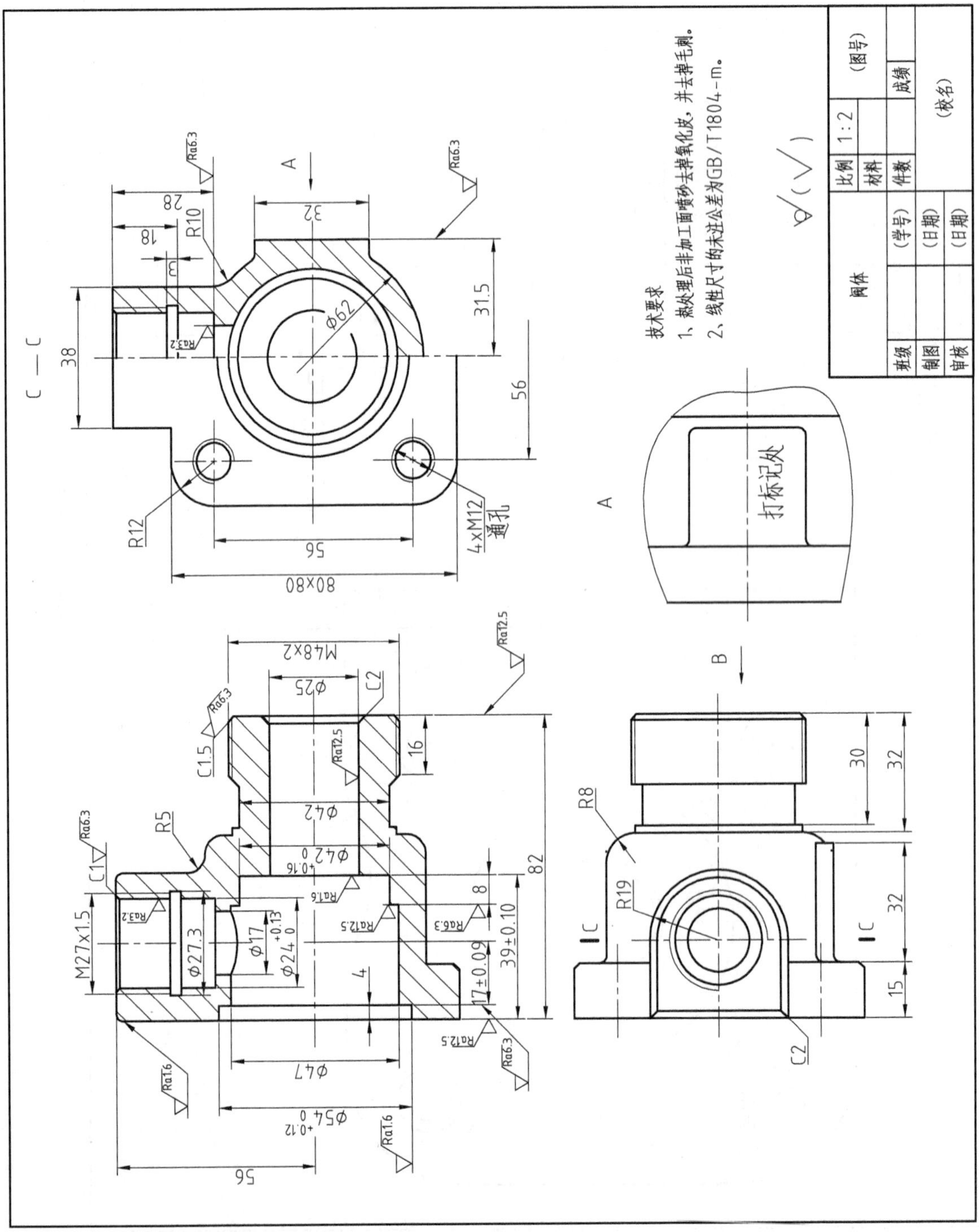

题 7–10 图 阀体零件图

6. $\phi54^{+0.12}_{0}$的标注中，公称尺寸为________，上偏差为________，下偏差为________，最大极限尺寸是______________，最小极限尺寸是________，公差值为____________。

7. 图中精度最低的表面的表面粗糙度代号为________，该代号的含义为______________。

8. 阀体上共有螺孔__________个，它们的尺寸是________________________。

9. 零件的定位尺寸有__________个，它们分别是__________。

10. 画出 *B* 向视图。

题 7–11　读"套筒"零件图，在指定位置分别画出 *B* 向局部剖视图和移出断面图，并回答下列问题。

1. 用符号"Δ"标出长度方向尺寸的主要基准。

2. 说明符号 | ◎ | ϕ0.04 | A | 的含义：符号 ◎ 表示______，数字 ϕ0.04 表示__________，A 是__________。

3. ϕ95h6 的含义是什么？是什么配合制度？

4. 解释 $\frac{6\times \text{M6-6H}\ \text{↧}8}{\text{孔}\ \text{↧}10\text{EQS}}$ 的含义。

5. 在指定位置画出 *B* 向局部视图和移除剖面图。

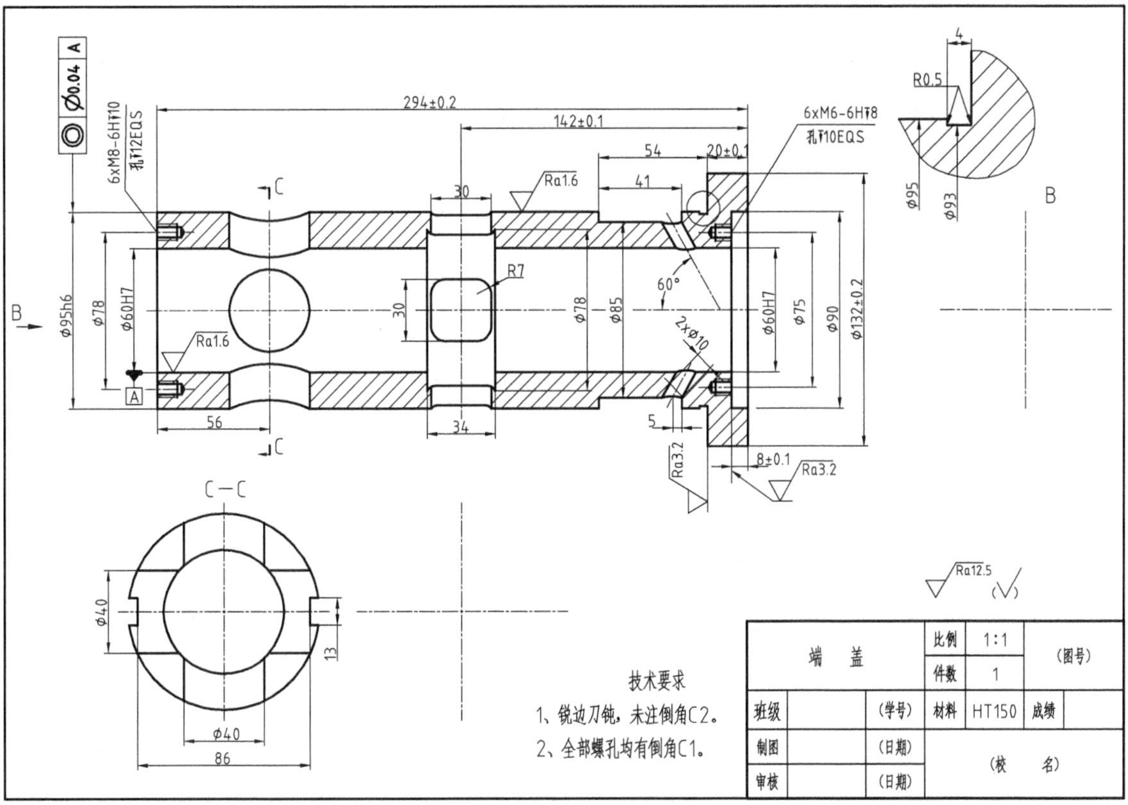

题 7–11 图　套筒零件图

题 7–12 读“底座”零件图，回答下列问题。

1. 在指定位置画出主视图、左视图外形图。
2. 用“Δ”符号标出长、宽、高三个方向的主要尺寸基准。
3. 补全图中所缺的定位尺寸。
4. 该零件表面粗糙度有__________种要求，它们分别是____________________。

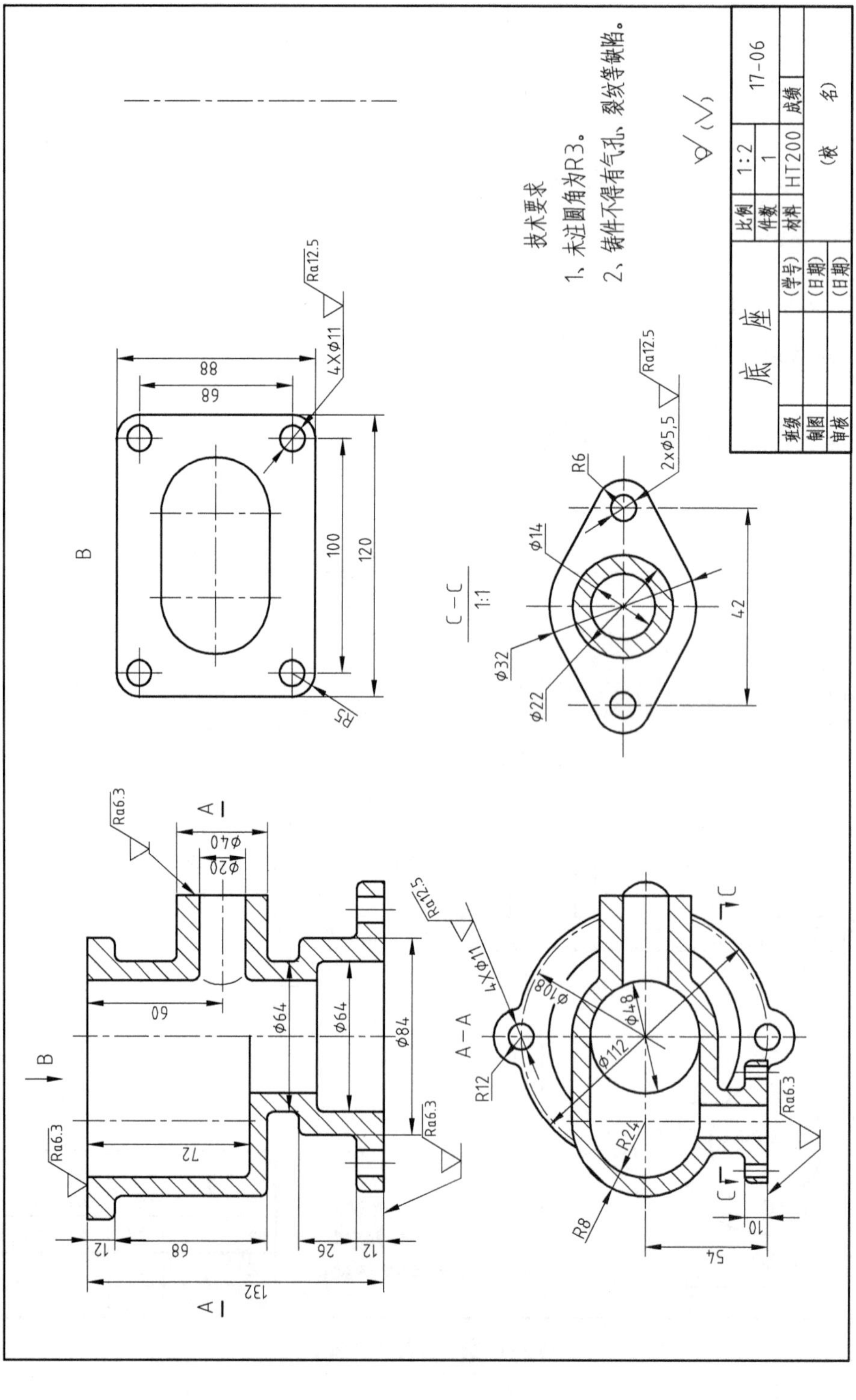

题 7–12 图　底座零件图

题 7–13　读“壳体”零件图，回答问题并作图。

1. 画出“壳体”*B—B* 全剖的俯视图（按图形大小量取，不标注尺寸，不画虚线）。

2. 说明长、宽、高三个方向的主要尺寸基准。

3. 解释$\phi 43^{-0.016}_{-0.043}$的含义：$\phi 43$ 为______，上偏差是______，下偏差是______，最大极限尺寸是______，最小极限尺寸______，尺寸公差是______。

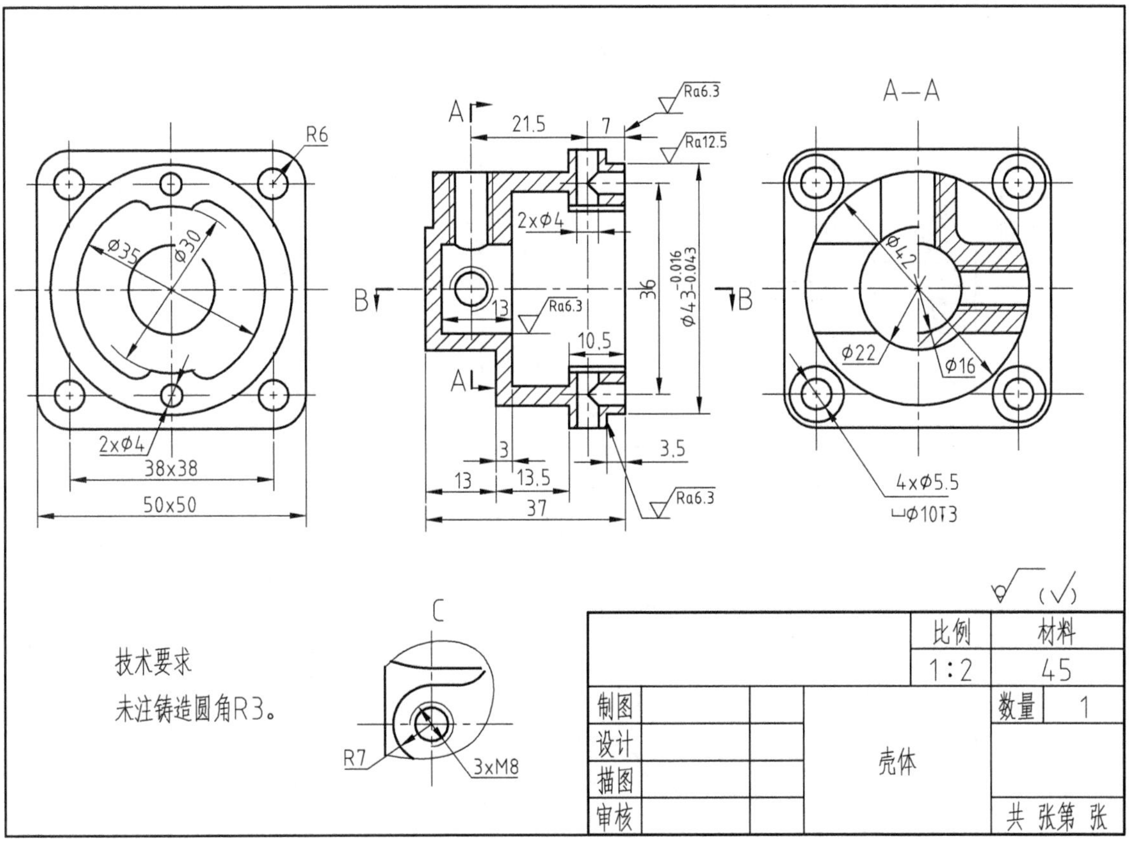

题 7–13 图　壳体零件图

题 7–14　读“底座”零件图，按下列要求完成作图。

1. 画出左视方向的外形图（按图形大小量取，不注尺寸，不画虚线）。

2. 说明长、宽、高三个方向的主要尺寸基准。

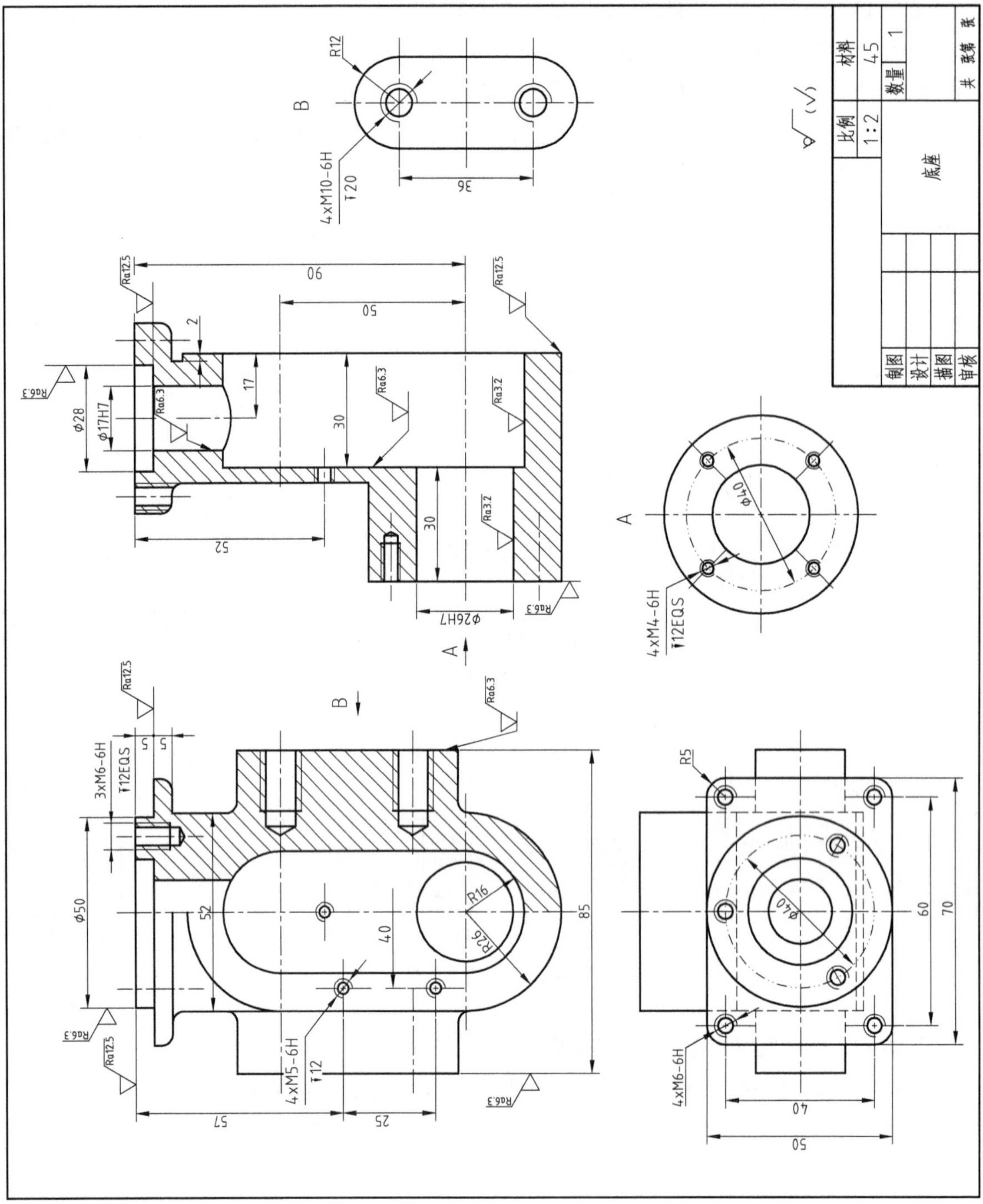

题 7-14图　底座零件图

题 7-15　读“十字接头”零件图，按下列要求完成作图。

1. 画出 *A—A* 剖视图（按图形大小量取，不注尺寸，不画虚线）。

2. 说明长、宽、高三个方向的主要尺寸基准。

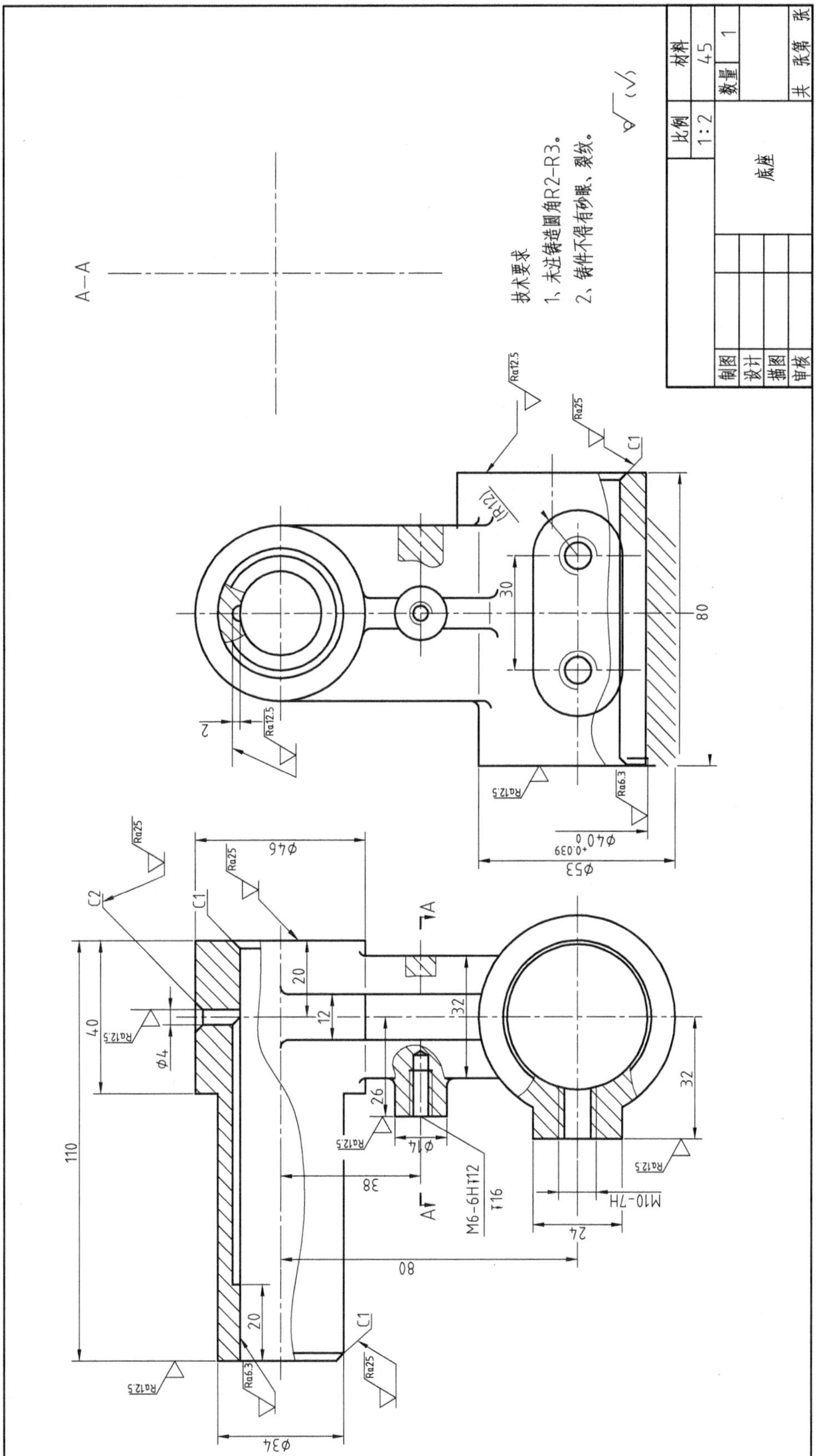

题 7-15 图　十字接头零件图

题 7–16 读“阀体”零件图，按下列要求完成作图。

1. 主视图、左视图分别采用____________________________表达方法。
2. 在图中指引标注长、宽、高三个方向的主要尺寸基准。
3. 该图中的表面粗糙度共有____种，其中去除材料的表面中最光滑表面的 *Ra* 值为______。
4. $\frac{\text{I}}{2:1}$视图采用____________________________表达方法。
5. 图中精度最低的表面的表面粗糙度代号为______，该代号的含义为________________。
6. 在指定位置画出 *A*—*A* 俯视图。

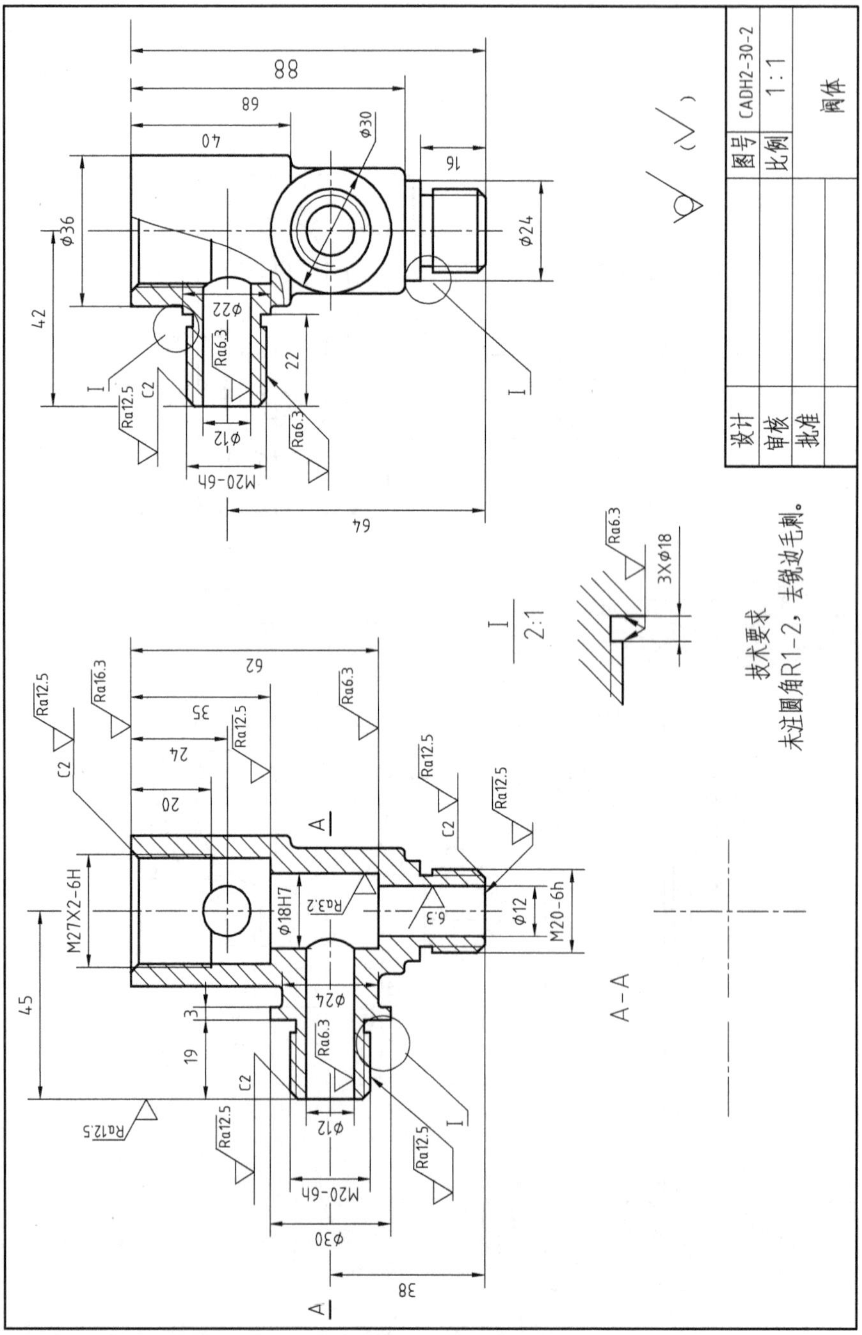

题 7–16 图　阀体零件图

五、参考答案

题 7–1

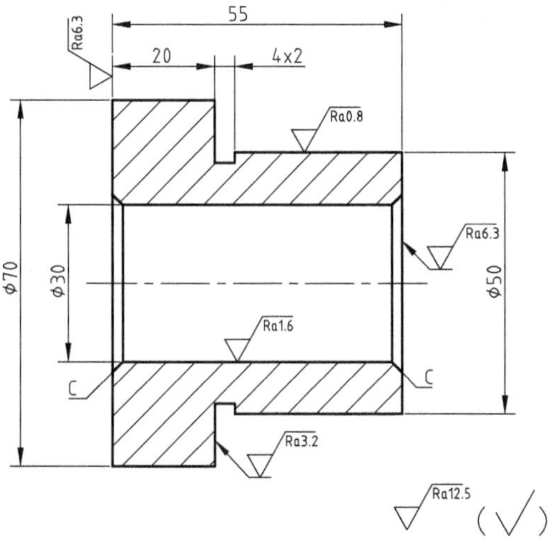

（1）

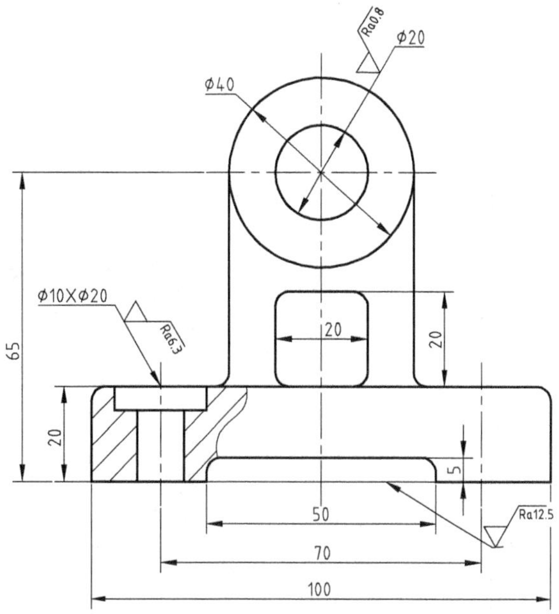

（2）

题 7–2

答：1. 全。

2. H7，7，ϕ16。

3. ϕ71。

4. $\dfrac{3\times \text{M5-7H}{\downarrow}10}{\text{孔}{\downarrow}12}$含义表示 3 个直径为 5，螺纹中径、顶径公差带为 7H 的螺孔，螺孔的有效深度为 10，钻孔的深度为 12。

5. ϕ32H8 含义表示公称直径为 ϕ32，公差带代号为 H8，H 为孔的基本偏差代号，8 为孔的公差等级代号。

6. □ 55g6，右端面。ϕ16H7，垂直度，0.04。

7. 20。

8.

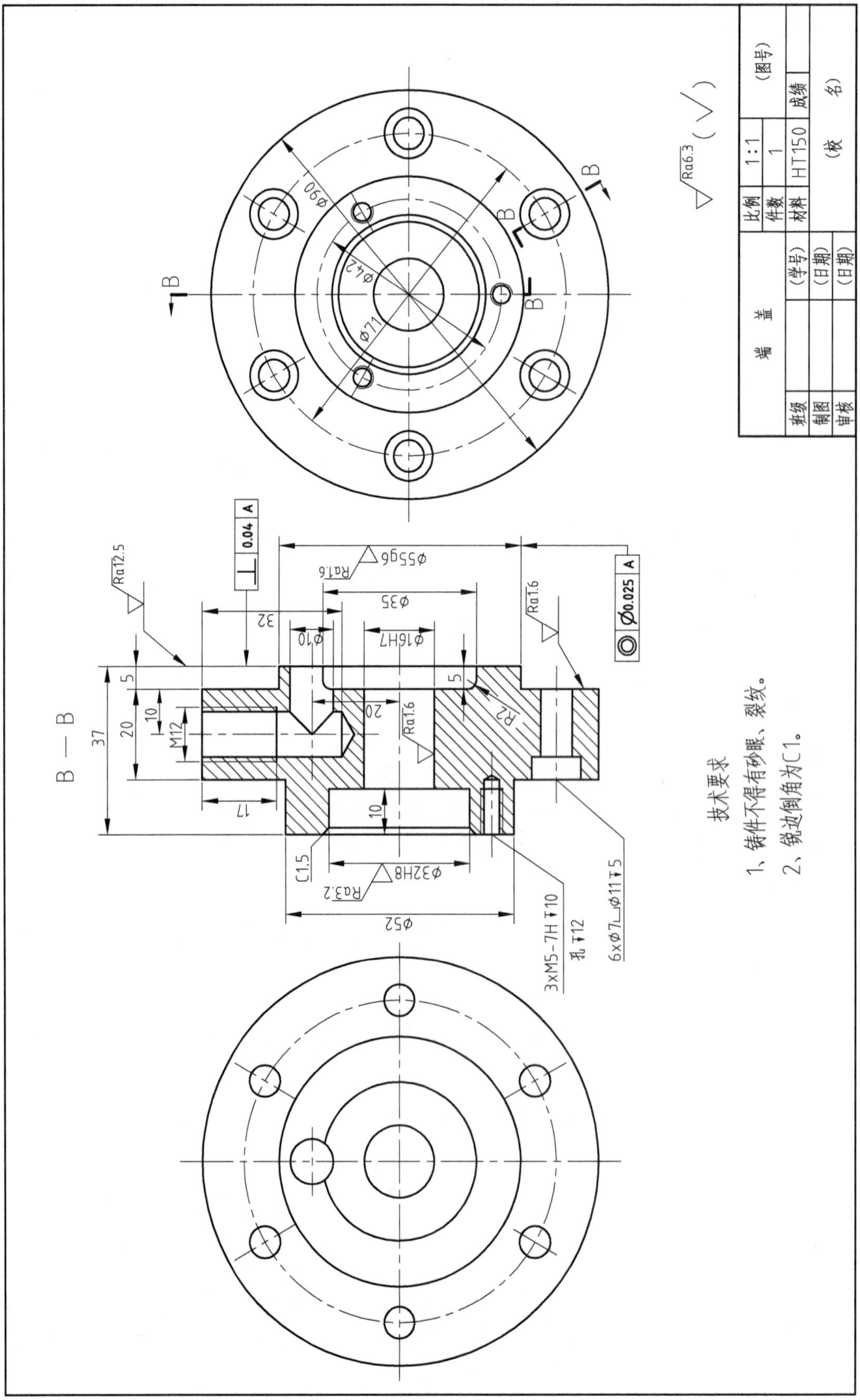
B — B
37
20
10
5
M12
17
32
ϕ10
ϕ35
ϕ55g6
ϕ16H7
20
5
R2
10
C1.5
ϕ32H8
ϕ52
Ra12.5
Ra1.6
Ra1.6
Ra1.6
Ra3.2
0.04 A
ϕ0.025 A
3xM5-7H↧10
孔↧12
6xϕ7⌴ϕ11↧5
ϕ90
ϕ42
ϕ71
B
Ra6.3 (√)
技术要求
1、铸件不得有砂眼、裂纹。
2、锐边倒角为C1。
端盖
比例 1:1
件数 1
材料 HT150
(图号)
成绩
班级
制图 (学号)
审核 (日期)
(日期)
(校名)

题 7-3

答：题 1、题 2 答案如下图所示。

3. $\phi62$，H8，8，是基孔制。

4. 128.05，127.95，0.1。

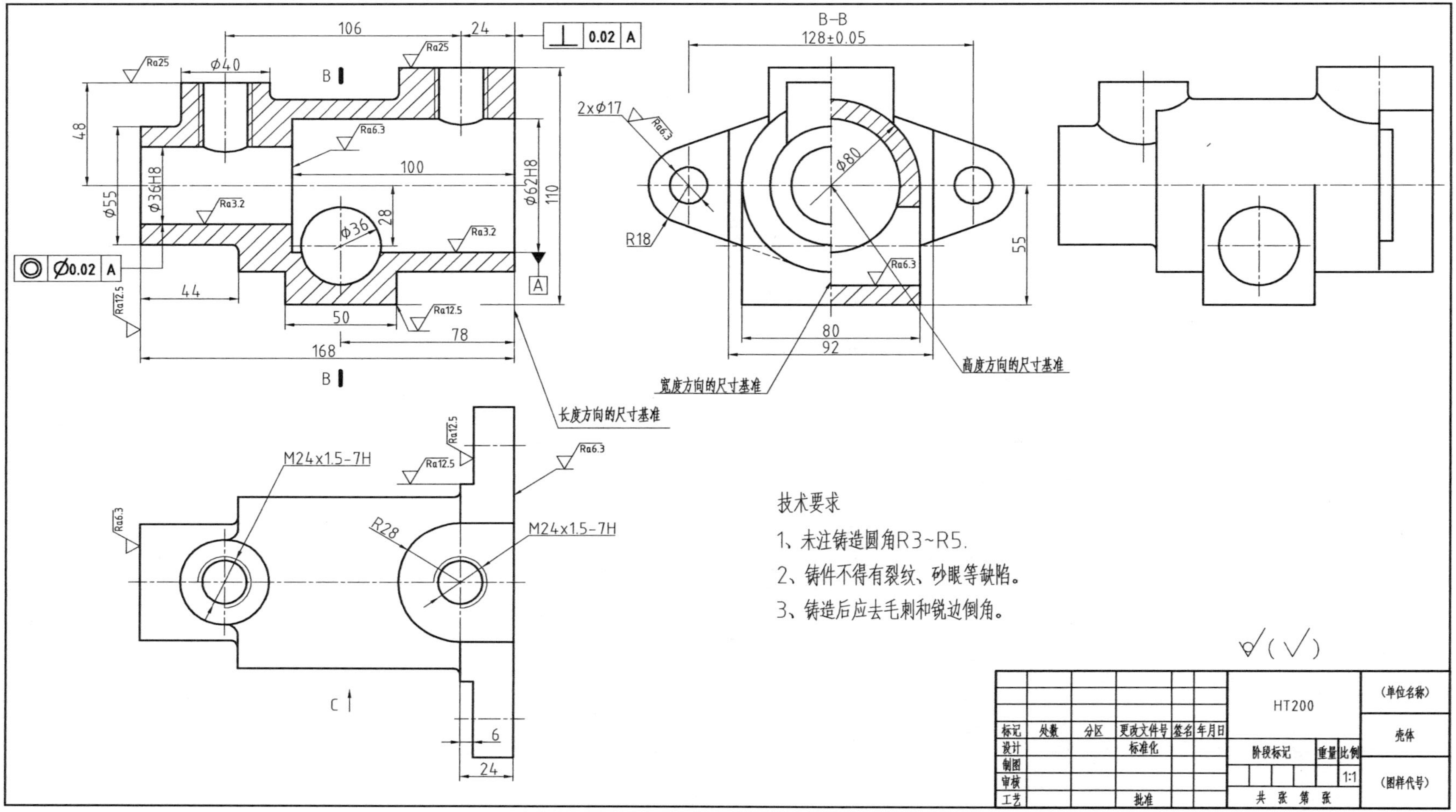

5. 普通细牙，$\phi 24$，1.5，右旋，7H。

6. $\phi 36$H8，$\phi 62$H8 的轴线，同轴度，$\phi 0.02$。

7. $\sqrt{Ra6.3}$，$\sqrt{\circ}$。

8. 28，78。

题 7–4

答：1. 该零件外形较简单，采用全剖视图不影响外部结构的表达，但不采用全剖也是可以的，比如用两个局部剖也可以表达清楚。

2. 长度方向的主要基准为右端面；宽度方向的主要基准为前后对称面；高度方向的主要基准为底面。

3. 该零件左上方的开口形状如下图。

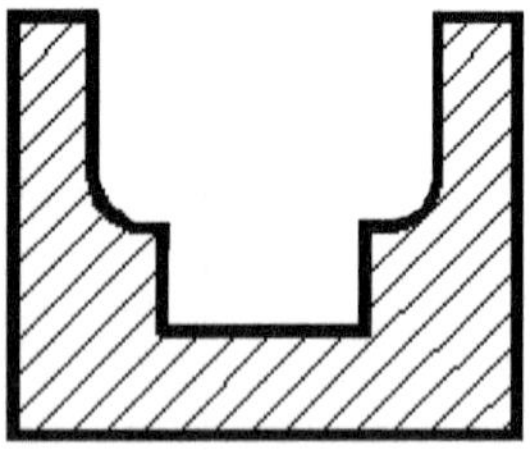

4. 上方 [∥ | 0.010 | A] 表示顶面相对于底面 *A* 的平行度公差为 0.010mm；槽底 [∥ | 0.010 | A] 表示槽底面相对于底面 *A* 的平行度公差为 0.010mm； [⌯ | 0.030 | B] 表示槽$20_{0}^{+0.100}$的对称度相对于 50 的对称度公差为 0.030mm。

题 7–5

答：1. 采用了一个主视图、五个辅助视图的表达方法，主视图采用了局部剖，五个辅助视图中有两个移出断面图、两个局部放大图和一个局部视图。

2. 长度方向的主要基准为 [↗ | 0.020 | A–B] 所指端面。

3. 从公差表或极限偏差表中查得$\phi 15_{-0.001}^{+0.012}$、$\phi 12_{-0.001}^{+0.012}$为 6 级精度，$\phi 10_{0}^{+0.015}$精度较高，其余较低。

4. [↗ | 0.020 | A–B] 表示箭头所指端面相对于两处$\phi 15_{-0.001}^{+0.012}$的公共轴线的端面圆跳动公差为 0.020mm； [◎ | 0.010 | A–B] 表示箭头所指$\phi 12_{-0.001}^{+0.012}$的轴线相对 *A*—*B* 公共轴线的同轴度公差为 0.010mm。

5. 左端孔底部的 2 × 2 槽为加工键槽的退刀槽。

题 7–6

答：1. 蜗轮箱是由左端方箱结构和右端铅垂圆筒结构组成。

2. *A* 为局部视图，主要表达方箱结构前端的外部形状。

3. 长度方向的主要基准为$\phi 10_{0}^{+0.015}$和$\phi 16 \pm 0.018$的轴线；宽度方向的尺寸基准为$\phi 35_{0}^{+0.025}$和$\phi 55_{0}^{+0.030}$的轴线；高度方向的基准为过$\phi 10_{0}^{+0.015}$的轴线水平面。

4.（1）

∥	0.020	C–D
⊥	0.020	C–D

表示$\phi 35_{0}^{+0.025}$的轴线相对于$\phi 10_{0}^{+0.015}$和$\phi 16 \pm 0.018$轴线的平行度和垂直度公差都为 0.020mm。

（2） [⊥ | 0.020 | B] 表示箭头所指的顶面相对于$\phi 35_{0}^{+0.025}$轴线的垂直度公差为 0.020mm。

（3） [⊥ | 0.010 | C] 表示方腔内凸台 $\phi 20$ 的前端面相对于$\phi 10_{0}^{+0.015}$的轴线的垂直度公差为 0.010mm。

（4） [⊥ | 0.010 | D] 表示$\phi 16 \pm 0.018$的前端面相对于 $\phi 16 \pm 0.018$ 的轴线的垂直度公差为

0.010mm。

（5）| ◎ | 0.020 | C | 表示 $\phi16 \pm 0.018$ 的轴线与 $\phi10_{0}^{+0.015}$ 的轴线的同轴度公差为 0.020mm。

题 7–7

答：1. 拨叉由叉口、连接肋板和操作圆筒三部分组成。

2. 图中采用了两个主要视图（主视图和左视图）、两个辅助视图（断面图和斜视图）。主视图、左视图采用了局部剖，既表达内部结构又表达了外部结构，连接部分的断面图表达了连接部分的断面形状，斜视图表达了圆筒后下方突起部分的形状结构。

3. 长度方向的主要基准为叉口槽的对称面；宽度方向的基准为过圆筒轴线的对称面；高度方向的主要基准为圆筒的轴线。

题 7–8

答：1. 长度方向的尺寸基准为大圆筒的轴线；宽度方向的尺寸基准为过大圆筒轴线的对称平面；高度方向的主要基准为大圆筒的底面。

2. *A* 向视图是斜视图。

3. 支架由圆筒、支架悬臂板、悬臂支撑筋、支座立耳（见零件右上方）和夹耳（圆筒左下方）等结构组成。

题 7–9

答：1. A—A 是旋转剖视图。

2. 三处的形位公差的含义为：箭头所指端面相对于孔 $\phi25_{0}^{+0.025}$ 的轴线的端面圆跳动公差为 0.030mm。

3. 零件下方圆弧槽的作用是让开与之相邻零件的重叠部分，避免相互干涉。

题 7–10

答：1. 4 个图形表达，名称分别是主视图、左视图、俯视图和 *A* 向局部视图表达。

2. 单一剖切面剖切，全剖视图和半剖视图。

3. 长度方向的主要基准为阀体的左端面；宽度方向的主要基准为阀体的 $\phi47$、$\phi25$ 的轴线；高度方向的主要基准为 $\phi47$、$\phi25$ 的轴线。

4. 5 种，1.6。

5. 普通细牙右旋螺纹，螺距为 1.5。

6. $\phi54$，+0.12，0，$\phi54.12$，$\phi54$，0.12。

7. ，不去除材料的表面，也可以用于表示保持上道工序形成的表面，不管这种状况是通过去除材料或不去除材料形成的。

8. 5，1 个 M27 × 1.5 和 4 个 M12。

9. 如左图。

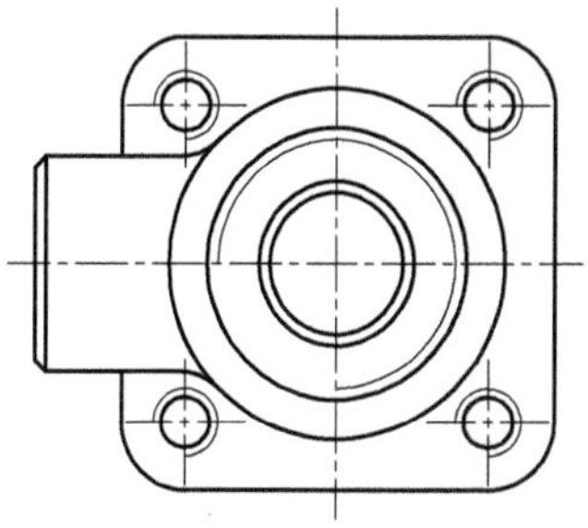

题 7–11

答：1. 长度方向的主要尺寸基准套筒的右端面。

2. 同轴度，公差值，基准代号字母。

3. 公称尺寸是 $\phi95$，公差带代号是 h6，h 是轴的基本偏差代号，6 是公差等级代号；是基轴制配合。

4. $\dfrac{6\times M6\text{-}6H\downarrow 8}{孔\downarrow 10EQS}$ 6个普通螺纹孔均布在圆周上，螺纹的公称直径为6，中径、顶径公差带代号均为6H，螺孔的有效深度为8，钻孔的深度为10。

5.

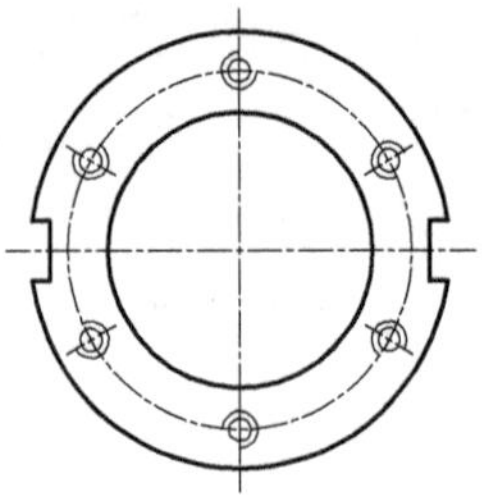

B 向局部视图

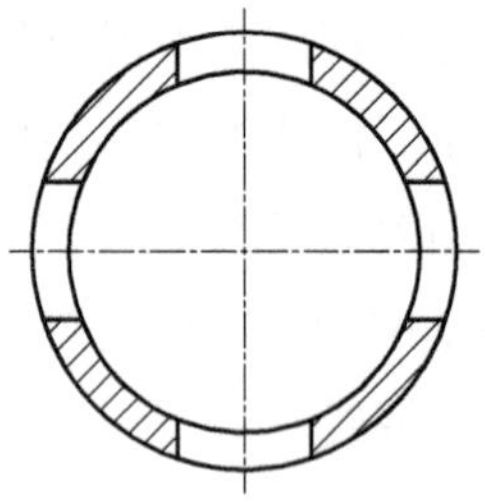

移出剖面图

题 7–12

答：1.

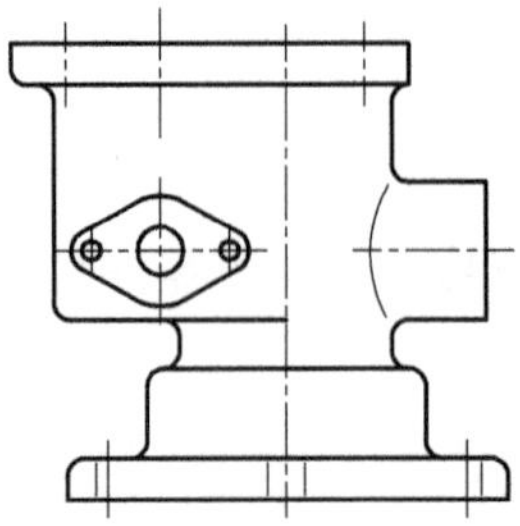

主视图外形图

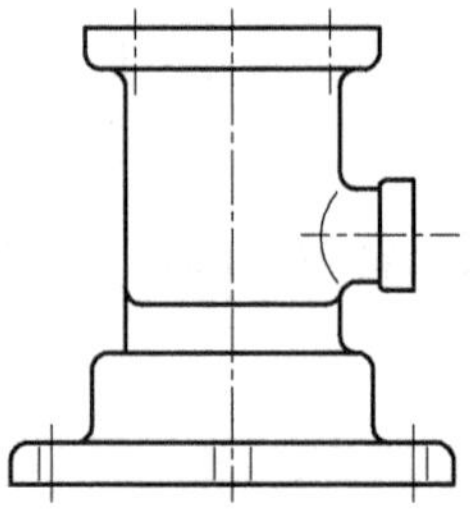

左视图外形图

2. 长度方向的主要尺寸基准是 $\phi 84$ 铅垂轴线；宽度方向的主要尺寸基准是过 $\phi 112$ 铅垂轴线的正平面；高度方向的主要尺寸基准底面。

3.

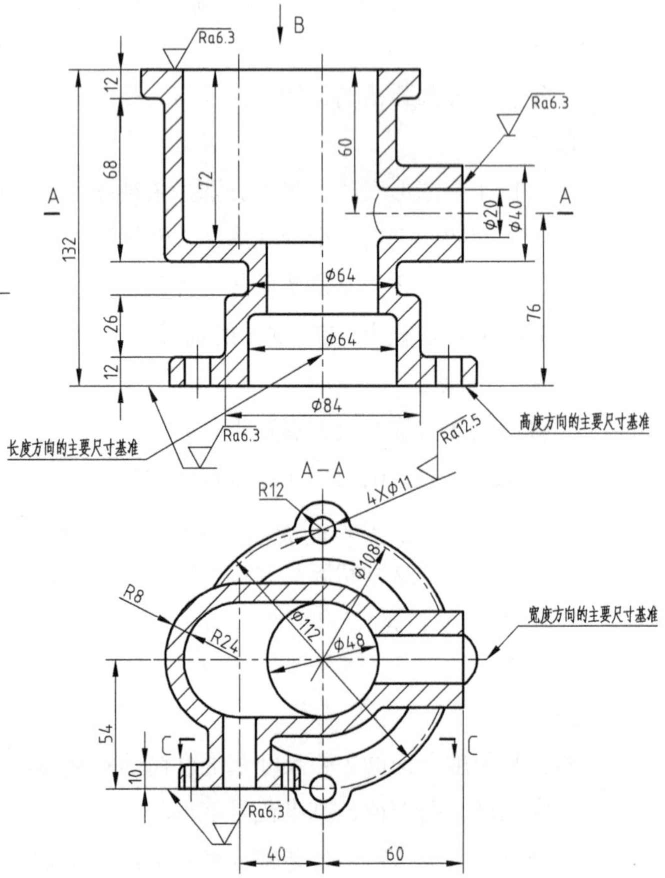

4. 3，√*Ra*6.3、√*Ra*12.5、√◯

题 7–13

1.

B—B

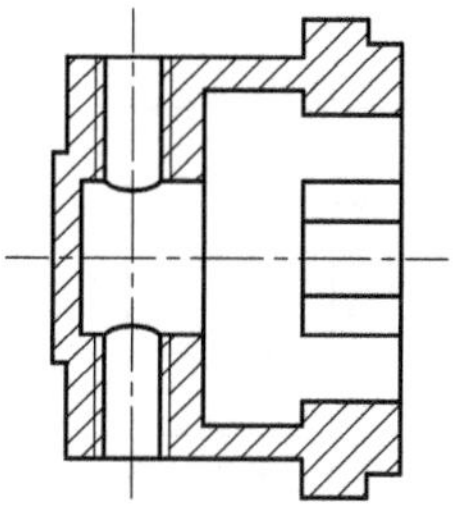

2. 长度方向的主要尺寸基准是壳体的右端面；宽度方向的主要尺寸基准是壳体的前后对称面；高度方向的主要尺寸基准是 ϕ35 或 ϕ30 的轴线。

3. 公称尺寸，–0.016，–0.043，ϕ42.986，ϕ42.957，0.027。

题 7–14

1.

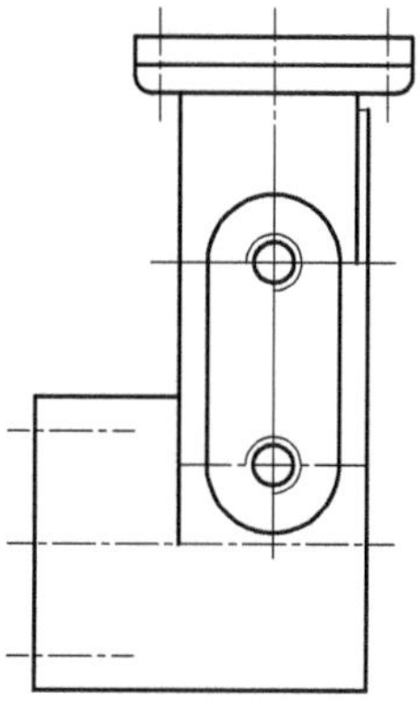

2. 长度方向的主要尺寸基准是 ϕ50 轴线；宽度方向的主要尺寸基准是 ϕ17H7 轴线；高度方向的主要尺寸基准是底座的上表面。

题 7–15

1.

A—A

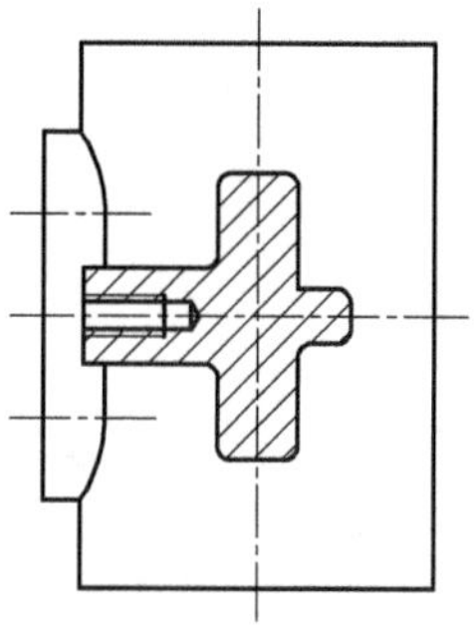

2. 长度方向的主要尺寸基准是 ϕ46 右端面；宽度方向的主要尺寸基准是十字接头的前后对称面；高度方向的主要尺寸基准是 ϕ34 轴线。

题 7–16

1. 主视图采用全剖视图，左视图采用局部剖视图。

2. 长度方向的主要尺寸基准是 M27 × 2–6H 轴线；宽度方向的主要尺寸基准是 ϕ36 的轴线；高度方向的主要尺寸基准是 ϕ36 圆筒的上表面。

3. 3，3.2。

4. 局部放大图。

5. ，代号的含义是：不去除材料的表面，也可以用于表示保持上道工序形成的表面，不管这种状况是通过去除材料或不去除材料形成的。

6.

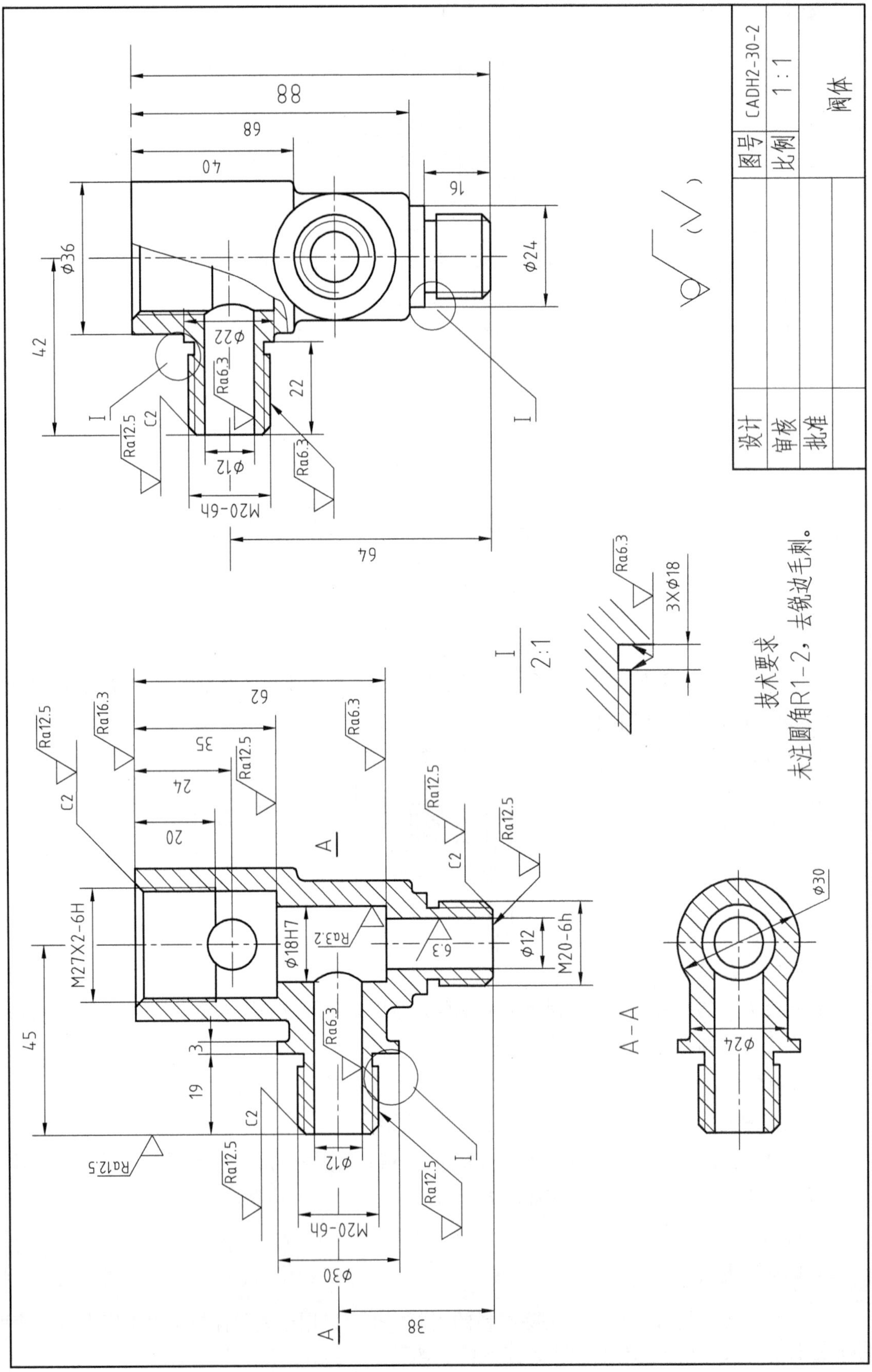
图号 CADH2-30-2
比例 1:1
阀体
设计
审核
批准
技术要求
未注圆角R1-2，去锐边毛刺。
I
2:1
A-A

第 8 章　装配图的识读与绘制

本章知识要点

1. 掌握装配图画法的基本规定和装配图的特殊表达方法。
2. 按正确的方法和步骤，读懂一般复杂程度（多于 15 个零件）的装配图。
3. 能从装配图中顺利拆画零件图。

一、装配图的概述

（一）装配图的作用和内容

1. **装配图的含义**　装配图是表达机器或部件的工作原理以及零、部件间的装配、连接关系的图样，用以指导机器或部件的装配、检验、安装及使用和维修等。

2. **装配图的内容**　一张完整的装配图必须具有 4 部分的内容：必要数量的视图；几种必要的尺寸；技术要求；零件的编号、明细栏和标题栏，如图 8–1 所示。

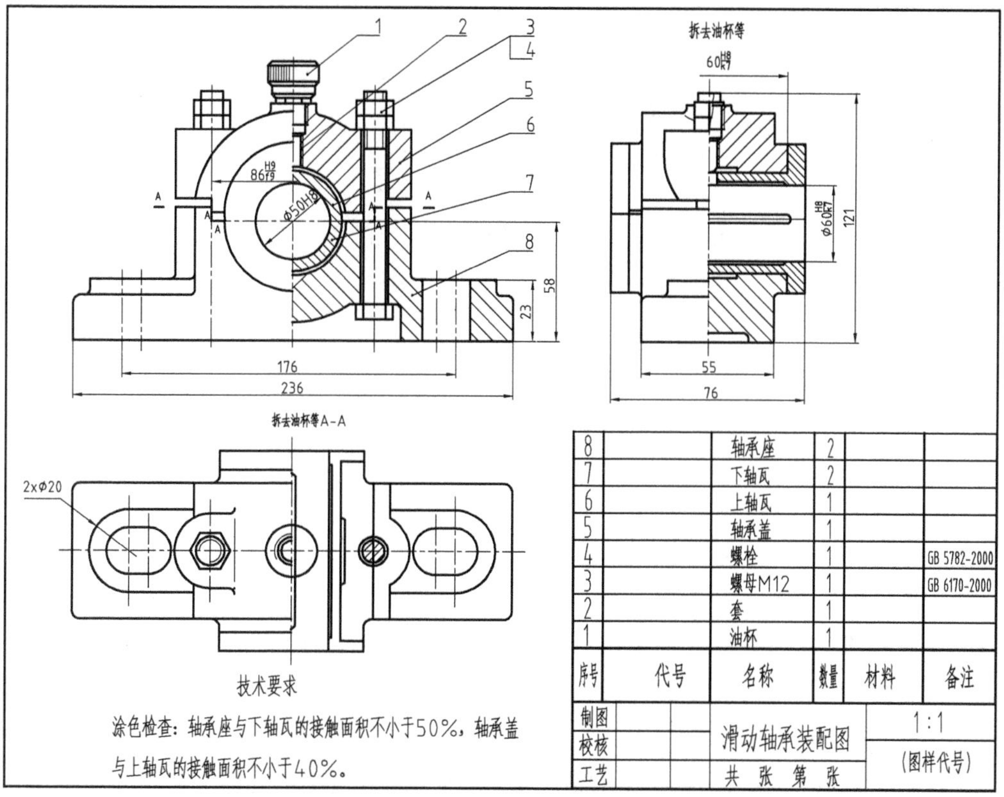

图 8–1　滑动轴承装配图

（二）装配图的表达方法

零件图中的各种表达方法（视图、剖视图、断面图等）同样适用于装配图，国家标准还制订了装配图的规定画法、简化画法和特殊画法。

1. 规定画法中的规定

（1）两相邻零件的接触面和配合面只画一条线，但是，如果两相邻零件的公称尺寸不相同，即使间隙很小，也必须画成两条线，如图 8-2 所示。

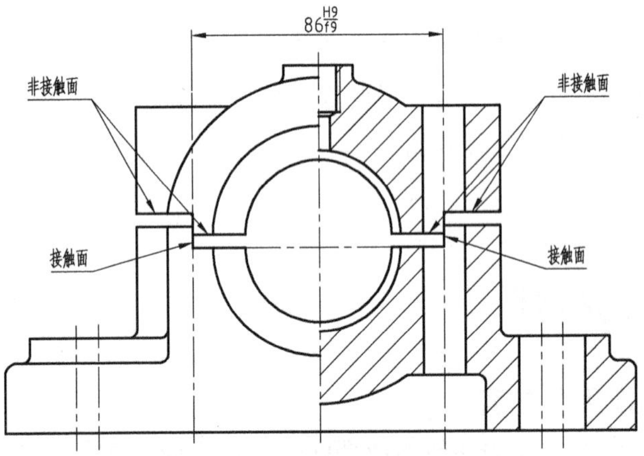

图 8-2　接触面和非接触面画法图

（2）相邻两个或多个零件的剖面线应有区别，或者方向相反，或者方向一致但间隔不等，相互错开。同一零件在各个视图上的剖面线方向和间隔应一致，如图 8-3 所示。

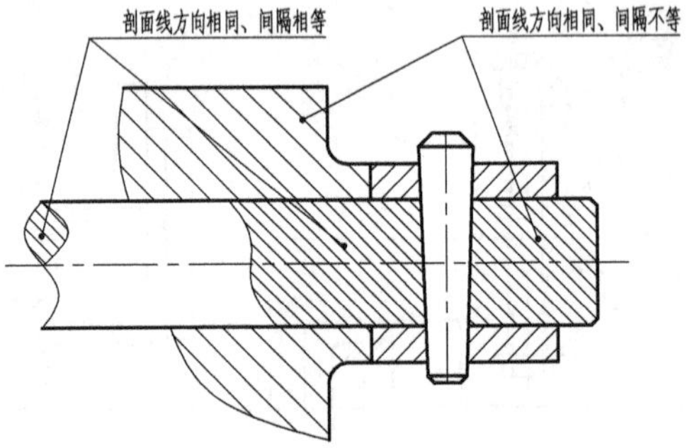

图 8-3　装配图中剖面线的画法

（3）对于紧固件以及实心的球、手柄、键等零件，若剖切平面通过其对称平面或轴线时，则这些零件均按不剖绘制，如图 8-4 所示。

2. 简化画法中的规定

（1）在装配图中，零件的工艺结构，如小圆角、倒角、退刀槽、起模斜度等可不画出。

（2）对于装配图中若干相同的零件、部件组，如螺栓连接等，可详细地画出一组，其余只需用细点画线表示其位置即可。

（3）在装配图中，对薄的垫片等不易画出的零件可将其涂黑，如图 8-4 所示。

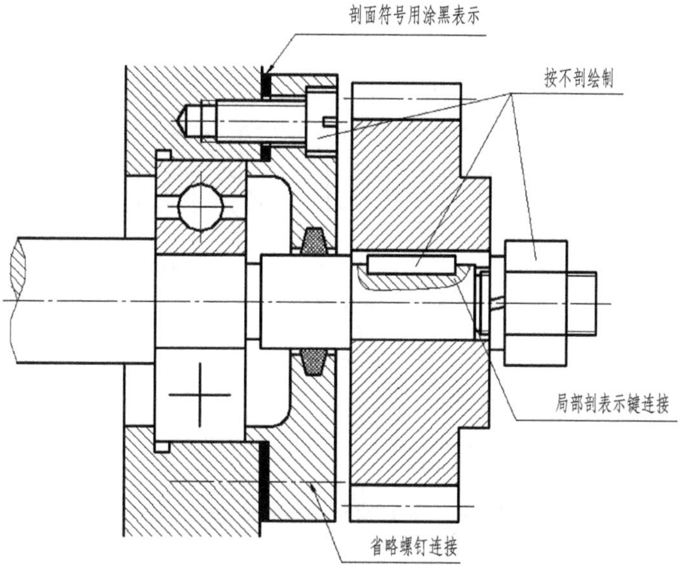

图 8-4　剖视图中不剖零件的画法

3. **特殊画法中的规定**

（1）拆卸画法。当某些零件的图形遮住了其后面的需要表达的零件，或在某一视图上不需要画出某些零件时，可拆去某些零件后再画；也可选择沿零件结合面进行剖切的画法，如图 8-1 所示俯视图。

（2）单独表达某零件的方法。如所选择的视图已将大部分零件的形状、结构表达清楚，但仍有少数零件的某些方面还未表达清楚时，可单独画出这些零件的视图或剖视图，如图 8-5 所示的转子油泵中泵盖的 *B* 向视图。

（3）假想画法。为表示部件或机器的作用、安装方法，可将其他相邻零件、部件的部分轮廓用细双点画线画出，如图 8-5 所示主视图。

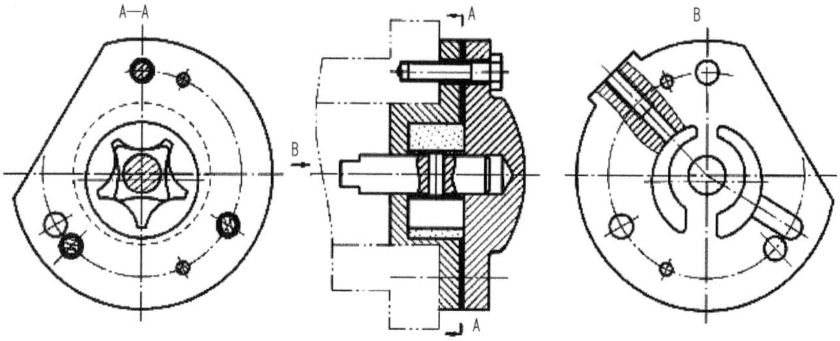

图 8-5　单独表达零件的方法、假想画法

（4）当需要表示运动零件的运动范围或运动的极限位置时，可按其运动的一个极限位置绘制图形，再用细双点画线画出另一极限位置的图形，如图 8-6 所示。

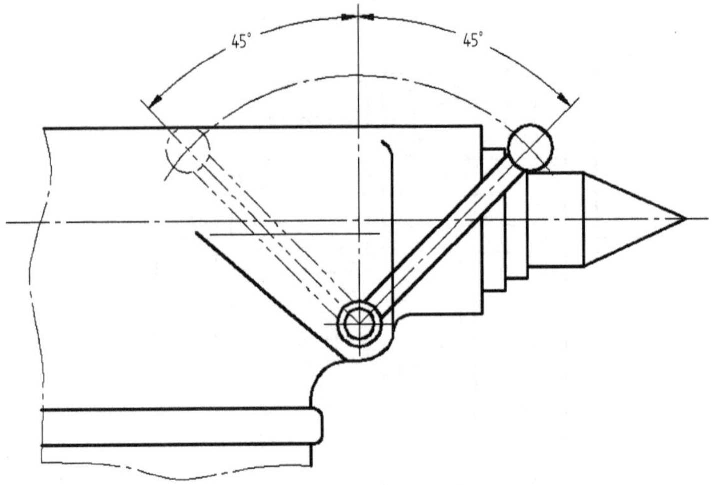

图 8-6　运动零件的极限位置

（三）装配图的尺寸标注

装配图的作用是表达零、部件的装配关系，因此，其尺寸标注的要求不同于零件图。不需要注出每个零件的全部尺寸，一般只需标注规格（性能）尺寸、装配尺寸、安装尺寸、外形尺寸，有时还要标注其他重要尺寸。

（四）装配图的零件序号和明细栏

1. **装配图中所有的零、部件均应编号**　装配图中一个部件可以只编写一个序号；同一装配图中相同的零、部件用一个序号，一般只标注一次。

2. **装配图图形中零、部件序号应与明细栏中的序号一致**　装配图中的序号由指引线（细实线）、圆点（或箭头）、横线（或圆圈）和序号数字组成，如图 8-7 所示。具体要求如下。

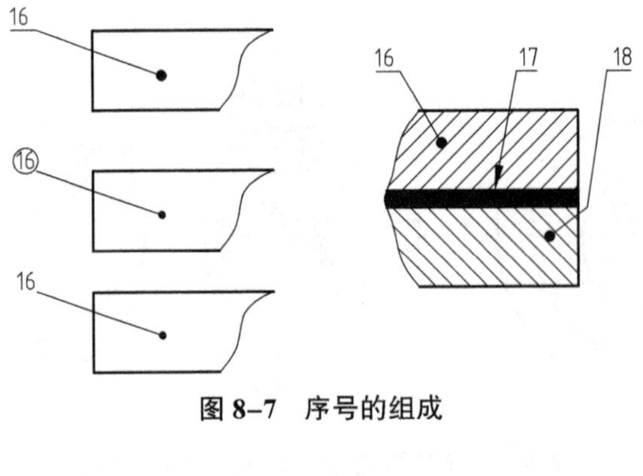

图 8-7　序号的组成

（1）指引线不要与轮廓线或剖面线等图线平行，指引线与指引线不允许相交，但指引线允许弯折一次。

（2）指引线末端不便画出圆点时，可在指引线末端画出箭头，箭头指向该零件的轮廓线。

（3）序号数字比装配图中的尺寸数字大一号或大两号。

（4）对紧固件组或装配关系清楚的零件组允许采用公共指引线，如图 8–8 所示。

3. **零件的序号**　应沿水平或垂直方向按顺时针或逆时针方向排列，并尽量使序号间隔相等，如图 8–8 所示。

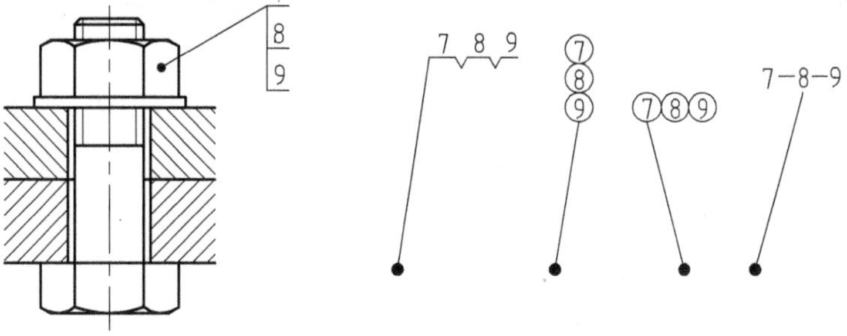

图 8–8　零件组序号

4. **明细栏和标题栏**　分界线是粗实线，明细栏的外框竖线和内部竖线是粗实线，明细栏的横线为细实线（包括最上一条横线）；序号应自下而上顺序填写，如向上延伸位置不够，可以在标题栏紧靠左边自下而上延续；标准件的标准编号要写入代号一栏，如图 8–9 所示。

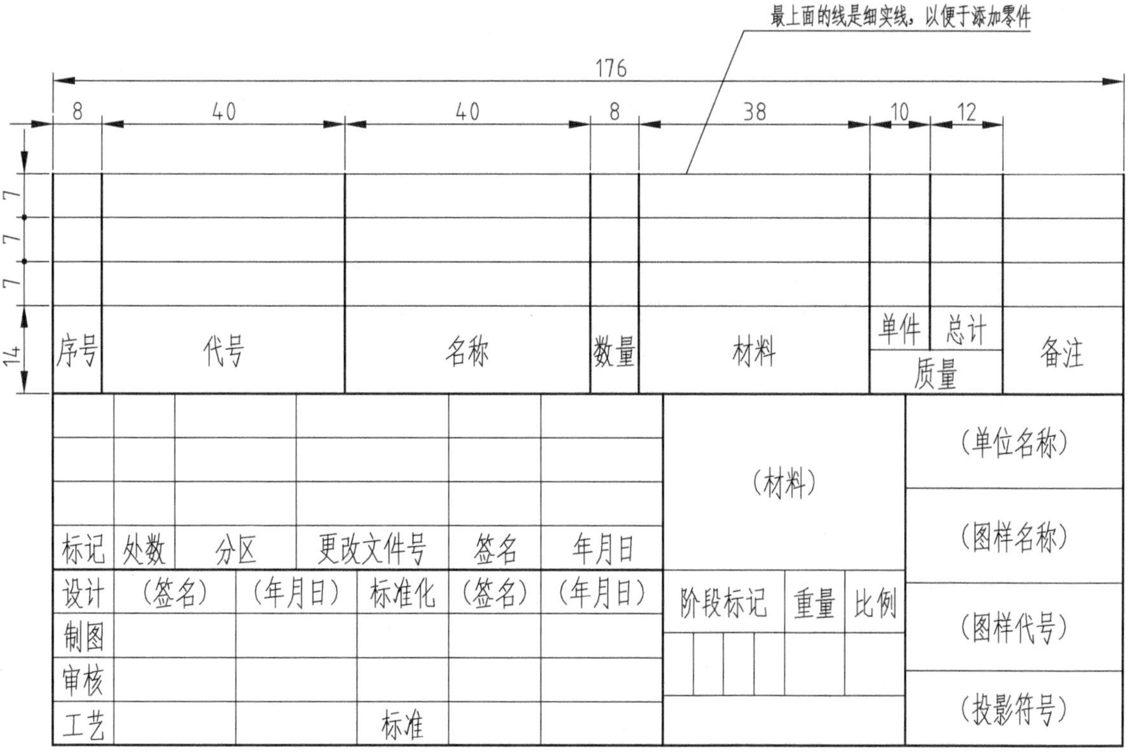

图 8–9　装配图标题栏和明细栏格式

二、装配图的绘制方法

装配图的作用是表达机器或部件的工作原理、装配关系以及主要零件的结构形状。

(一)视图选择

视图选择的目的是以最少的视图，完整、清晰地表达出机器或部件的装配关系和工作原理，一般步骤如下。

1. **进行部件分析** 对要绘制的机器或部件的工作原理、装配关系及主要零件的形状、零件与零件之间的相对位置、定位方式等进行深入细致的分析。

2. **确定主视图方向** 视图的选择应能较好地表达部件的工作原理和主要装配关系，并尽可能按工作位置放置，使主要装配轴线处于水平或垂直位置。

3. **确定其他视图** 针对主视图还没有表达清楚的装配关系和零件间的相对位置，选用其他视图给予补充（剖视、断面、拆去某些零件、剖视中再套用剖视），以期将装配关系表达清楚。

4. **表达方案的分析比较** 确定机器或部件的表达方案时，可以多设计几套方案，每套方案一般均有优缺点，通过分析再选择比较理想的表达方案。

(二)装配图的画图步骤

确定表达方案后，就可着手画图。画图时必须遵循以下步骤。

1. **选比例、定图幅、布图、绘制基础零件的轮廓线** 如图 8-10 所示，绘制齿轮油泵的装配图就是从齿轮开始的。

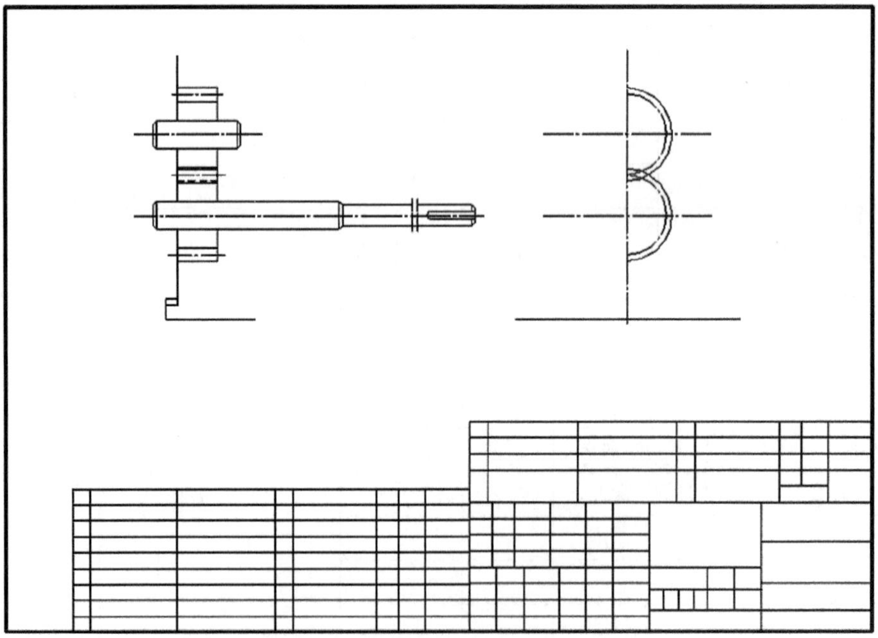

图 8-10 齿轮油泵画图步骤（一）

2. **绘制主要零件的轮廓线** 绘制出各主要零件的轮廓线。

3. **齿轮油泵的主要零件是泵体、泵盖和齿轮** 画出齿轮的主要轮廓线后，接着画泵体、泵盖的轮廓线，如图 8-11 所示。

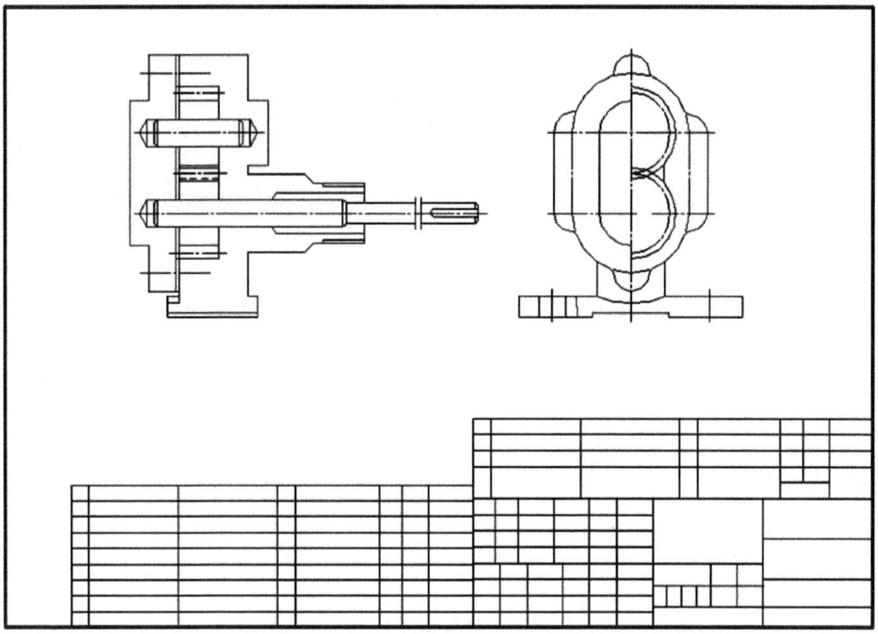

图 8-11　齿轮油泵画图步骤（二）

4. **绘制细部零件及结构**　画完齿轮油泵的主要零件的基本轮廓线之后，可继续绘制详细部件、零件的结构，如螺钉连接、填料、压盖、压紧螺母等，如图 8-12 所示。

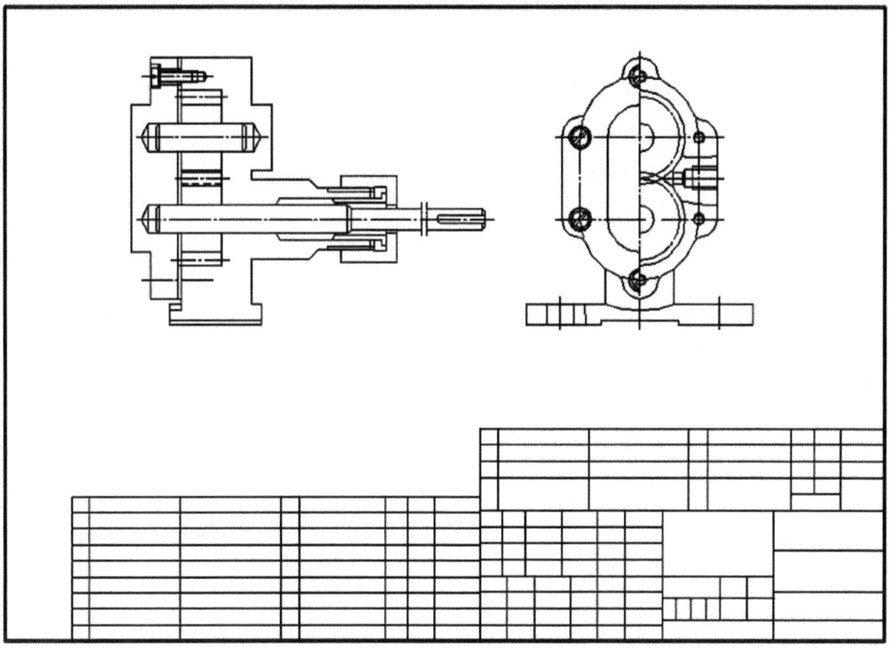

图 8-12　齿轮油泵画图步骤（三）

5．**整理加深**　整理加深图形，标注尺寸、编号，填写明细栏和标题栏，写出技术要求，完成全图，如图 8-13 所示。

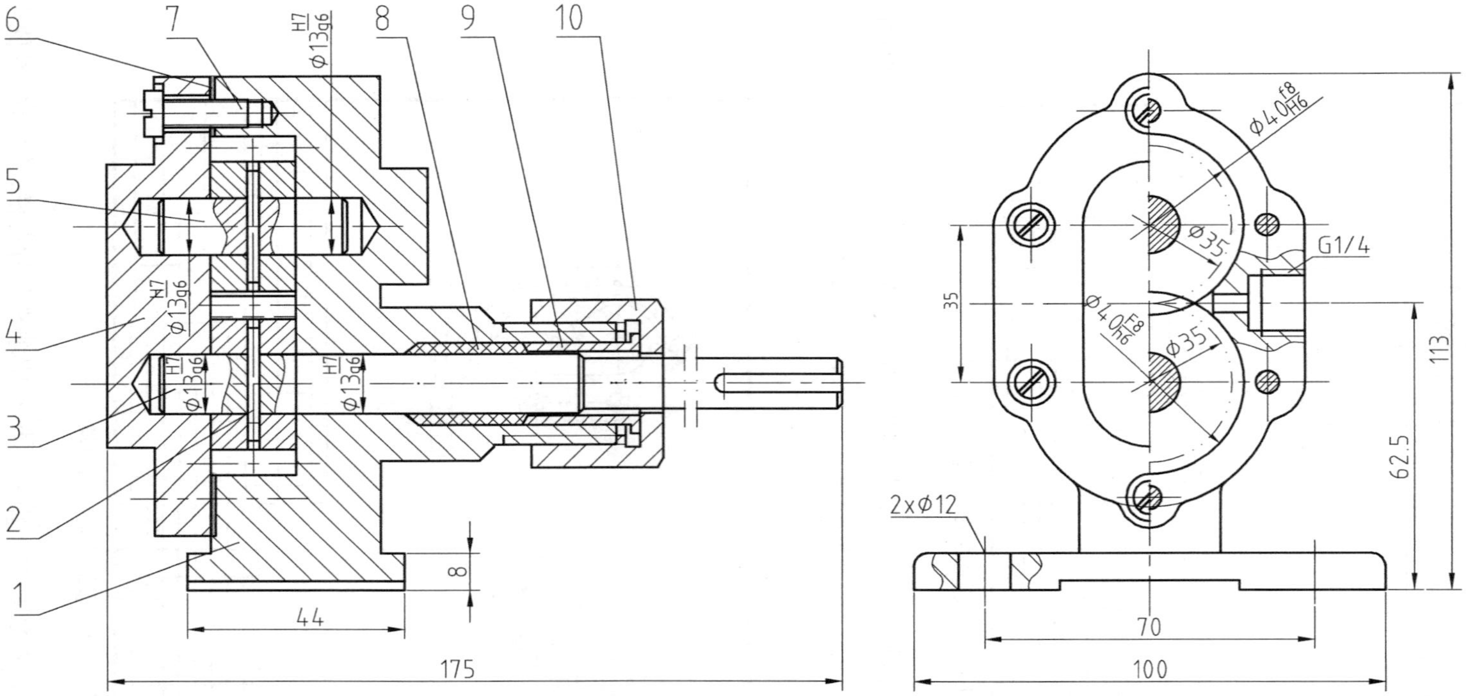

技术要求：

1.齿轮啮合面应占全厂的2、3以上；

2.在490 335Pa油压下实验，不得渗油。

序号	代号	名称	数量	材料	备注
6		垫片	1	红纸板	GB/T65200
5		传动齿轮轴	1	45	
4		泵盖	1	HT200	
3		齿轮轴	1	45	
2		圆柱销φ4x24	2	45	
1		泵体	1	TH200	

序号	代号	名称	数量	材料	备注
10		压紧螺母	1	45	
9		压盖	1	45	
8		填料	1	石棉绳	
7		螺钉M6x18	6		

制图	姓名	日期	齿轮油泵装配图	比例	1:1
审核				10-01	
烟台南山学院			共 6 张 第 1 张		

图 8-13 齿轮油泵画图步骤（四）

三、读装配图和由装配图拆画零件图

（一）读装配图的方法和步骤

1. **总体了解**　从标题和有关的说明书中了解机器或部件的名称和大致用途；从明细表和图中的编号了解机器或部件的组成。

2. **对视图进行初步分析**　明确装配图的表达方法、投影关系和剖切位置，并结合标注的尺寸，想象出主要零件的主要结构形状。

如图 8-14 所示为阀的装配图。该部件装配在液体管路中，用以控制管路的“通”与“不通”。该图采用了主（全剖视）、俯（全剖视）、左三个视图和一个 *B* 向局部视图的表达方法。有一条装配轴线，部件通过阀体上的 G1/2 螺纹孔、4 × ϕ8 的螺纹孔和管接头上的 G3/4 螺孔装入液体管路中。

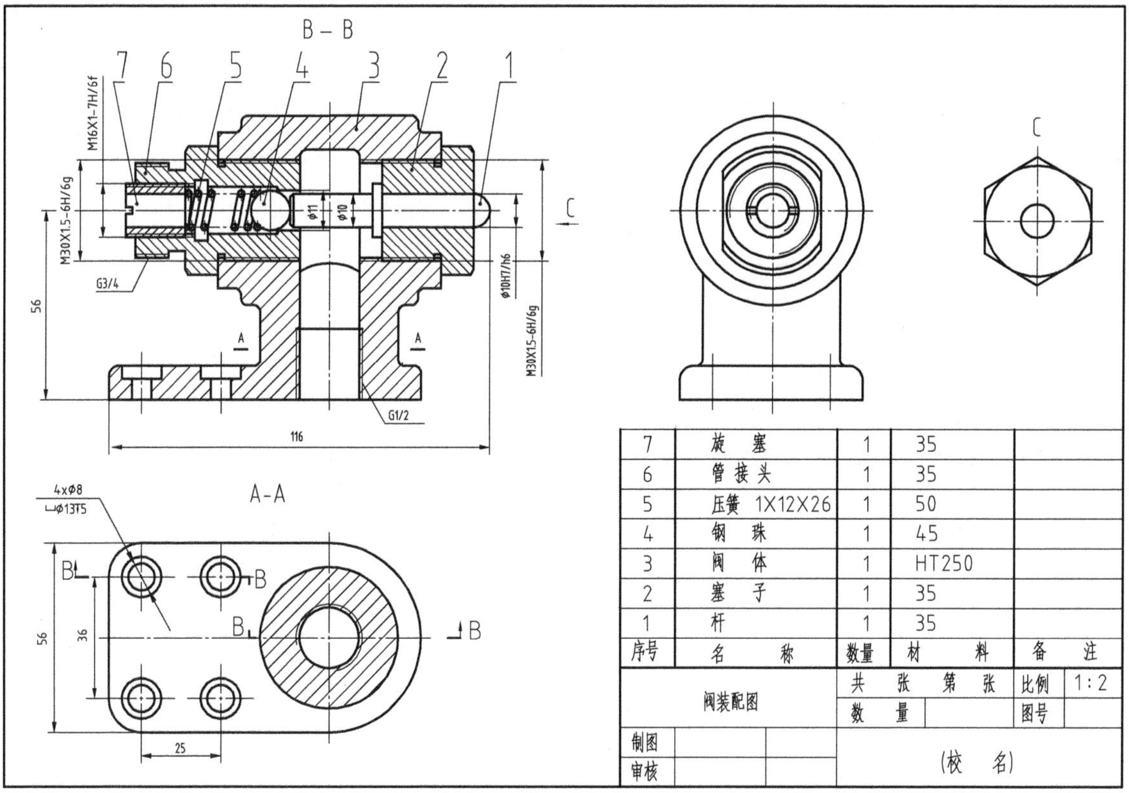

图 8-14　阀的装配图

3. **分析工作原理和装配关系**　对照各视图进一步研究机器或部件的工作原理、装配关系。看图时应先从反映工作原理的视图入手，分析机器或部件中零件的情况，从而了解工作原理。然后再根据投影规律，从反映装配关系的视图着手，分析各条装配轴线，弄清零件相互间的配合要求、定位和连接方式等。

阀的工作原理分析。从主视图看最清楚，当杆 1 受外力作用向左移动时，钢球 4、压缩弹簧 5、阀门被打开；当去掉外力时，钢球在弹簧作用下将阀门关闭；旋塞 7 可以调整弹簧作用力的大小。

阀的装配关系分析。从主视图看最清楚，左侧将钢球 4、压缩弹簧 5 依次装入管接头 6 中，然后将旋塞 7 拧入管接头，调整好弹簧压力，再将管接头拧入阀体左侧 M30 × 1.5 的螺纹孔中。右侧将杆 1 装入塞子 2 的孔中，再将塞子 2 拧入阀体右侧 M30 × 1.5 的螺纹孔中。杆 1 和管接头 6 径向有 1mm 的间隙，管路接通时，液体由此间隙流过。

4. **分析零件结构** 对主要的复杂零件要进行投影分析，想象出其形状及结构。

（二）由装配图拆画零件图

在设计过程中，为看懂某一零件的结构形状，必须先把这个零件的视图从整个装配图中分离出来，然后想象其结构形状。对于表达不清的地方要根据整个机器或部件的工作原理进行补充，然后画出其零件图。这种由装配图画出零件图的过程称为拆画零件图，简称拆图。拆图应在全面读懂装配图的基础上进行。拆画零件图的方法和步骤如下。

1. **看懂装配图** 将要拆画的零件从整个装配图中分离出来。例如，要拆画阀装配图中阀体 3 的零件图，首先应将阀体 3 从主视图、俯视图、左视图三个视图中分离出来，然后想象其形状。对于大体形状的想象并不困难，但阀体内形腔的形状，因左视图、俯视图没有表达，所以不易想象，但是通过主视图中 G1/2 螺孔上方的相贯线形状得知，阀体形腔为圆柱形，轴线水平放置，且圆柱孔的长度等于 G1/2 螺孔的钻孔直径长度，如图 8–15 所示。

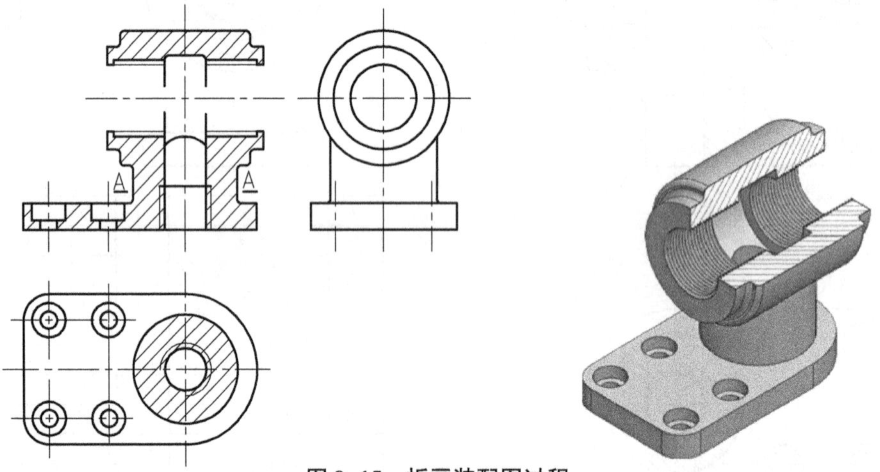

图 8–15　拆画装配图过程

2. **确定视图表达方案** 看懂零件的形状后，要根据零件的结构形状及在装配图中的工作位置或零件的加工位置，重新选择视图，确定表达方案。可以参考装配图的表达方案，但注意不要受原装配图的限制。如图 8–16 所示阀体的表达方法，主视图、俯视图和装配图相同，左视图采用了半剖视图。

3. **标注尺寸** 由于装配图上给出的尺寸较少，而在零件图上则需注出零件各组成部分的全部尺寸，所以很多尺寸是在拆画零件图时才确定的，此时应注意以下几点。

（1）凡是在装配图上已给出的尺寸，在零件图上可直接注出。

（2）某些设计时计算的尺寸（齿轮啮合的中心距）及查阅标准手册而确定的尺寸（键槽等尺寸），应按计算所得数据及查表值准确标注，不得圆整。

（3）除上述尺寸外，零件的一般结构尺寸，可按比例从装配图上直接量取，并作适当处理以圆整。

（4）标注零件各表面粗糙度、几何公差及技术要求时，应结合零件各部分的功能、作用及要求，合理选择精度要求，同时还应使标注数据符合有关标准。阀体的尺寸标注如图 8-16 所示。

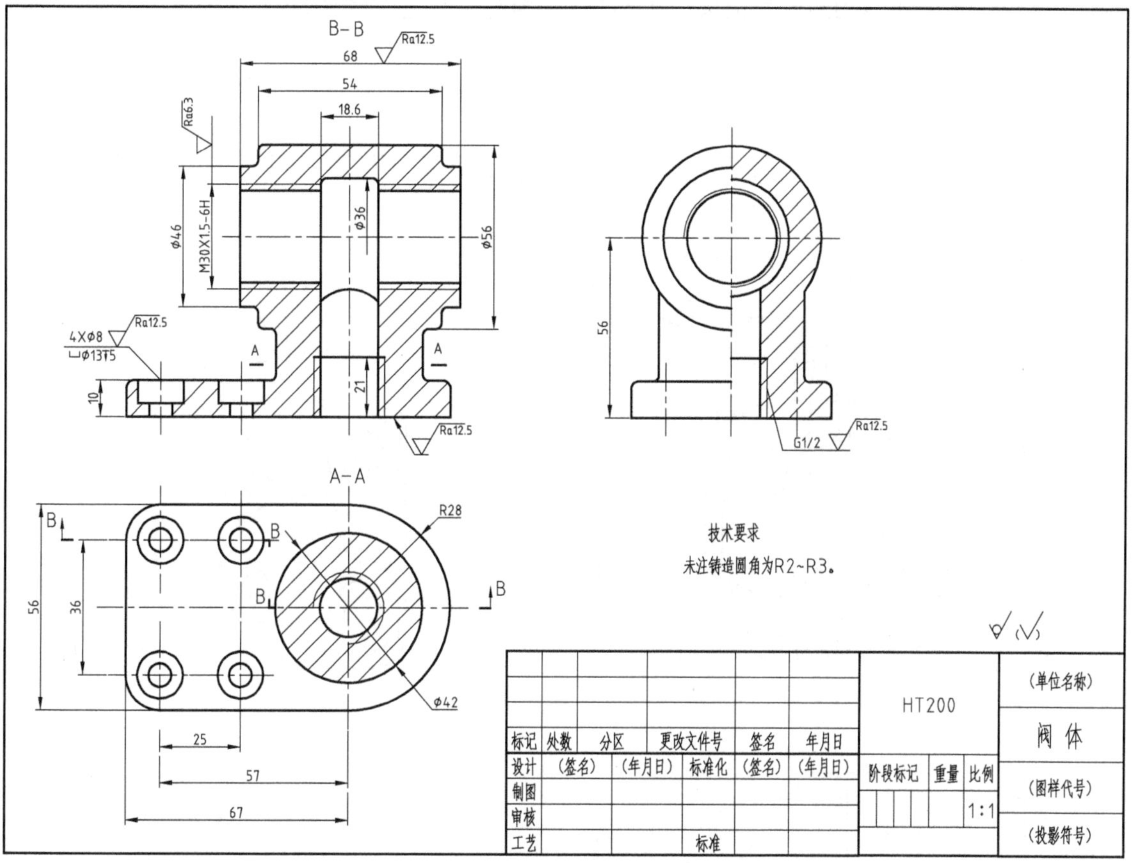

图 8-16　阀体的零件图

四、装配图的考核方式

中级制图员对装配图不考核。装配图是高级制图员的必考内容，主要考核以下内容。

1. **作图题**　能看懂装配图，根据装配图拆画零件图的方法。

2. **分析填空**　了解各零件之间的装配连接关系，掌握装配体中各零件的拆卸顺序、装配图中各项尺寸标注的含义、极限与配合的标注和含义；能够分析其视图的表达方式；能够分析指定零件的作用。

五、练习题

题 8–1　读“蝴蝶阀”装配图。

1. 填空。

（1）主视图采用的是_____剖视图，俯视图采用的是_____剖视图，*A—A* 是_____剖视图。

（2）$\phi 14\frac{H11}{d11}$的含义是：$\phi 14$是__________，H 表示__________，d 表示__________，11 表示__________，该配合属于________制的__________配合。

（3）球阀通孔的直径$\phi 20$为______________尺寸，球阀的阀体与阀盖的配合尺寸$\phi 50\frac{H11}{h11}$为__________尺寸，球阀两侧管接头尺寸 M36×2 为__________尺寸。

（4）部件在长、宽、高三个方向上的最大尺寸分别是__________、__________、__________。

2. 画出 1 号件阀体零件的主视图、俯视图及左视图。

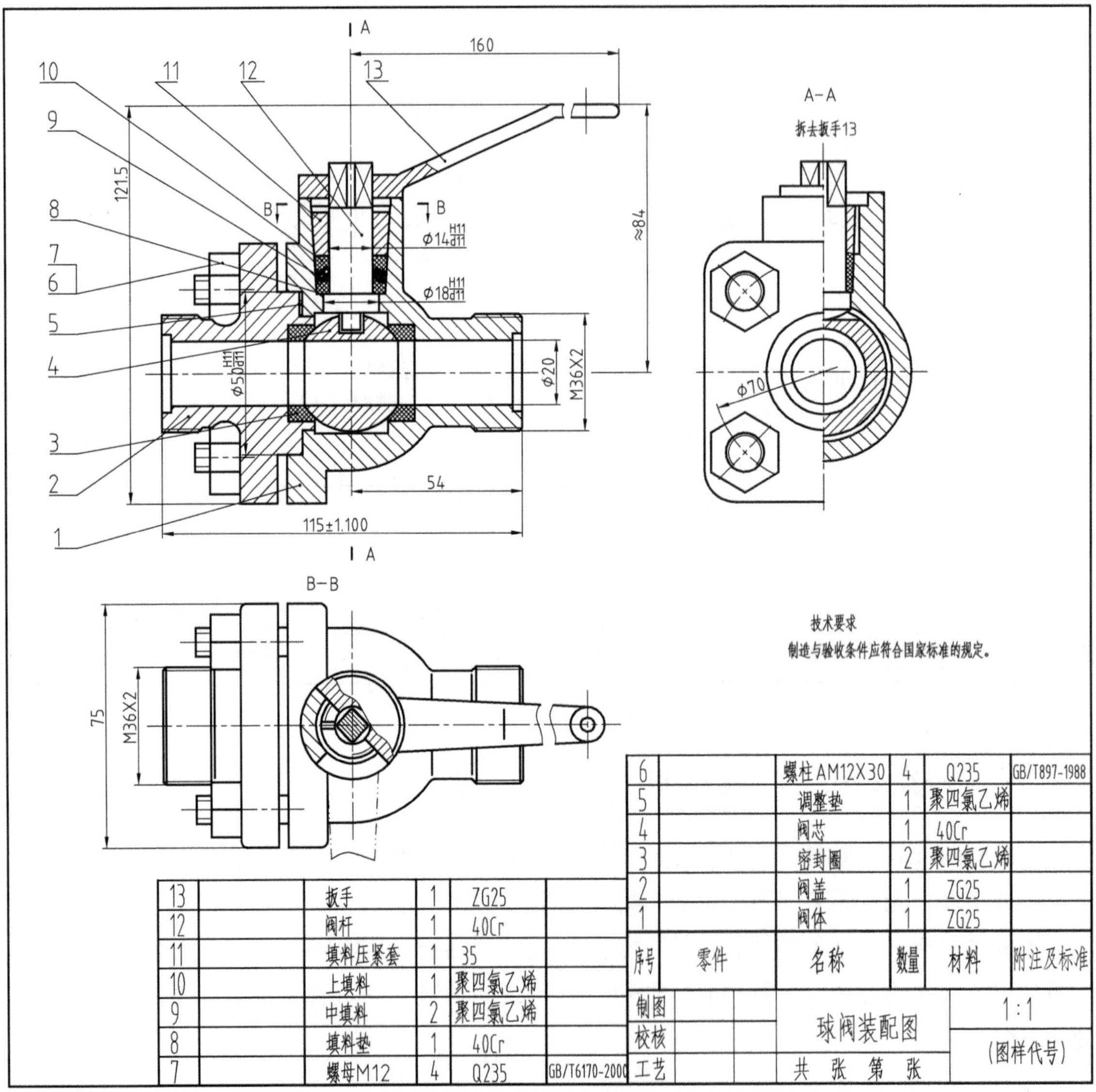

题 8–1 图　球阀装配图

题 8–2　读“铣刀头”装配图。

1. 填空。

（1）主视图中 155 为______________尺寸，115 为______________尺寸。

（2）左视图采用了拆卸画法、______________剖和简化画法。

（3）欲拆下 4 号件，必须按顺序拆出件________，便可卸下件 4。

（4）在配合尺寸 $\phi28H7/r6$ 中，其中 $\phi28$ 是______尺寸，H 表示______，r 表示______，7、6 表示______，该配合尺寸属于____制____配合。

2. 画出件 7 的主视图（外形图，不画虚线）和 B—B 剖视图。按图形实际大小 1∶1 画图，不注尺寸。

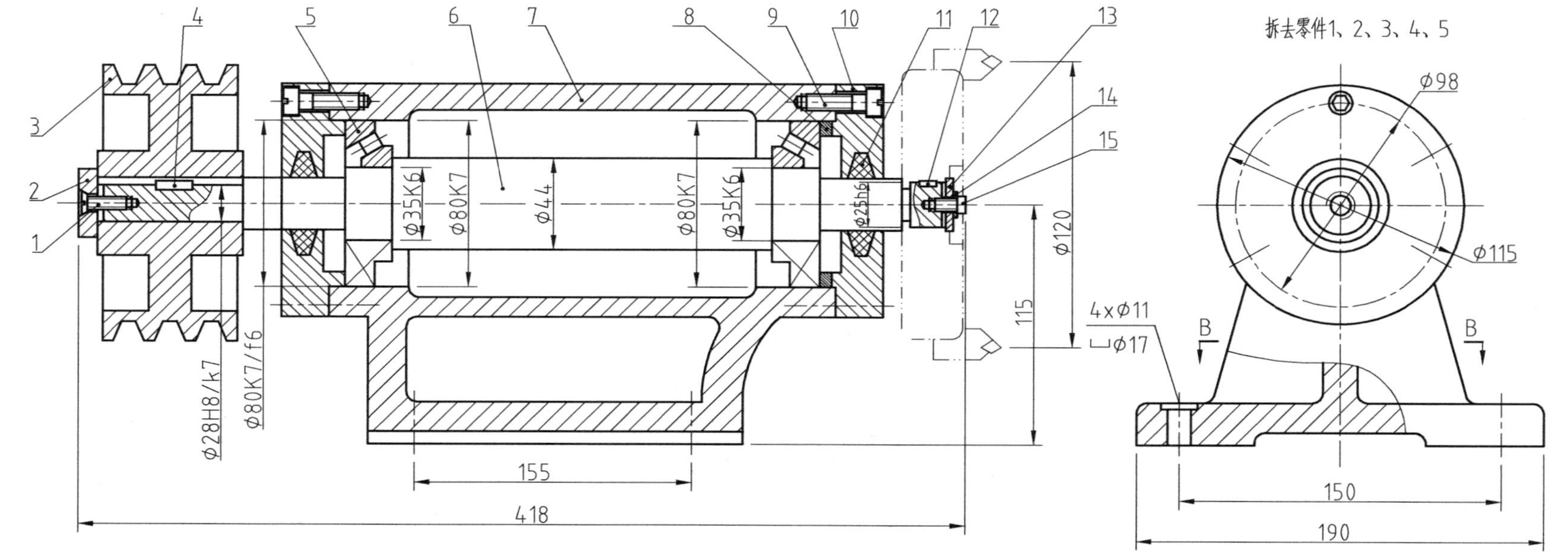

工作原理

铣刀头是一小型铣削加工用部件。铣刀头（右端双点画线所示）通过15、14、13号零件与6号零件固定，6号零件（轴）通过3号零件（带轮）和4号零件（键）传递运动，是6号零件旋转，从而带动铣刀头旋转进行铣削加工。

序号	代号	名称	数量	材料	单件重量	总计重量	备注
15	GB/T5782	螺栓	1				
14	GB/T93	垫圈	1				
13	GB/T892	挡圈	1				
12	GB/1097	键	2				
11		毡圈	2	羊毛圈			
10		端盖	2	HT200			
9	GB/70	螺钉M×22	12				
8		调整环	1	35			
7		座体	1	HT200			
6		轴	8	45			
5	GB/T297	滚动轴承7307	2				
4	GB/1096	键80×40	1				
3	A型	带轮	1	HT150			
2	GB/892	挡圈	1				
1	GB/T68	螺钉M6×8	1				

制图		铣刀头	1∶1
校核			

题 8–2 图　铣刀头装配图

题 8–3 读“柱塞油泵”装配图。

1. 填空。

（1）该装配体用了______个基本视图表达，主视图采用了______剖视，左视图采用了______剖视，俯视图采用了______剖视。

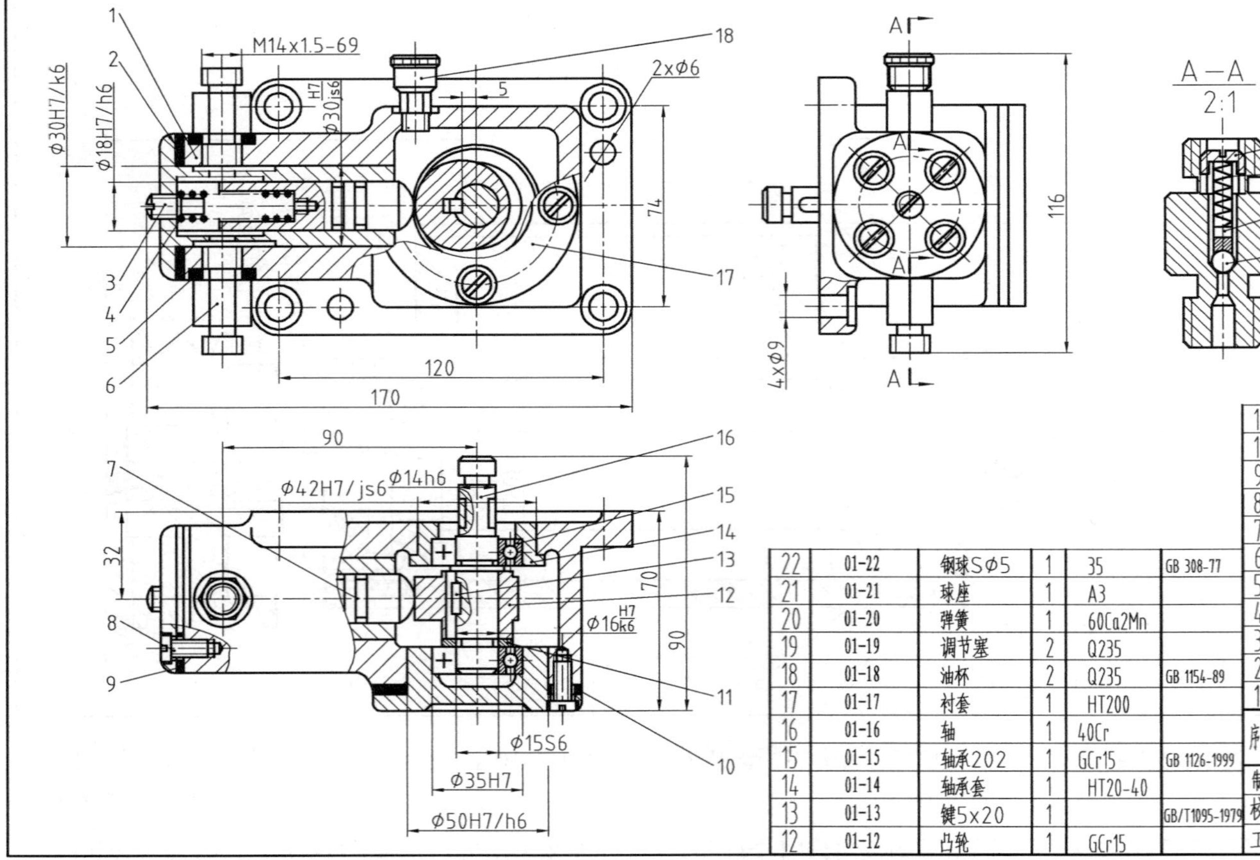

技术要求

1、泵工作时，两阀要能一吸一排，如不符合要求，可调弹簧20.

2、球22与阀体接触处应冷压一球痕，保证球定位和关启作用。

序号	代号	名称	数量	材料	备注
22	01-22	钢球SΦ5	1	35	GB 308-77
21	01-21	球座	1	A3	
20	01-20	弹簧	1	60Ca2Mn	
19	01-19	调节塞	2	Q235	
18	01-18	油杯	2	Q235	GB 1154-89
17	01-17	衬套	1	HT200	
16	01-16	轴	1	40Cr	
15	01-15	轴承202	1	GCr15	GB 1126-1999
14	01-14	轴承套	1	HT20-40	
13	01-13	键5x20	1		GB/T1095-1979
12	01-12	凸轮	1	GCr15	
11	01-11	调整套	2	35	
10	01-10	垫片	2	纸	
9	01-09	垫片	1	纸	
8	01-08	螺钉	2	A3	GB/T65-2000
7	01-07	柱塞	2	GCr15	
6	01-06	单向阀体	1	35	
5	01-05	封油阀	1	2#用革	
4	01-04	弹簧	1	65	
3	01-03	螺塞	1	A1	
2	01-02	活塞座	1	HT200	
1	01-01	泵体	1	HT200	

制图		柱塞油泵装配图	1:1
校核			(图样代号)
工艺		共 张 第 张	

题 8–3 图　柱塞油泵装配图

（2）要取出柱塞 7 号件，必须依次拆卸______________号件。

（3）柱塞泵的规格性能尺寸为__________、__________。

（4）ϕ30H7/h6 是__________尺寸，它属于__________制__________配合。

2. 拆画零件泵体 1 号件，按图形大小量取尺寸，1∶1 作图，不标注尺寸。

题 8–4　读“车用夹具”装配图。

1. 填空。

（1）该装配体共有________种零件组成，件 8 的名称为__________，材料为__________。

（2）主视图采用了__________图表达，图中双点画线的画法称为__________画法。*B* 向视图只画了一半的画法是__________画法，也可视为__________视图。

（3）解释明细栏中“螺栓 M6 × 18”的含义：M 是____________，6 是____________，18 是____________。

（4）该装配体的总体长度为________、________、________，图中的尺寸 68 属于________，ϕ12H8/h7 为__________尺寸。

（5）*D*—*D* 称为__________图。

2. 画出件 12 全剖的主视图。按图形大小 1∶1 画图，不标注尺寸。

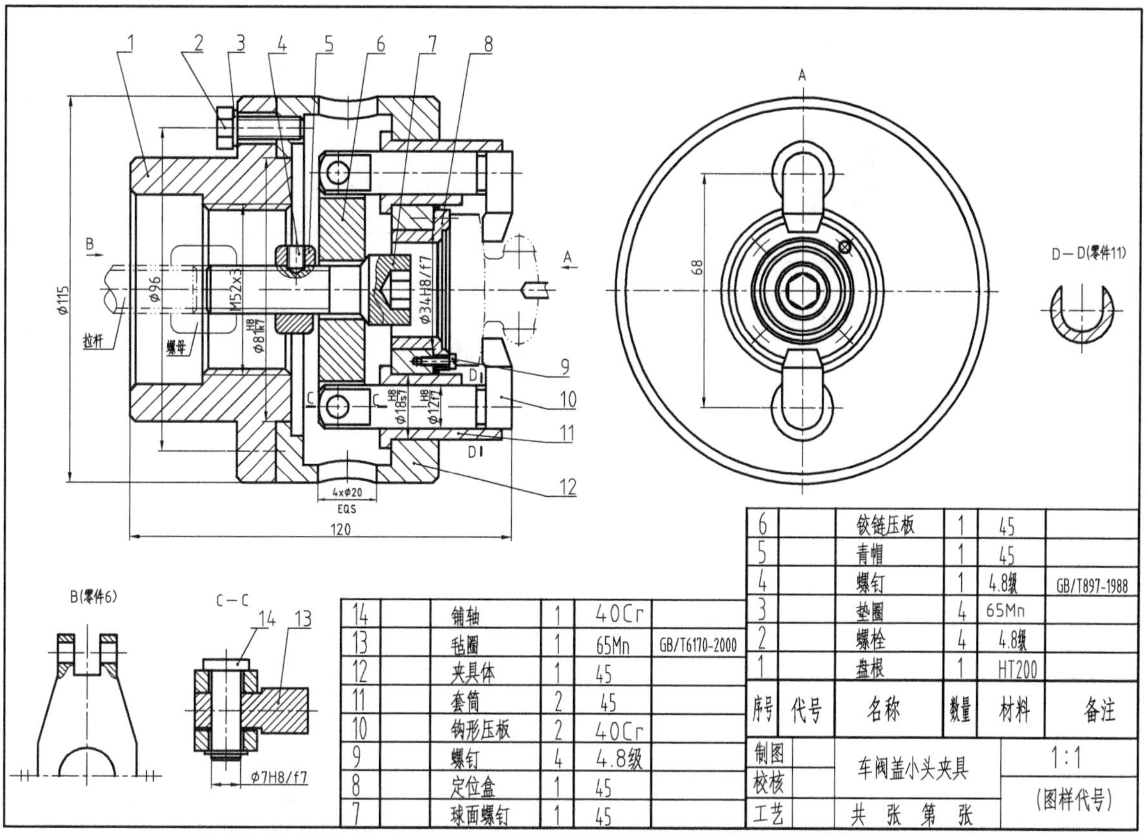

题 8–4 图　车用夹具装配图

题 8–5 读"手压阀"装配图。

1. 填空。

（1）该装配图用了______个零件装配而成，其中______种标准件。

（2）G3/8，属于______尺寸。图中的总长、总宽、总高尺寸分别是________。

（3）主视图采用了______剖视图，俯视图采用________画法，左视图采用________剖视图。

2. 从装配图中拆画阀体 8 号件的零件图（按图形大小 1∶1 画图，不标注尺寸和技术要求）。

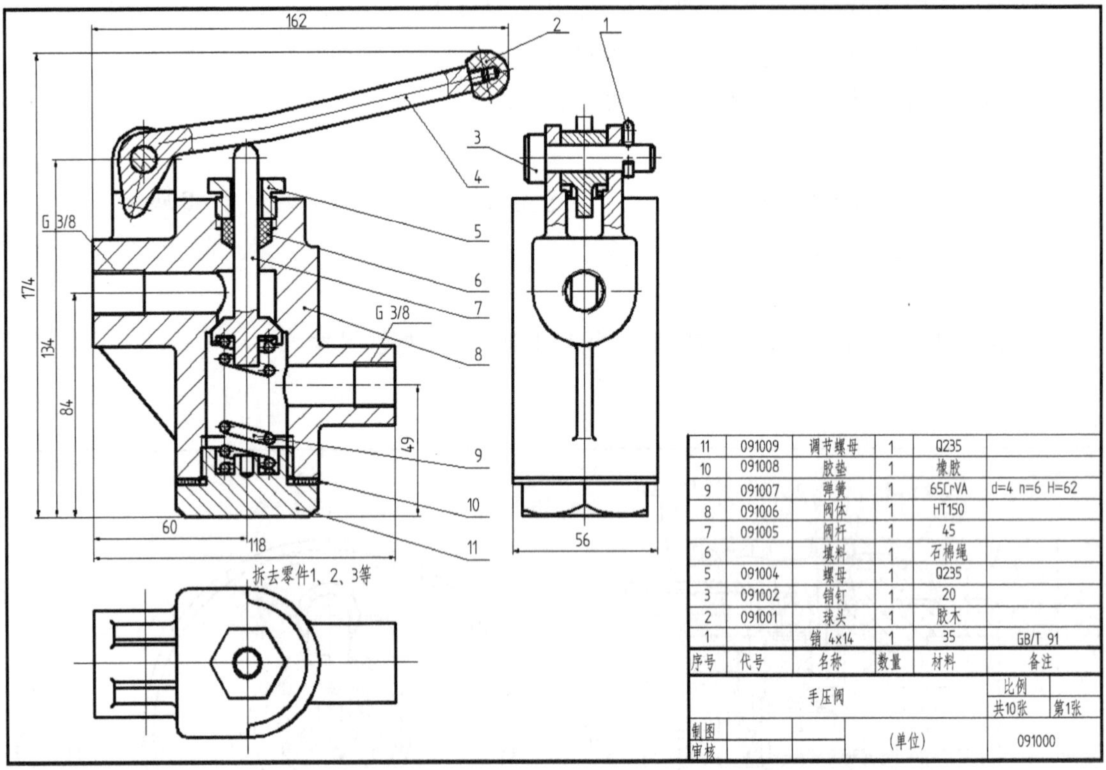

序号	代号	名称	数量	材料	备注
11	091009	调节螺母	1	Q235	
10	091008	胶垫	1	橡胶	
9	091007	弹簧	1	65CrVA	d=4 n=6 H=62
8	091006	阀体	1	HT150	
7	091005	阀杆	1	45	
6		填料	1	石棉绳	
5	091004	螺母	1	Q235	
3	091002	销钉	1	20	
2	091001	球头	1	胶木	
1		销 4×14	1	35	GB/T 91

手压阀			比例	
			共10张	第1张
制图		（单位）	091000	
审核				

题 8–5 图　手压阀装配图

题 8–6 读"旋塞"装配图。

1. 填空。

（1）该装配图用了______个零件装配而成，其中______种标准件。

（2）主视图采用了________剖视图，俯视图采用________剖视图，左视图采用________剖视图。

（3）解释$\phi 36\dfrac{H11}{d11}$的含义，$\phi 36$ 是__________，H11 是___________，d11 是__________，该配合属于——制——配合。

2. 从装配图中拆画 1 号件的零件图（按图形大小 1∶1 画图，不标注尺寸和技术要求）。

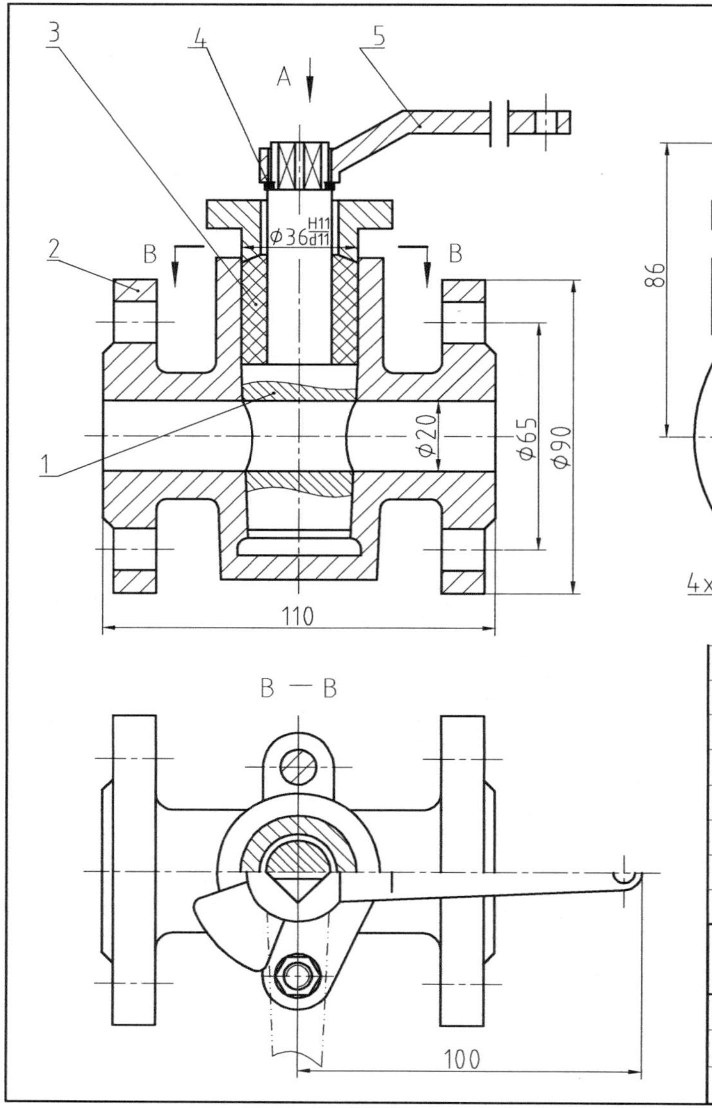

8	GB/T6170-2000	螺母M8	2	Q235-A			
7	GB/T898-1988	双头螺柱M8×25	2	Q235-A			
6	11.04.06	填料压盖	1	HT150			
5	11.04.05	手柄	1	ZG230-450			
4	11.04.04	定位块	1	ZG230-450			
3	11.04.03	填料	1	石棉盘根			
2	11.04.02	壳体	1	HT200			
1	11.04.01	塞子	1	HT200			
序号	代号	名称	数量	材料	单件 重量	总计	备注
制图		旋塞装配图			1:1		
校核		共　张　第　张			11.04.00		

题 8-6 图　旋塞装配图

题 8–7 读“仪表车床尾架”装配图。

1. 填空。

（1）尺寸 ϕ22H7/g6 中，ϕ22 是________尺寸，H 是______，7 表示______，g 表示______，这是____制的____配合。

（2）154 是________尺寸，362 是________尺寸。

（3）要拆下零件 11，需先拆下零件__________。

2. 拆画出 1 号零件尾架体的三视图（按图形大小 1∶1 作图，只画外形，不注尺寸）。

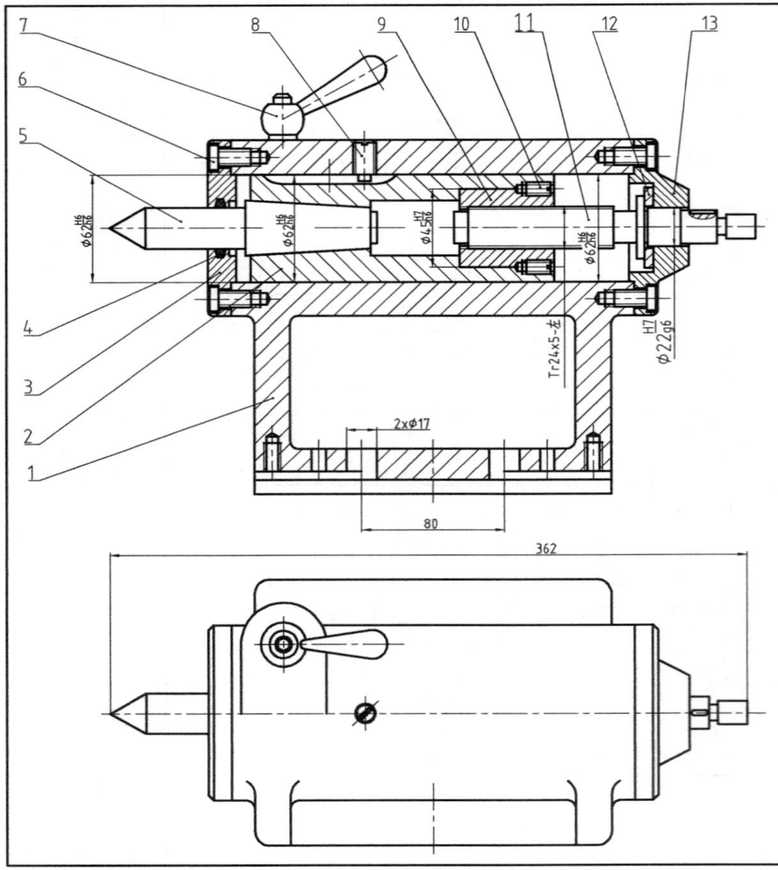

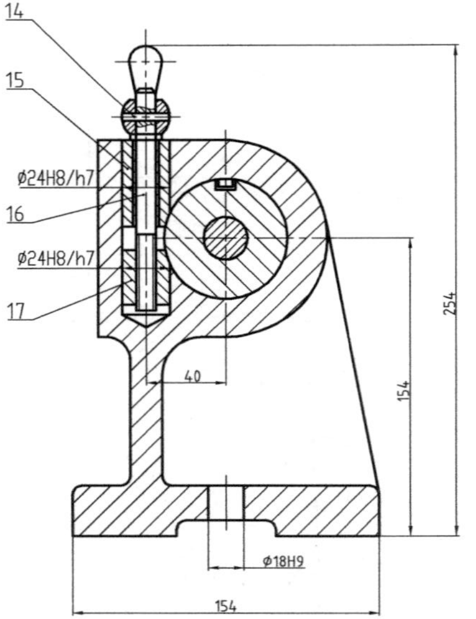

工作原理

螺杆11转动，与螺杆旋合的螺母则左右移动，同螺母固定联结在一起的轴套2则随之在尾座体1内移动，带动顶尖5紧或松开工件。顶尖位置调好以后，旋转手柄7，使夹紧套15、17将轴套2锁紧，把顶尖固定在调好的位置上。

17		夹紧套	1	Q235			
16		螺杆	1	Q235			
15		夹紧套	1	Q235			
14	GB117-86	销4x25	1				
13		后端盖	1	HT150			
12		垫圈	1	Q235			
11		螺杆	1	45			
10	GB75-85	螺钉M8x16	2				
9		螺母M8x16	1	65Mn			
8	GB75-85	螺钉M10x22	1				
7		手柄	1	45			
6	GB70-85	螺钉M8x20	8				
5		顶尖	1	T12A			
4		毛毡	1				
3		前端盖	1	HT150			
2		轴套	1	45			
1		尾架体	1	HT200			
序号	代号	名称	数量	材料	单件 重量	总计 重量	备注
制图		仪表车床尾架			1:1		
校核							

题 8–7 图　仪表车床尾架体装配图

题 8-8　读“柱塞泵”装配图。

1. 填空。

（1）主视图采用__________视图，并作__________剖视。俯视图采用__________剖视。

（2）该泵总长尺寸约为__________，总宽、总高尺寸分别是__________、__________。

2. 补画出 4 号件泵体的三视图（按图形大小 1∶1 画图，不标注尺寸和技术要求）。

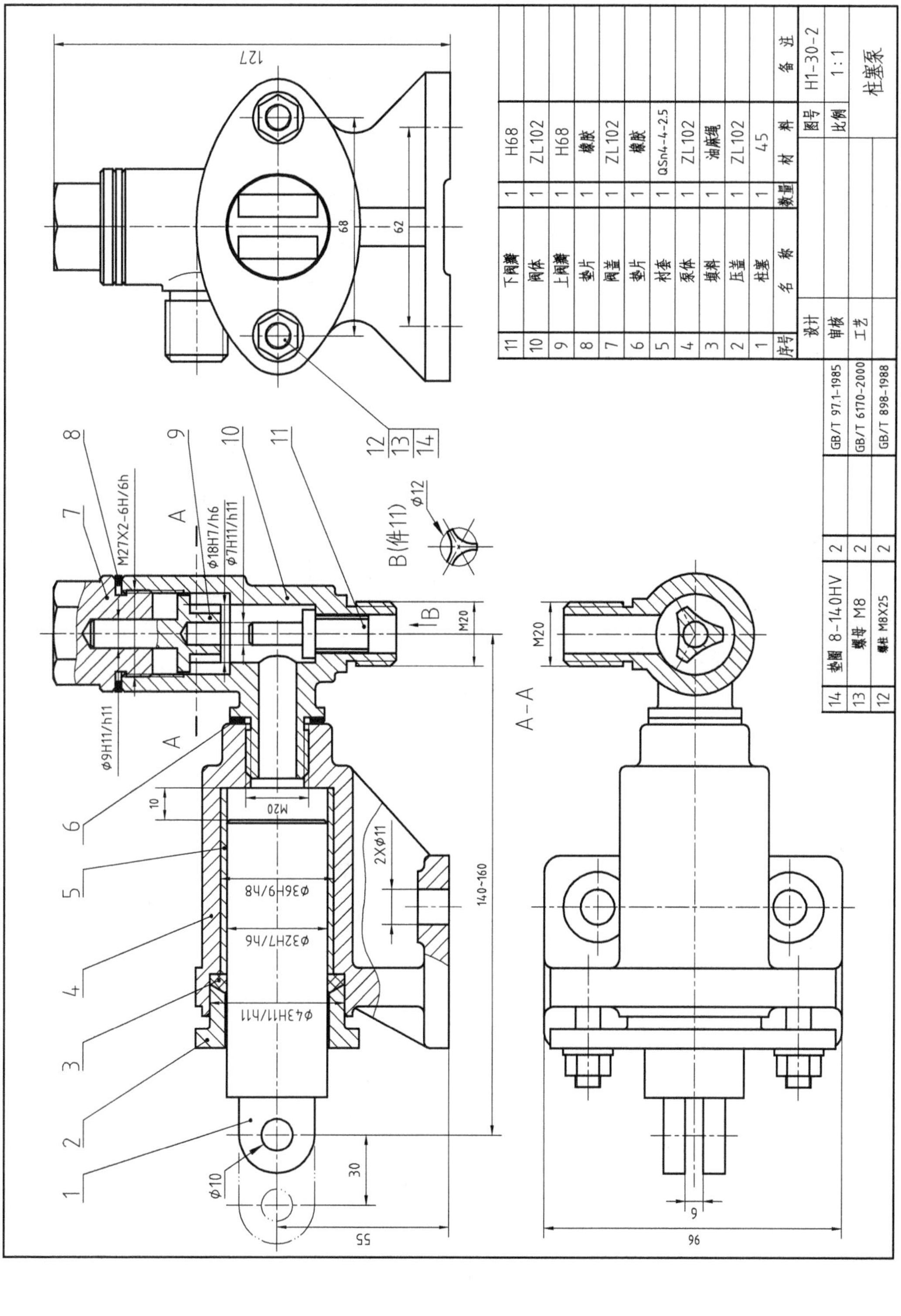

题 8-8 图　柱塞泵装配图

六、参考答案

题 8–1

1.（1）局部剖，局部剖，半剖视图。

（2）公称尺寸，孔的基本偏差代号，轴的基本偏差代号，公差等级，基孔制间隙配合。

（3）性能（规格）尺寸，装配尺寸，安装尺寸。

（4）221、75、121.5。

2.

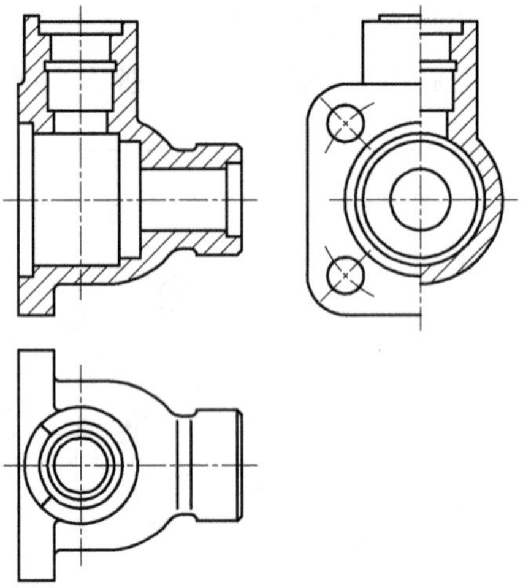

题 8–2

1.（1）安装；安装。

（2）局部。

（3）1、2、3。

（4）公称尺寸，基准孔代号，基本偏差代号，公差等级，基孔，过渡。

2.

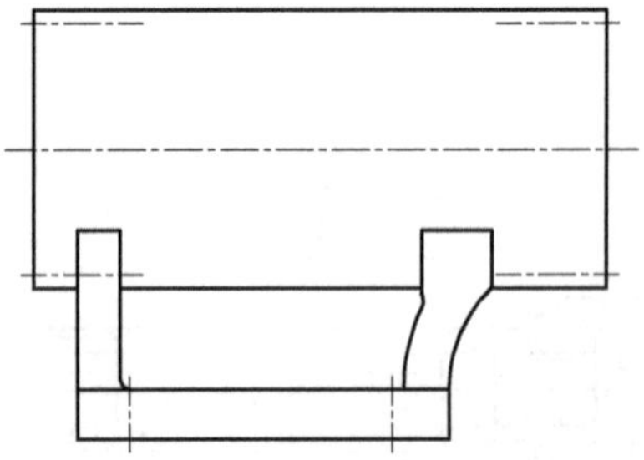

主视图外形图

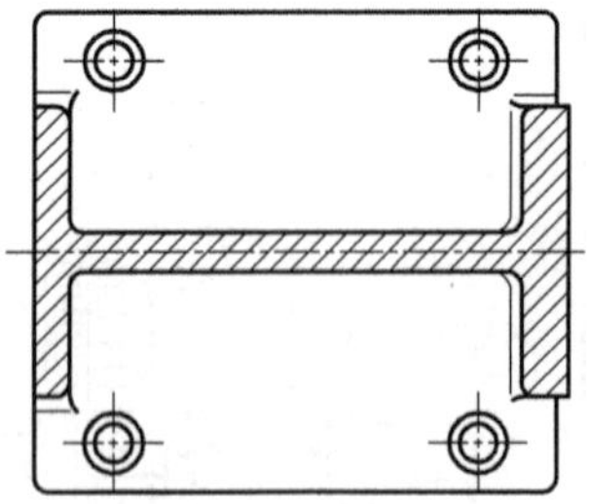

B—*B* 剖视图

题 8–3

1.（1）3，局部剖视图，局部剖视图，局部剖视图。

（2）8、3、2、4。

（3）ϕ18h6。

（4）装配尺寸，基孔制，间隙配合。

2.

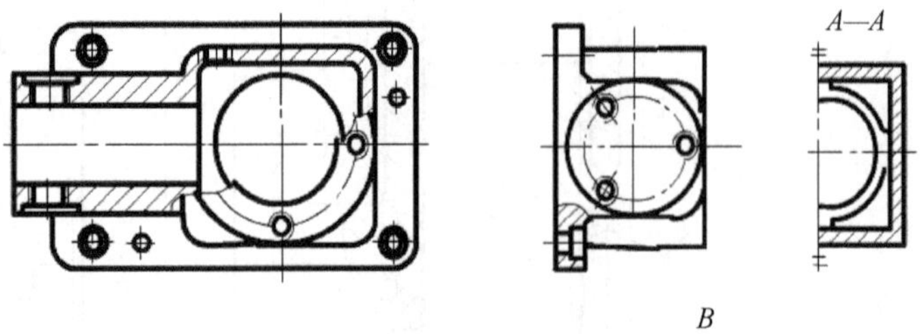

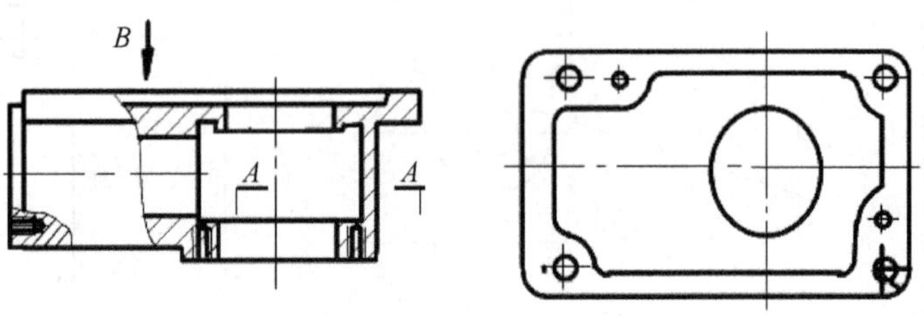

题 8–4

1.（1）14，定位盘，45。

（2）剖视图，假想，简化画法，局部。

（3）普通螺纹，大径，螺距。

（4）120，ϕ115，ϕ115，安装尺寸，装配尺寸。

（5）移出断面图。

2. 画出件 12 全剖的主视图。

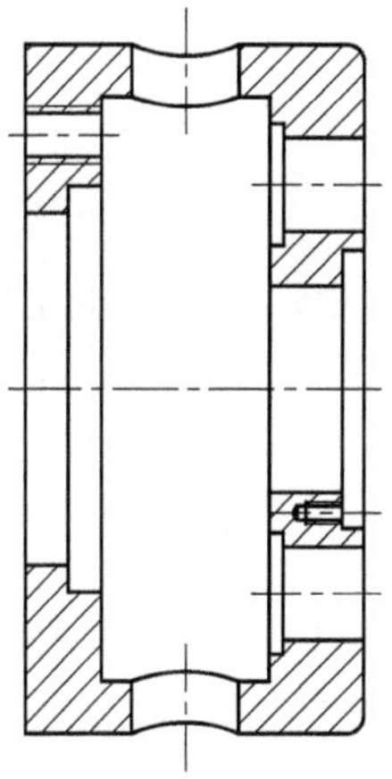

题 8–5

1. 填空。

（1）11，1。

（2）安装，162，56，174。

（3）局部剖视图，拆卸画法，局部剖视图。

2. 从装配图中拆画阀体 8 号件的零件图（按图形大小 1 : 1 画图，不标注尺寸和技术要求）。

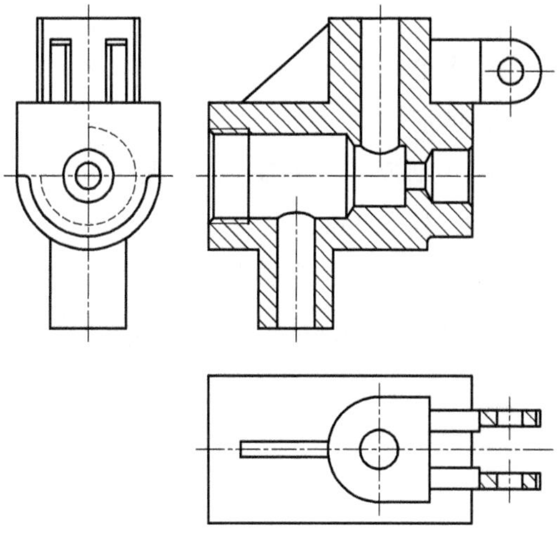

题 8–6

1. 填空。

（1）8，2。

（2）全剖和局部剖，半剖视图，半剖视图。

（3）公称尺寸，孔的公差带，轴的公差带，基孔制，间隙。

2. 从装配图中拆画 1 号件的零件图。

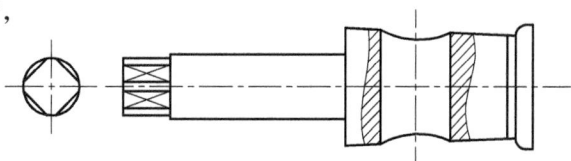

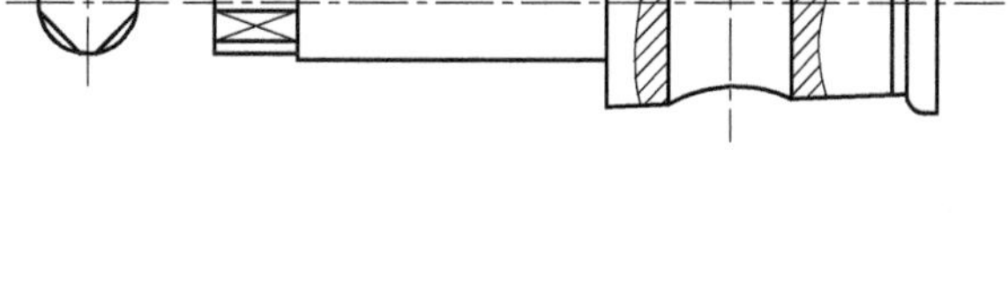

题 8–7

1. 填空。

（1）公称尺寸，孔的基本偏差代号，孔的公差等级代号，轴的基本偏差代号，基孔制，间隙。

（2）总宽，总长。

（3）6、13、12。

2. 拆画出 1 号零件尾架体的三视图（按图形大小 1∶1 作图，只画外形，不注尺寸）。

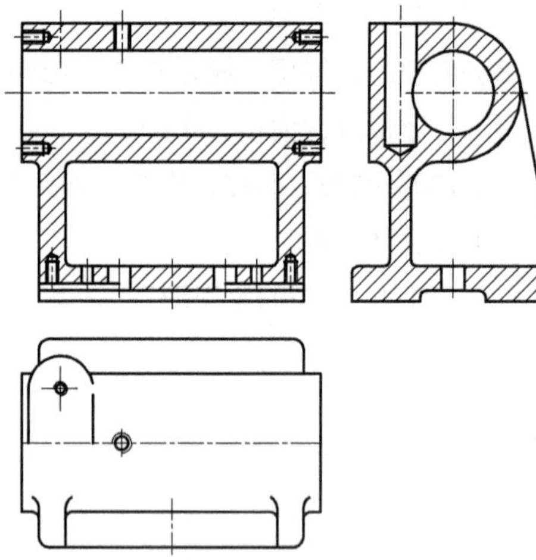

题 8–8

1. 填空。

（1）剖视图，局部剖，剖视图。

（2）180，96，127。

2. 补画出 4 号件泵体的三视图（按图形大小 1∶1 画图，不标注尺寸和技术要求）。

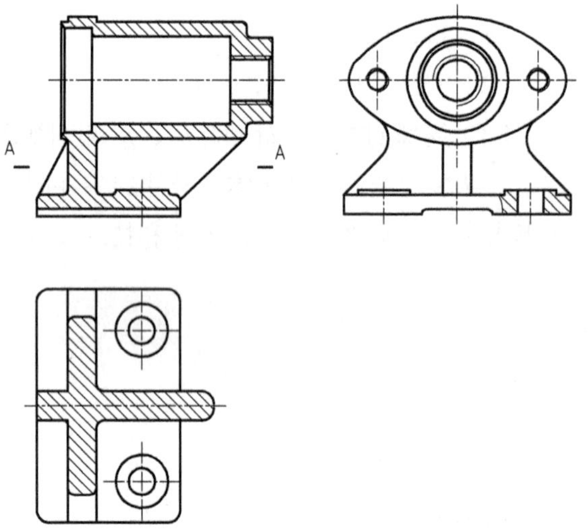

第9章　图档管理

本章知识要点

1. 掌握机械产品及其组成部分的定义（含产品、零件、部件、通用件和标准件等）。
2. 掌握图样、零件图、装配图的定义。
3. 掌握工程图样组成及编号的一般要求，图样的分类编号方法等。
4. 掌握图档的归档、保管、修复及软件管理。

一、图纸的复制、折叠和装订

（1）生产现场和技术交流活动中使用的工程图样，都是由底图或原图复制而成的复制图。常见复制图样的方法有重氮晒图法、静电复印法和缩微复制法。

（2）折叠复制图必须符合如下基本要求：折叠后的图纸幅面应为 A4 或 A3 两种规格；折叠时图纸正面折向外方，并以手风琴式的方法折叠，不可反折或卷筒式折叠；折叠后图纸的标题栏都应露在右下角外面。

（3）需装订成册的复制图。有装订边的，首先沿标题栏的短边方向折叠，然后沿标题栏的长边方向折叠，并在复制图的左上角折出三角形的藏边；无装订边的，同样沿标题栏的短边方向折叠，然后沿标题栏的长边方向折叠成 190mm × 297mm 或 297mm × 400mm 的规格，当粘贴上装订胶带后仍应具有 A4 或 A3 的规格。

（4）不需装订成册的复制图。方法一，首先沿标题栏的长边方向折叠，然后沿标题栏的短边方向折叠成 A4 或 A3 的规格；方法二，首先沿标题栏的短边方向折叠，然后沿标题栏的长边方向折叠成 A4 或 A3 的规格。

（5）对于有装订边的图纸应当在装订边处进行装订，装订成册的图纸每册应有封面和目录页。封面上应按专业或行业的习惯，用恰当的名称注明本册的主要内容，目录页中应列出本册每张图纸的名称和图号，以便管理和查询。

（6）装订前，应按目录内容检查图纸是否齐全，图纸方向是否正确，有无破损。装订后图纸应按规定存入档案室，并摆放整齐。

二、图样的归档、保管与修复

（1）由底图或原图经过复制而得到的复制图是正式的技术文件，它保留原有的基础面貌并反映技术的修改和变化过程，复制图应当作为主要的技术资料归档。

（2）底图是原始的正式文件，底图上有设计者和有关负责人的签字，准确可靠，同时兼备复制图样的作用，应当妥善归档保存。

（3）用于复制图样或描绘底图的原图有3种：一是勘察、测绘制成的硬板原图；二是设计人员使用计算机绘制的设计原图；三是设计工作中产生的某些具有历史意义或某些著名人物的铅笔图，应当妥善归档保存。

（4）归档时间应当按规定做到随时归档和定时归档。一般来说，专业设计部门可在一个项目设计完毕审批复制后，将该项目有关的图样、材料归档；厂矿企业的产品图样、材料，应当在产品试制完毕正式投产后归档。

（5）复制图样一般应完整地归档一份，重要的和使用频繁的图样应复制两份以上归档保存。归档时，应编制移交目录，按目录点清，交接双方应在目录上签字。

（6）图样的保管。成套图纸必须编制索引总目录，注明归档时间、总登记号、上架位置、张数、来源及备注等，以便借阅者查找。

（7）底图一般禁止折叠存放，宜装入大纸袋中，并平放在多层底图柜内存放。

（8）为了保证成套图纸的完整性，复制图一般复制两套，一套折叠装订成册供存档用，另一套折叠装入盒内供借阅者借阅。存档时应注意去掉复制图样上的金属针，以防日久腐蚀。

（9）抽皱底图的伸平有烫平法、晒图机压平法和压力机压平法三种方法。

三、图纸管理系统

（1）图纸管理系统是一个独立的应用程序，它可以对成套图纸按指定的路径自动建立反映产品装配关系的产品树，也可以手动生成产品树，并对产品树中的信息进行编辑、查询、统计及显示。

（2）对成套图纸进行管理的前提条件是，事先必须正确地绘制出某产品的全部图纸，而其中必须有反映产品装配关系的装配图。

四、机械图样的组成、分类和编号方法

（1）产品是生产企业向用户或市场以商品形式提供的制成品。

（2）零件是一种不采用装配工序而制成的单一成品。

（3）部件是由若干个组成部分（零件、分部件）以可拆或不可拆的形式组成的成品。

（4）专用件是产品专用的零部件。

（5）通用件是在不同类型或同类型不同规格的产品中具有互换性的零部件。

（6）标准件是经过优选、简化、统一，并给予标准代号的零部件。

（7）外购件是本企业产品及其组成部分中采用外企业的产品。

（8）凡是绘制了视图，编制了技术要求的图纸即称图样。

（9）按图样完成的方法分为原图（是供制作底图或复制用的图样）、底图（是完成规定的签署手续，供制作复印图的图样）、副底图（是与底图完全一致的底图副本）、复印图（是用能保证与底图或副底图完全一致的方法制出的图样）、CAD 图（是在 CAD 制图过程中所产生的图样）。

（10）按图样表示的对象分类。零件图是制造与检验零件用的图样，应包括必要的数据和技术要求；装配图是表达产部件中部件与部件、零件与部件或零件间连接的图样，应包括装配（加工）与检验所必需的数据和技术要求。产品装配图也称作总装配图。

（11）成套图纸必须进行系统分类编号。

（12）每个产品、部件、零件的图样和文件均应有独立的代号；采用表格图时，表中每种规格的产品、部件、零件都要标出独立的代号；同一产品、部件、零件的图样用数张图纸绘制时，各张图样标注同一代号；同一 CAD 文件使用两种以上的存储介质时，每种存储介质中的 CAD 文件都应注同一代号；借用件的编号应采用被借用件的代号；通用件的编号应参照相应的标准规定。

（13）图样和文件编号一般有分类编号和隶属编号两大类。应与企业计算机辅助管理分类编号要求相协调。

（14）分类编号是按对象（产品、零部件）功能、形状的相似性，采用十进制分类法进行编号。分类编号的代号的基本部分由分类号（大类）、特征号（中类）和识别号（小类）三部分组成，中间以圆点或短横线分开，圆点在下方，短横线在中间；大、中、小类的编号按十进制分类编号法，每类的码位一般由 1~4 位数（如级、类、型、种）组成。

（15）隶属编号是按产品、部件、零件的隶属关系编号。其代号由产品代号和隶属号组成，中间以圆点或短横线隔开。产品代号由字母和数字组成，隶属号由数字组成，其级别和位数应按产品的复杂程度而定。

五、图档管理的考核方式

图档管理的内容以选择题的方式进行考核。

六、练习题

1. 图纸的装订位置，应在图纸的（　）。

A. 左上角　　B. 左下角　　C. 右上角　　D. 右下角

2. 图纸一般折叠成（　）的规格后再装订。

A. A0 或 A1　　B. A1 或 A2　　C. A2 或 A3　　D. A3 或 A4

3. 无论哪种装订形式，都需要将（　）露在外面。

A. 图形　　B. 技术要求　　C. 明细栏　　D. 标题栏

4. 无装订边图纸的装订，是在图纸的左下角粘贴上（　）。

A. 图钉　　B. 胶布　　C. 装订胶带　　D. 硬纸板

5. 制图国家标准规定，图框格式分为（　）两种，但同一产品的图样只能采用一种格式。

A. 横装和竖装　　B. 有加长边和无加长边

C. 不留装订边和留装订边　　D. 粗实线和细实线

6. 制图国家标准规定，（　）分为不留装订边和留装订边两种，但同一产品的图样只能采用一种格式。

A. 图框格式　　B. 图纸幅面　　C. 基本图幅　　D. 标题栏

7. 某一产品的图样，有一部分图纸的图框为留装订边，另一部分图纸的图框为不留装订边，这种做法是（　）。

A. 正确的　　B. 错误的　　C. 无所谓　　D. 允许的

8. 生产现场和技术交流活动中的工程图样，是由（　）或原图复制而成的复制图。

A. 描图　　B. 工程图　　C. 底图　　D. 照片

9. 常见的复制图样的方法是重氮晒图法、（　）和缩微复制法。

A. 照相　　B. 静电复印法　　C. 描图　　D. 拓印

10. 用于复制图样或描绘底图的原图有三种，即硬板原图、计算机绘图的设计原图和（　）。

A. 效果图　　B. 草图

C. 轴测图　　D. 设计生产中产生的铅笔图

11. 为保证成套图纸的完整性，复制图纸一般复制（　）套。

A. 1　　B. 2　　C. 3　　D. 4

12. 成套图纸必须绘制（　）。

A. 图号　　B. 目录　　C. 索引总目录　　D. 时间

13. 凡是绘制了视图，编制了（　）的图纸称为图样。

A. 标题栏　　B. 技术要求　　C. 尺寸　　D. 图号

14. 按图样完成的方法和使用特点，图样分为（　）、底图、副底图、复印图、CAD 图。

A. 原图　　B. 初图　　C. 简图　　D. 草图

15.（　）应该作为主要的技术资料存档。

A. 草图　　B. 复制图　　C. 三视图　　D. 示意图

16. 成套图纸必须进行系统的（　）。

A. 编号　　B. 分类　　C. 分类编号　　D. 图号

17. 分类编号时，按对象功能、形状的相似性，采用（　）进制分类法进行编号。

A. 二　　B. 十　　C. 十二　　D. 六十

18. 图样和文件的编号一般有分类编号和（　）编号两大类。

A. 零件图　　B. 装配图　　C. 隶属　　D. 图纸

19. 每个产品、部件、零件的图样和文件均应有独立的（　　）。

A. 代号　　B. 标注　　C. 分类编号　　D. 字母

20. 零件是一种不采用（　　）工序而制成的单一成品。

A. 加工　　B. 装配　　C. 热处理　　D. 焊接

21. 部件是由若干个组成部分组成的（　　）。

A. 零件　　B. 成品　　C. 装配图　　D. 组合体

22. 产品树的作用是反映产品的（　　）。

A. 性能特性　　B. 技术要求　　C. 装配关系　　D. 加工属性

23. 对成套图纸进行管理的条件是事先绘出某个产品的（　　）。

A. 全部图纸　　B. 部分图纸　　C. 主要图纸　　D. 大部分图纸

七、参考答案

题号	1	2	3	4	5	6	7	8	9	10
答案	B	D	D	C	C	A	B	C	B	B
题号	11	12	13	14	15	16	17	18	19	20
答案	B	C	D	A	B	C	B	C	A	B
题号	21	22	23							
答案	B	C	A							

第2篇　计算机绘图

计算机绘图上机考试，主要考核考生对计算机绘图软件（以 AutoCAD 为主）使用的熟练程度。

一、中级制图员考核内容

1. **初始环境设置**　图幅、标题栏及基本参数、字体、尺寸、图层的设置。

2. **平面图形的绘制**　抄画圆弧连接并标注尺寸，复杂程度中等。

3. **投影图的绘制**　即画三视图，抄画已有的两个视图，补画第三投影。

4. **零件图的绘制**　要求视图的数量不少于两个，尺寸大约为 20 个，要求抄画完整的零件图及各种标注、技术要求（无图幅、标题栏）。

二、高级制图员考核内容

1. **初始环境设置**　图幅、标题栏及基本参数、字体、尺寸、图层的设置。

2. **平面图形的绘制**　抄画圆弧连接并标注尺寸，复杂程度为难。

3. **零件图的绘制**　零件数在 5 个以内，每个零件的表达不超过 3 个视图，抄画指定的一个零件图，并标注尺寸和技术要求。

4. **根据零件图绘制装配图**　根据给出的零件图拼画一张装配图（零件在 5 个左右）。

第 10 章　绘图环境设置

本章知识要点

1. 熟练掌握图形界限的设置（图纸幅面的设置）。
2. 熟练掌握图层的设置。

一、图形界限的设置

1. **图形界限设置的概念**　图形界限设置就是确定绘图边界，相当于手工绘图中选择图纸的大小。图形界限的范围以一个矩形显示，一般在绘图之前先根据工程图的总体尺寸通过指定矩形左下角点坐标及右上角点坐标来设置图形界限。AutoCAD 系统默认的图形界限与 A3 图纸尺寸对应。

2. **图形界限设置的步骤和方法**（以 A4 图纸为例）

（1）调用命令。

①单击“格式”菜单，单击“图形界限”选项（图 10–1）。

②命令行输入“Limits”↙（即回车）。

（2）命令行操作。重新设置模型空间界限。

指定左下角点或［开（ON）/ 关（OFF）］<0.0000，0.0000>：↙（不改变左下角点，直接回车）。

指定右上角点 <420.0000，297.0000>：297，210 ↙（改变右上角点，然后回车）。

（3）执行 zoom（缩放）命令（一般情况下，图形界限设置完成后紧跟着就执行缩放命令）有三种执行缩放命令的方法。

①单击“视图”菜单 → 移动光标至“缩放”选项，单击下一级菜单“全部”选项（图 10–2）。

②命令行输入“zoom 或 z”↙，再输入“a”↙。

③工具栏。将光标移至标准工具条（窗口缩放）图标上，按住鼠标左键不放并滑动光标至（全部缩放）图标上，放开鼠标左键。

（4）查看图形界限。单击“状态栏”中的“栅格”按钮可以看到充满屏幕的栅格点（图 10–3）。

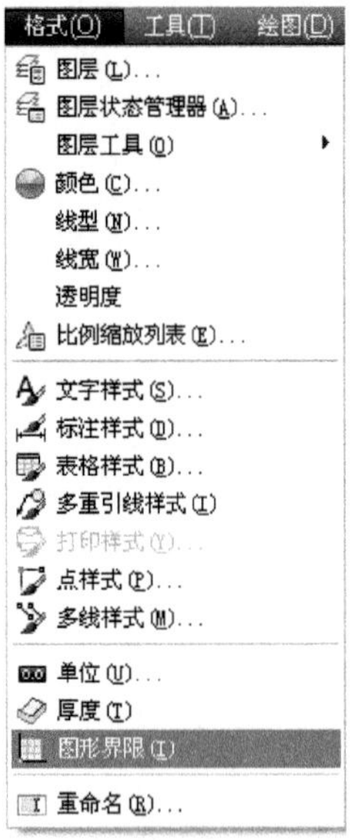

图 10–1 “格式”菜单中的“图形界限”选项

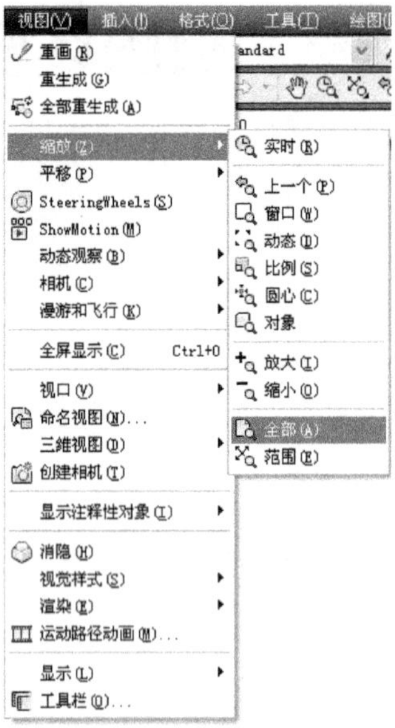

图 10–2 “视图”菜单中的“缩放”“全部”选项

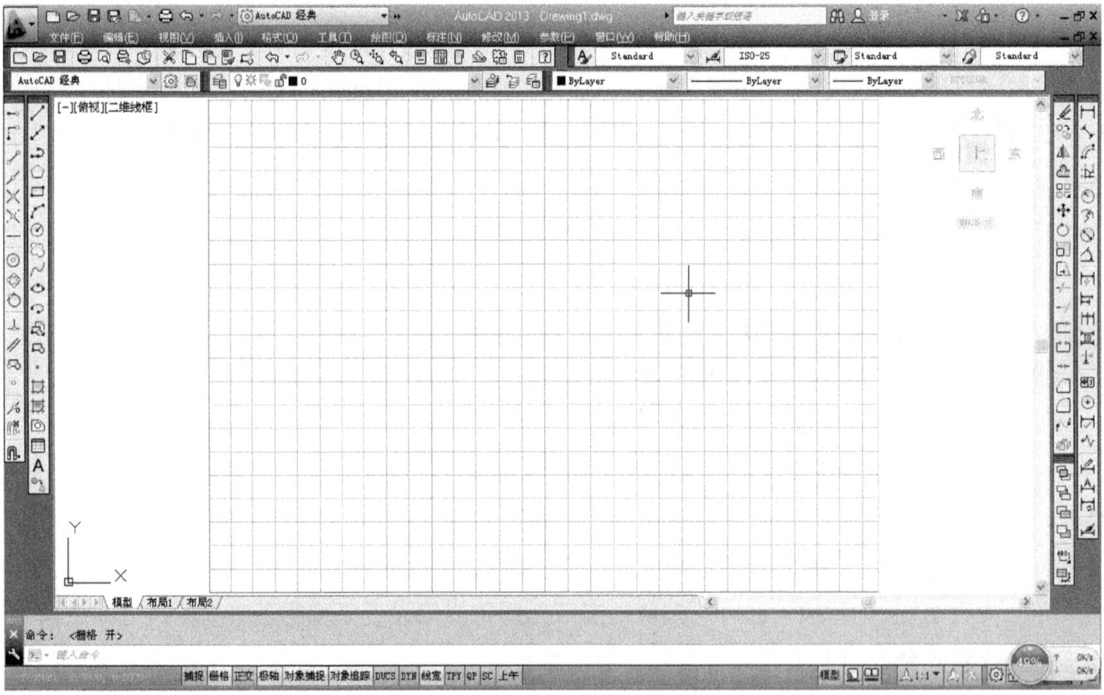

图 10–3 栅格显示的绘图界限

二、图层的设置

1. **图层的概念** 图层相当于图纸绘图中使用的重叠图纸。图层可以想象为没有厚度的透明薄片。应将具有相同属性（颜色、线型等）的实体放在一个图层上，一幅图可以分解为若干个不同的图层。将所有图层叠在一起，就可以显示出整个图形。一般将类型相似的对象指定在同一个图层使其相关联。例如，可以将不同图线、文字、标注和标题栏置于不同的图层上。

2. 图层设置的步骤和方法

（1）调用命令。

①单击“格式”菜单，单击“图层（L）...”选项（图 10-4）。

②单击图层工具栏中的“图层特性管理器”图标。

（2）打开“图层特性管理器”对话框，通过对该对话框的操作完成图层的设置（图 10-5）。

（3）单击“图层特性管理器”对话框中的新建按钮设置一个新的图层。

（4）按要求分别进行“名称、颜色、线型、线宽”等项目的设置（图 10-6）。

（5）再次单击新建按钮设置另外一个新图层，方法同上，直到所有图层设置完成后，单击“关闭”按钮完成图层设置。

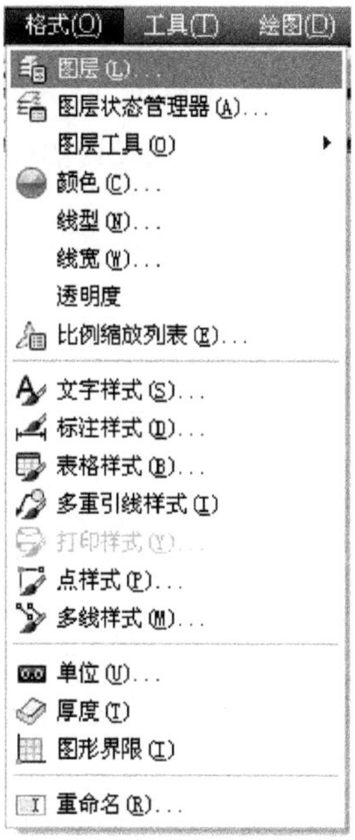

图 10-4　格式菜单中的“图层”选项

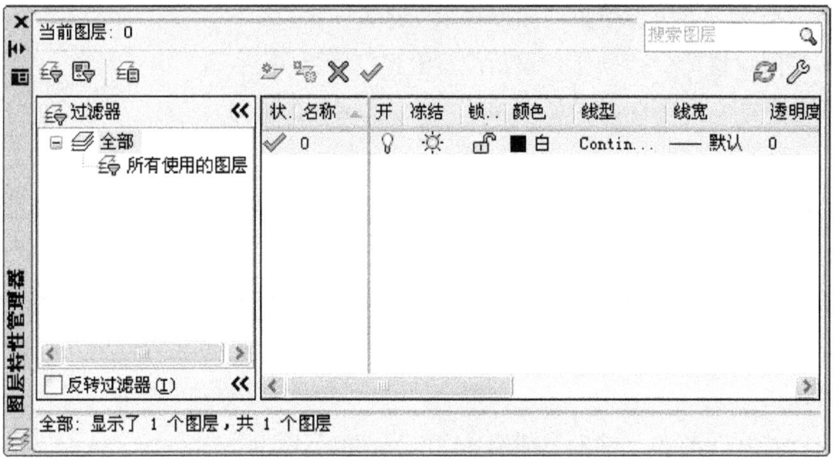

图 10-5“图层特性管理器”对话框

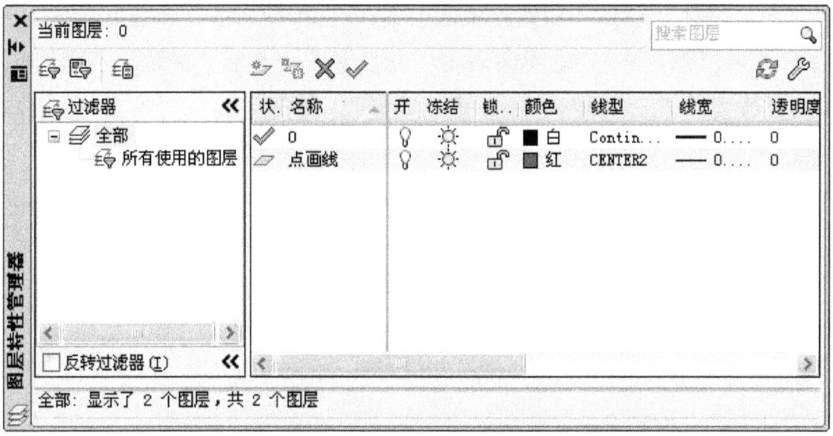

图 10-6　“图层特性管理器”新建图层及特性设置

【例】 按要求进行图层界限及图层的设置。

1. 设置绘图界限 420mm × 297mm，及 A3 图幅 X 型图限。

2. 按下列要求设置图层表 10–1。

表 10–1 图层设置要求

层名	用途	颜色	线型	线宽（mm）
粗实线	绘制粗实线	绿色	Continuous	0.50
细实线	绘制细实线	红色	Continuous	0.25
虚点	绘制虚线	品红	Dashed2	0.25
点画线	绘制中心线	青色	Center2	0.25
尺寸标注	标注尺寸	黄色	Continuous	默认
文字	注写文字	蓝色	Continuous	默认

操作步骤

1. 图形界限的设置

（1）单击“格式”菜单，单击“图形界限”选择。

（2）图形界限设置命令行操作。重新设置模型空间界限。

指定左下角点或［开（ON）/ 关（OFF）］<0.0000，0.0000>：↙（不改变左下角点，直接回车）。

指定右上角点 <420.0000，297.0000>：420，297↙（不改变右上角点，可以直接回车）。

（3）执行 zoom（缩放）命令中的“全部缩放”。

（4）查看图形界限。单击“状态栏”中的“栅格”按钮可以看到充满屏幕的栅格点（图 10–3），这就是所设置的绘图范围。

2. 图层的设置

（1）单击“格式”菜单，单击“图层（L）...”选项。

（2）打开“图层特性管理器”对话框（图 10–5）。

（3）单击“图层特性管理器”对话框中的新建按钮设置一个新的图层——粗实线。

（4）单击默认名“图层 1”，重新命名为“粗实线”；单击“白色”打开“选择颜色”选项板（图 10–7），按要求选择“绿色”，单击“确定”；打开“线宽”选项板（图 10–8），选择“0.5mm”。

默认的线型为实线线型，所以，粗实线的线型默认为不需选择。到此第一层粗实线图层设置完毕。其他图层的设置方法和步骤与之相同。

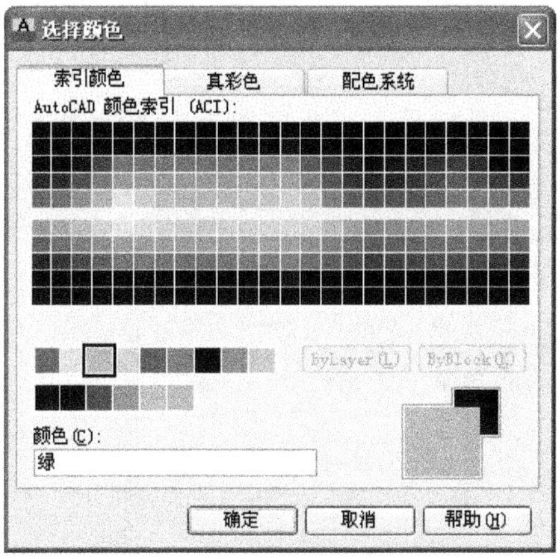

图 10-7　“选择颜色”选项板

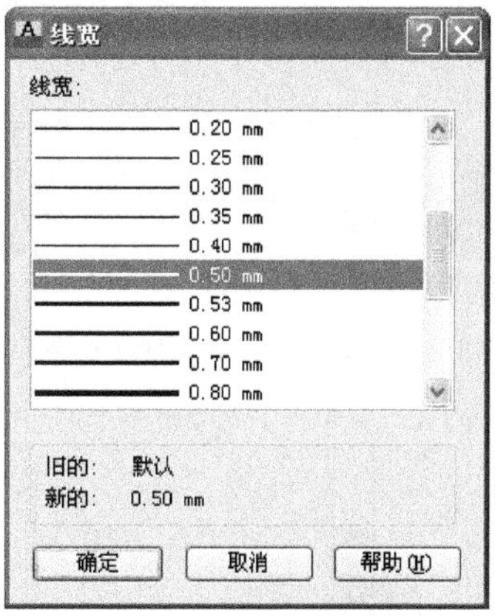

图 10-8　“线宽”选项板

（5）设置不同线型。在“图层特性管理器”单击新建图层的“线型”，打开“选择线型”选项板（图 10-9），单击其中的“加载”按钮打开“加载或重载线型”选择板（图 10-10、图 10-11），按要求选择所需要的线型，单击“确定”。可以在“加载或重载线型”选择板中按下“Ctrl”键一次，把所有需要的线型选完再“确定”。这样把所有的不同线型放到“选择线型”选项板中，如图 10-12 所示。再根据不同的图层在其中选择不同的线型，“确定”即可完成线型的设置。

图 10-9　“选择线型”选项板

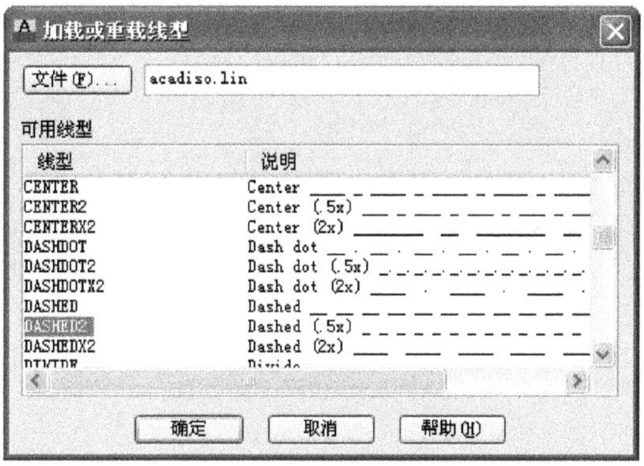

图 10-10　“加载或重载线型”选项板（1）

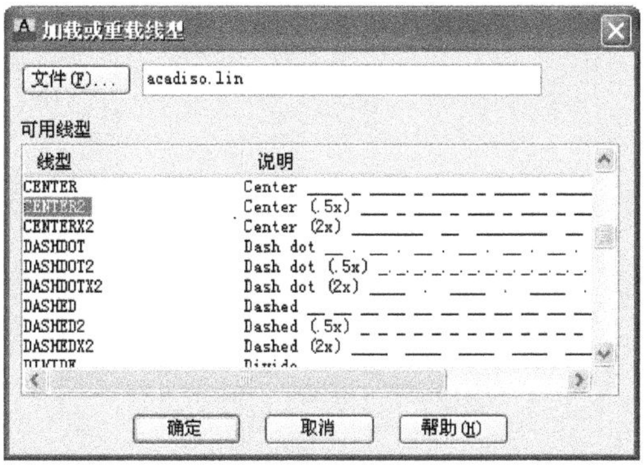

图 10-11　“加载或重载线型”选项板（2）

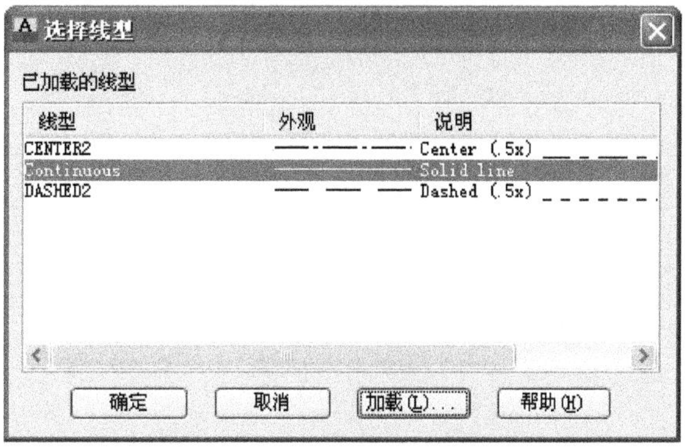

图 10-12　“选择线型”选项板

到此，完成了图层设置中的名称、颜色、线型、线宽的设置，每一层的设置方法相同（图10–13）。

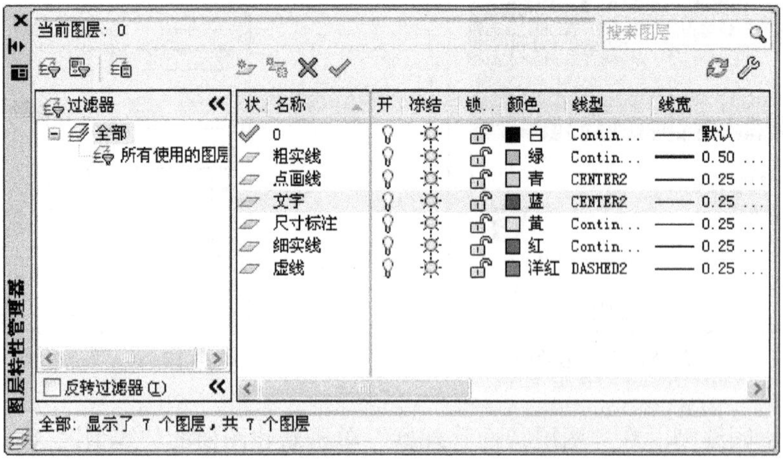

图 10–13　设置完成的“图层特性管理器”

第 11 章　图形绘制与编辑

本章知识要点

1. 掌握常用的绘图、编辑、尺寸标注、显示等命令的功能与操作方法。
2. 掌握常用辅助绘图工具的使用方法，能精确绘制平面图形并按要求标注尺寸。

一、绘图命令

任何复杂的图形都是由基本图元，如线段、圆、圆弧、矩形和多边形等组成。这些图元在 AutoCAD 中，称为实体。

基本绘图命令位于“绘图”菜单或工具栏上，如图 11–1 和图 11–2 所示。常用的绘图命令包括点、直线、多段线、圆、圆弧、矩形和多边形等。绘图命令很多，按其几何功能可以分为以下几种。

1. **绘制点的命令**　如单点、多点、等分点。

2. **绘制直线的命令**　如直线、构造线、多段线和多线。

3. **绘制曲线的命令**　如圆弧、椭圆弧和样条曲线。

4. **绘制封闭图形的命令**　如圆、矩形、多边形、椭圆和创建面域。

绘图命令的分类、名称、缩写名称、功能、操作步骤及说明等内容（略），在绘图命令中，有些命令在某些功能上是一样的，到底用哪个命令要根据具体的图样来选择，尽可能地选择绘图效率高的。

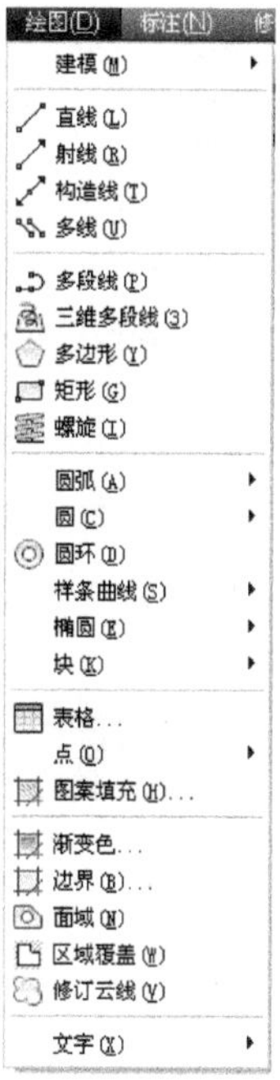

图 11–1　“绘图”菜单

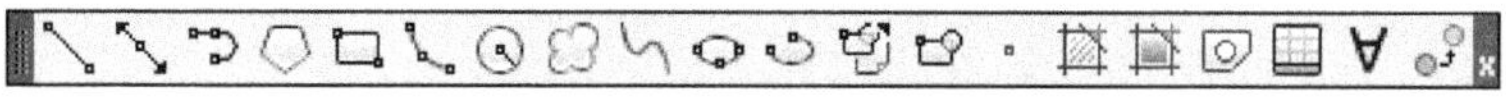

图 11–2　“绘图”工具栏

二、编辑命令

AutoCAD 图形软件的图形编辑修改功能主要由命令修改来完成，如图 11–3 和图 11–4 所示。修改命令是绘制图形最重要的命令，是工程图绘制中使用最频繁的命令。按修改命令的修改功能可以分为以下几种。

1. **具有去除功能的修改命令**　如删除、修剪、打断等。

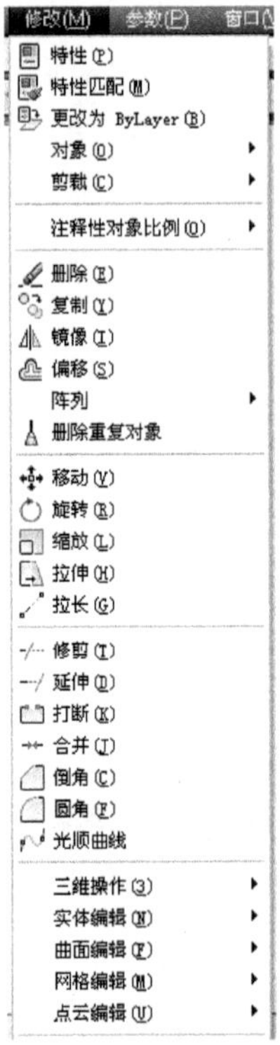

图 11-3 “修改”菜单

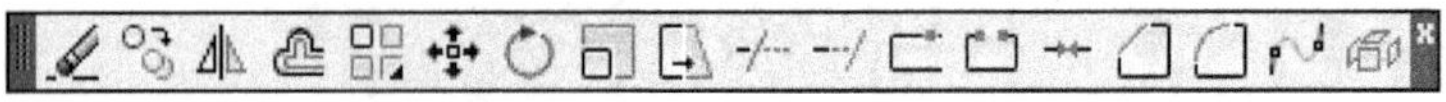

图 11-4 “修改”工具栏

2. **具有复制功能的修改命令** 如复制、镜像、偏移、阵列等。

3. **具有移动功能的修改命令** 如移动。

4. **具有旋转功能的修改命令** 如旋转。

5. **具有缩放功能的修改命令** 如比例、拉伸、拉长。

修改命令的分类、名称、缩写名称、功能、操作步骤及说明等内容（略）。在修改命令中有些命令在某些功能上是一样的，到底用哪个命令要根据具体的图样来选择，尽可能地选择绘图效率高的。

三、绘图辅助工具

为了快速准确地作图，AutoCAD 提供了辅助绘图工具，用户可以通过单击位于屏幕最底部的状态栏中相应的按钮（图 11-5），方便地开启或关闭这些辅助绘图工具。下面介绍几种常用的辅助绘图工具的设置。

1. **捕捉** 单击状态栏上的【捕捉】按钮，可控制捕捉的开启或关闭。捕捉的作用是使光标定位到某些具有固定间距的“热点”上，通过这个固定的间距可以控制绘图的精度。通过【草图设置】对话框（图 11-6）或 Snap 命令可以设置固定间距。但是为了作图方便，一般情况下关闭此按钮。

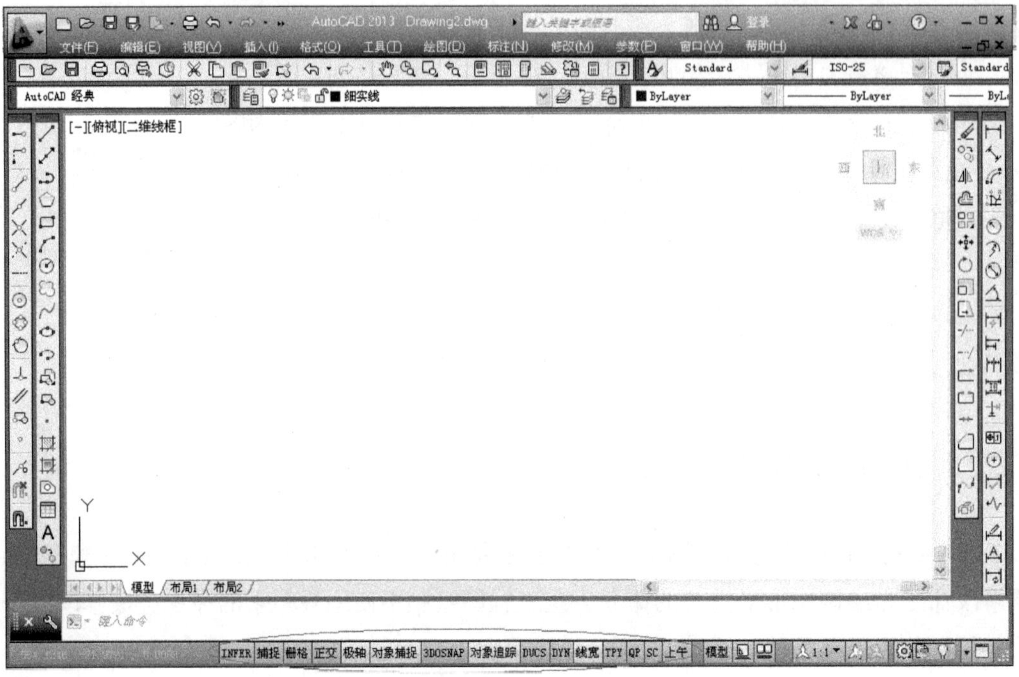

图 11-5 AutoCAD 经典绘图窗口

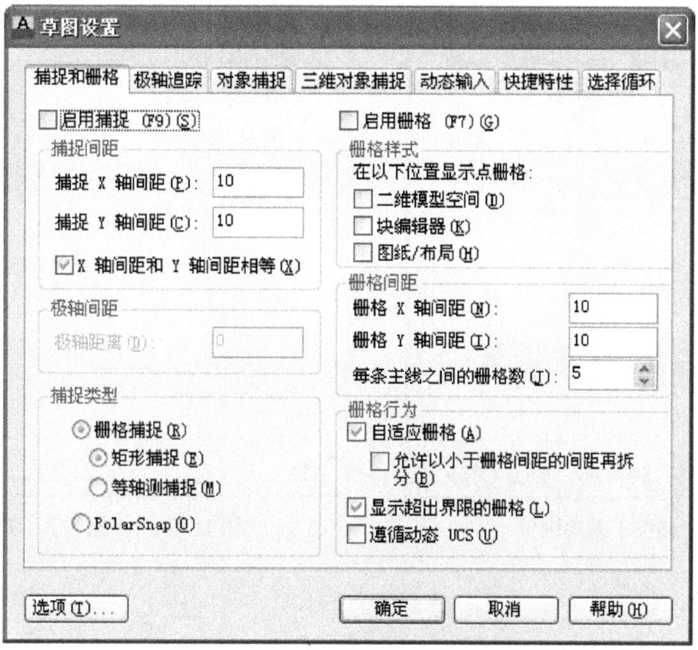

图 11-6 【草图设置】对话框

2. **栅格**　单击状态栏上【栅格】按钮或按下 F7 键可控制栅格的开启或关闭。栅格的作用是使屏幕上绘图边界内显示有固定间距的小点，类似手工绘图中画草图用的方格纸。一般情况下，常将栅格间距与光标捕捉间距设为相同。栅格的间距也可以通过 Grid 命令或【草图设置】对话框进行调整。为了作图方便，一般情况下，此按钮也关闭。

3. **正交**　单击状态栏上【正交】按钮或按下 F8 键可控制正交模式开启或关闭。正交模式打开时，使用定标设备只能画水平线或垂直线，所以，此按钮一般情况下处于关闭状态。

4. **对象捕捉**　单击状态栏上【对象捕捉】按钮或按下 F3 键，执行对象捕捉设置，可以在对象上的精确位置指定捕捉点。对象捕捉模式的设置可根据绘图需要在【草图设置】对话框中【对象捕捉】页面上进行（图 11-7）。

5. **极轴**　单击状态栏上【极轴】按钮或按下 F10 键，执行“极轴追踪”的开启或关闭。开启极轴追踪，光标将按指定角度进行移动，辅助绘制指定角度的线。极轴追踪角度的设置是在【草图设置】对话框中的【极轴追踪】页面上进行的（图 11-8）。

6. **对象捕捉追踪**　执行单击状态栏上【对象捕捉追踪】按钮或按下 F11 键，打开或关闭“对象捕捉追踪”功能。使用对象捕捉追踪，可以沿着基于对象捕捉点的对齐路径进行追踪。已获取的点将显示一个小加号（+）。获取点之后，当在绘图路径上移动光标时，将显示相对于获取点的水平、垂直或极轴对齐路径。【对象捕捉追踪】必须与【对象捕捉】同时使用。对象捕捉追踪功能常用于绘制与其他图形对象有关系的点，如使一点的某个坐标与已知对象的某个坐标相同，如图 11-9 所示。

7. **线宽**　单击状态栏上【线宽】按钮，绘制图形的“线宽显示”功能可被打开或关闭。

8. **其他按钮**　根据绘图需要进行设置，一般情况下处于关闭状态。

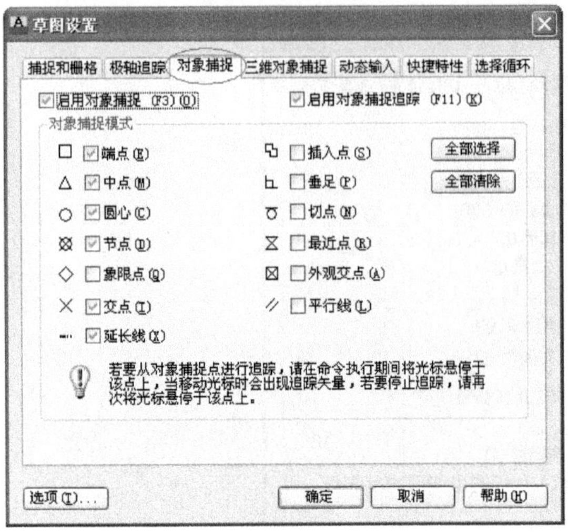

图 11–7【对象捕捉】选项设置

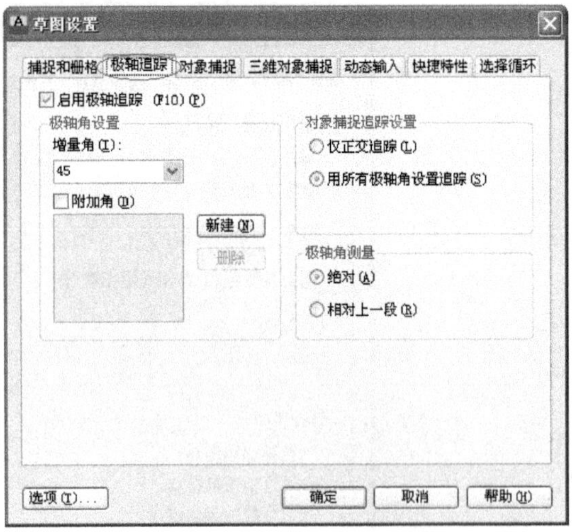

图 11–8 【极轴追踪】选项设置

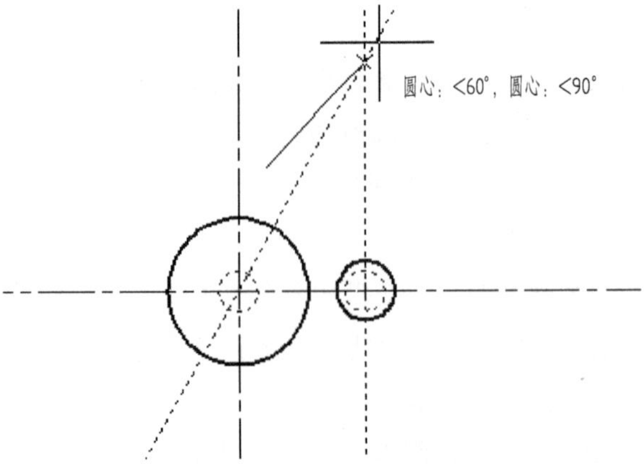

图 11–9 【对象捕捉追踪】应用

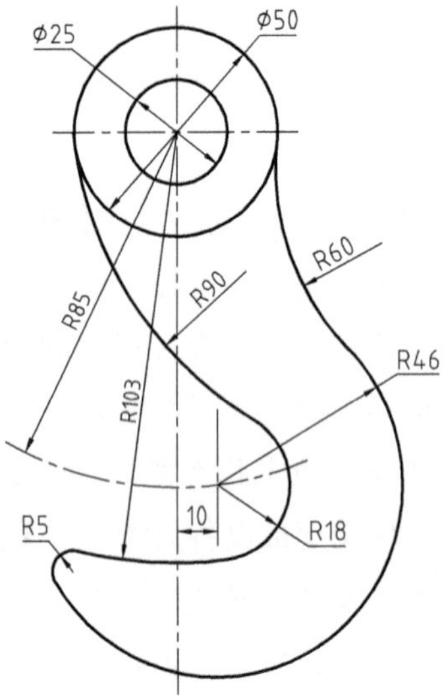

图 11–10 吊钩平面图

【例】 使用绘图和修改命令抄画图 11–10 所示吊钩平面图。

图样分析

该例绘图部分主要执行圆命令和直线命令，编辑命令主要用到修剪命令和圆角命令。

绘图编辑方法和步骤

画基准线→定位线→已知线段→中间线段→连接线段，具体步骤如下。

（1）画基准线和定位线，如图 11–11（a）所示。

（2）绘制出所有绘制已知线段 $\phi 50$、$\phi 25$、$R18$ 和 $R46$，如图 11–11（b）所示。

（3）用绘制圆命令中的“相切、相切、半径”选项绘制出 $R5$ 的圆和 $R90$、$R60$ 的圆，因为是外切连接可以用圆角命令来编辑，这样就省略修剪命令，如图 11–11（c）所示。

（4）最后照图样进行修剪，完成全图，如图 11–11（d）所示。

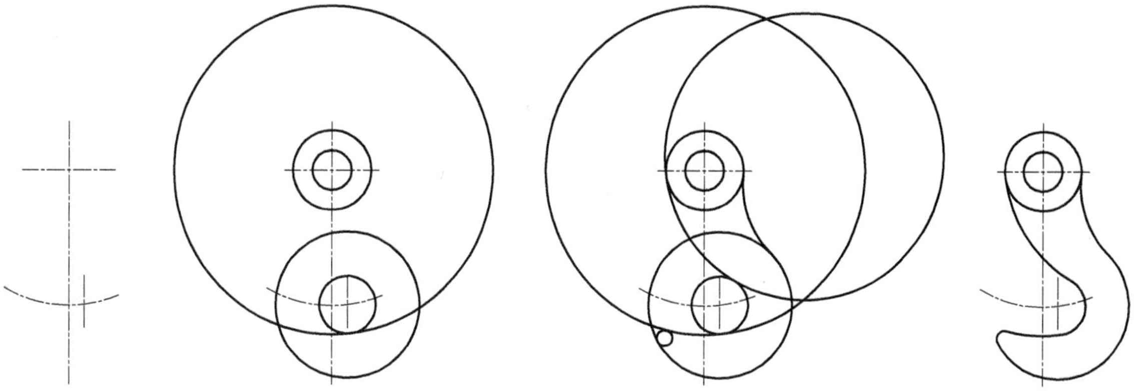

（a）绘制基准线和定位线　（b）绘制已知线段 $\phi50$、$\phi25$、$R18$ 和 $R46$　（c）绘制连接线段 $R5$、$R90$ 和 $R60$　（d）修剪完成全图

图 11-11　吊钩平面图形的绘制步骤

四、练习题

1. 题 11-1~ 题 11-12 按 1∶1 比例绘制连接圆弧。

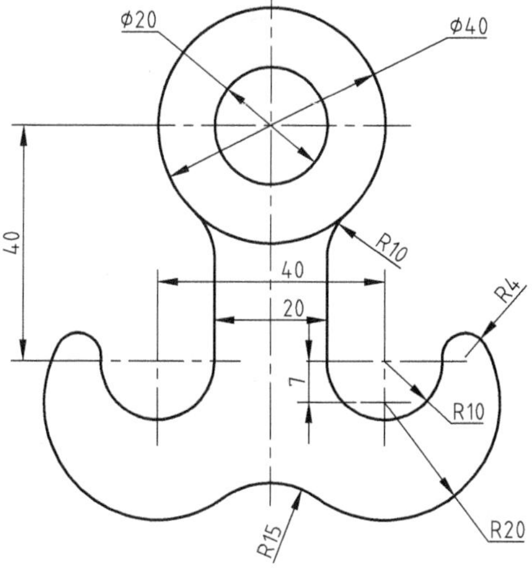

题 11-1 图

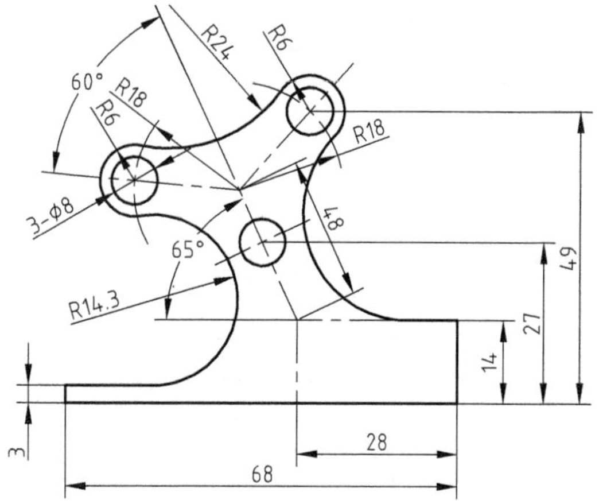

题 11-2 图

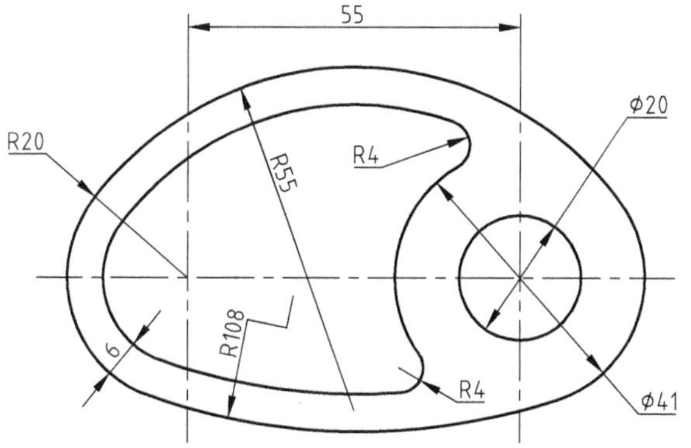

题 11-3 图

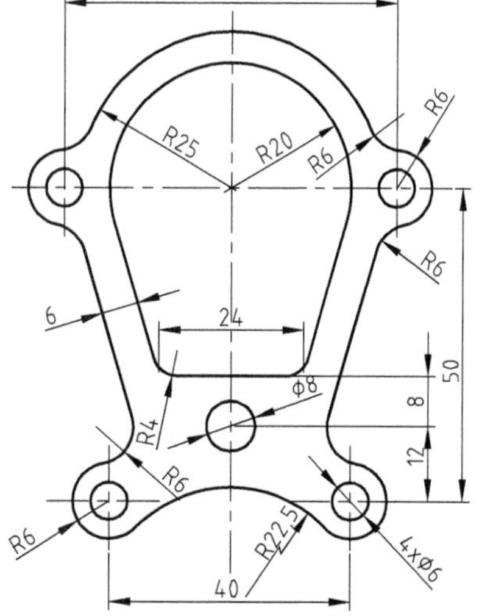

题 11-4 图

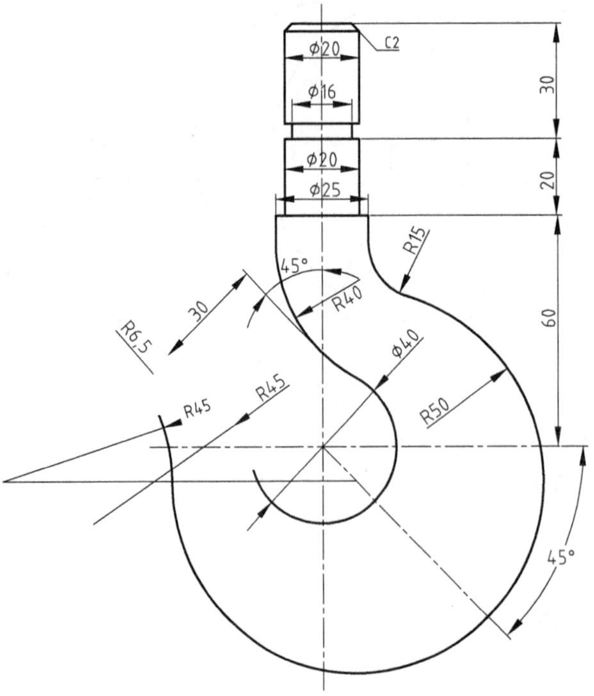

题 11-5 图

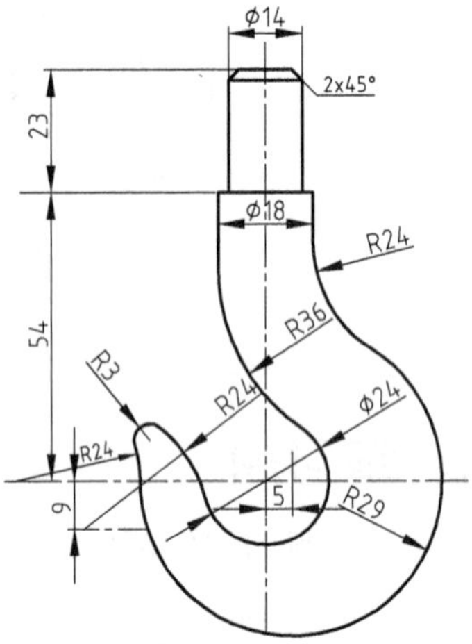

题 11-6 图

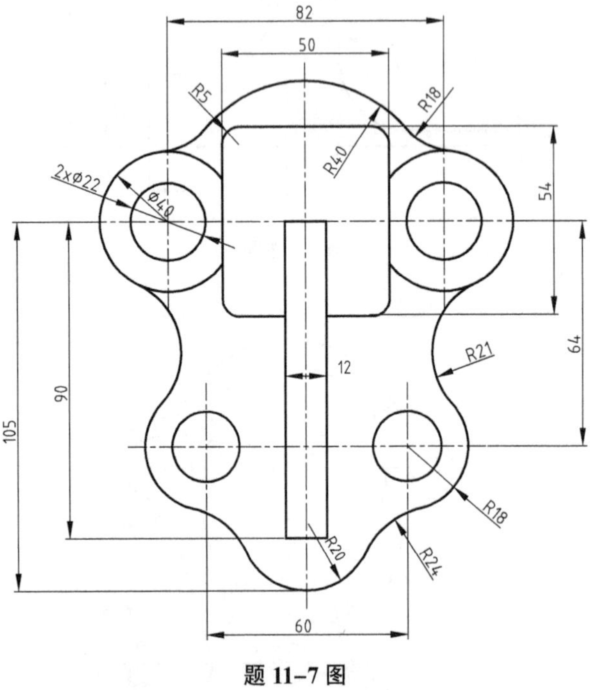

题 11-7 图

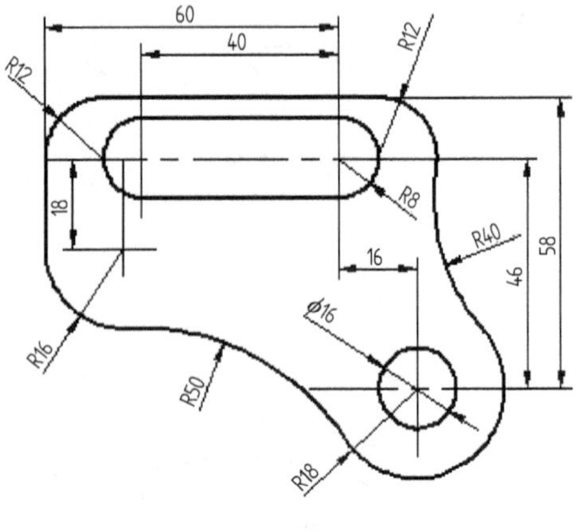

题 11-8 图

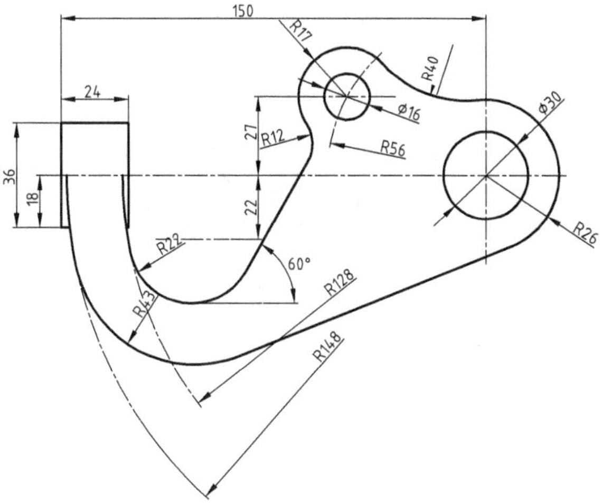

题 11-9 图

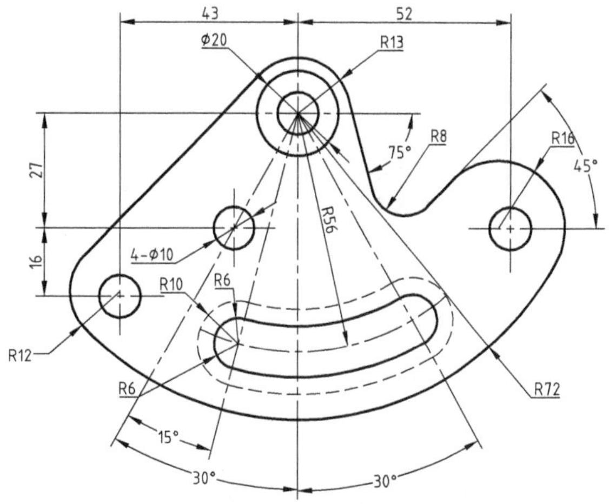

题 11-10 图

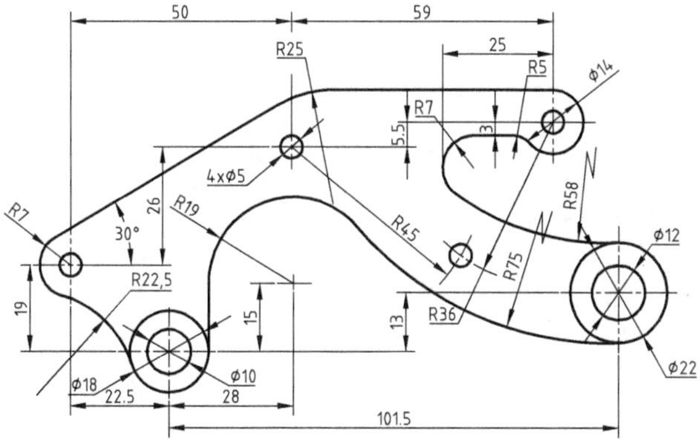

题 11-11 图

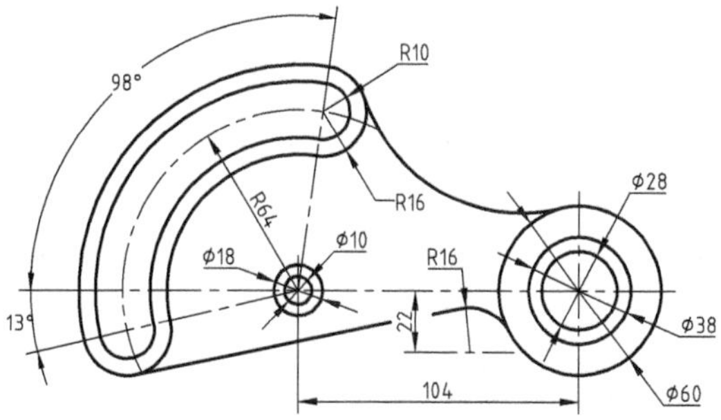

题 11-12 图

2. 题 11-13~ 题 11-19 按 1∶2 比例绘制连接圆弧。

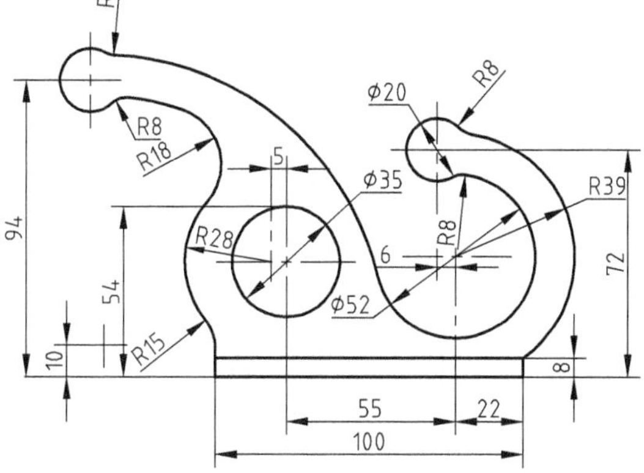

题 11-13 图

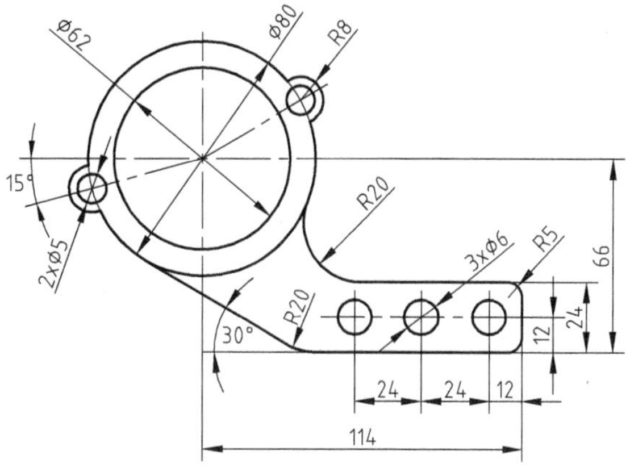

题 11-14 图

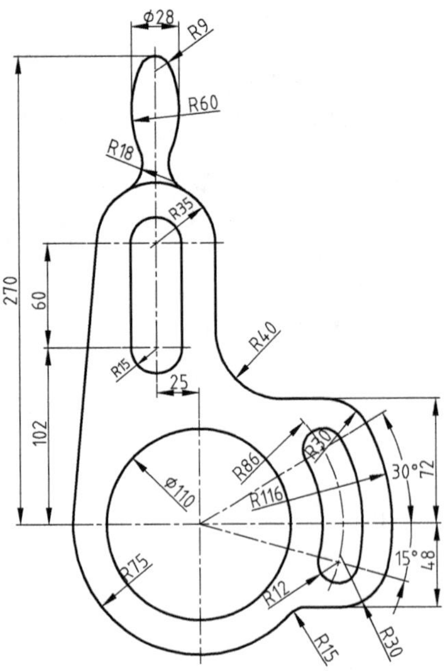

题 11-15 图

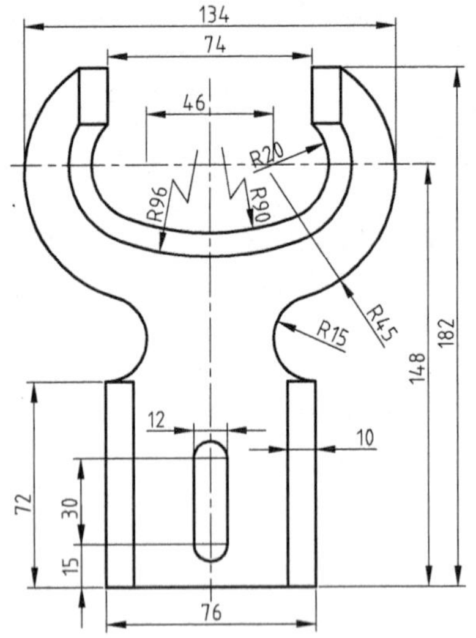

题 11-16 图

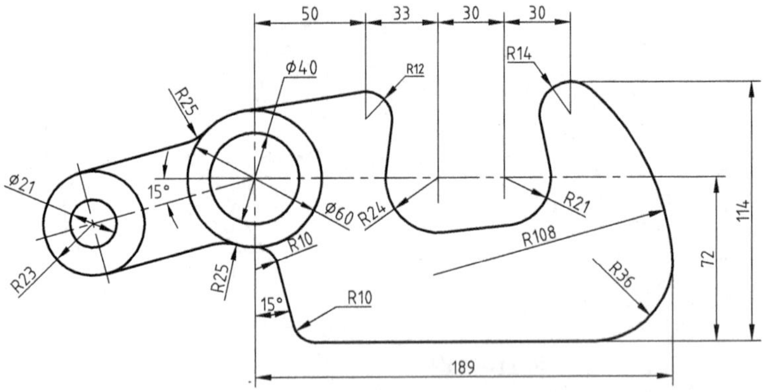

题 11-18 图

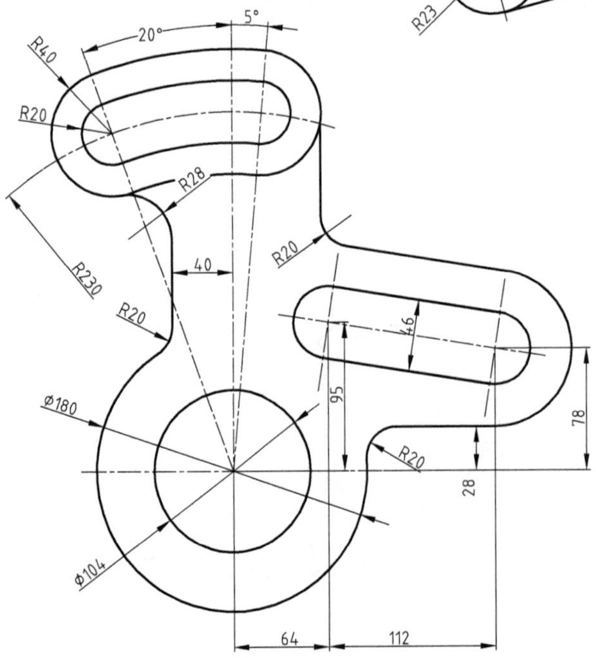

题 11-17 图

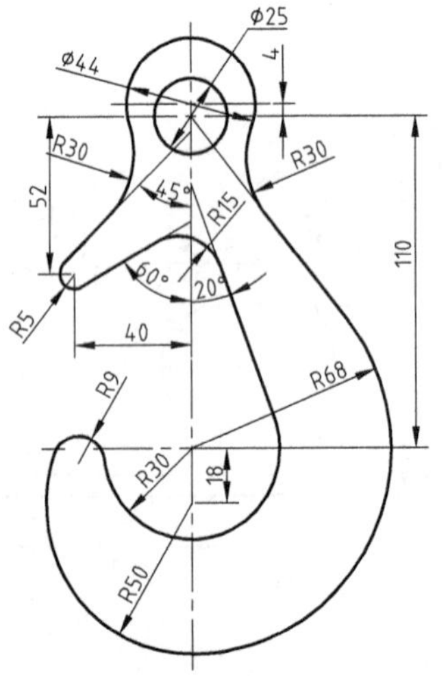

题 11-19 图

3. 题 11-20~ 题 11-21 按 2∶1 比例绘制连接圆弧。

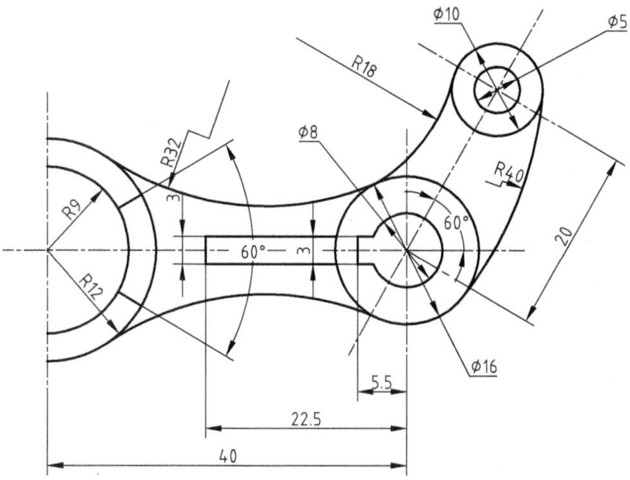

题 11-20 图

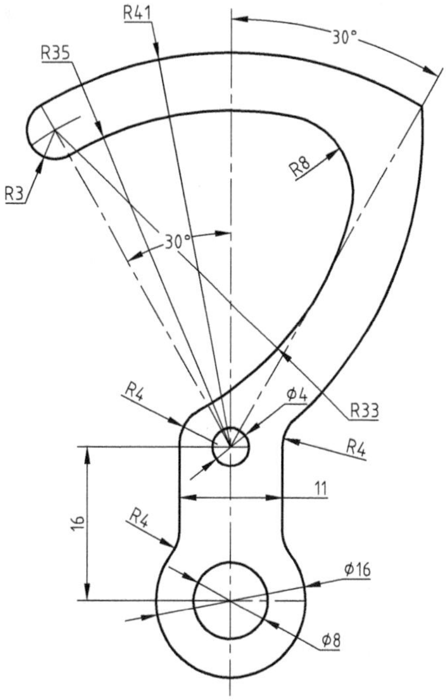

题 11-21 图

4. 题 11-22~ 题 11-23 按 1∶4 比例绘制连接圆弧。

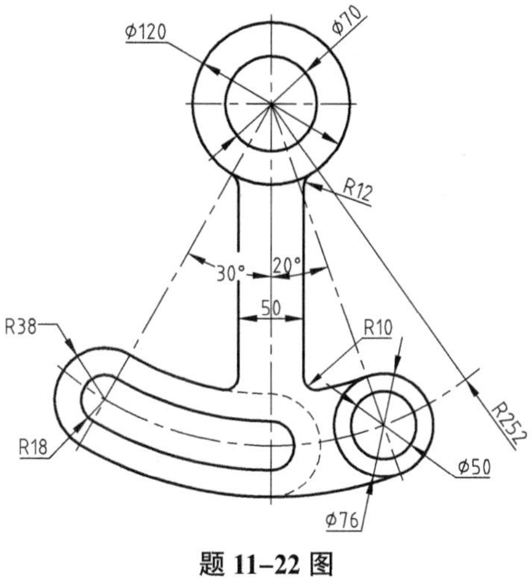

题 11-22 图

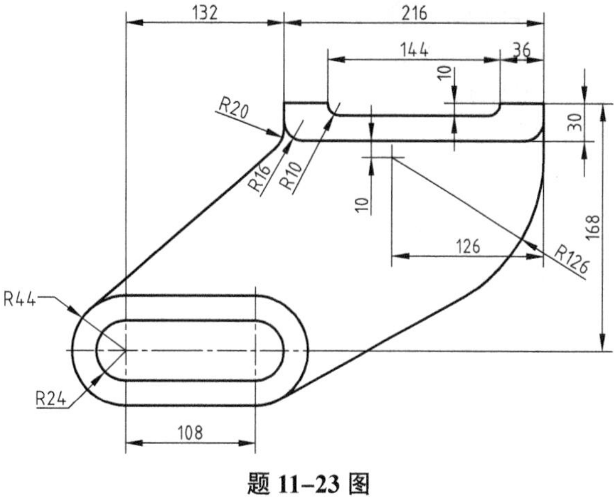

题 11-23 图

第12章　文字样式的设置与注写

本章知识要点

1. 熟练掌握文字样式的设置方法，会设置符合国家标准要求的文字样式。
2. 熟练掌握不同性质文字的注写方法。

工程图上除了图形信息以外还存在着非图形信息，例如文字信息。要想在工程图上注写出符合工程要求的文字，必须先对文字的样式进行设置，然后进行注写。

一、文字样式的设置

文字样式的设置是通过对话框的操作来完成的，单击“格式”菜单，点选“文字样式...”选项，弹出“文字样式”对话框。如图12–1和图12–2所示。

图12–1　“格式”下拉菜单“文字样式...”选项

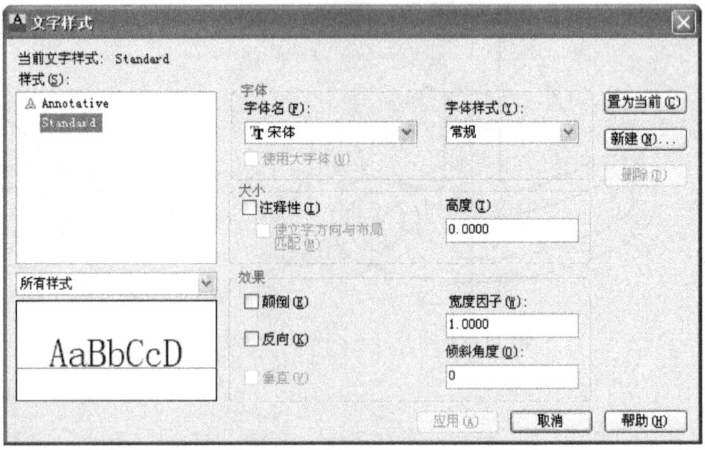

图12–2　“文字样式”对话框

在最初打开的文字样式对话框中显示出的样式是默认样式，要想获得符合工程图要求的效果，必须重新设置。具体设置方法和步骤如下。

（1）单击“文字样式”对话框右上角的“新建 ...”按钮，打开“新建文字样式”对话框，如图 12–3 所示。

（2）将在“新建文字样式”对话框中的“样式 1”改为新的样式名“尺寸标注”，单击“确定”，如图 12–4 所示。

（3）回到“文字样式”对话框中。按工程图要求对各选项进行设置。

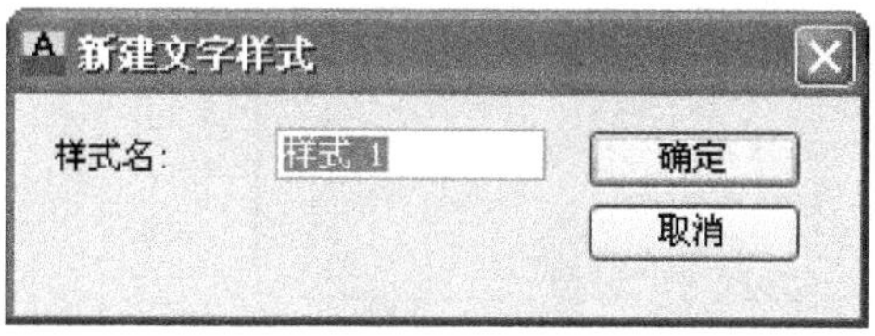

图 12–3　“新建文字样式”对话框

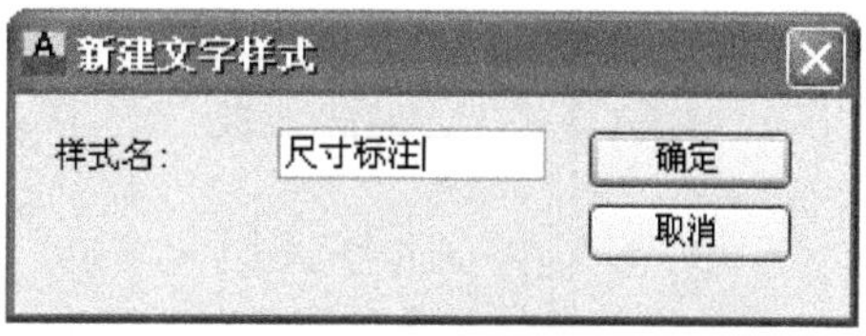

图 12–4　重新命名样式名为“尺寸标注”

【例】 按表 12–1 的内容进行文字样式的设置。

表 12–1　文字样式、尺寸样式参数

样式名	字体名	高度
标题栏	仿宋体	5
尺寸标注	gbenor，gbcbig	3.5

操作方法和步骤如下。

（1）单击“格式”菜单，点选“文字样式”选项，即打开“文字样式”对话框，如图 12–2 所示。

（2）在“文字样式”对话框中单击“新建”按钮，打开“新建文字样式”对话框（图 12–3），在“新建文字样式”对话框中按要求将“样式名”改为：尺寸标注（图 12–4），单击“确定”按钮，回到“文字样式”对话框。

（3）在“文字样式”对话框中，按要求对“尺寸标注”文字样式进行参数设置。即选中“使用大字体”复选框；“SHX 字体”选项设置为 gbenor.shx；“大字体”选项设置为 gbcbig.shx；其他选项为系统默认设置，如图 12–5 所示。到此，尺寸标注文字样式设置完毕。

（4）在“文字样式”对话框中再重新单击“新建”按钮，打开“新建文字样式”对话框，在“新建文字样式”对话框中按要求将“样式名”改为：标题栏（图 12–6），单击“确定”按钮回到“文字样式”对话框。

（5）在“文字样式”对话框中，按要求对“标题栏”文字样式进行参数设置。即取消选中“使用大字体”复选框；“字体名”选项设置为仿宋 GB–2312；“字体样式”选项设置为常规，其他选项为系统默认设置，如图 12–7 所示。到此，标题栏文字样式设置完毕。

（6）单击“应用”按钮，单击“关闭”按钮，完成所有文字样式的设置。

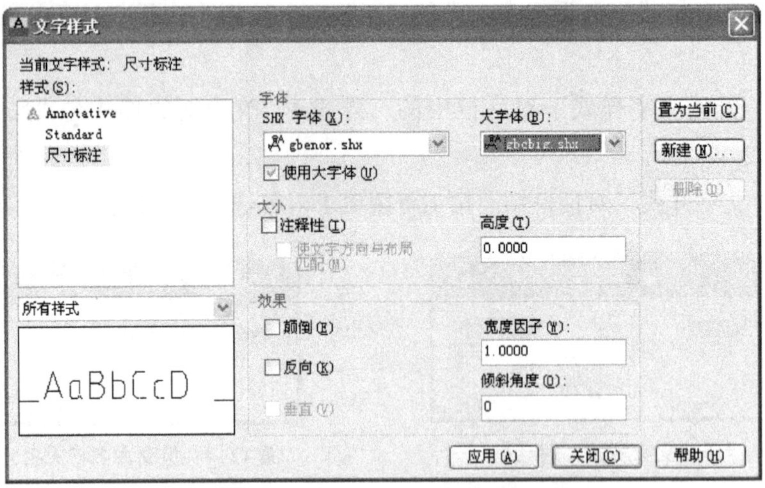

图 12-5 “尺寸标注”文字样式参数设置

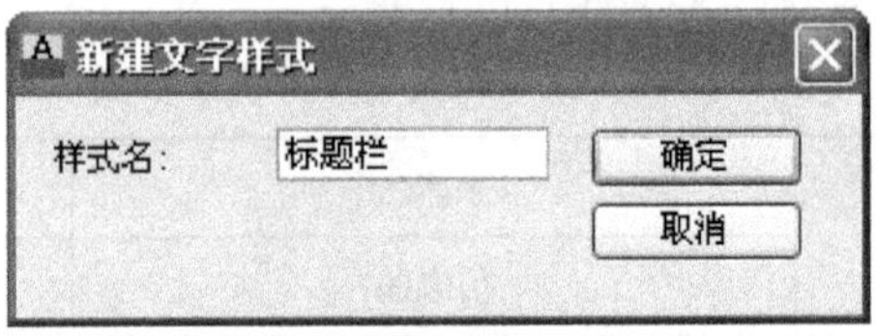

图 12-6 重新命名样式名为“标题栏”

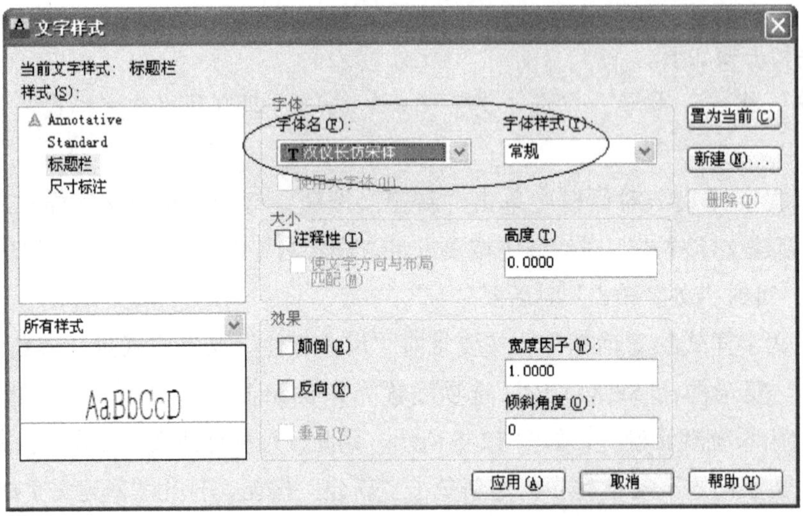

图 12-7 “标题栏”文字样式参数设置

二、文字注写

AutoCAD 提供了多种注写文字的方法，对简短的输入项使用单行文字；对带有内部格式的较长的输入项使用多行文字。

1. **单行文字** 单击“绘图”菜单，将光标下滑至“文字”选项上，在其下拉菜单中点选“单行文字”（图 12-8），然后按命令行提示操作如下。

输入命令后，AutoCAD 提示：

当前文字样式：Standard；当前文字高度：2.5000。

指定文字的起点或［对正（J）样式（S）]：（在绘图窗口中指定文字起点位置）↙；

指定高度 <2.5000>：（根据题目要求指定文字高度）↙；

指定文字的倾斜角度 <0>：（根据题目要求指定文字倾斜方向）↙；

在窗口中输入文字，输入文字完毕后↙↙完成文字输入。

注意：常用单行文字注写（°）、正负号（±）、直径（ϕ）等简短的特殊符号，这些符号不能从键盘直接输入，在 AutoCAD 中可以用控制代码转换生成。

如“°”的控制代码是 %%d；“±”的控制代码是 %%p；“ϕ”的控制代码是 %%c；文字下划线的控制代码是 %%u；上划线的控制代码是 %%o 等。

2. **多行文字** 单击“绘图”菜单，将光标下滑至“文字”选项上，在其下拉菜单中点选“多行文字”（图 12-9），按命令行提示操作如下。

输入命令后，AutoCAD 提示：

当前文字样式：Standard；当前文字高度：2.5000；注释性：否。

指定第一角点（指定一个点）：

指定对角点或［高度（H）/ 对正（J）/ 行距（L）/ 旋转（R）/ 样式（S）/......]：（指定对

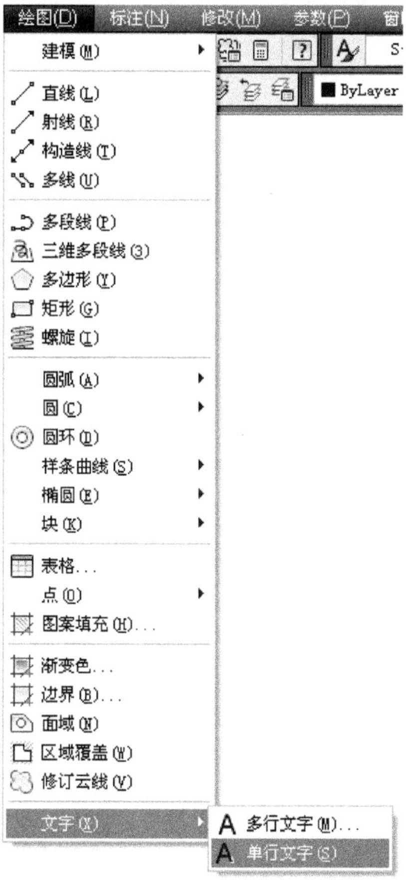

图 12-8 “绘图”下拉菜单“单行文字 ...”选项

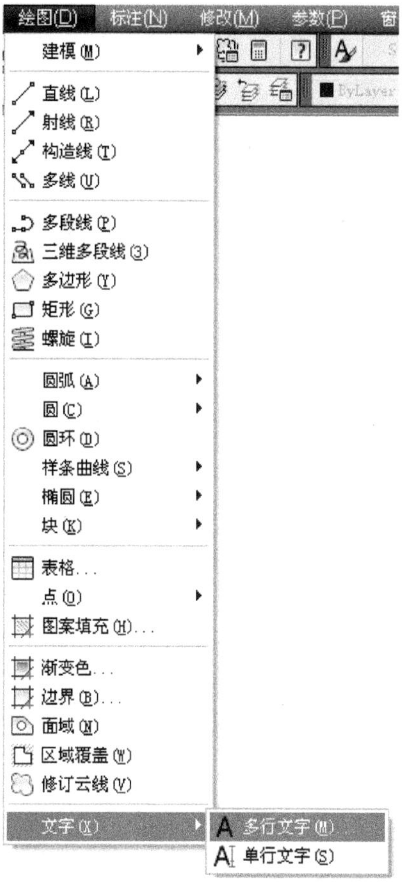

图 12-9 “绘图”下拉菜单“多行文字 ...”选项

角点，或键入一个选项的关键字后回车)。

此时，系统打开在位文字编辑器，其上部是“文字格式”工具栏，下部是一个文字框(图12–10)，可在此文本框中输入文字。

注意：多行文字可以输入各种字体。常用多行文字注写内部格式较长的文字。如$\phi30^{+0.006}_{-0.015}$、$\phi30\frac{H7}{k6}$、$\phi45^{+0.006}_{0}$ 等。

图 12–10 “在位文字编辑器”对话框

第 13 章　尺寸标注样式的设置与标注

本章知识要点

1. 熟练掌握尺寸标注样式的设置方法，会设置符合国家标准要求的标注样式。
2. 熟练掌握不同性质尺寸的注写方法。

一、尺寸标注样式的设置

尺寸是工程图样中的重要内容之一，是制造机器零件和检测零件的直接依据，也是工程图样中指令性最强的部分。国家对尺寸的标注做了专门的规定，制定了统一的标准，所以在工程图样进行尺寸标注时必须遵守，所标注出的尺寸必须符合标准要求。AutoCAD 软件在其系统默认的状态下，所标注出的尺寸样式有些不符合国家标准，因此，在工程图进行尺寸标注前必须根据工程图的要求和国家标准进行尺寸标注样式的设置。尺寸标注样式设置是通过对不同对话框的设置来完成的，具体的步骤如下。

（1）单击“格式”菜单，点选“标注样式 ...”选项（图 13–1），打开“标注样式管理器”对话框（图 13–2）。

图 13–1　“格式”下拉菜单“标注样式 ...”选项

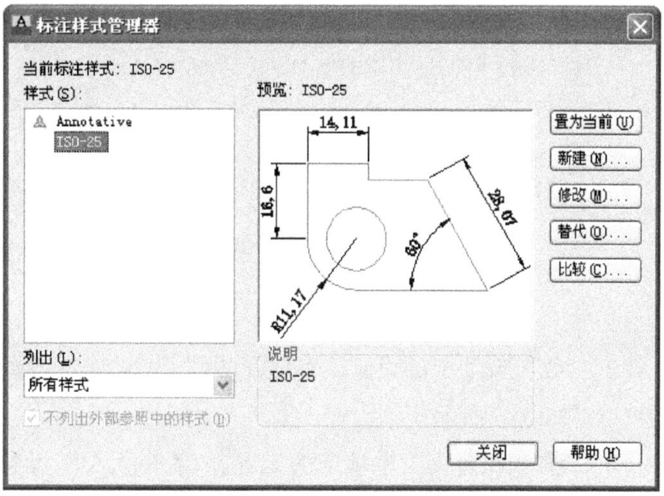

图 13–2　“标注样式管理器”对话框

（2）在“标注样式管理器”对话框中，单击“新建”按钮，打开“创建新标注样式”对话框（图 13-3）。系统默认的样式名为“副本 ISO-25”，在进行新样式设置时，更名为“尺寸标注”（图 13-4）。单击“继续”按钮，打开“新建标注样式：尺寸标注”对话框（图 13-5）。在此对话框中对“直线、符号和箭头、文字、调整、主单位、换算单位及公差”选项卡按要求进行必要的参数设置。

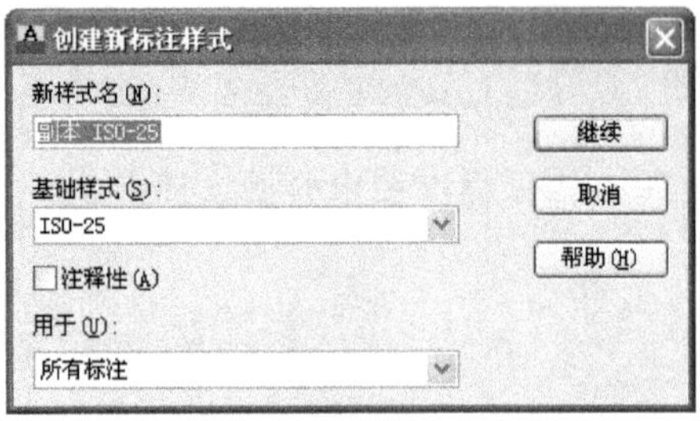

图 13-3 “创建新标注样式”对话框

图 13-4 “尺寸标注”样式名设置

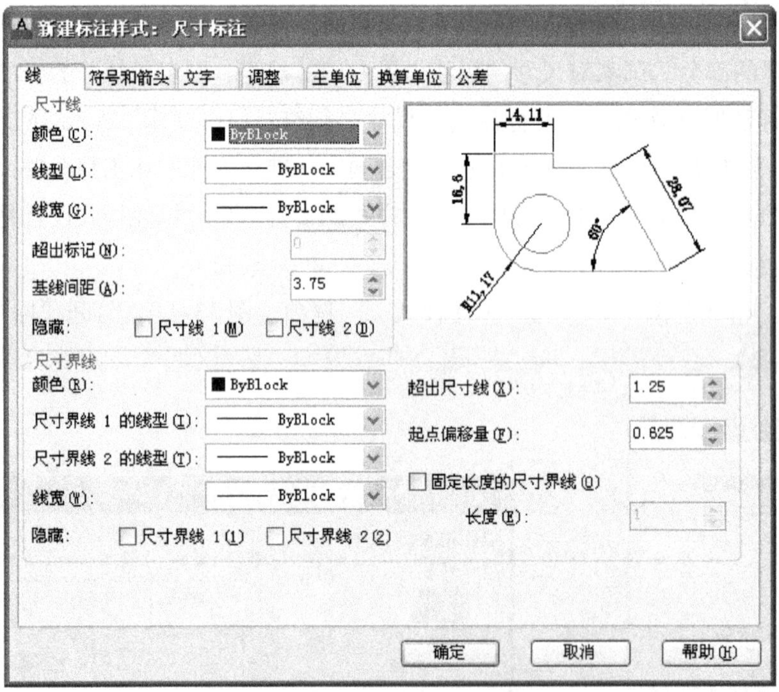

图 13-5 “新建标注样式：尺寸标注”对话框

（3）“线”选项卡的设置。“基线间距”设置为 7；“超出尺寸线”设置为 2，其他为系统默认值，如图 13-6 所示。

（4）“符号和箭头”选项卡的设置。“箭头大小”设置为 3（或根据题目要求），其他为系统默认值，如图 13-7 所示。

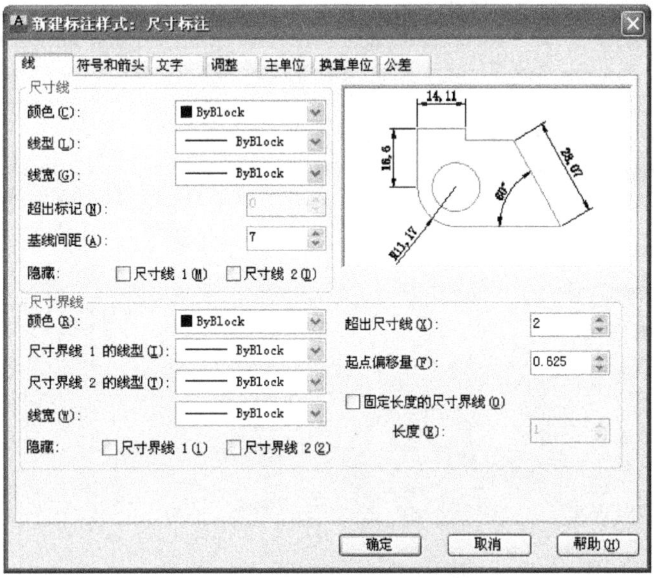

图 13-6 “线”选项卡的设置

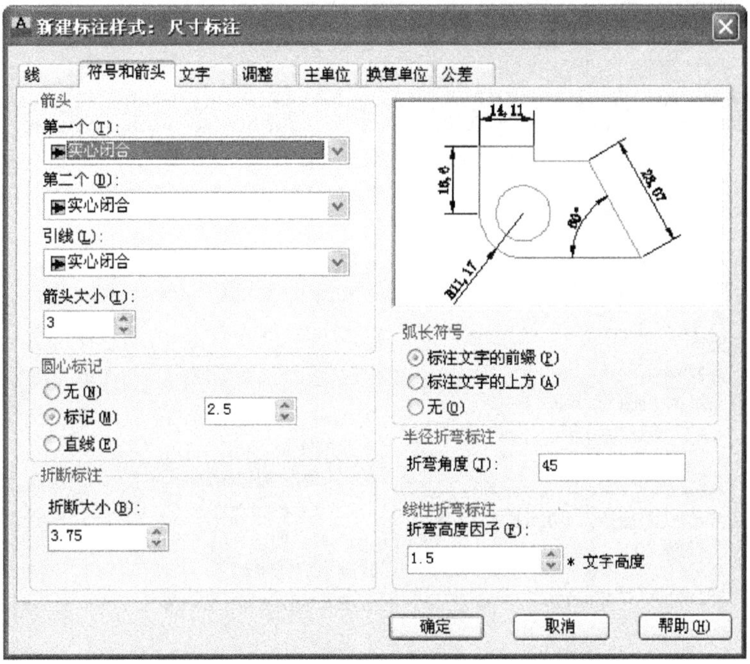

图 13-7 “符号和箭头”选项卡的设置

（5）“文字”选项卡的设置。“文字样式”设置为尺寸标注，“文字高度”设置为 3.5（或根据题目要求），其他为系统默认值，如图 13-8 所示。

（6）“调整”选项卡的设置。在对话框右下角的优化选项区，选中“手动放置文字”复选框，其他为系统默认值，如图 13-9 所示。

（7）主单位、换算单位及公差不进行设置，均采用系统默认值。

至此，尺寸标注样式设置完成，如果还有其他参数需要设置的，可以利用替代样式进行设置。单击“确定”按钮，完成“标注样式”设置。

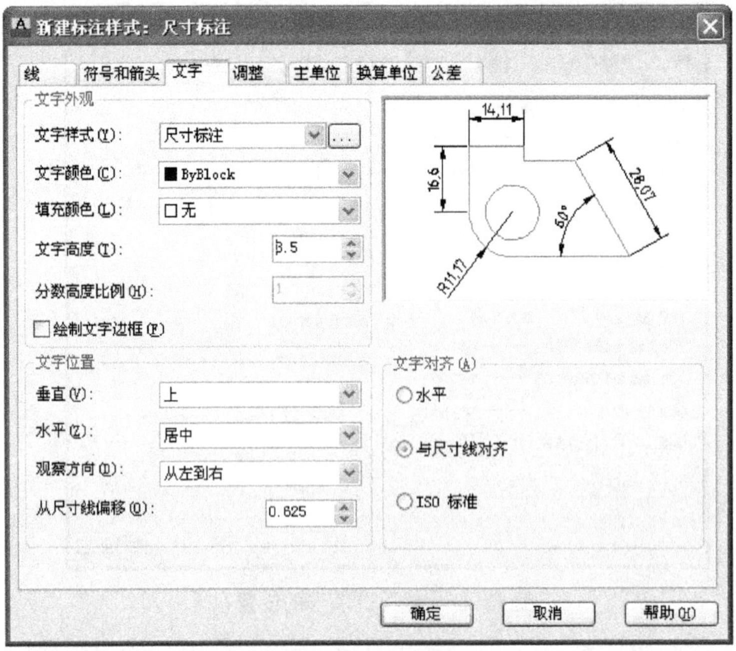

图 13-8 “文字”选项卡的设置

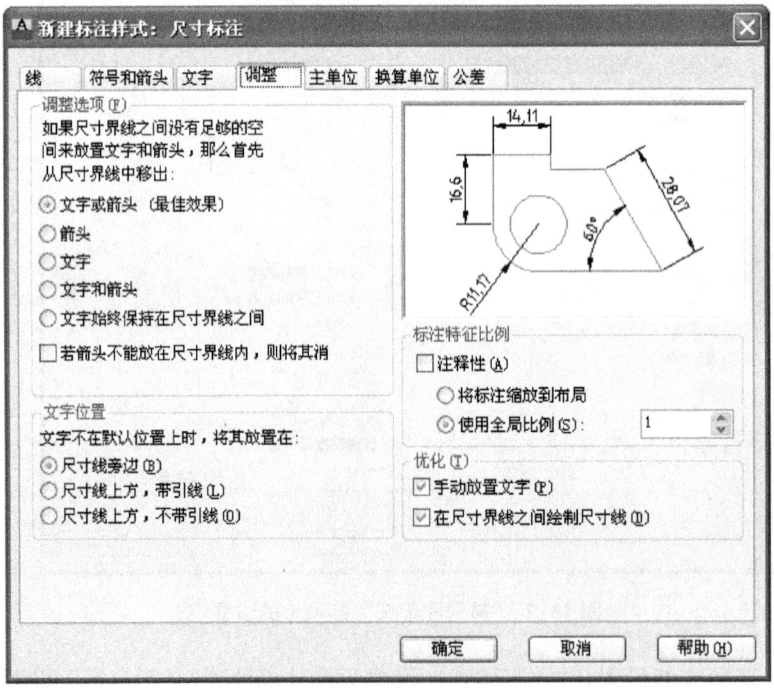

图 13-9 “调整”选项卡的设置

二、对图形进行尺寸标注

标注样式设置完成后，就要对绘制好的图形进行尺寸标注。AutoCAD 提供了一种半自动化的尺寸标注功能，能自动测量被标注对象，被标注对象不同所采用的命令也不同。AutoCAD

图 13-10　标注菜单

提供的尺寸标注命令（如线性、对齐、半径 / 直径、基线 / 连续、角度标注等命令），可根据需要从菜单栏的“标注”下拉菜单中选取，如图 13-10 所示。也可从标注工具栏中选取，如图 13-11 所示。

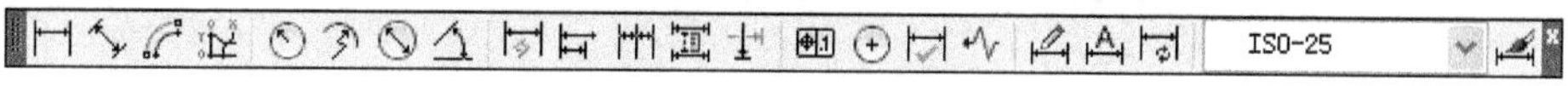

图 13-11　标注工具栏

三、尺寸公差的标注方法

在机械设计中，尺寸公差的标注内容主要有极限偏差、极限尺寸、对称偏差公称尺寸等。

公差尺寸是随尺寸一起标注的，如$\phi30^{+0.006}_{-0.015}$、$\phi30\frac{H7}{k6}$、$\phi45^{+0.006}_{0}$等。

尺寸公差的标注方法有多种，如果图中相同公差要求的尺寸较多，可以单独设置一种公差标注样式，以便进行快捷标注。如果图中的某些尺寸公差只出现一两次，也可用标注样式管理器中的“替代”功能建立临时的标注样式。最常用的方法是在标注尺寸时直接利用标注命令的“多行文字”选项，打开多行文字编辑器，输入公称尺寸及上、下偏差，然后用“堆叠”命令，即在上、下偏差之间键入“^”符号，先选中它们，再单击“堆叠”按钮，即可标注极限偏差和极限尺寸，如图 13-12 所示。

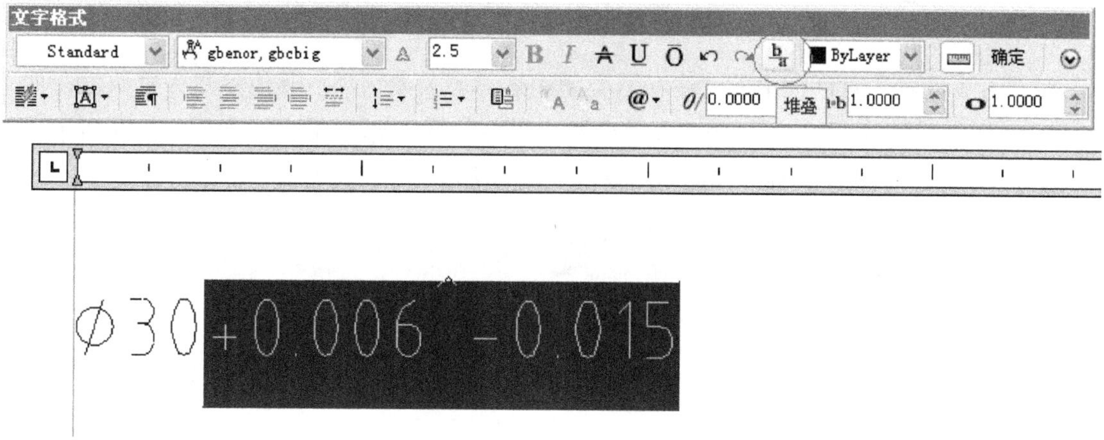

图 13-12　尺寸公差标注

四、形位公差标注方法

AutoCAD 在尺寸标注工具栏上提供了专门的形位公差标注工具，但在标注时没有引线。所以用“快速引线（Qleader）”标注形位公差能满足工程上的要求。一个形位公差一般包括如图 13-13 所示的几部分，操作过程如下。

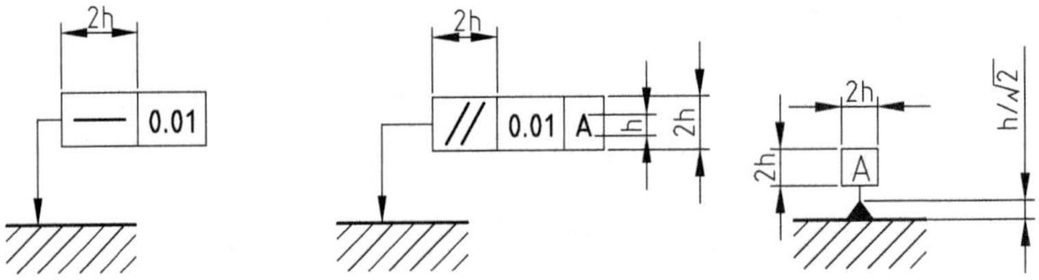

图 13-13　形位公差符号

命令行输入：Qleader↙。

指定第一个引线点或［设置（S）］<设置>：↙（直接回车打开“引线设置”对话框如图 13-14 所示）。

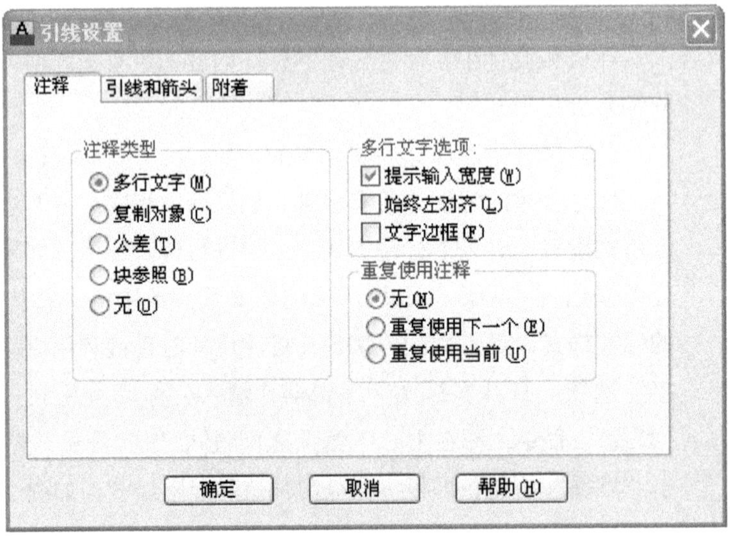

图 13-14　“引线设置”对话框

在“引线设置”对话框中的“注释”类型中选择“公差”项，其他参数为默认值，如图 13-15 所示，在“引线和箭头”选项卡中设置“箭头”为“实心闭合”，如图 13-16 所示，单击“确定”按钮，退出对话框，返回绘图窗口。在绘图窗口中，按照命令提示进行操作。

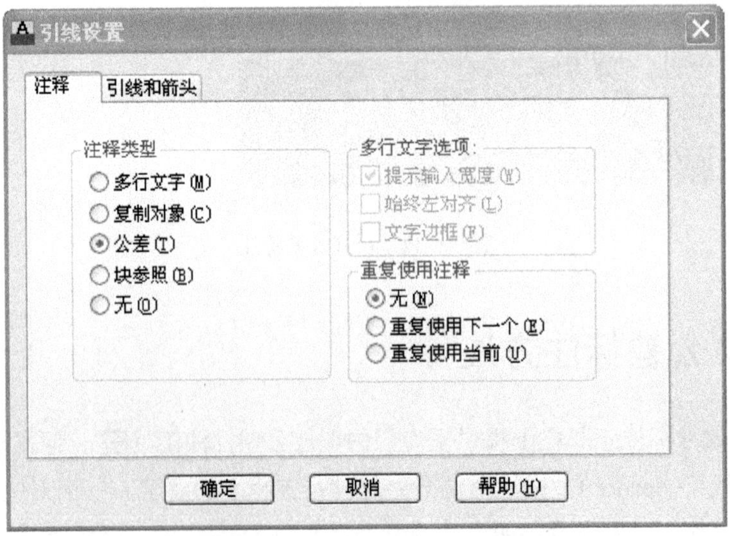

图 13-15　“引线设置”对话框

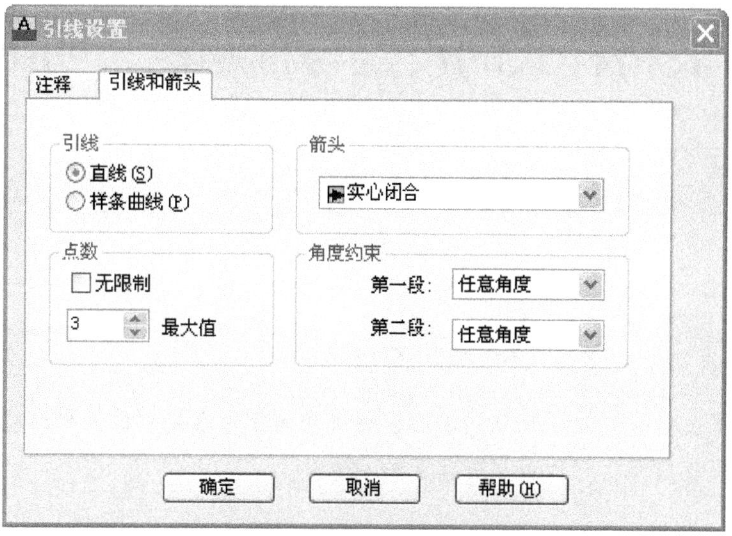

图 13-16　“引线设置”对话框

指定下一点：在被测要素上指定引线的起点；

指定下一点：指定第二点；

指定下一点：指定第三点时，系统打开“形位公差”对话框，如图 13-17 所示。

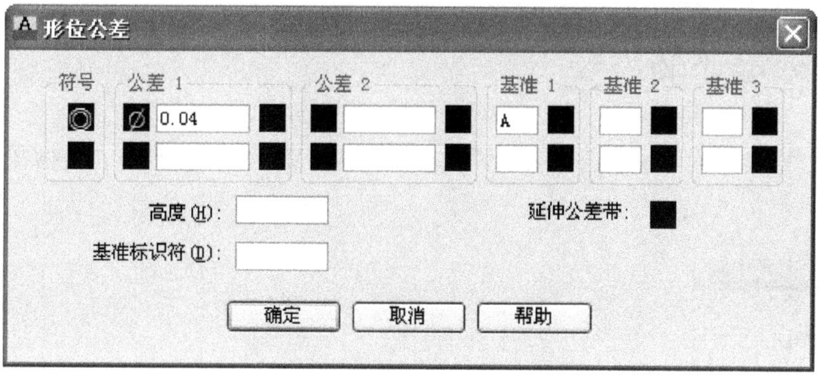

图 13-17　“形位公差”对话框

在“形位公差”对话框中分别按照图形要求对应进行设置。如单击“符号”分栏内小方框，弹出形位公差特征项目符号表，如图 13-18 所示，选取即可。点击“公差 1”分栏内左边第一方框，可出现符号“ϕ”（公差带为圆柱时使用）。在“公差 1”分栏内的第二长方框中输入公差值。在“基准 1”分栏内左边第一框格内输入基准字母。单击“确定”，对话框关闭，系统自动在指引线结束处画出形位公差框（图 13-19）。

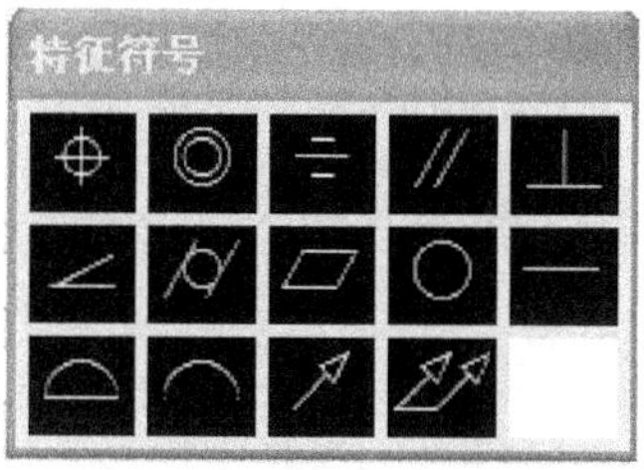

图 13-18　特征符号表

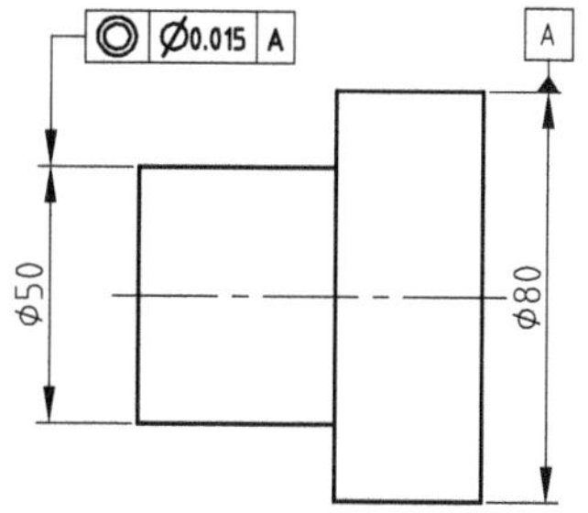

图 13-19　形位公差标注实例

第 14 章　表格样式的设置与标题栏、明细栏

本章知识要点

1. 熟练掌握表格样式的设置方法，会设置符合国家标准要求的表格样式。
2. 熟练掌握标题栏、明细栏等表格的绘制方法。

零件图和装配图都需要绘制标题栏，装配图还需绘制明细栏。在绘制标题栏或明细栏前，首先要对它们的样式进行设置，即表格样式的设置。样式设置完后，再绘制标题栏或明细栏。下面对其步骤进行说明。

一、表格样式的设置

（1）单击“格式”菜单，点选“表格样式 ...”选项（图 14–1），打开“表格样式”对话框（图 14–2）。

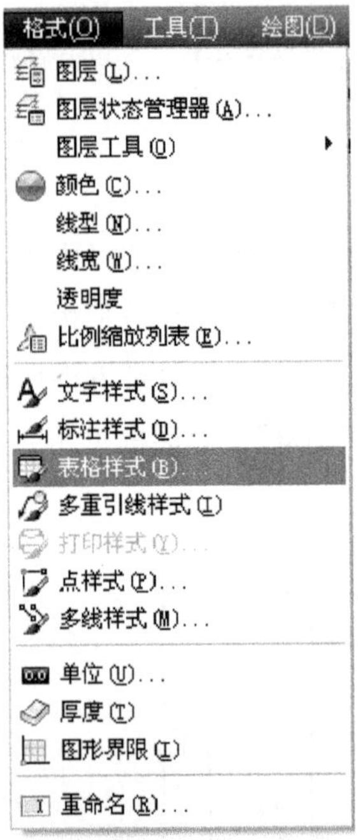

图 14–1　“格式”下拉菜单“表格样式 ...”选项

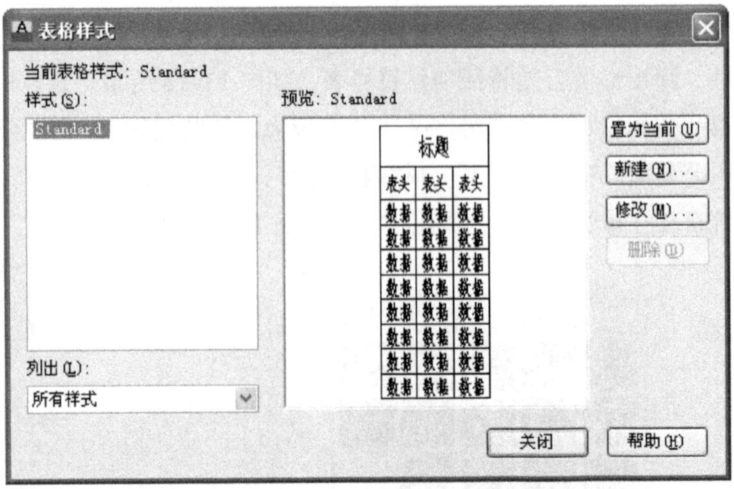

图 14–2　“表格样式”对话框

（2）在“表格样式”对话框中，单击“新建”按钮，打开“创建新的表格样式”对话框（图 14–3）。

系统默认的新样式名为“Standard 副本”，在进行新样式设置时，更名为“标题栏”（图 14–4）。单击“继续”按钮，打开“新建表格样式：标题栏”对话框（图 14–5）。在此对话框右侧对“常规、文字和边框”选项卡按要求进行必要的参数设置。

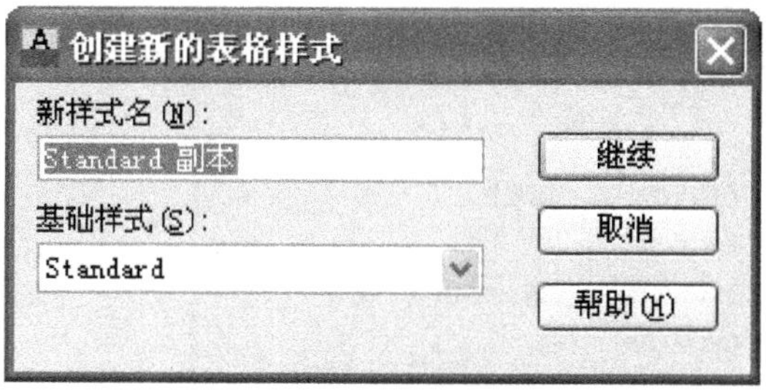

图 14–3　“创建新的表格样式”对话框

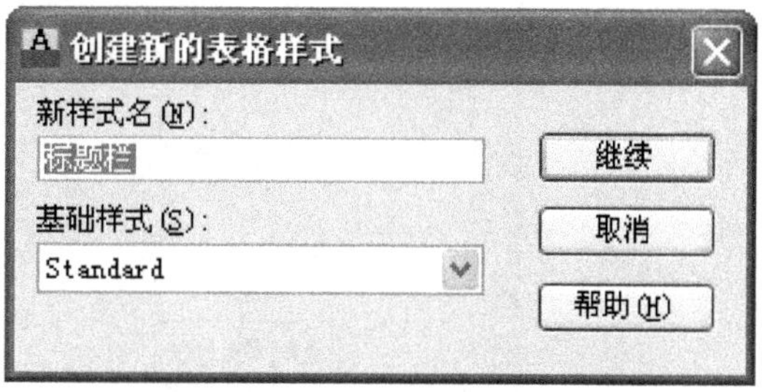

图 14–4　“标题栏”新样式名设置

（3）“常规”选项卡的设置。在“特性”选项区中，“对齐”设置为正中；“格式”设置为文字，“类型”设置为数据，其他为系统默认值；在“页边距”选项区中，“水平”和“垂直”均设置为 0，如图 14–5 所示。

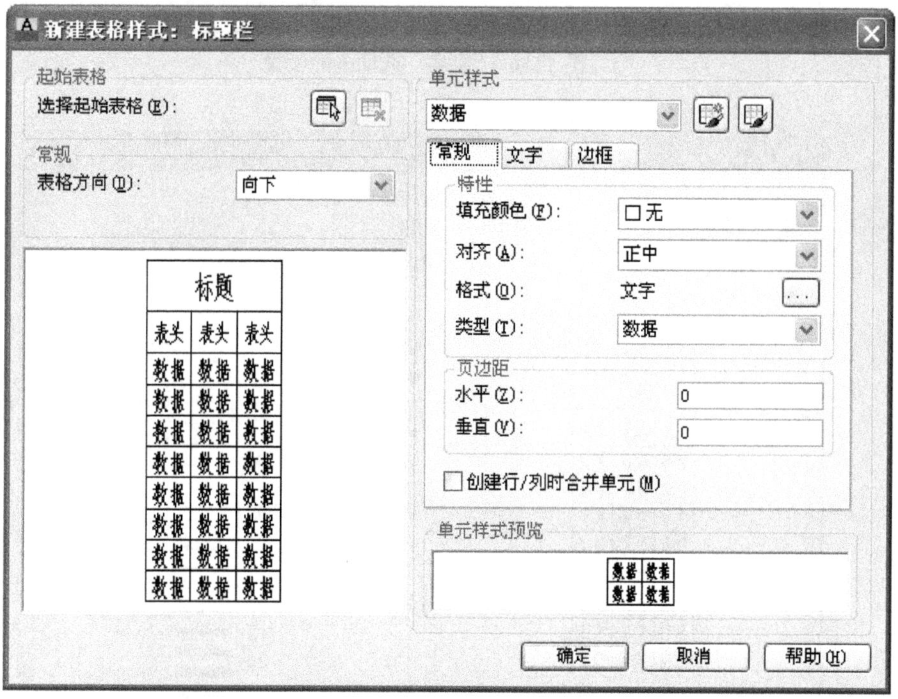

图 14–5　“常规”选项卡的设置

（4）“文字”选项卡的设置。在“特性”选项区中，“文字样式”设置为标题栏，“文字高度”设置为 5（按题目要求），其他为系统默认值，如图 14–6 所示。

（5）“表框”选项卡的设置。在“特性”选项区中，“线宽”设置为 0.5（从图 14–7 所示下拉列表中选取），然后单击“特性”选项区下方相应的“外边框”按钮（图 14-8）；同样的设置方法，再次设置“线宽”为 0.25，然后单击相应的“内边框”按钮，其他为系统默认值。

至此，“表格样式”各参数设置完成。单击“确定”按钮，完成“标题栏”表格样式的设置。

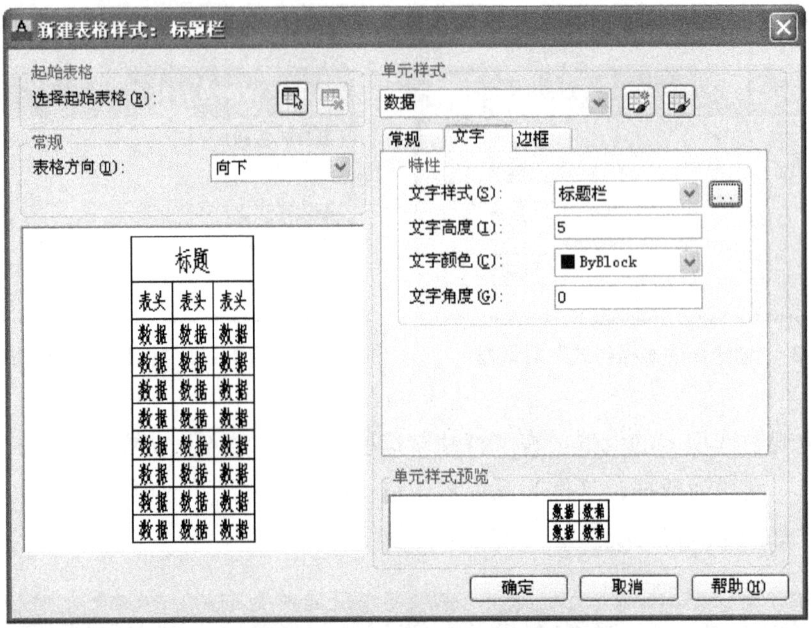

图 14-6 “文字”选项卡的设置

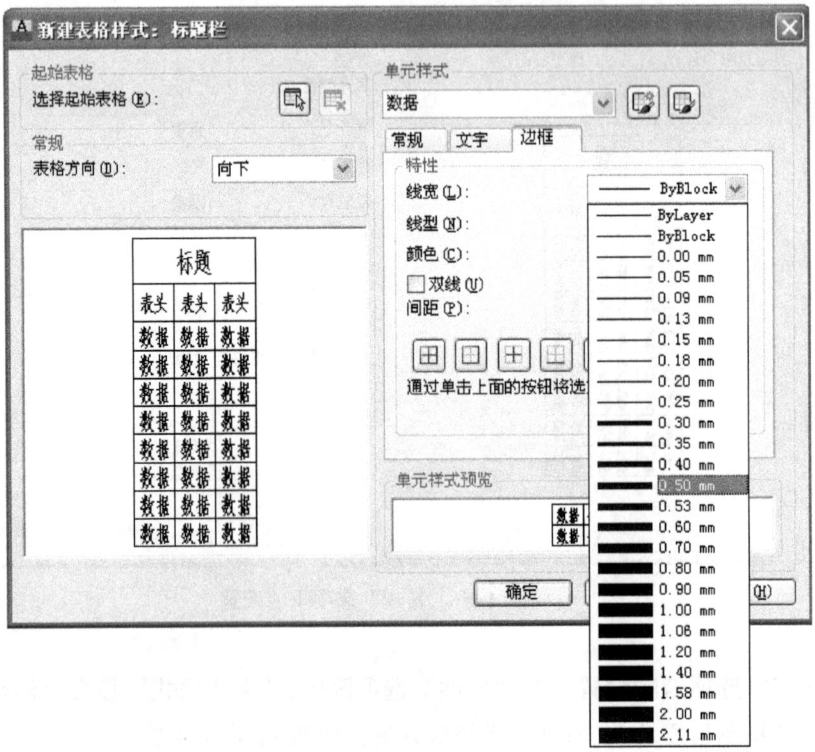

图 14-7 “边框”选项卡的设置

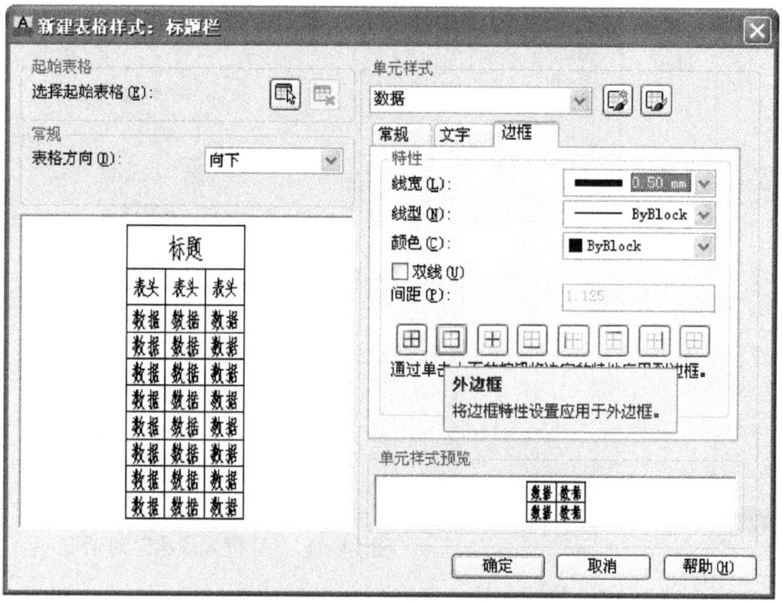

图 14–8　“边框”选项卡的设置

二、绘制标题栏或明细栏

表格样式设置完成后，就要绘制标题栏或明细栏，采用“插入表格”命令（注意：表格应建立在细实线层）。以图 14–9 所示标题栏为例，说明绘制标题栏的具体步骤。

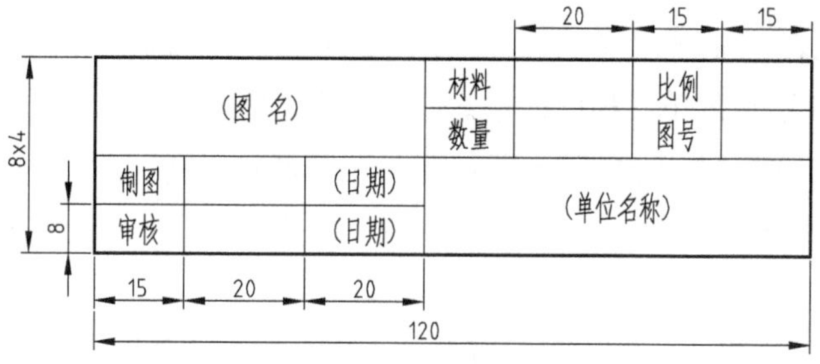

图 14–9　标题栏

（1）单击“绘图”菜单，点选“表格 ...”选项（图 14–10），打开“插入表格”对话框（图 14–11）。

（2）在“插入表格”对话框“列和行设置”选项区中，设置“列数”为 7，“列宽”为 15；“数据行数”设置为 2，“行高”为系统默认值 1。在“设置单元样式”选项区中，“第一行单元样式”设置为数据，“第二行单元样式”设置为数据，其他为系统默认值，如图 14–11 所示。单击“确定”按钮，返回绘图窗口。

（3）按命令行提示操作。指定插入点：在窗口中适当位置指定一点，就会插入一个设定好的空表格，如图 14–12 所示，并打开在位文字编辑器，单击在位编辑器的“确定”按钮，暂时关闭在位编辑器。

（4）对插入的空表格进行编辑与修改。

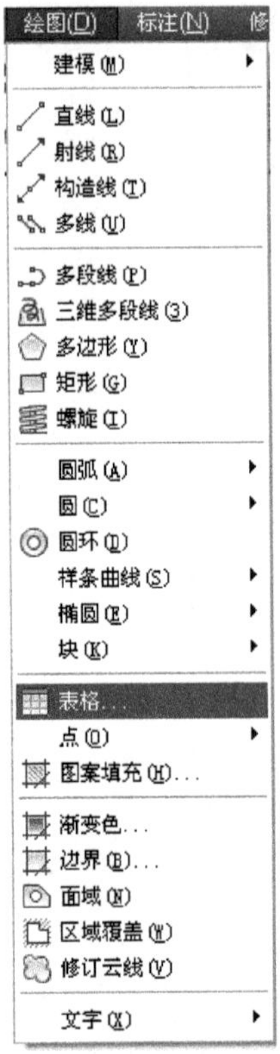

图 14-10 “绘图”下拉菜单“表格 ...”选项

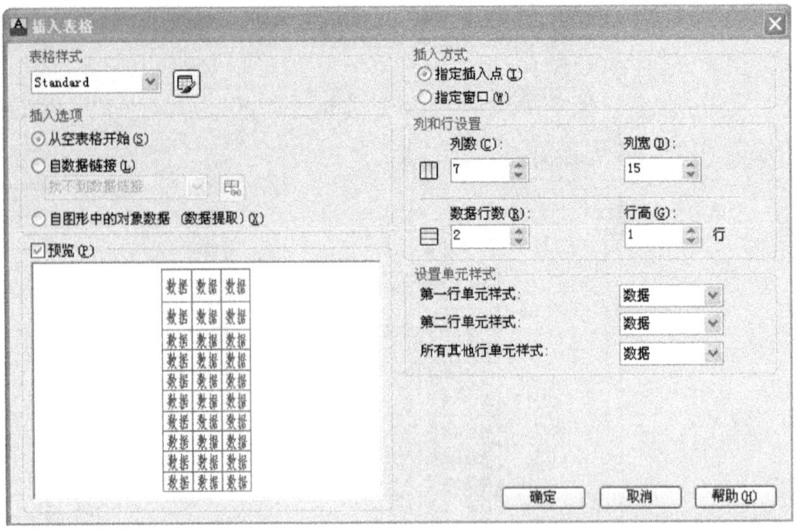

图 14-11 “插入表格”对话框

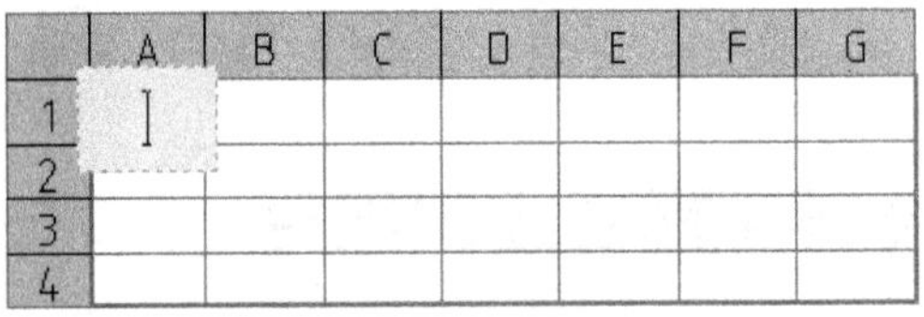

图 14-12 插入的空表格

①对不符合要求的行高和列宽进行设置。选择要修改行高和列宽的单元格［图 14-13（a）］后，将光标放在选定的单元格内，单击鼠标右键，在右键下拉菜单中点选“特性”选项，打开“特性”对话框，在“单元高度”（即行高）和“单元宽度”（即列宽）文字框中分别输入表格要求的行高数值 8 和列宽数值 20［图 14-13（b）］，回车即完成该列高和各行宽的设置。同样操作，设置其他不符合要求的列宽。

②合并单元格。选择要合并在一起的所有单元格，将光标放在选定的单元格内，单击鼠标右键，在右键下拉菜单中点选“合并”“全部”选项，即执行单元格的合并，结果如图 14-14（a）所示。同样操作，合并其他单元格。

③输入文字。双击要输入文字的单元格，即打开在位文字编辑器，出现“文字格式”工具栏，光标在第一个单元格内闪烁。这时，可以在该单元格内按要求输入所需文字。在一个单元格内输入文字完毕，按 <Tab> 键将光标移至下一个单元格，也可以按方向键“←”“↑”“→”“↓”移动相邻单元。所有文字输入完毕，单击“文字格式”工具栏的“确定”按钮，关闭在位文字编辑器，完成标题栏的绘制，如图 14-14（b）所示。

（a）选定单元格

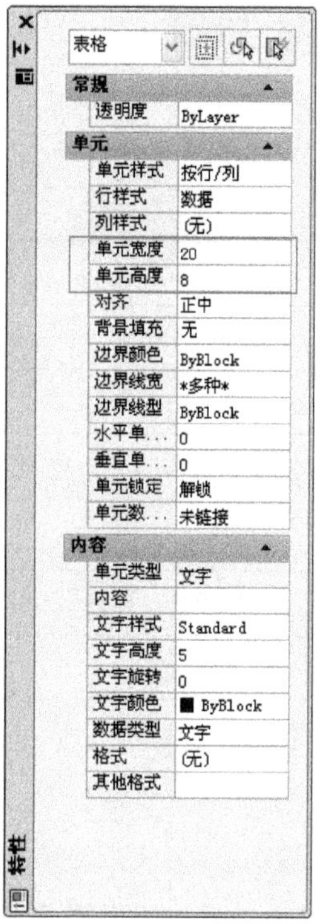

（b）设置“单元高度”和“单元宽度”

图 14-13　“特性”对话框设置行高、列宽

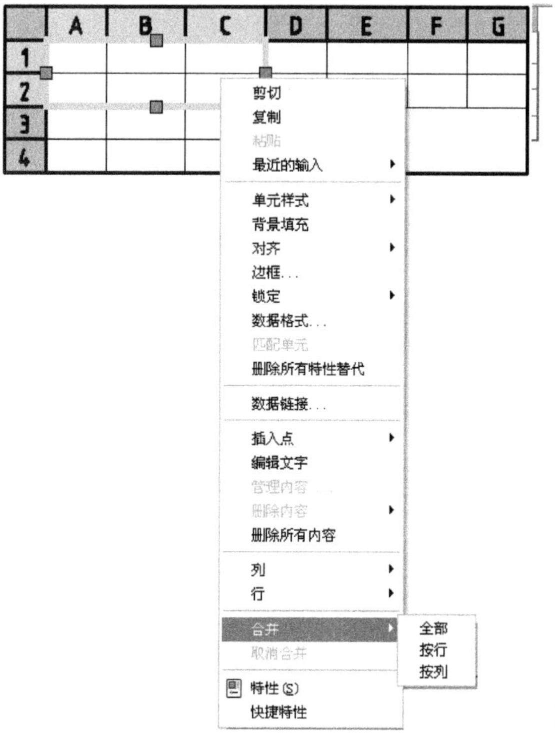

（a）利用“特性”对话框合并单元格

（b）注写文字

图 14-14　绘制标题栏

三、练习题

1. 按下表设置尺寸标注和标题栏文字样式。

第 1 题表

样式名	字体名	大字体	高度	宽度比例	倾斜角度	用途
尺寸数字	gbenor.shx	gbcbig.shx	3.5	1	0	尺寸数字
标题栏	仿宋 GB—2312	常规	5	1	0	标题栏

2. 按下表设置尺寸标注样式。

第 2 题表

样式名	基线距离	超出尺寸线	箭头大小	文字样式	文字高度	从尺寸线偏移	调整选项
尺寸标注	7	2	3	尺寸数字	3.5	0.625	文字

3. 按题 1、题 2 中的设置，绘制标题栏。

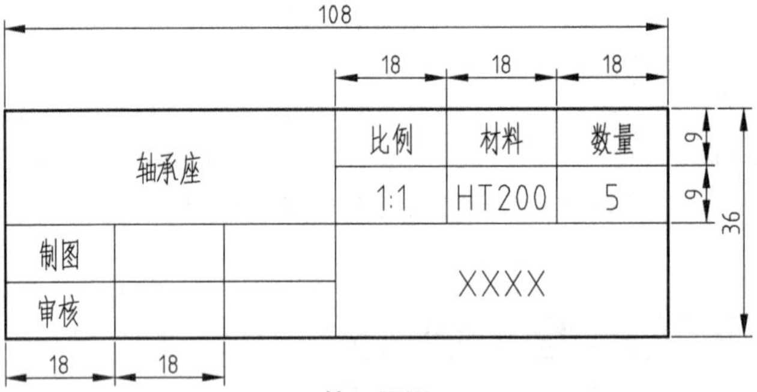

第 3 题图

4. 按题 1、题 2 中的设置绘制下列图形，并标注尺寸和技术要求。

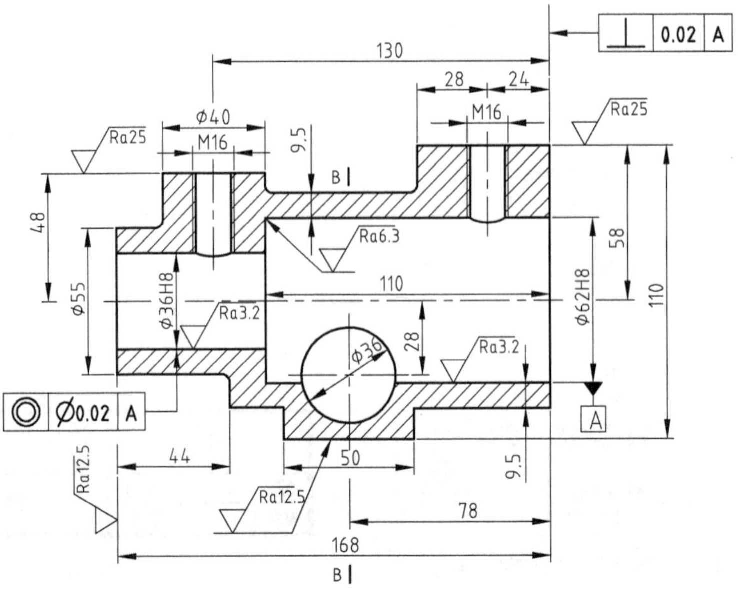

第 4 题图

5. 按题 1、题 2 中的设置绘制下列各零件图，并标注尺寸和技术要求。

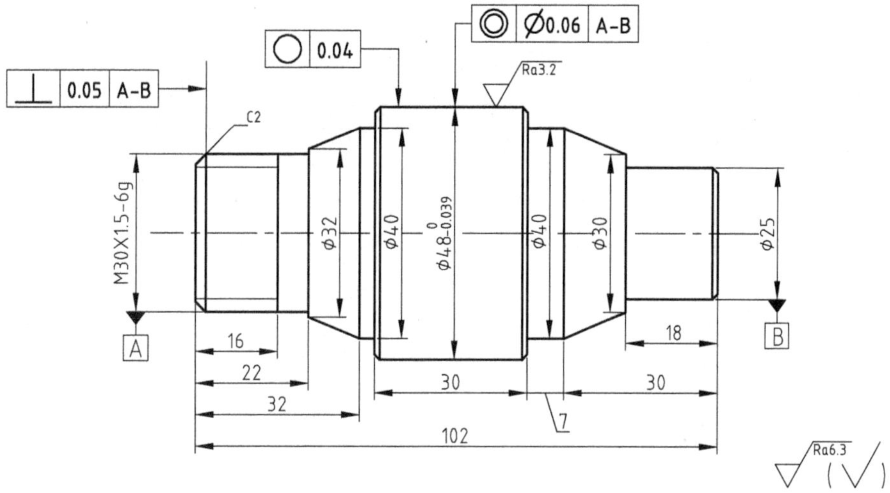

（1）阶梯轴零件图

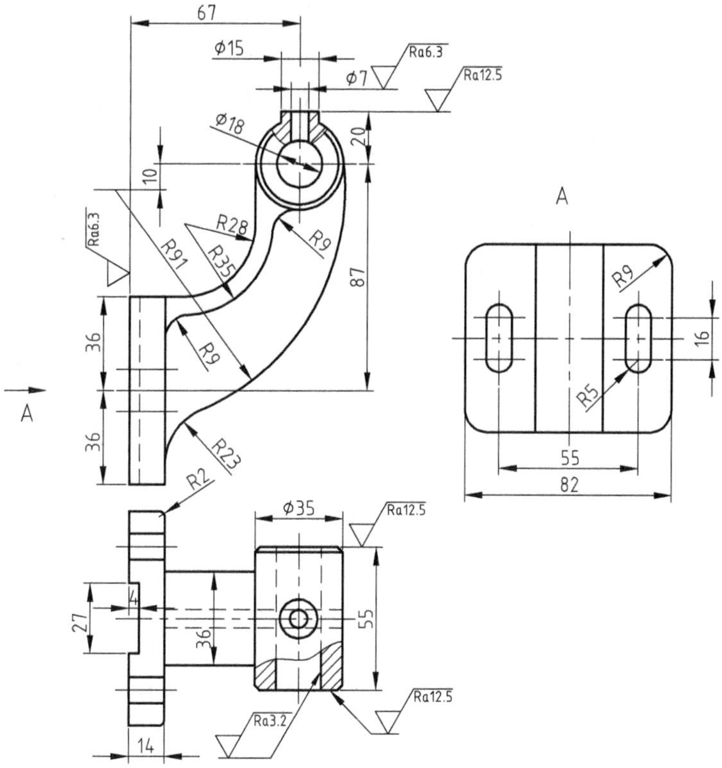

（2）脚踏座零件图

第 5 题图

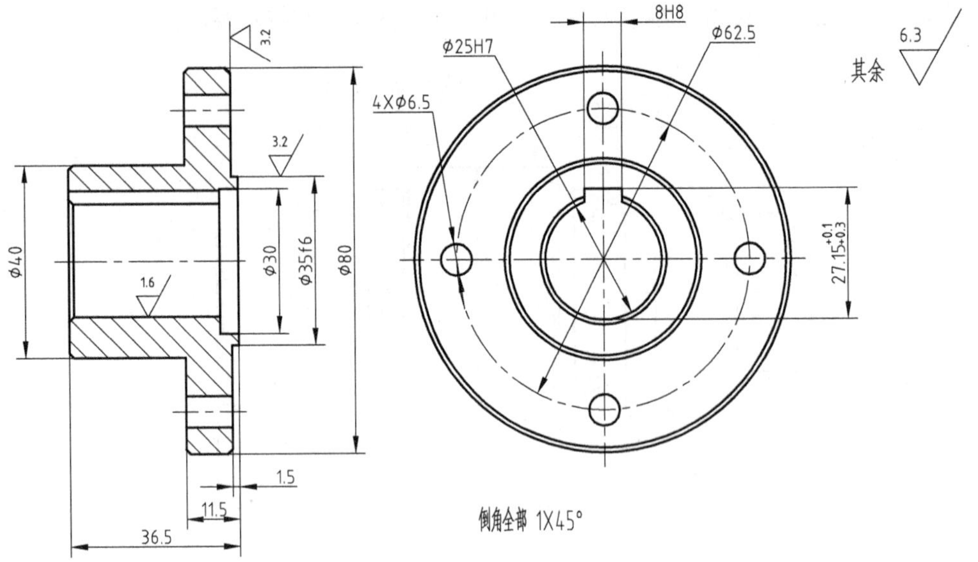

（3）左套零件图

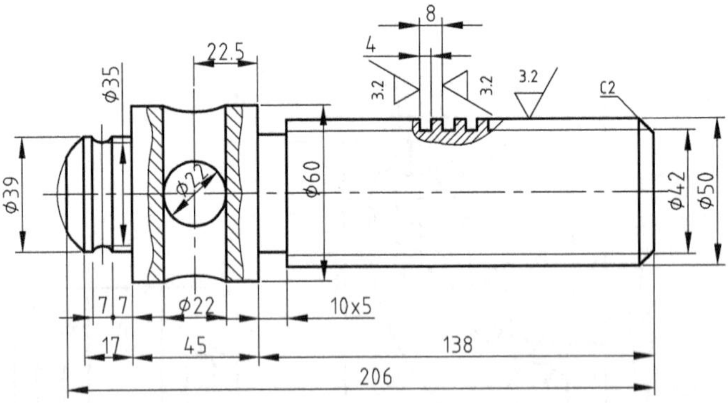

（4）螺杆零件图

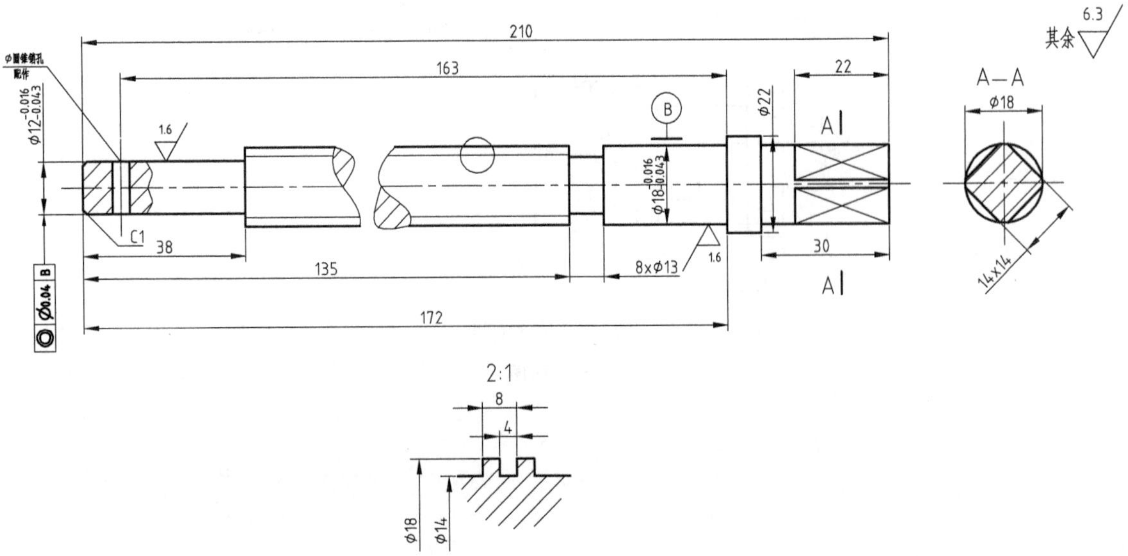

（5）阀杆零件图

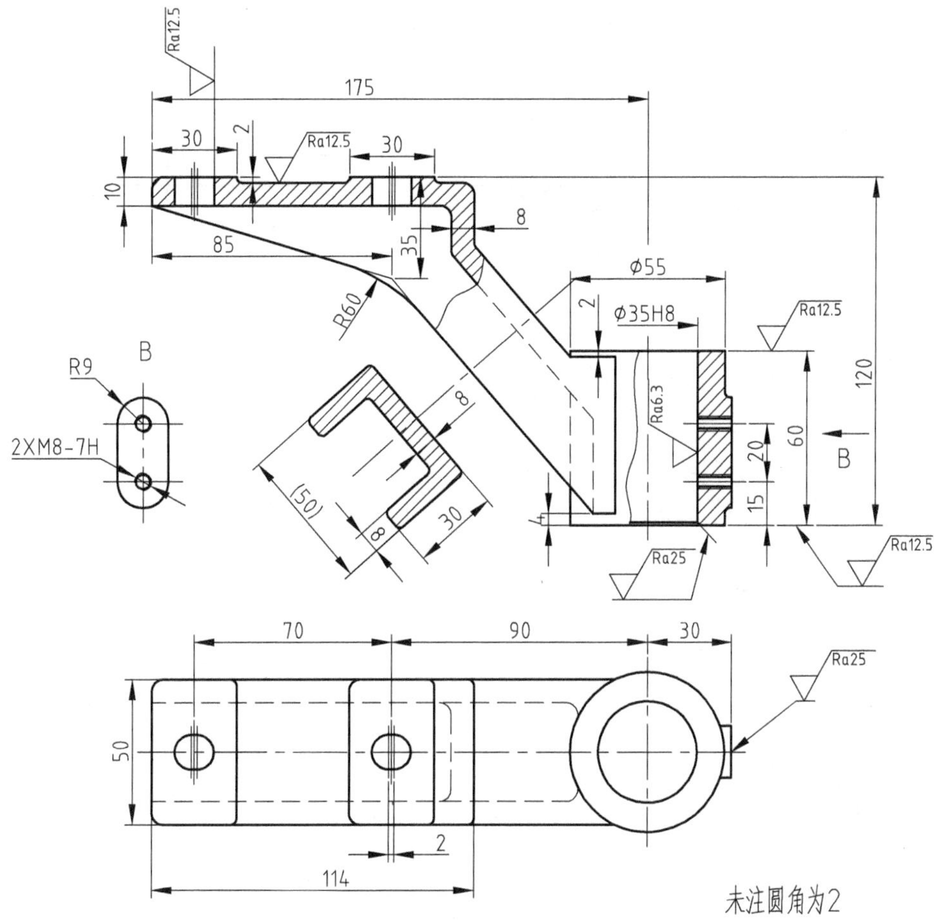

（6）托架零件图

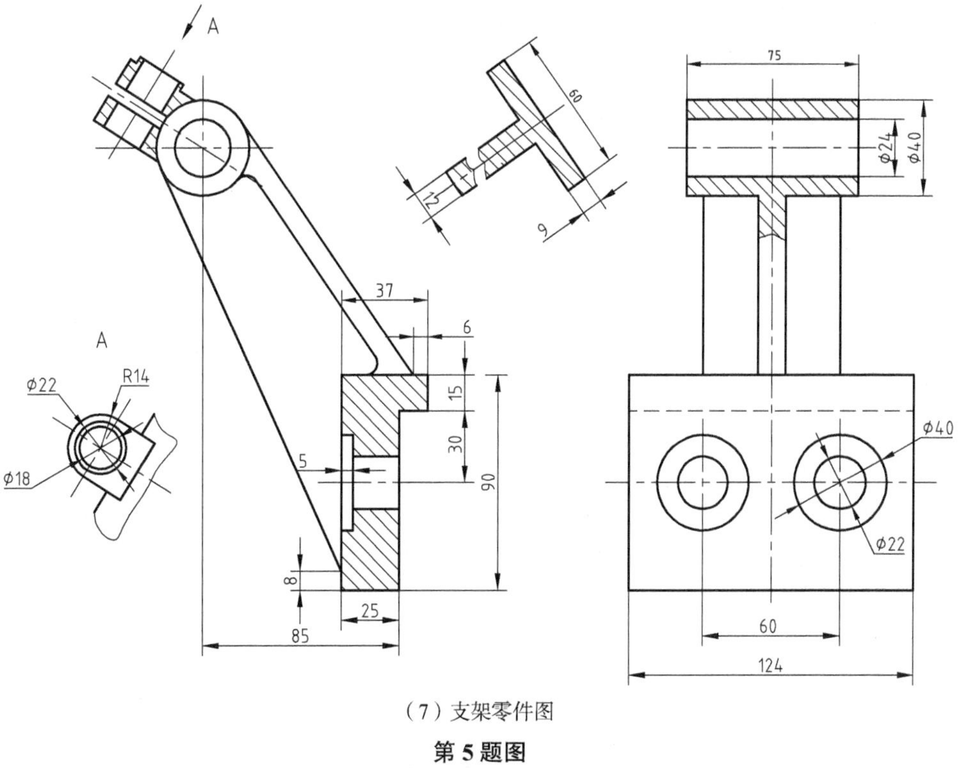

（7）支架零件图

第 5 题图

6. 根据给定的零件图，按照 1∶1 绘制装配图，并标明零件序号。

（1）绘制定位器装配图。

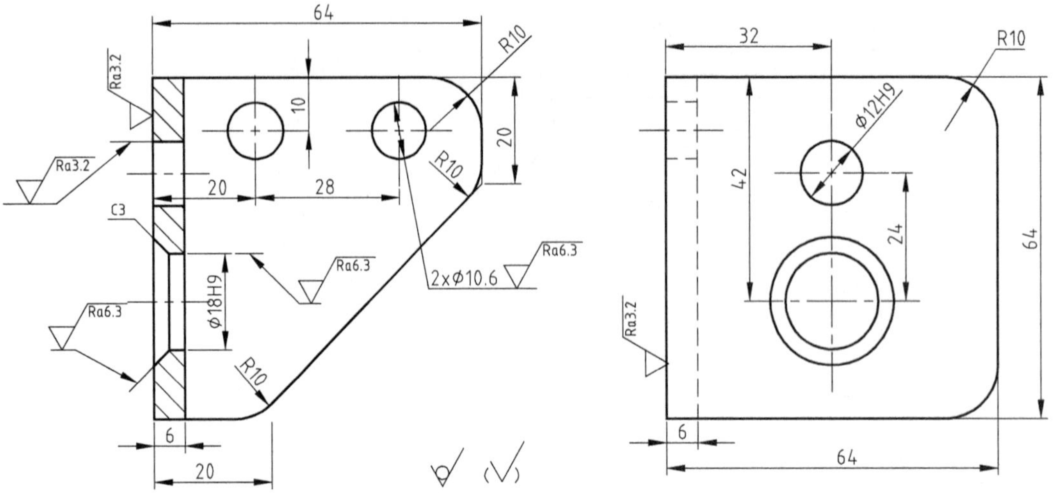

序号：1 名称：支架零件图

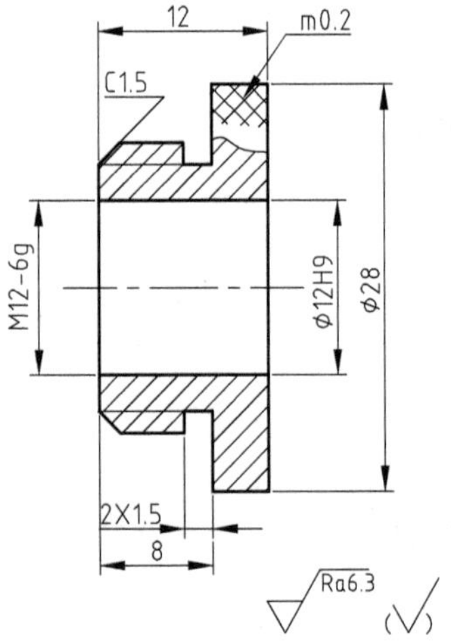

序号：2 名称：盖零件图

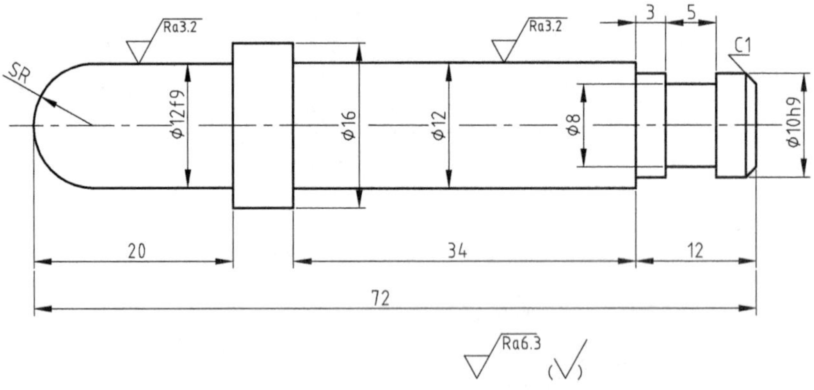

序号：3 名称：定位轴零件图

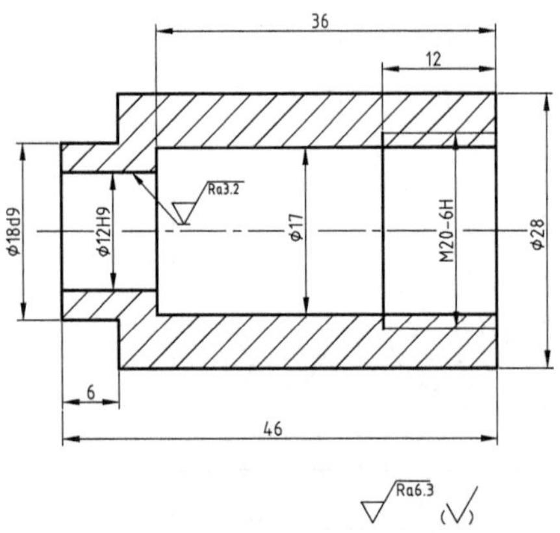

序号：4 名称：套筒零件图

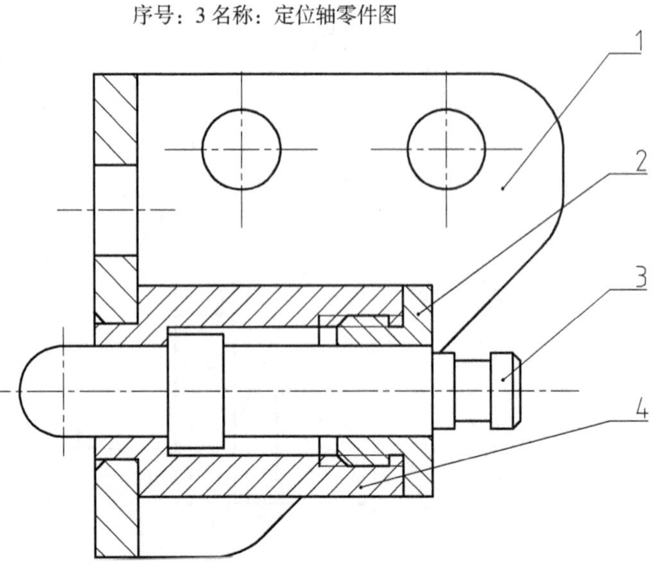

定位器装配图

第 6 题图（1）

（2）绘制轴承座体装配图。

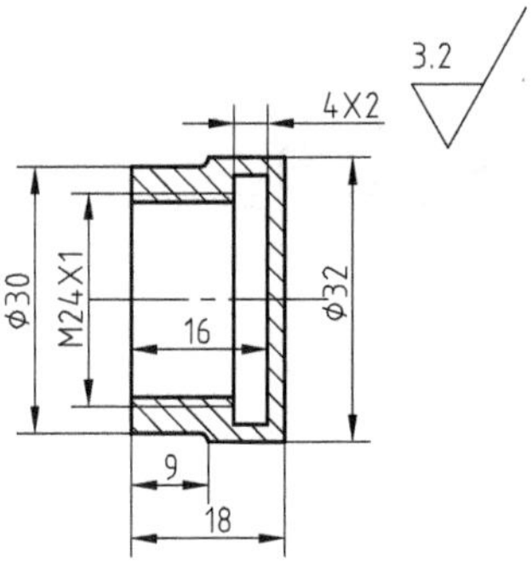

序号：1 名称：油盖零件图

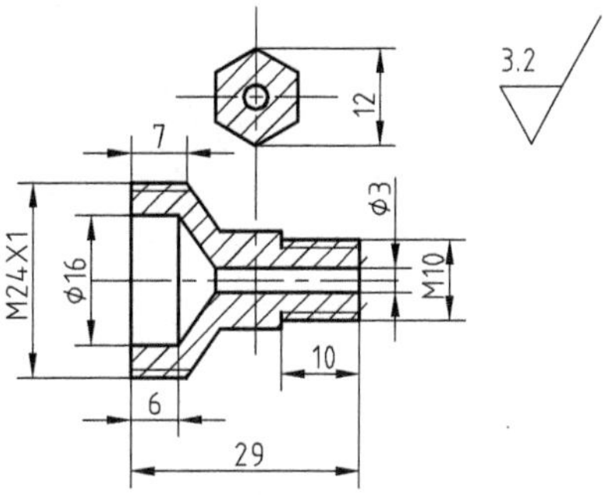

序号：2 名称：油杯零件图

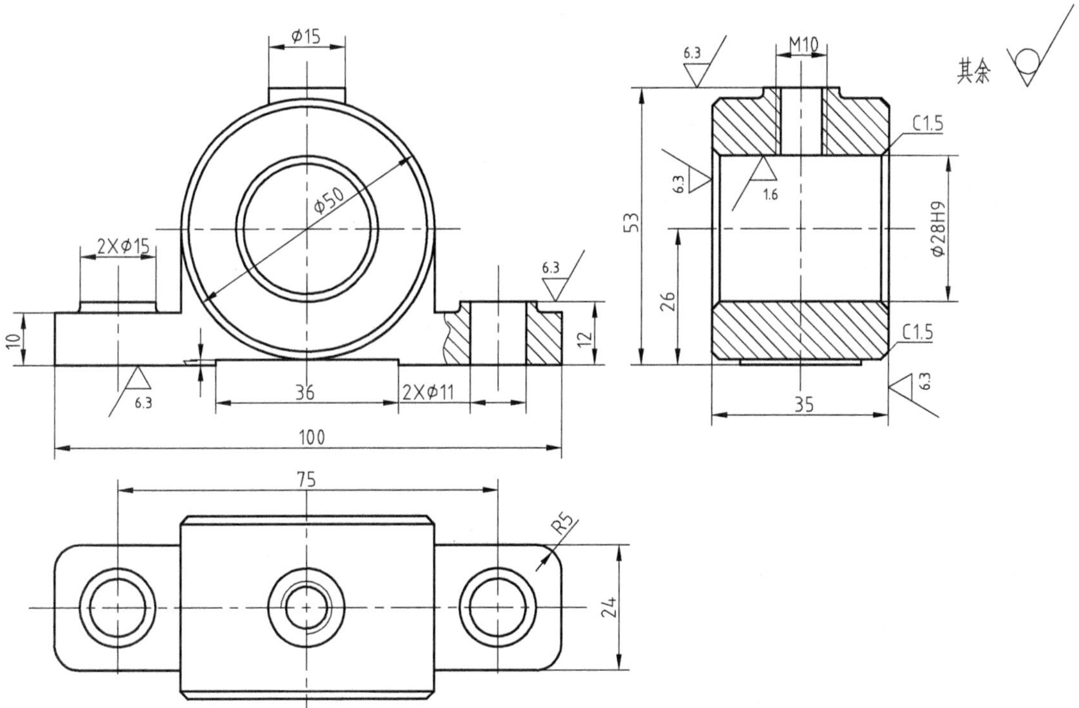

序号：3 名称：轴承座零件图

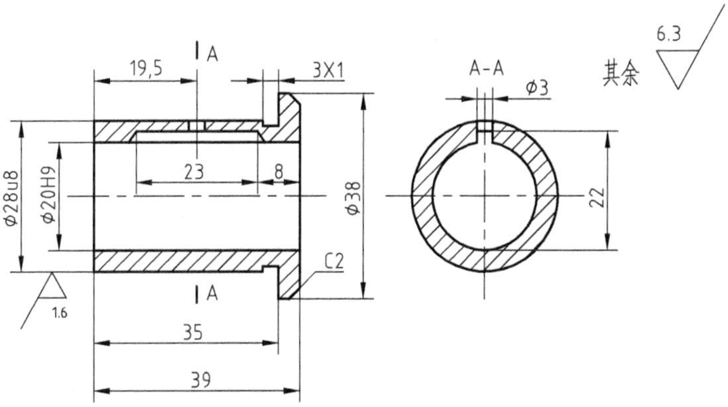

序号：4 名称：轴衬零件图

第 6 题图（2）

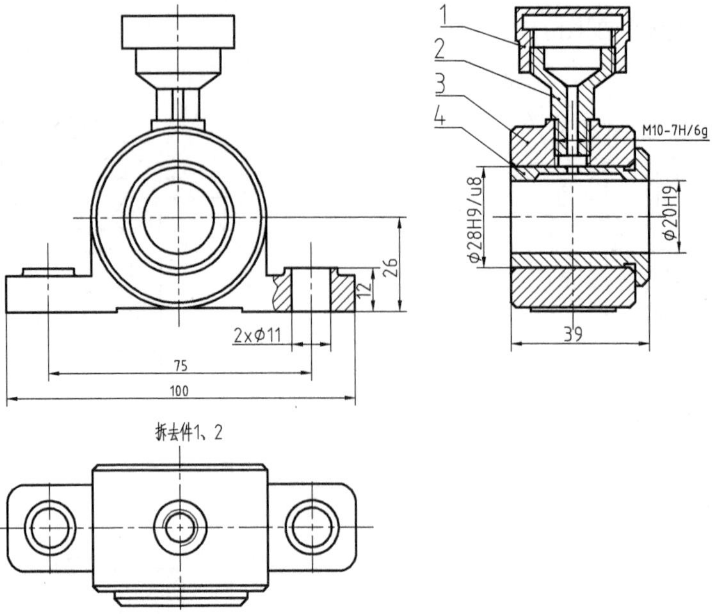

轴承座体装配图

第 6 题图（2）

（3）绘制齿轮油泵装配图。

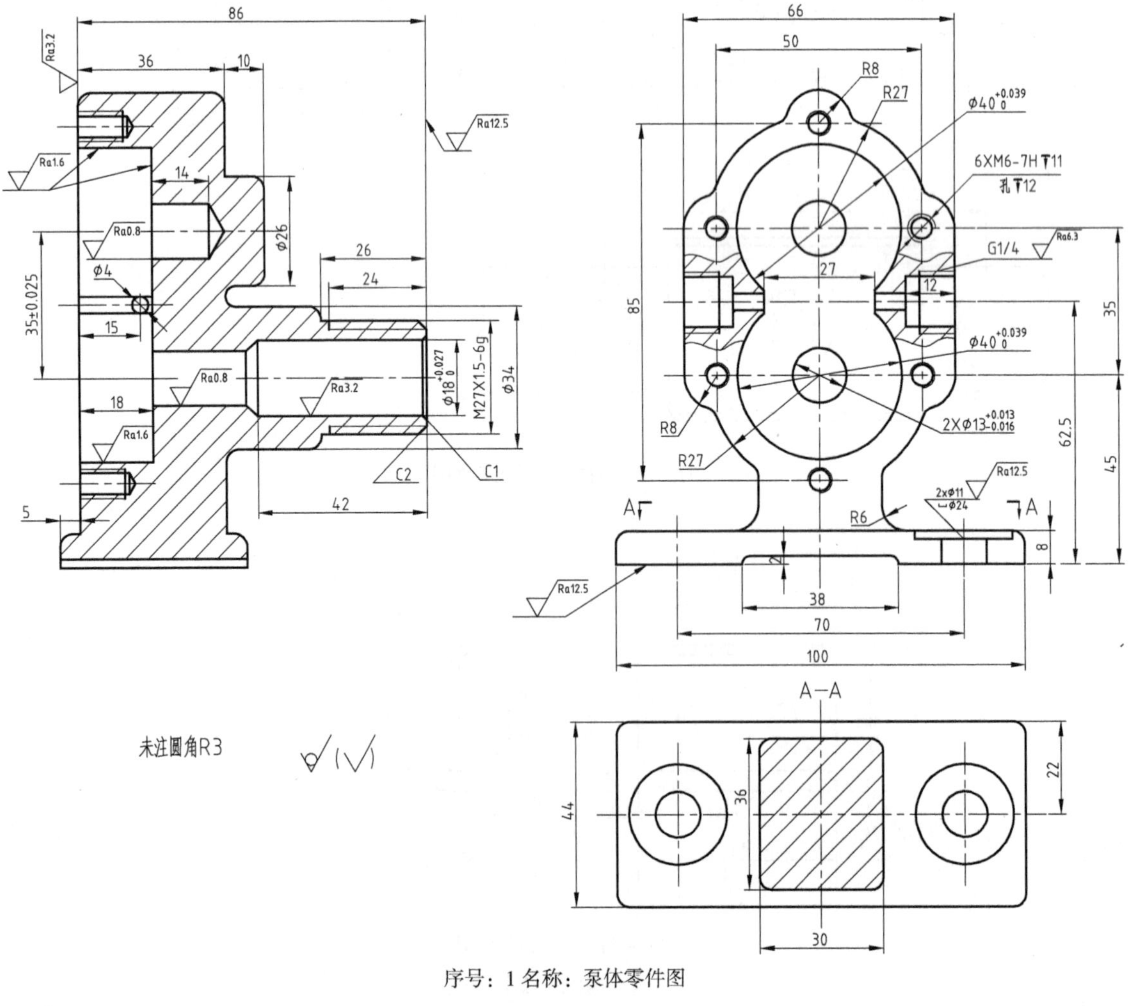

序号：1名称：泵体零件图

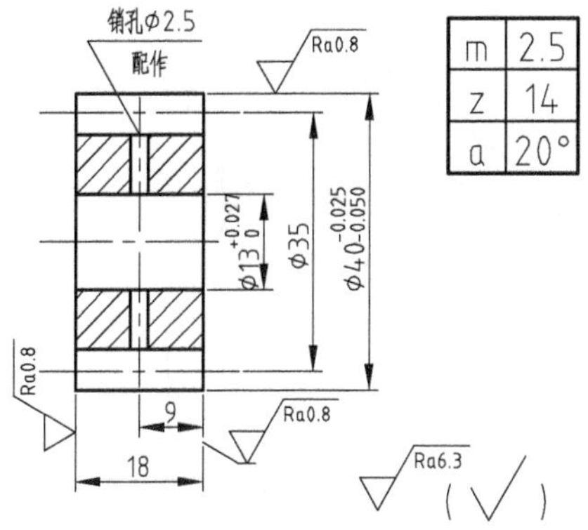

序号：2 名称：齿轮零件图

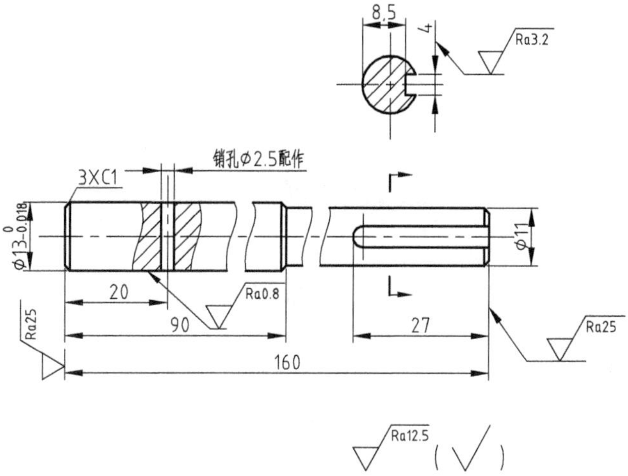

序号：3 名称：主动轴零件图

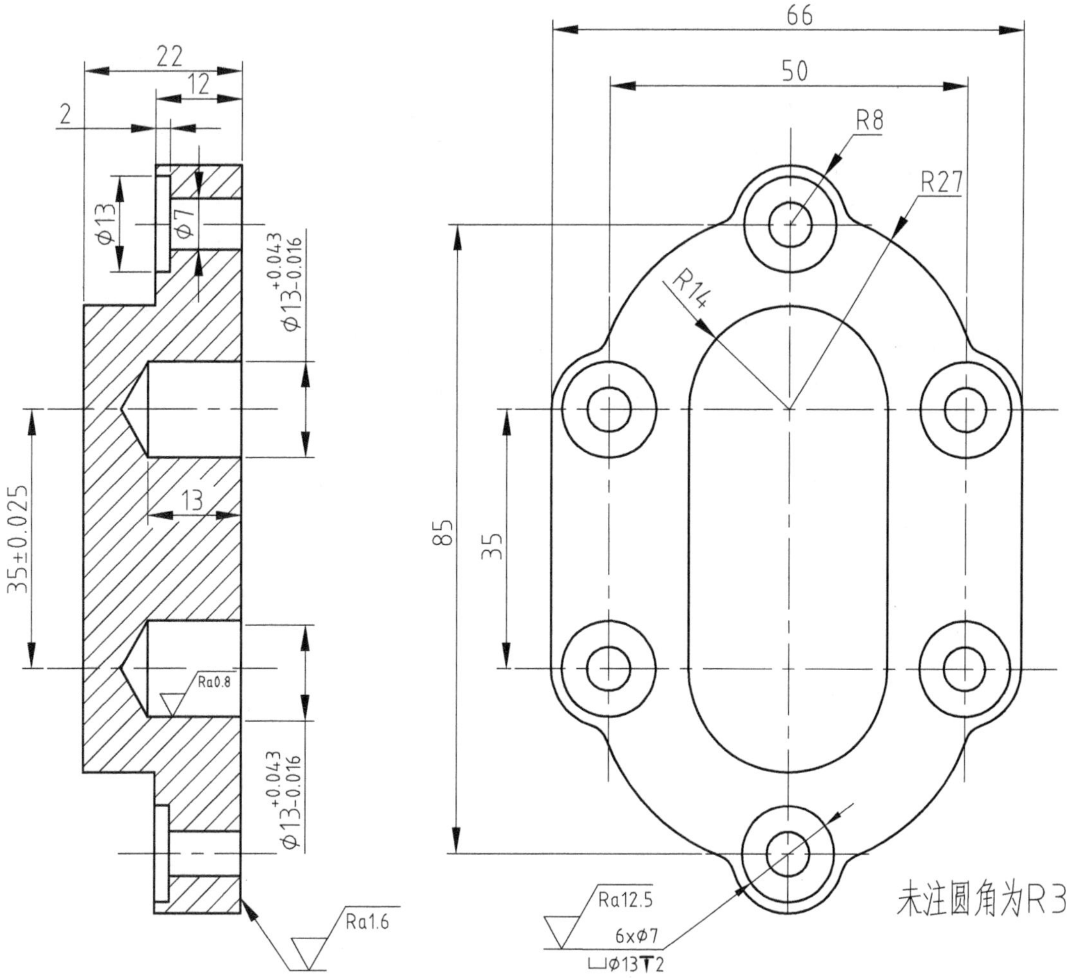

序号：4 名称：泵盖零件图

第 6 题图（3）

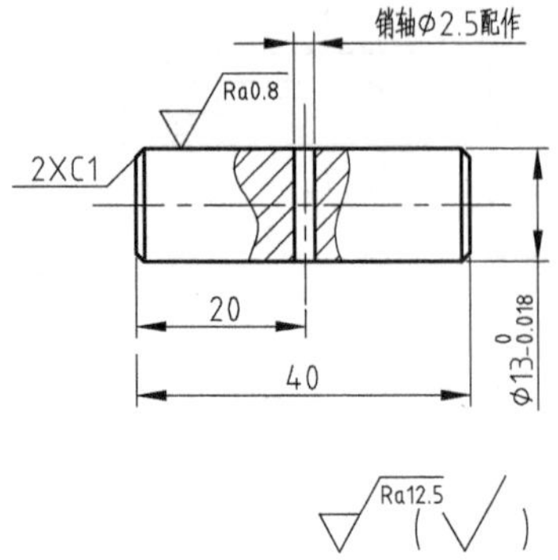

序号：5 名称：从动轴零件图

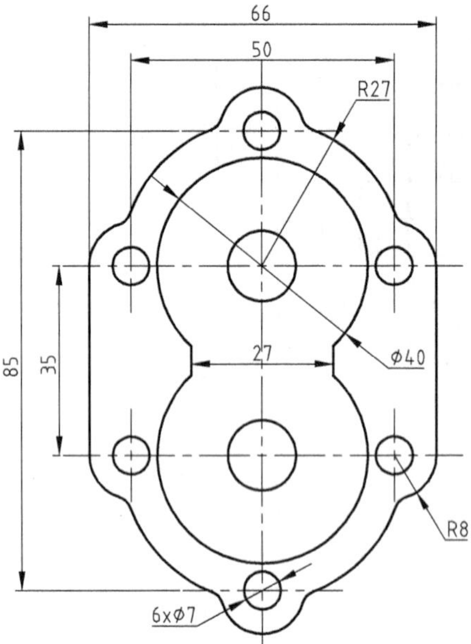

序号：6 名称：垫片零件图

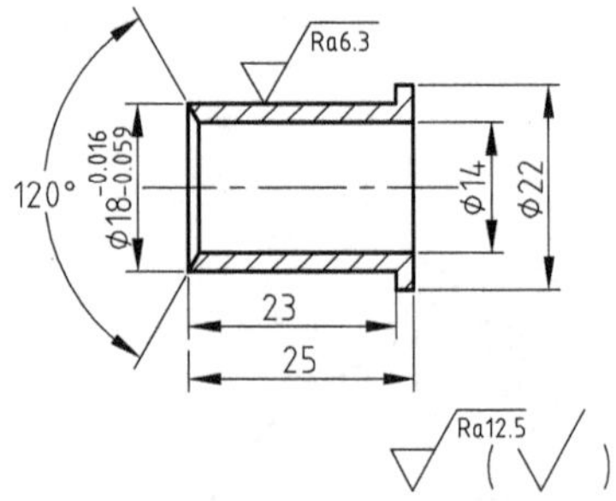

序号：9 名称：填料压盖

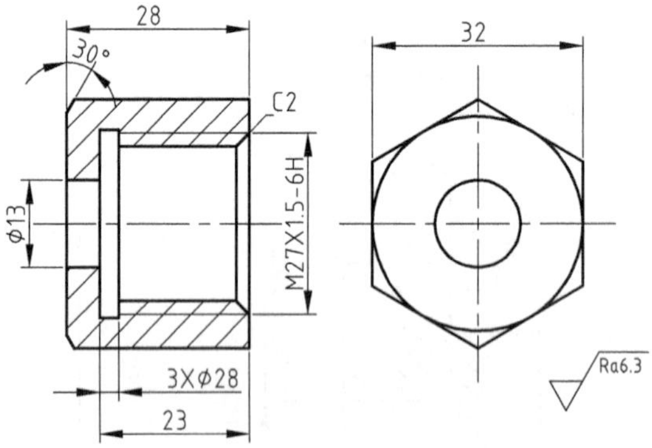

序号：10 名称：压紧螺母

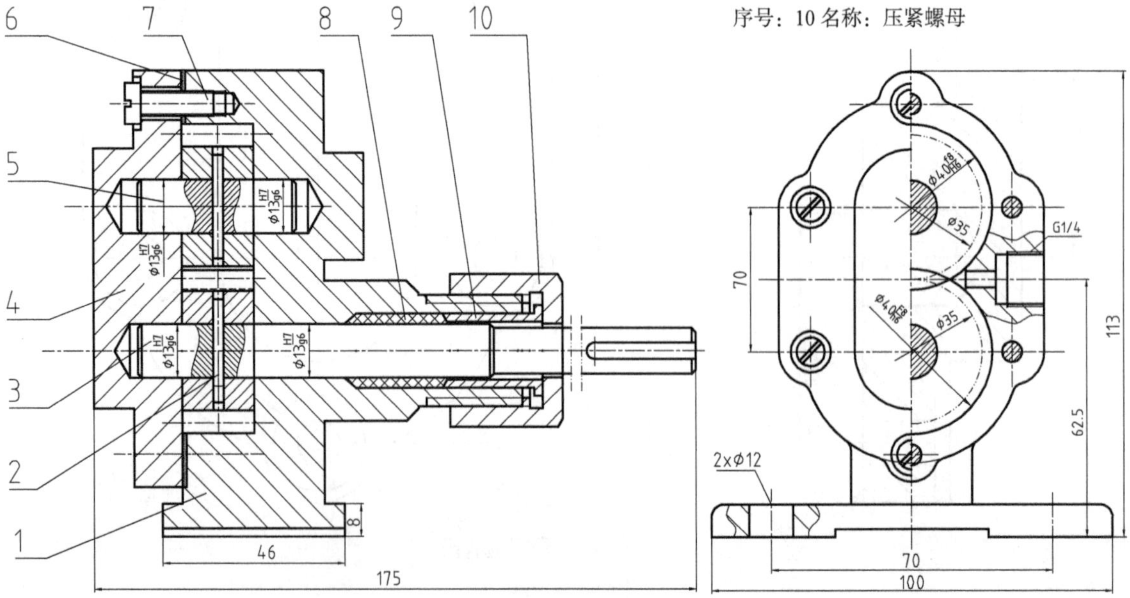

齿轮油泵装配图

第 6 题图（3）

（4）绘制支顶装配图。

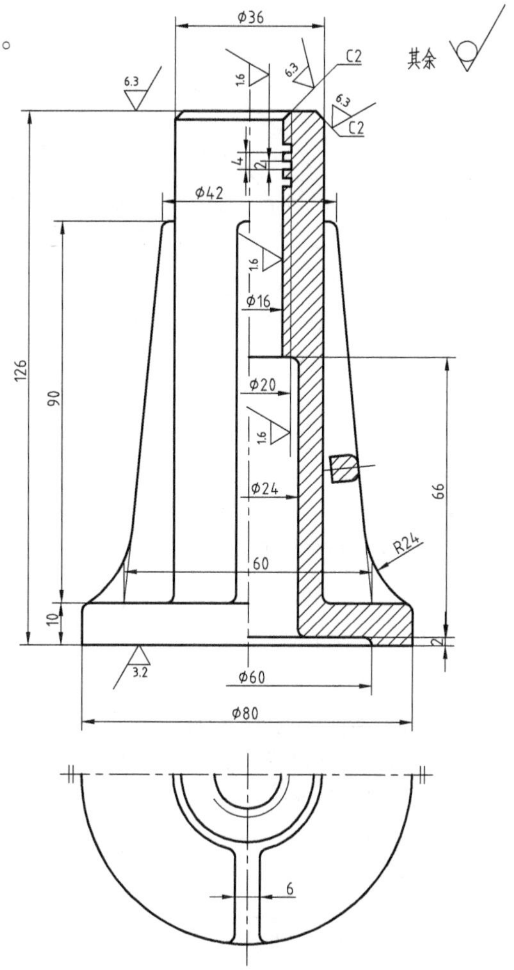

序号：1 名称：底座零件图

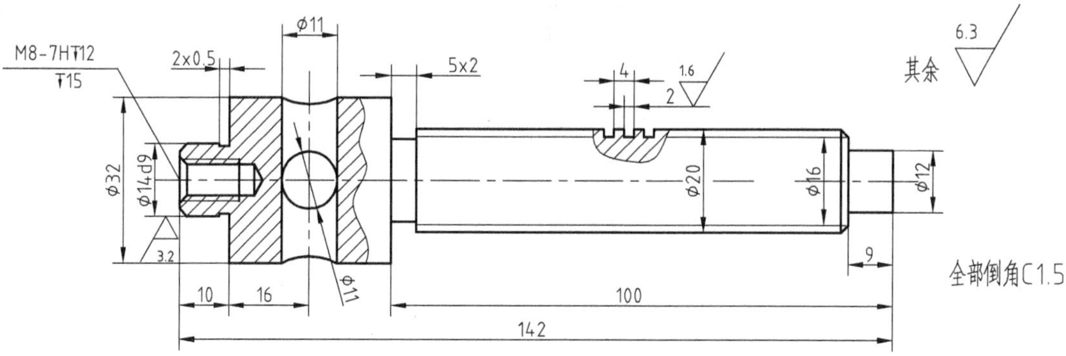

序号：2 名称：螺杆零件图

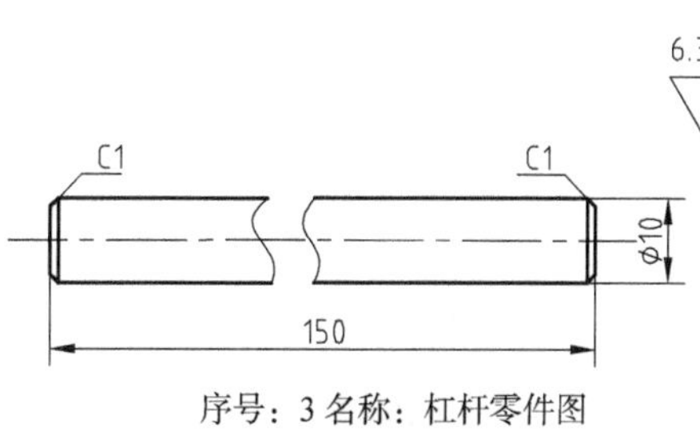

序号：3 名称：杠杆零件图

第 6 题图（4）

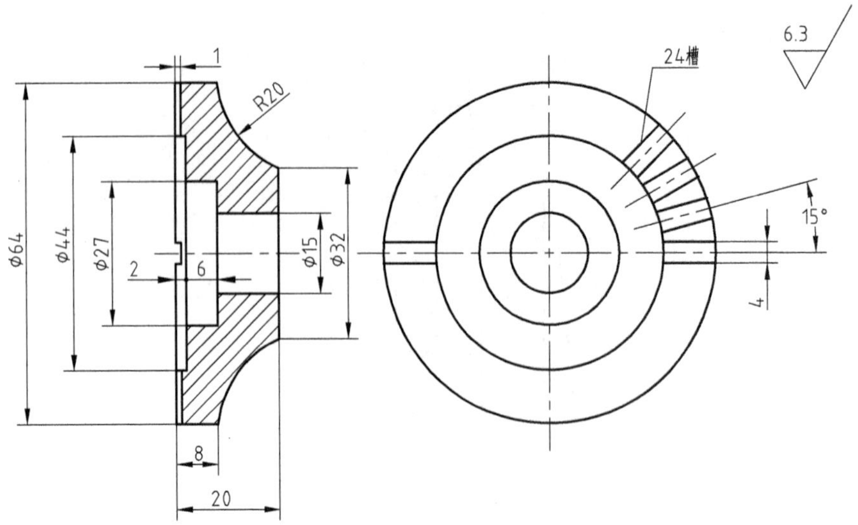

序号：4 名称：顶盖零件图

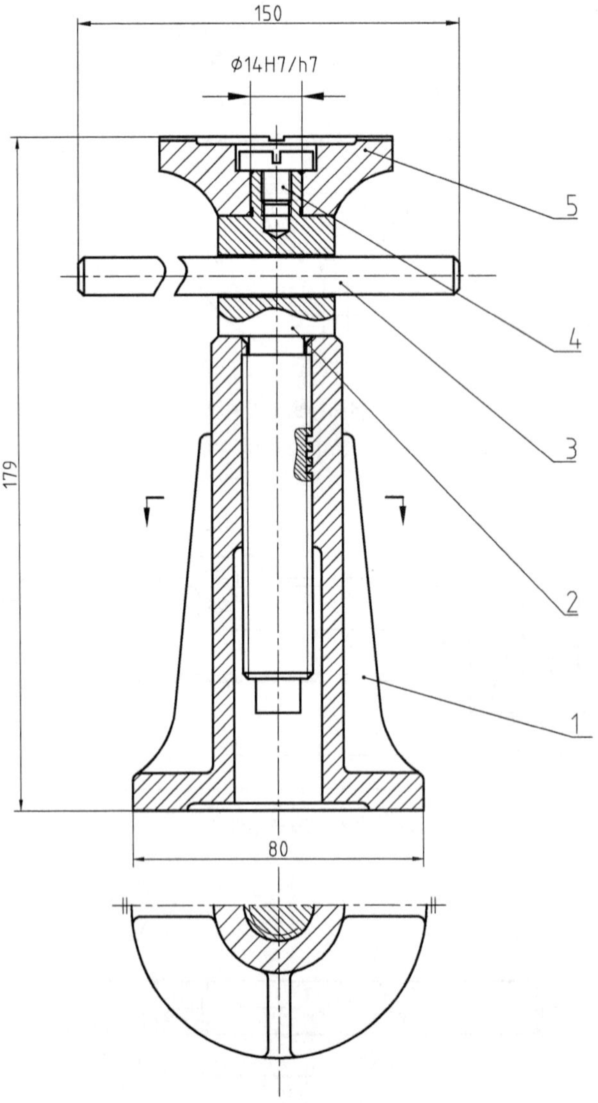

支顶装配图

第 6 题图（4）

（5）绘制齿轮轴装配图。

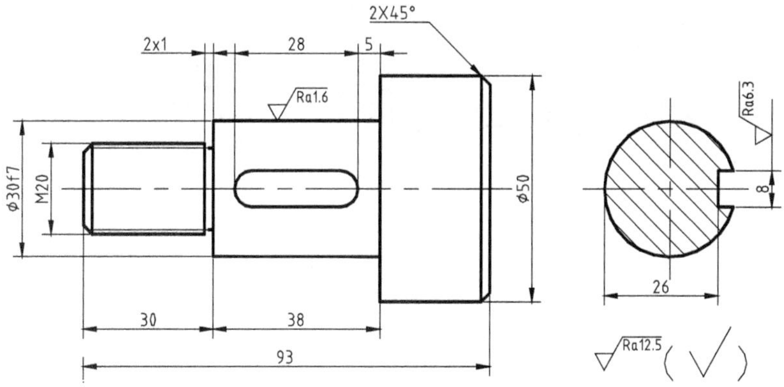

序号：1 名称：轴

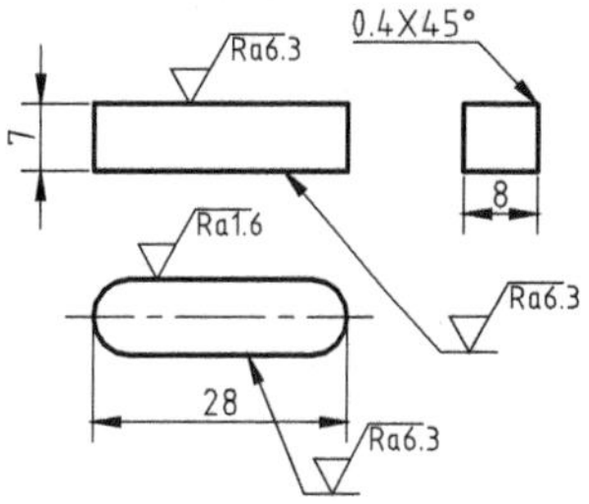

序号：2 名称：平键

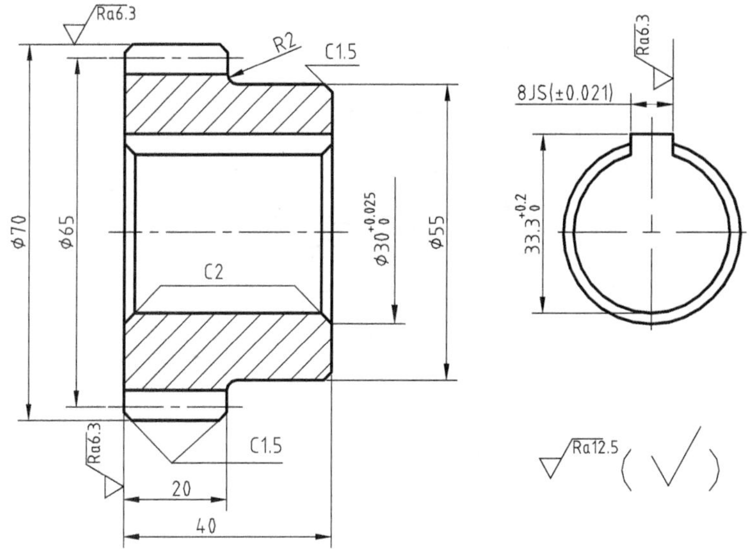

序号：3 名称：齿轮

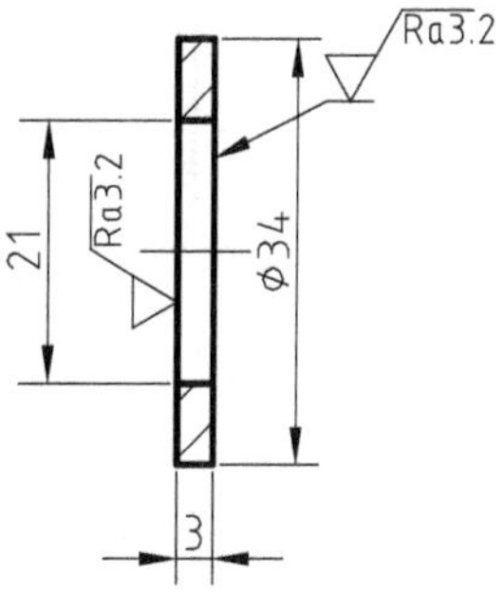

序号：4 名称：垫圈

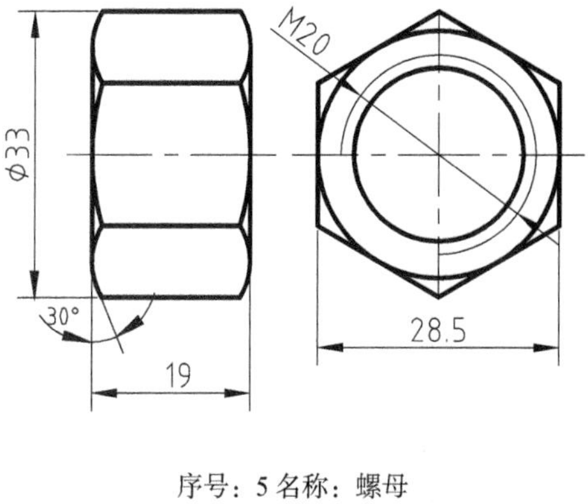

序号：5 名称：螺母

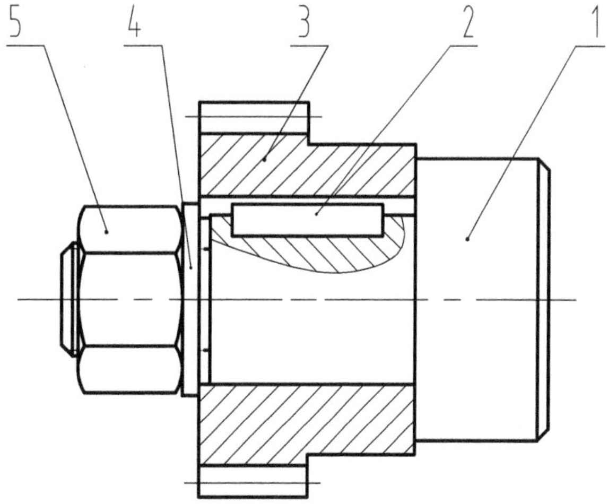

齿轮轴装配图

第 6 题图（5）

（6）绘制手动气阀装配图。

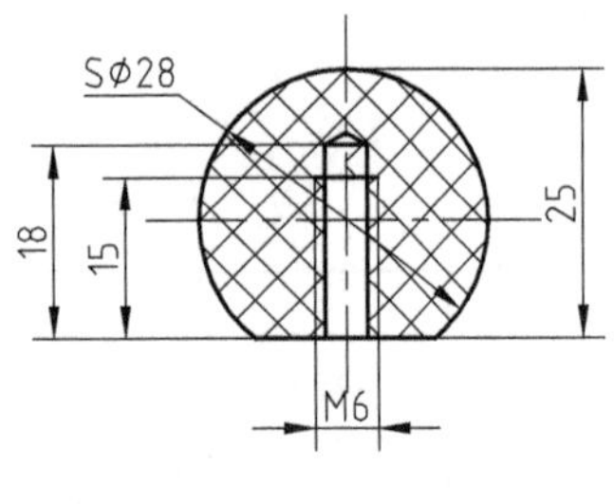

序号：1 名称：手柄

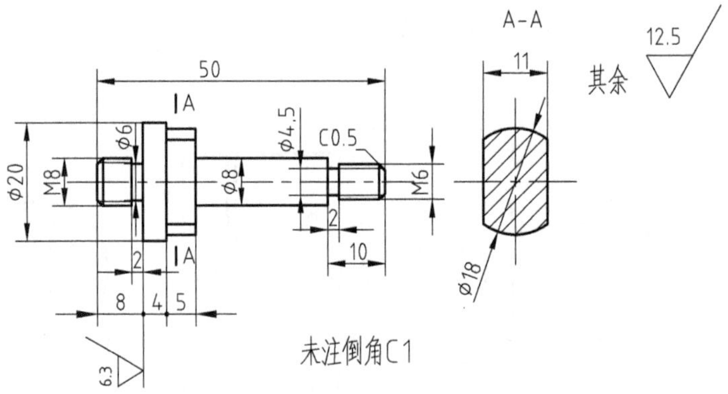

序号：2 名称：

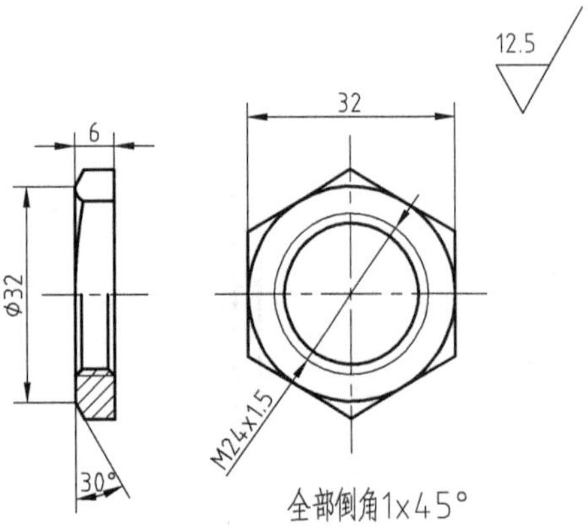

序号：3 名称：螺母

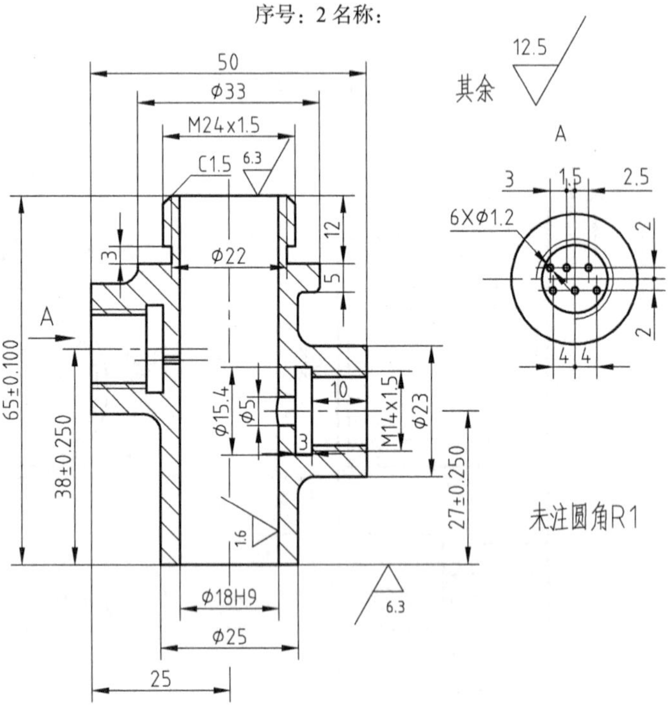

序号：4 名称：阀体

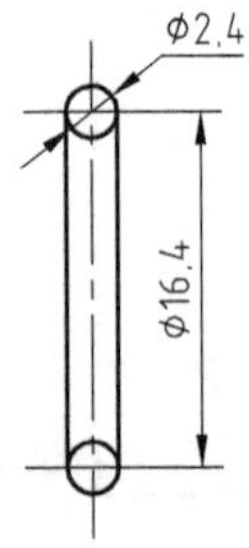

序号：5 名称：密封圈

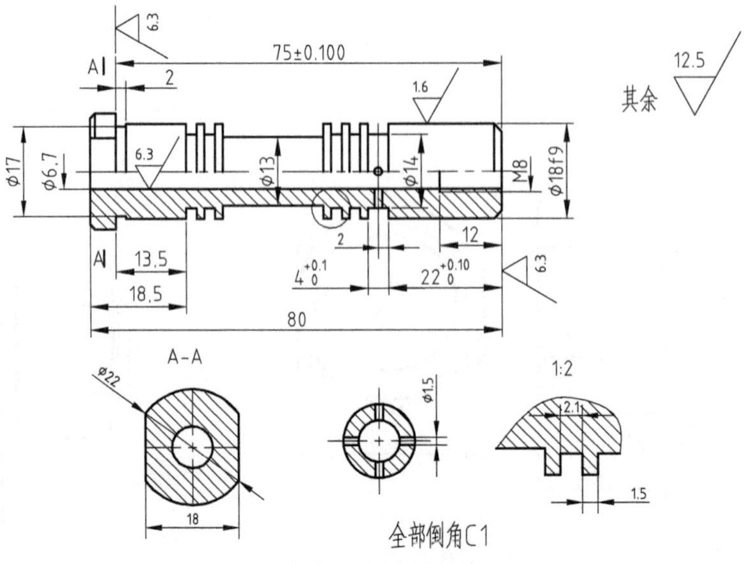

序号：6 名称：阀杆

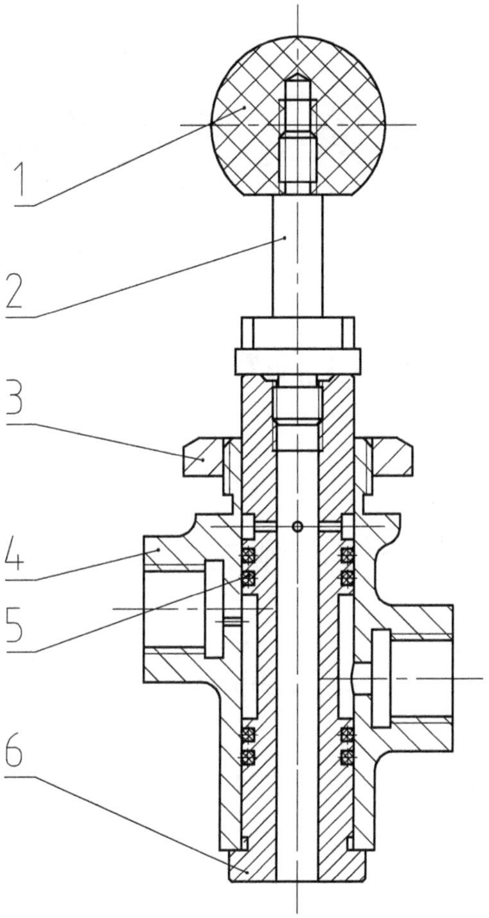

手动气阀装配图

第 6 题图（6）

第3篇　试题精选

第15章　理论知识试题精选

中级制图员知识测试试卷（机械类）（1）

一、单项选择题（在每小题四个备选答案中选出一个正确答案，并将正确答案的字母填入括号中）。（每小题1分，共10分）

1. 机械制图国家标准规定，图样中的尺寸以（　）为单位时，不需注写计量单位代号或名称。

A. 微米　　B. 毫米　　C. 厘米　　D. 米

2. 机械制图国家标准规定，尽可能避免在竖直方向逆时针旋转（　）角度内标注尺寸。

A. 15°　　B. 60°　　C. 45°　　D. 30°

3. 底图是原始的正式文件，底图上有设计者和有关（　）的签字，准确可靠，所以也应当妥善归档保存。

A. 描图员　　B. 技术员　　C. 工艺员　　D. 负责人

4.（　）一个投影面同时倾斜于另外两个投影面的直线称为投影面的平行线。

A. 平行于　　B. 垂直于　　C. 相交于　　D. 交叉于

5. 点的（　）投影反映 X、Y 坐标。

A. 右面　　B. 侧面　　C. 正面　　D. 水平

6. 在斜二等轴测图中，取一个轴的轴向变形系数为0.5时，另两个轴的轴向变形系数均为（　）。

A.0.5　　B.1　　C.1.22　　D.0.6

7. 绘制正等轴测剖视图的方法有两种，其中之一是先画（　），再画投影。

A. 断面形状　　B. 外形　　C. 三视图　　D. 剖面线

8. 将投射中心移至无穷远处，则投射线视为（　）。

A. 交于一点　　B. 平行　　C. 倾斜　　D. 相交

9. 用于复制图样或描绘底图的原图有三种：（　）、计算机绘制的设计原图和设计中的铅笔图。

A. 效果图　　　　B. 硬板原图　　　　C. 轴测图　　　　D. 草图

10. 用于复制图样或描绘底图的原图有勘察、测绘制成的硬板原图、计算机绘制的设计原图和设计工作中产生的（　）。

A. 照片　　　　B. 铅笔图　　　　C. 拓印图　　　　D. 描墨图

二、在图中标注尺寸。

按 1∶1 从图中量取尺寸数值，取整数；按表中给出的 *Ra* 数值，在图中标注表面粗糙度。（15 分）

三、根据给定的视图，画出全剖视的主视图。（15 分）

表面	A	B	C	D	其余
Ra	6.3	12.5	3.2	6.3	25

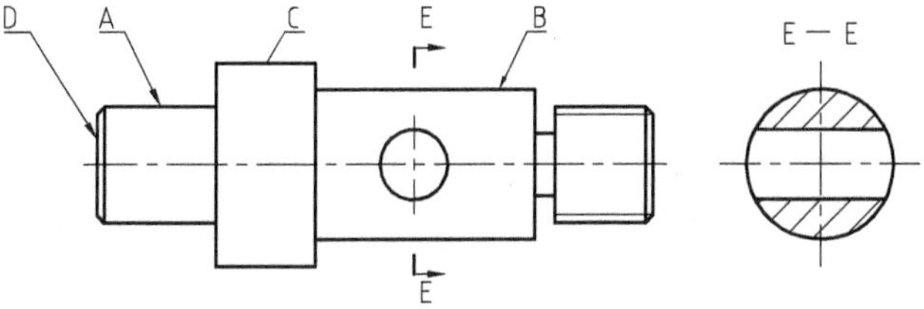

第二题图

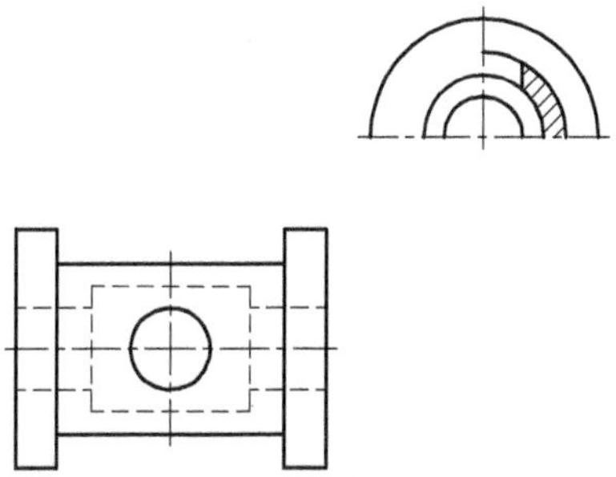

第三题图

四、画出 *A* 向斜视图（位置自定，尺寸按图中 1∶1 量取）。（10 分）

五、补画主视图（不可见线用虚线表示）。（10 分）

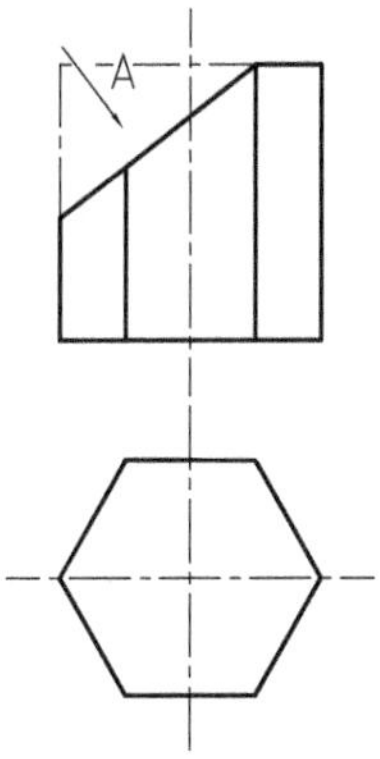

第四题图

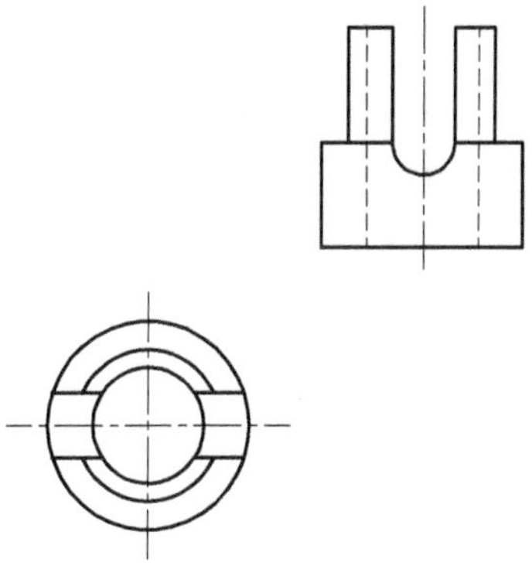

第五题图

六、根据物体的视图，画出正等轴测图。（10 分）

七、按简化画法，完成螺钉连接的两个视图（其中主视图画成全剖视图，左视图为外形）。（10 分）

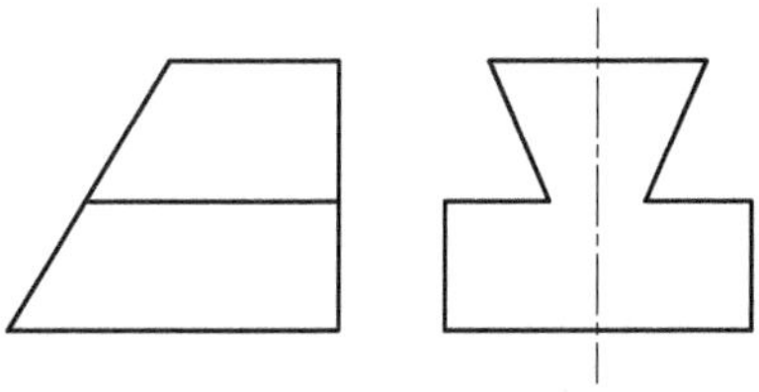

第六题图

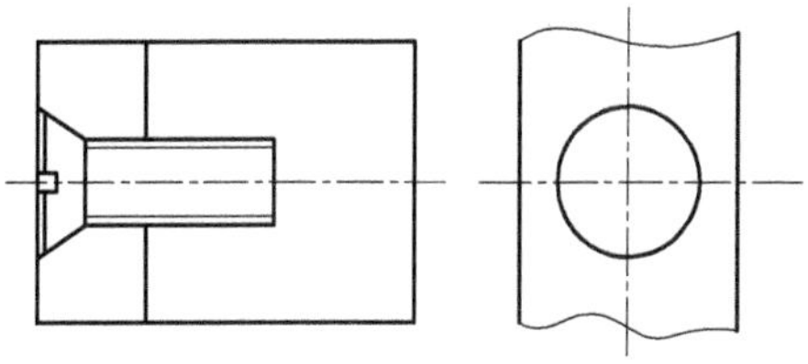

第七题图

八、读“泵体”装配图。（20 分）

1. 在指定位置画出主视图外形。（尺寸按图形实际大小量取，不画虚线，位置自定）（14 分）

2. 标出该零件长、宽、高三个方向的主要尺寸基准。（用箭头指明引出标注）（6 分）

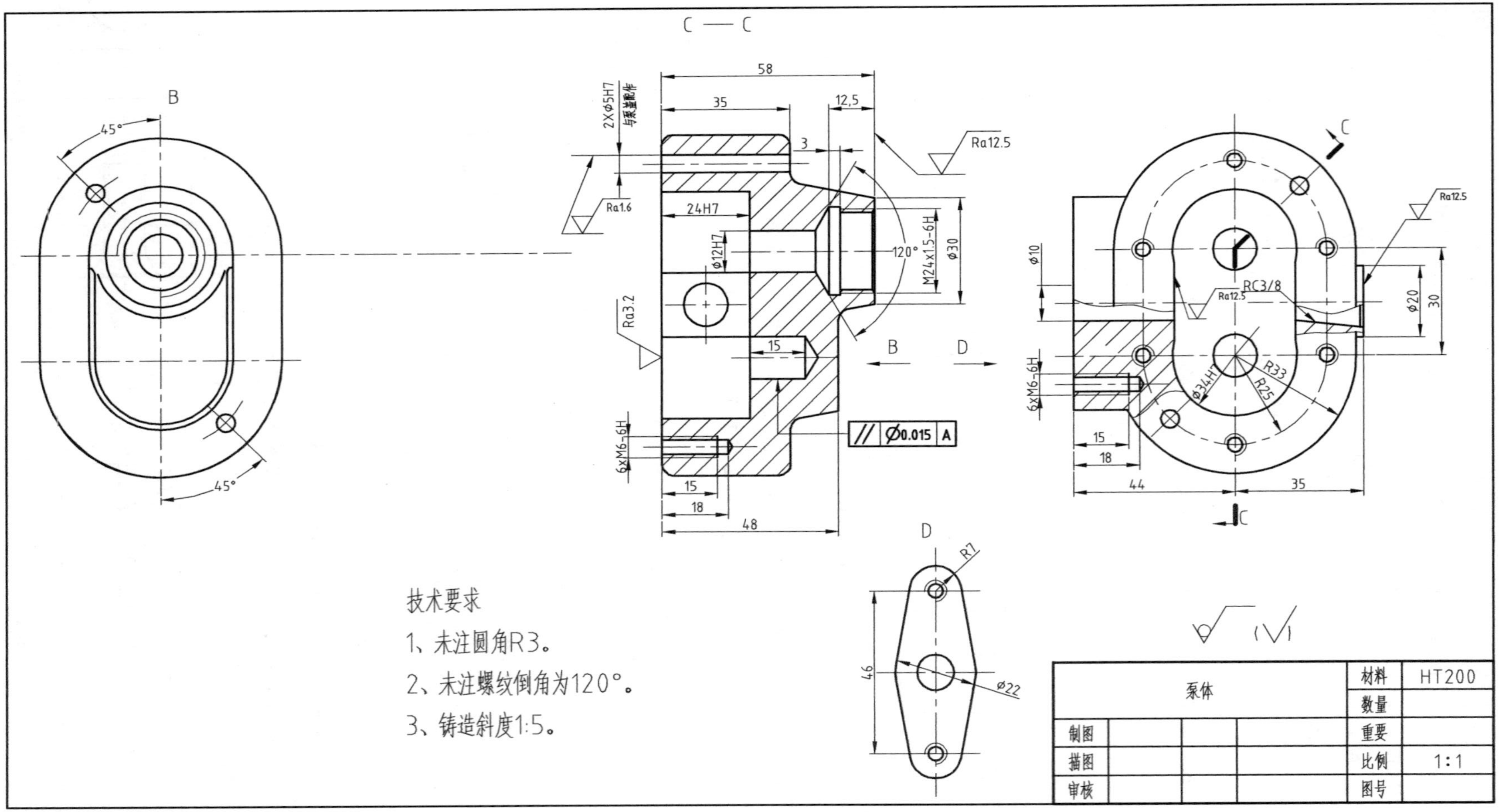

第八题图　泵体零件图

中级制图员知识测试试卷（机械类）（1）参考答案

一、单项选择题。

题号	1	2	3	4	5	6	7	8	9	10
答案	B	D	D	A	D	B	B	B	B	B

二、在图中标注尺寸。

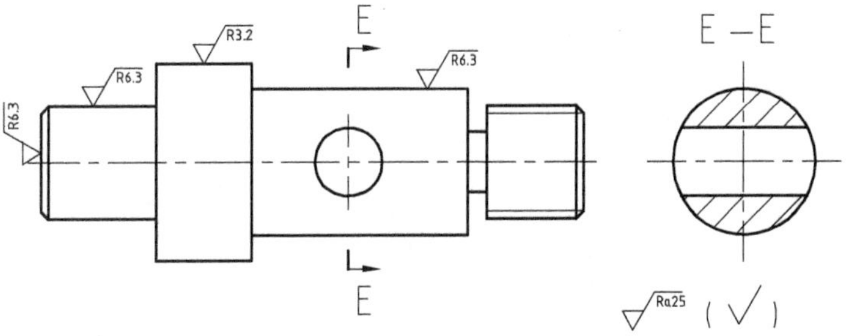

三、画出全剖的主视图。

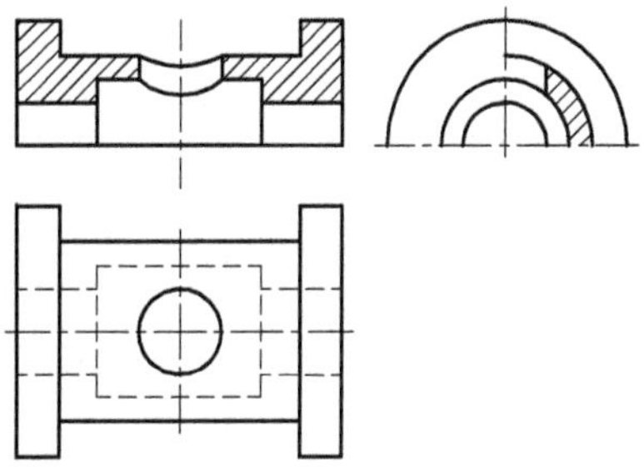

四、画出 A 向斜视图。

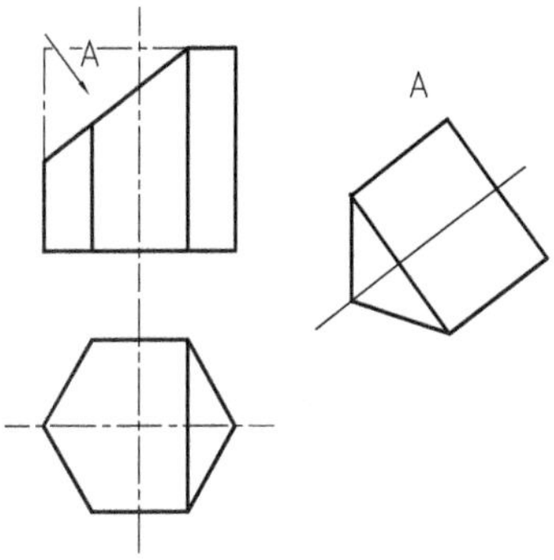

五、补画主视图。

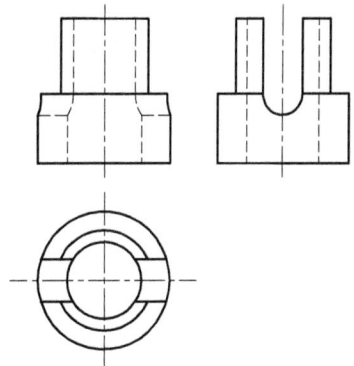

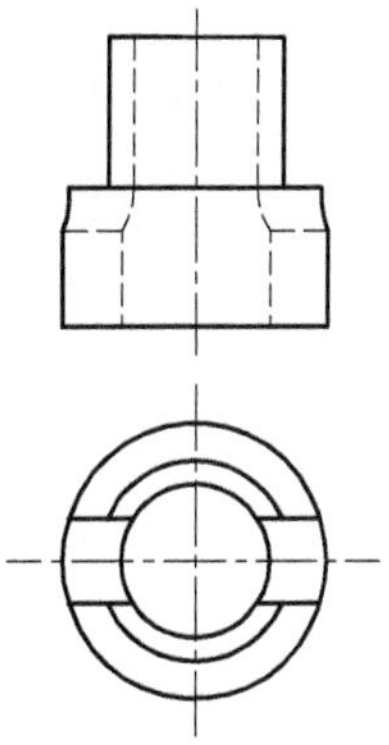

六、画出正等轴测图。

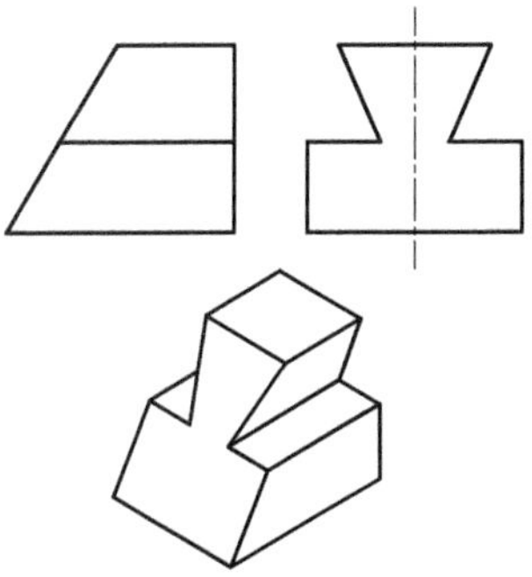

七、完成螺钉连接的两个视图。

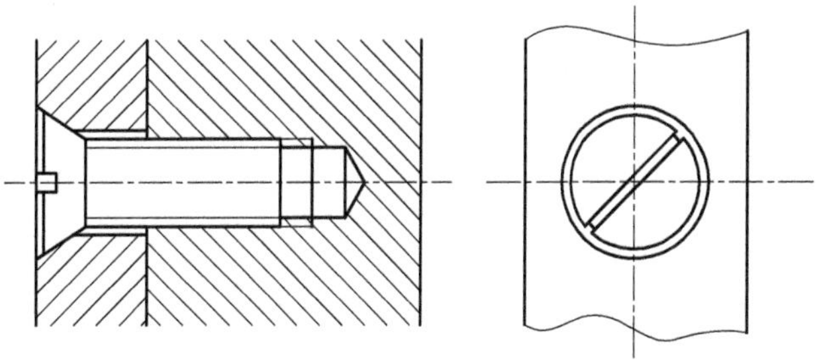

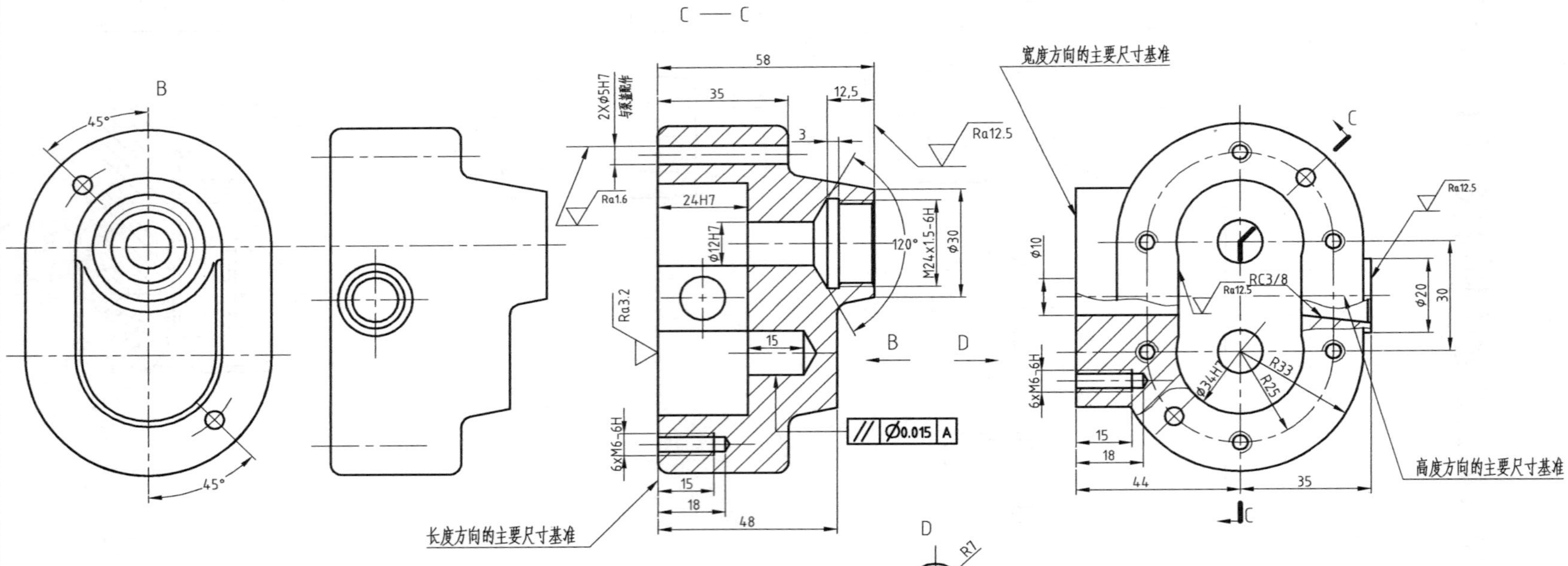

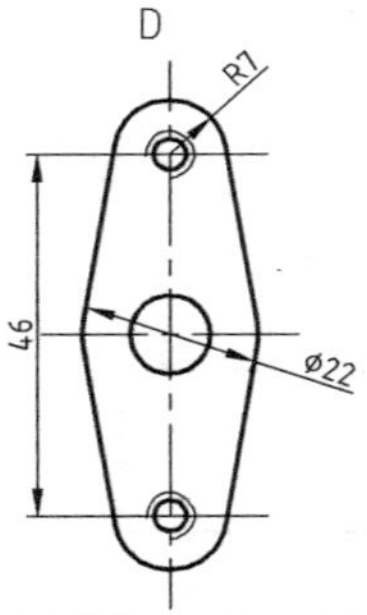

技术要求

1、未注圆角R3。

2、未注螺纹倒角为120°。

3、铸造斜度1:5。

泵体				材料	HT200
				数量	
制图				重要	
描图				比例	1:1
审核				图号	

中级制图员知识测试试卷（机械类）（2）

一、单项选择题（在每小题四个备选答案中选出一个正确答案，并将正确答案的字母填入括号中）。（每小题 1 分，共 10 分）

1. 绘图比例是指图中图形与其（ ）相应要素的线性尺寸之比。

A. 尺寸　B. 图形　C. 实物　D. 高度

2. 绘制机械图样时，一般应采用（ ）表示轴线、对称中心线等。

A. 细点画线　B. 细实线　C. 粗点画线　D. 虚线

3. 用一组平行投射线照射（ ）得到投影的方法称平行投影法。

A. 投影面　B. 物体　C. 坐标轴　D. 轴测轴

4. 点的正面投影和水平投影的连线垂直于（ ）。

A. *OZ* 轴　B. *OY* 轴　C. *OX* 轴　D. *XOZ* 面

5. 在斜二等轴测图中，取两个轴的轴向变形系数为 1 时，另一个轴的轴向变形系数为（ ）。

A. 0.5　B. 0.6　C. 1.22　D. 0.82

6. 叠加法适用于绘制（ ）形体的正等轴测图。

A. 钻孔式　B. 切割式　C. 组合式　D. 挖切式

7. 绘制正等轴测图的步骤是，先在投影图中画出物体的（ ）。

A. 轴测轴　B. 直角坐标系　C. 坐标原点　D. 外形

8. 用于复制图样或描绘底图的原图有三种：硬板原图、计算机绘制的设计原图和（ ）。

A. 效果图　B. 设计中的铅笔图　C. 轴测图　D. 草图

9. 制图员走上工作岗位以后，就成为一名与（ ）密切相关的自然人，在社会上既有享受法律保护的权利，也有遵守法律约束的义务。

A. 法律　B. 社会　C. 集体　D. 单位

10. 劳动合同是劳动者与用人单位之间建立劳动关系，明确双方（ ）和义务的协议。

A. 责任　B. 权利　C. 劳动　D. 报酬

二、在图中标注尺寸（按 1 : 1 从图中量取尺寸数值，取整数）；按表中给出的 *Ra* 数值，在图中标注表面粗糙度。（15 分）

三、根据给定的视图，画出 *A*—*A* 全剖视图。（15 分）

四、画出 *A* 向斜视图（位置自定，尺寸按图中 1 : 1 量取）。（10 分）

五、补画左视图（不可见线用虚线表示）。（10 分）

六、根据物体的视图，画出正等轴测图。（10 分）

七、按简化画法，完成螺栓连接的全剖视图。（10 分）

表面	A	B	C	D	其余
Ra	6.3	12.5	3.2	6.3	25

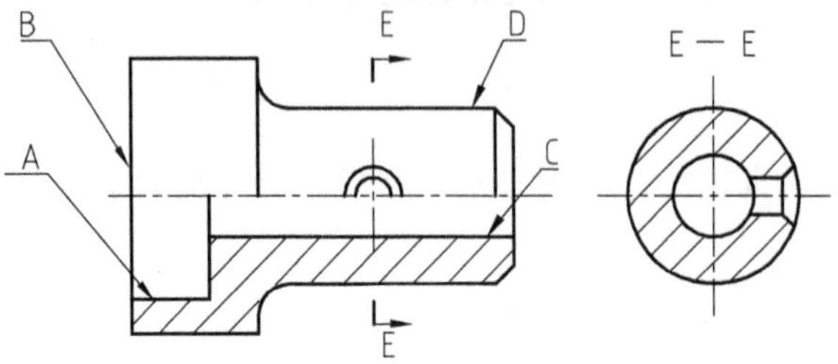

第二题图

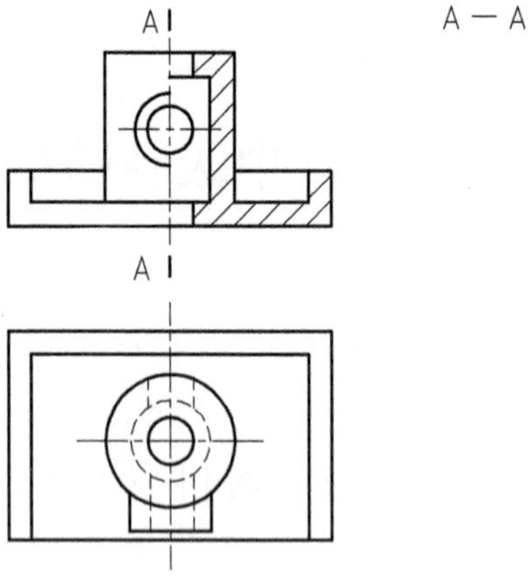

第三题图

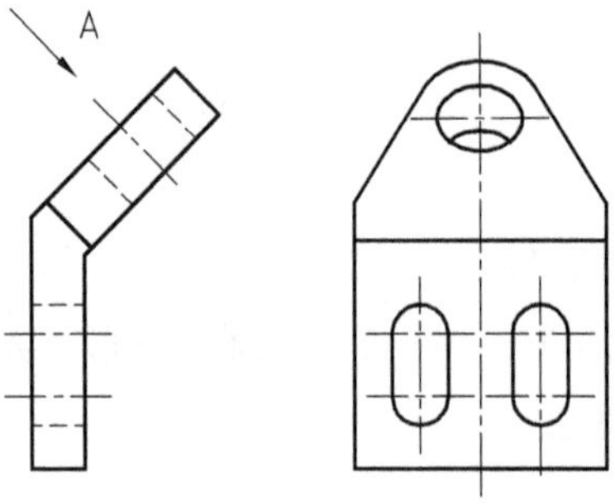

第四题图

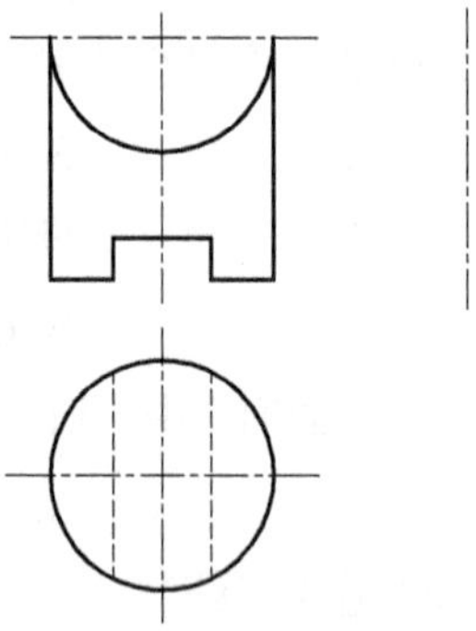

第五题图

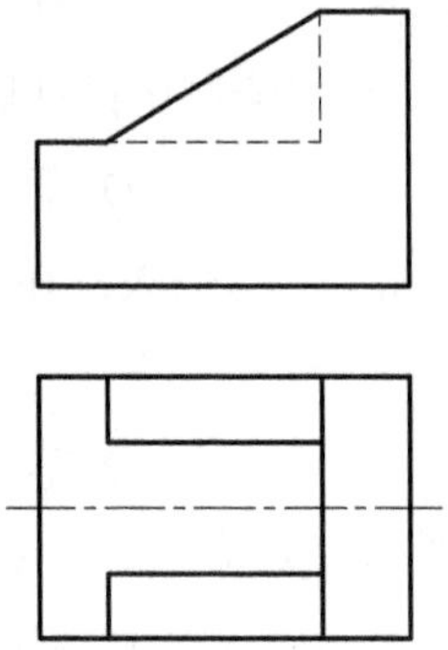

第六题图

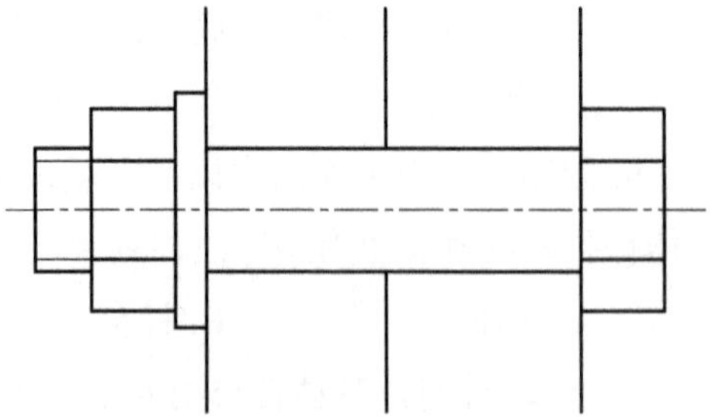

第七题图

八、读“泵体”装配图。（20 分）

1. 在指定位置画出右视图。（尺寸按图形实际大小量取，不画虚线，位置自定）（14 分）

2. 标出该零件长、宽、高三个方向的主要尺寸基准。（用箭头指明引出标注）（6 分）

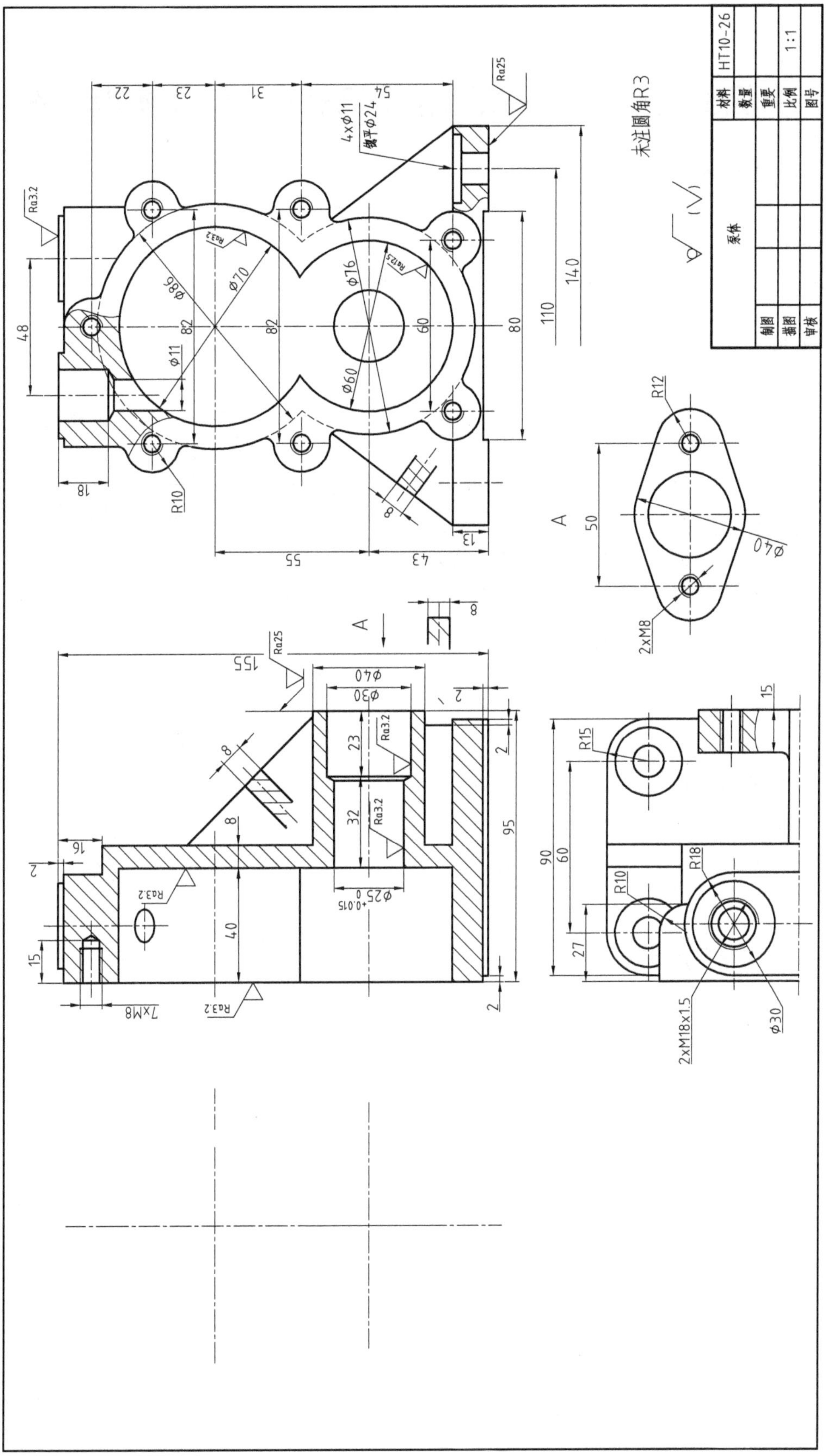

泵体
HT10-26
1:1
材料
数量
重量
比例
图号
制图
描图
审核
未注圆角R3
A
4×Φ11
锪平Φ24
2×M8
2×M18×1.5
7×M8

第八题图

中级制图员知识测试试卷（机械类）（2）参考答案

一、单项选择题。

题号	1	2	3	4	5	6	7	8	9	10
答案	C	A	B	C	A	C	B	B	B	A

二、在图中标注尺寸。

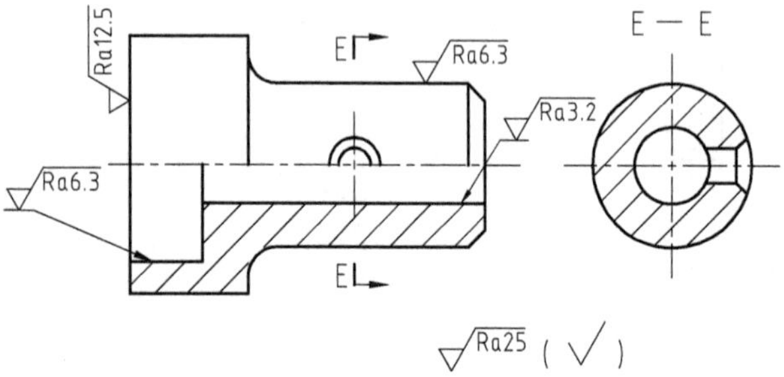

三、画出全剖的左视图。

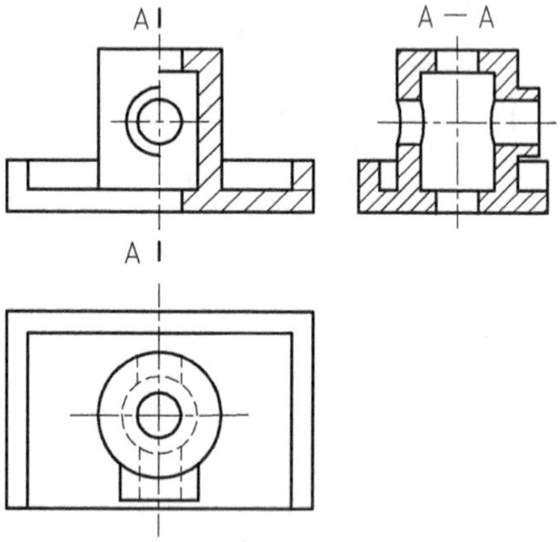

四、画出A向斜视图。

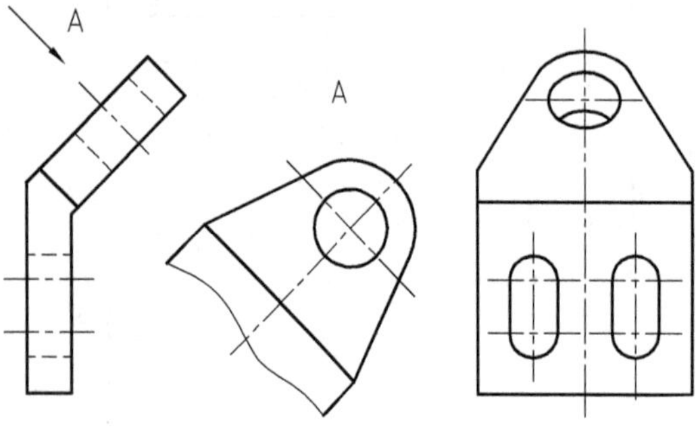

五、补画左视图。

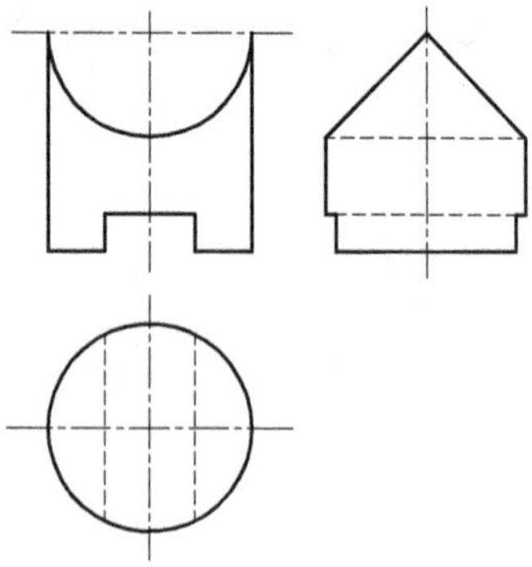

六、画出正等轴测图。

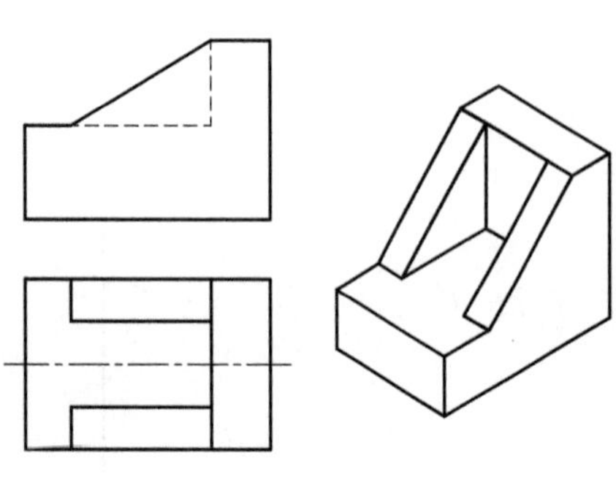

七、完成螺栓连接的全剖视图。

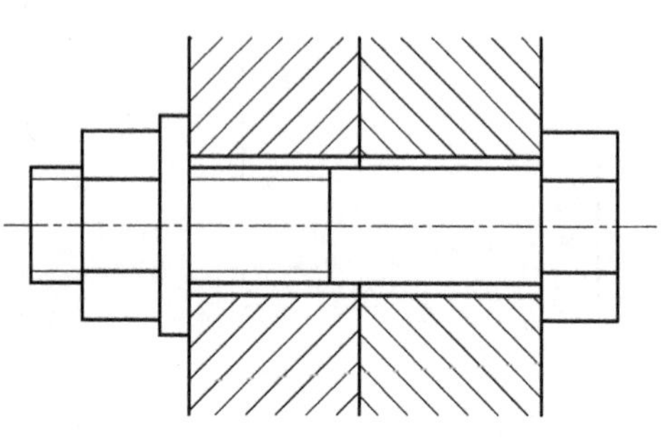

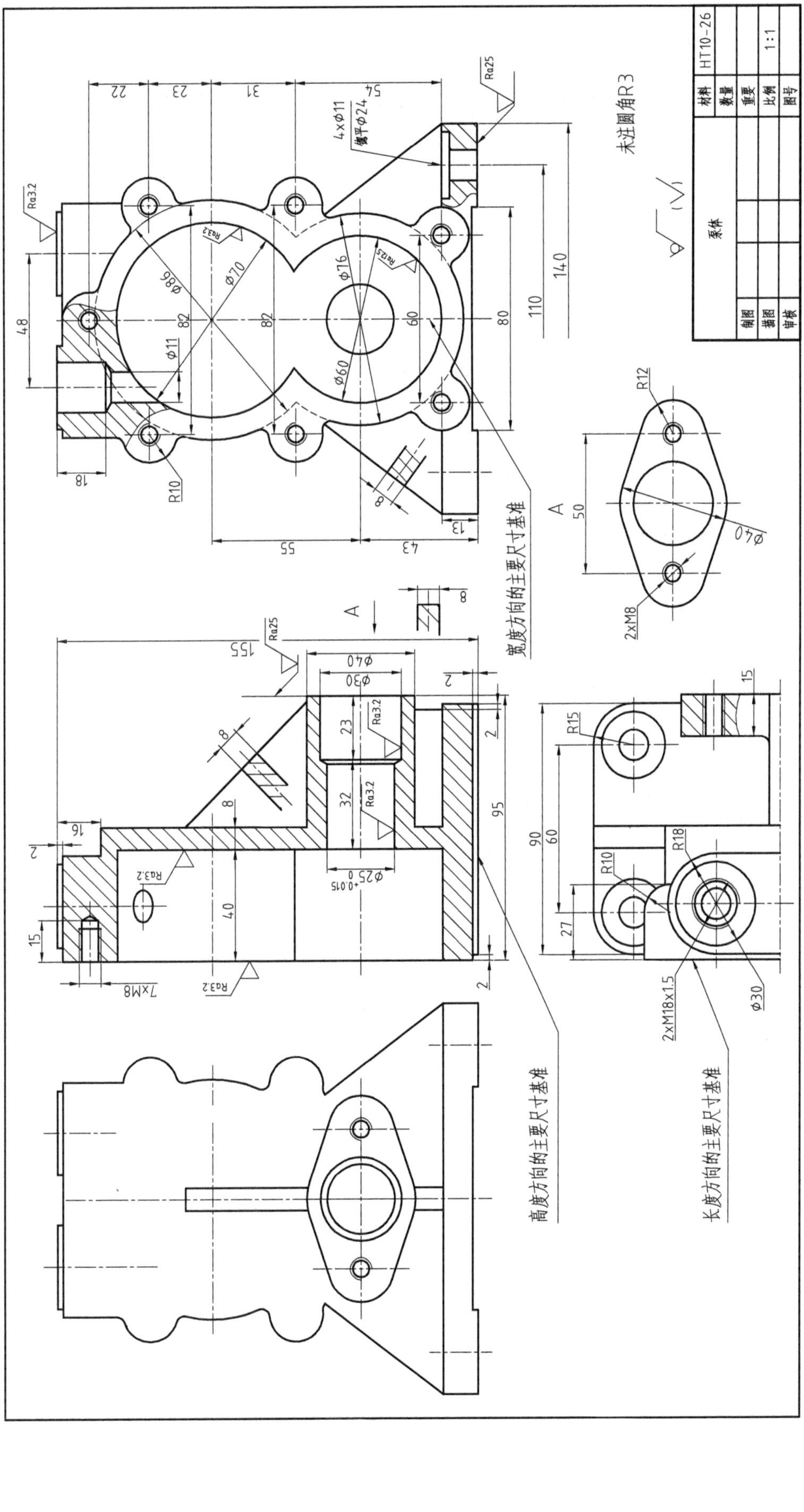
未注圆角R3
泵体
材料
HT10-26
数量
重量
比例
1:1
图号
制图
描图
审核
宽度方向的主要尺寸基准
高度方向的主要尺寸基准
长度方向的主要尺寸基准
A
4×Φ11
锪平Φ24
2×M8
2×M18×1.5
7×M8

高级制图员知识测试试卷（机械类）（1）

一、单项选择题（在每小题四个备选答案中选出一个正确答案，并将正确答案的字母填入括号中）。（共10分，每小题1分）

1. 国家标准规定，汉字系列为1.8、2.5、3.5、5、7、10、14、（　）mm。

A. 16　　B. 18　　C. 20　　D. 25

2. 国家标准规定，汉字要书写更大的字，字高应按（　）比例递增。

A. 3　　B. 2　　C. $\sqrt{3}$　　D. $\sqrt{2}$

3. 一齿轮的分度圆直径 d=（　）。

A. 2（m+Z）　　B. 2mZ　　C. mZ　　D. 1/2（d_1+d_2）

4. 在齿轮投影为圆的视图上，分度圆的线型是（　）。

A. 点画线　　B. 粗实线　　C. 虚线　　D. 细实线

5. 画整体轴测装配图，用以说明产品的工作原理和零件之间的（　）。

A. 安装　　B. 加工　　C. 装配和连接　　D. 顺序

6. 轴测装配图有分解式画法、整体式画法和（　）画法。

A. 单个　　B. 分解式和整体式相结合

C. 装配画法　　D. 正等测

7. 徒手画图的基本要求是（　）。

A. 线条横平竖直　　B. 尺寸准确　　C. 快、准、好　　D. 速度快

8. 徒手画草图的比例是（　）方法。

A. 目测　　B. 测量　　C. 查表　　D. 类比

9. 凡是绘制了视图，编制了（　）的图纸称为图样。

A. 标题栏　　B. 技术要求　　C. 尺寸　　D. 图号

10. 部件是由若干个组成部分组成的（　）。

A. 零件　　B. 成品　　C. 装配图　　D. 组合体

二、画出*A*—*A*全剖视图。（14分）

三、补画俯视图。（12分）

四、补画主视图。（12分）

五、根据组合体的主、俯两个视图，画出其正等轴测图。（12分）

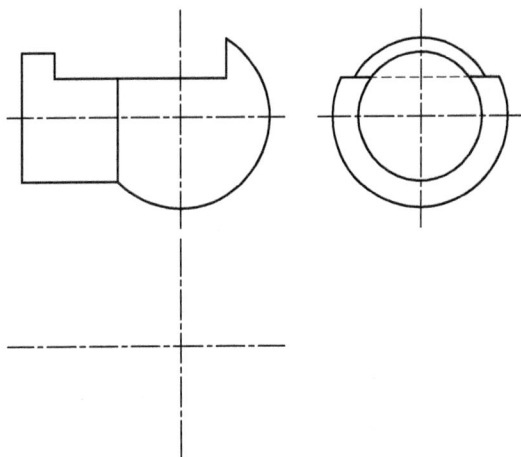

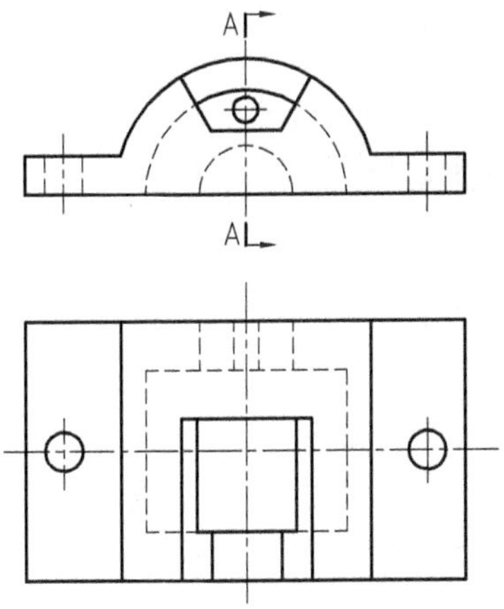

第二题图

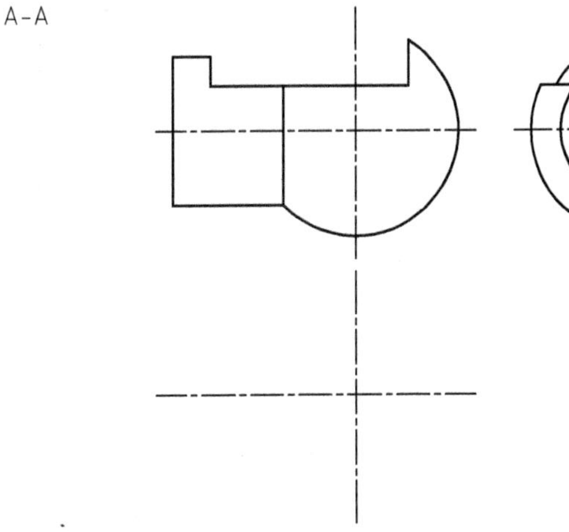

第三题图

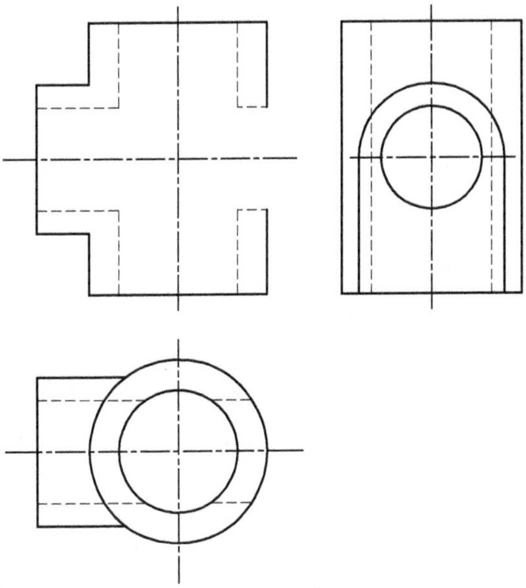

第四题图

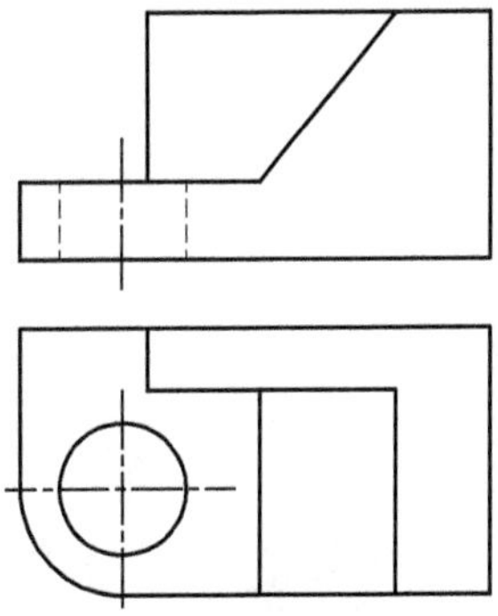

第五题图

六、读“铣平面卡具”装配图。（40 分）

1. 填空。（每空 1 分，共 10 分）

（1）主视图中 340 为__________尺寸，左视图中 140 为__________尺寸。

（2）左视图采用了__________剖和__________剖的画法。

（3）在配合尺寸 ϕ60H7/js7 中，其中 ϕ60______________，H 表示______________，js 表示__________，7 表示__________，该配合尺寸属于__________制的__________配合。

2. 画出件 7 的主视图外，左视图画成半剖视图。按图形大小 1∶1 画图，不注尺寸。（30 分）

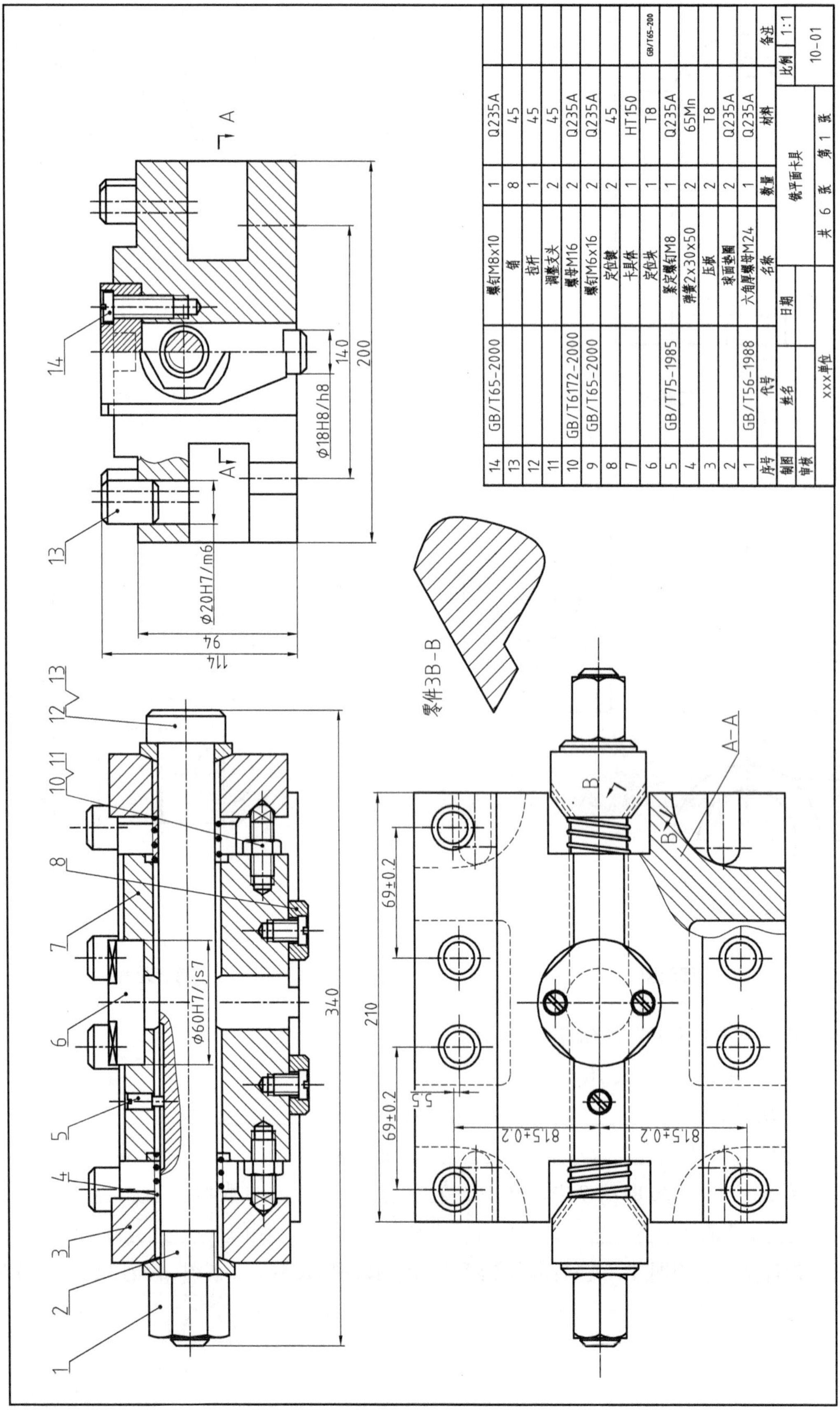

序号	代号	名称	数量	材料	备注
14	GB/T65-2000	螺钉M8x10	1	Q235A	
13		销	8	45	
12		拉杆	1	45	
11		调整支头	2	45	
10	GB/T6172-2000	螺母M16	2	Q235A	
9	GB/T65-2000	螺钉M6x16	2	Q235A	
8		定位键	2	45	
7		卡具体	1	HT150	
6		定位块	1	T8	GB/T65-200
5	GB/T75-1985	紧定螺钉M8	1	Q235A	
4		弹簧2x30x50	2	65Mn	
3		压板	2	T8	
2		球面垫圈	2	Q235A	
1	GB/T56-1988	六角厚螺母M24	1	Q235A	

制图	姓名	日期	铣平面卡具	比例	1:1
审核			共 6 张 第 1 张	10-01	
xxx单位					

第六题图　铣平面卡具装配图

高级制图员知识测试试卷（机械类）（1）参考答案

一、单项选择题。

题号	1	2	3	4	5	6	7	8	9	10
答案	C	D	C	A	C	B	A	A	D	B

二、画出 *A*—*A* 半剖视图。

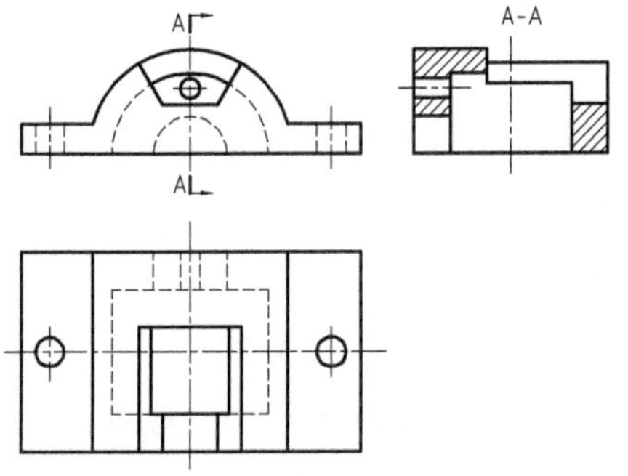

三、补画俯视图。

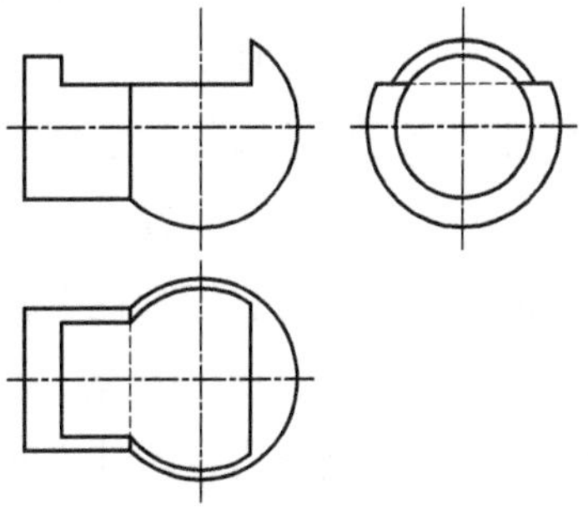

四、补画主视图。

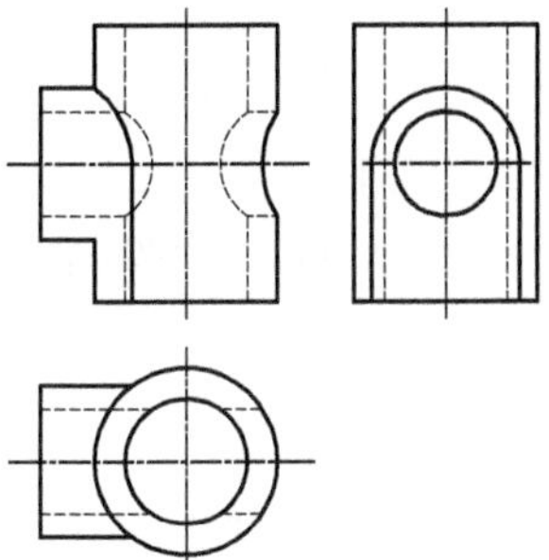

五、根据组合体的投影图，画出其正等轴测图。

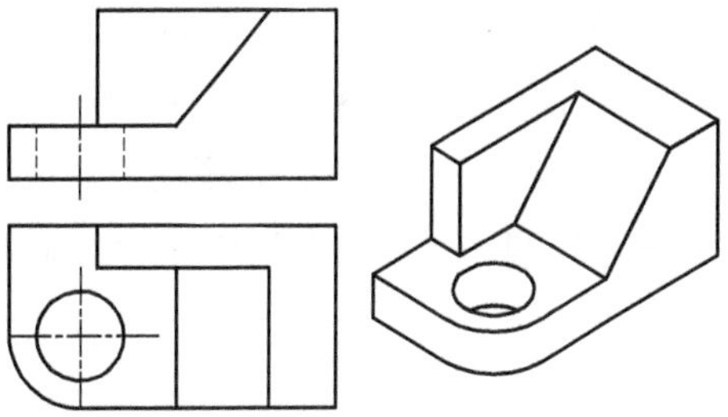

六、读“铣平面卡具”装配图。

1. 填空。

（1）总长，安装。

（2）半剖，局部剖。

（3）公称尺寸，孔的基本偏差代号，轴的基本偏差代号，公差等级，基孔制，过渡配合

2. 画出件 7 的主视图外，左视图画成半剖视图。

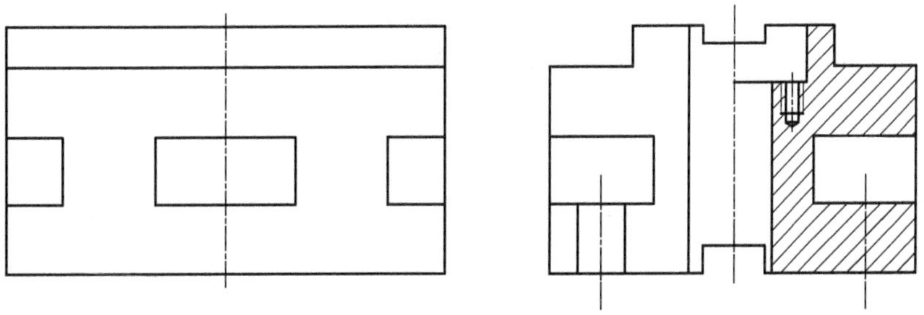

高级制图员知识测试试卷（机械类）(2)

一、单项选择题（在每小题四个备选答案中选出一个正确答案，并将正确答案的字母填入括号中）。(共 10 分，每小题 1 分)

1. 机械制图国家标准规定，字母写成斜体时，字体向右倾斜，与水平基准线成（　）。

A. 120°　　B. 125°　　C. 60°　　D. 75°

2. 机械制图国家标准规定，标注球面尺寸时，应在 ϕ 或 R 前加（　）。

A. 球　　B. Q　　C. S　　D. 球 S

3. 一对标准的直齿圆柱齿轮相啮合，且安装正确，其两啮合轮齿的间隙应为（　）。

A. 0.2m　　B. 0.3m　　C. 0.5m　　D. 0.25m

4. 设计一对啮合的标准直齿圆柱齿轮，且两齿轮的中心距应等于（　）。

A. 2（m+z）　　B.（d_1+d_2）/2　　C. S　　D. 球 S

5. 为清楚表达出装配体内各零件之间的位置及连接关系，整体轴测装配图一般画成（　）。

A. 零件图　　B. 轴测剖视图　　C. 三视图　　D. 分解式轴测图

6. 绘制轴测装配图的画法有（　）、整体式画法和整体与分解相结合的画法。

A. 零件图画法　　B. 断面图画法　　C. 分解式画法　　D. 三视图

7. 在产品仿造、维修中，需根据现有零件，通过（　）手段画出零件草图。

A. 观察　　B. 测绘　　C. 计算机　　D. 仪器作图

8. 徒手绘制切割式组合体草图时，应先画出（　）。

A. 槽和孔　　B. 基本形体　　C. 孔的轴线　　D. 缺口

9. 按图样编号的一般要求，每个产品、部件、零件等图样的文件均应有独立的（　）。

A. 代号　　B. 标注　　C. 名称　　D. 字母

10. 按图档管理的要求，成套图纸必须进行系统的（　），以便于有序存档和及时、便捷、准确地查阅利用。

A. 编号　　B. 分类　　C. 分类编号　　D. 图号编写

二、画出 *A*—*A* 半剖视图。(14 分)

三、补画俯视图。(12 分)

四、补画主视图。(12 分)

五、根据组合体的主、俯两个视图，画出其正等轴测图。(12 分)

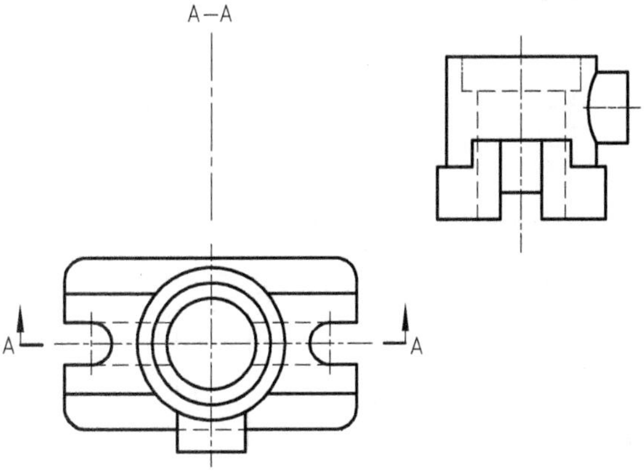

第二题图

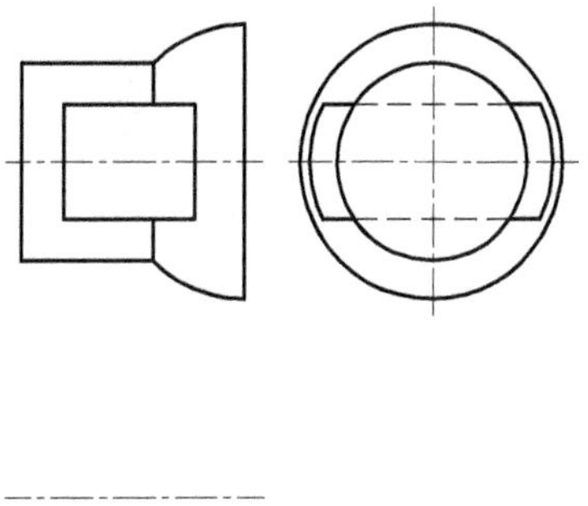

第三题图

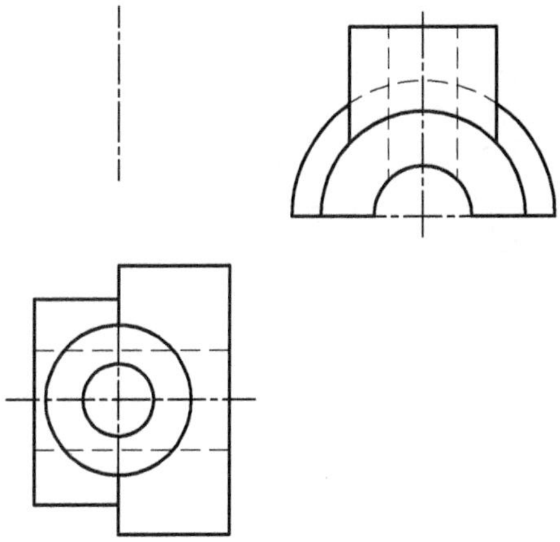

第四题图

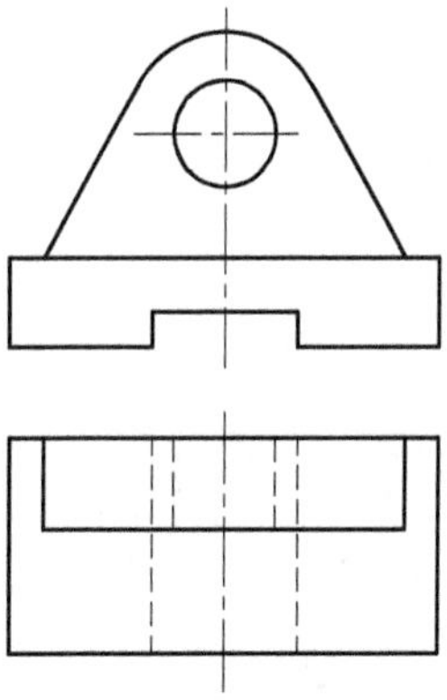

第五题图

六、读“蝴蝶阀”装配图。（40 分）

1. 填空。（每空 1 分，共 10 分）

（1）主视图采用的是______剖视图，俯视图采用的是______剖视图，*A*—*A* 是______剖切方法。

（2）4 号件与 7 号件采用______________联接。

（3）ϕ16H8/f8 的含义是：ϕ16____________，H 表示__________，f 表示__________，8 表示____________，该配合属于______制的__________配合。

2. 画出 5 号阀盖零件的主视图、俯视图及左视图（要求主视图表达外部结构，俯视图和左视图采用全剖视图表达内部结构）。（30 分）

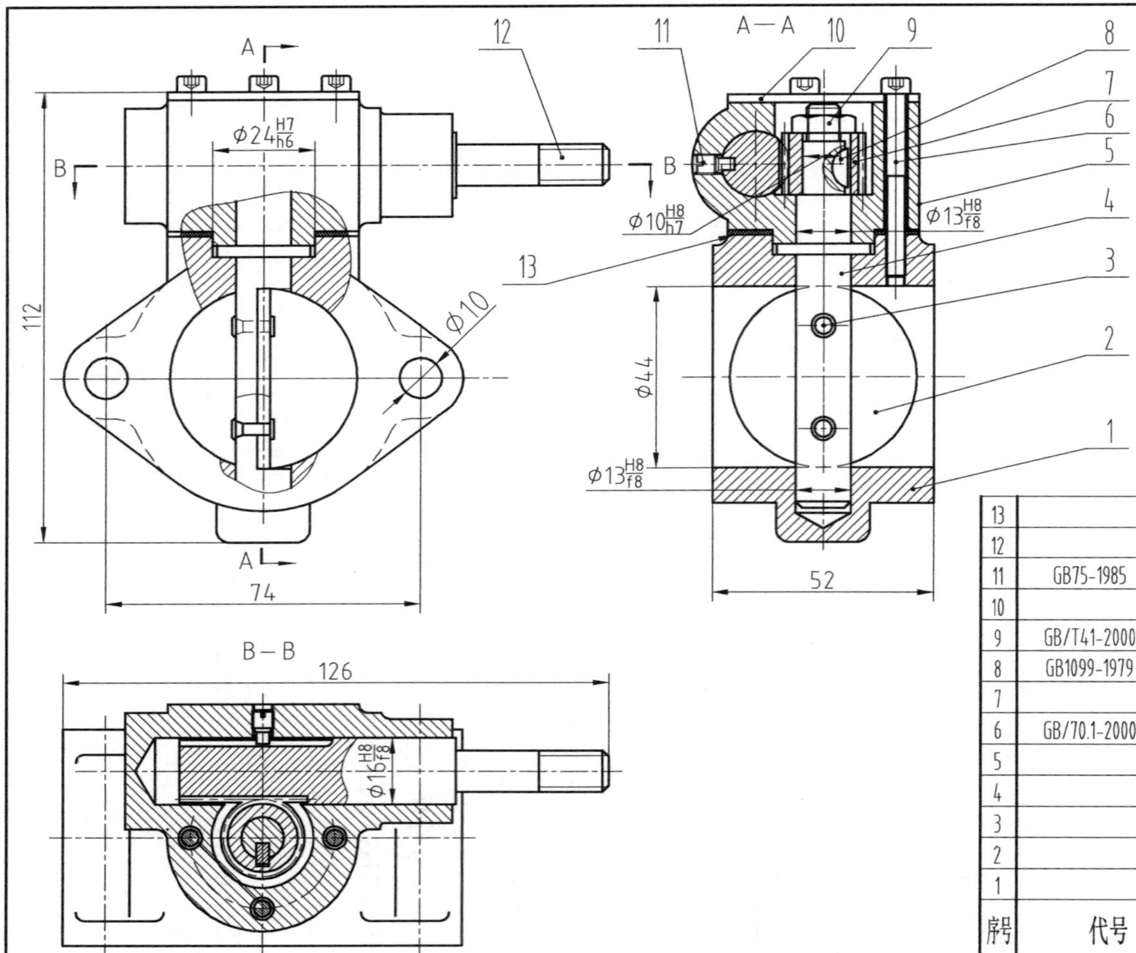

工作原理

蝴蝶阀是用于管道上截断气流或液流的阀门装置。它是由齿轮、齿条机构来实现截流的。当外力推动齿杆12左右移动时，与齿杆啮合的齿轮7就带动阀杆4转动，使阀门2开启或关闭。

序号	代号	名称	数量	材料	单件重量	总计重量	备注
13		垫片	1	工业用纸			
12		齿杆	1	45			
11	GB75-1985	开槽长圆柱端紧定螺钉	1				
10		盖板	1	Q235			
9	GB/T41-2000	螺母	1	35			
8	GB1099-1979	半圆键	1	45			
7		齿轮	1	45			
6	GB/70.1-2000	螺钉	3	35			
5		阀盖	1	HT20-40			
4		阀杆	1	45			
3		锥头铆钉	2	Q235			
2		阀门	1	Q235			
1		阀体	1	HT20-40			

制图		蝴 蝶 阀	1:1
校核			

第六题图

高级制图员知识测试试卷（机械类）（2）参考答案

一、单项选择题。

题号	1	2	3	4	5	6	7	8	9	10
答案	D	C	D	B	B	C	B	B	A	C

二、画出 *A*—*A* 半剖视图。

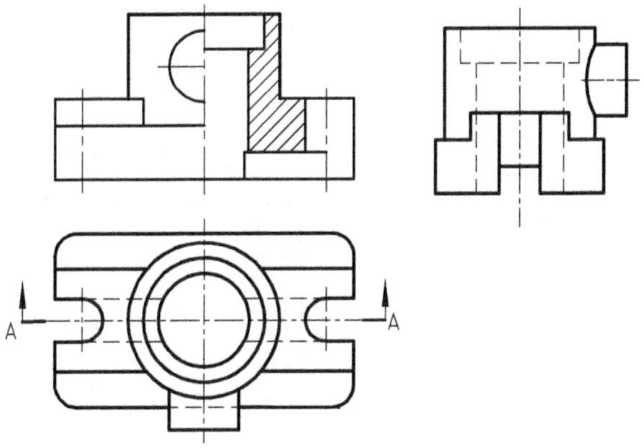

三、补画俯视图。

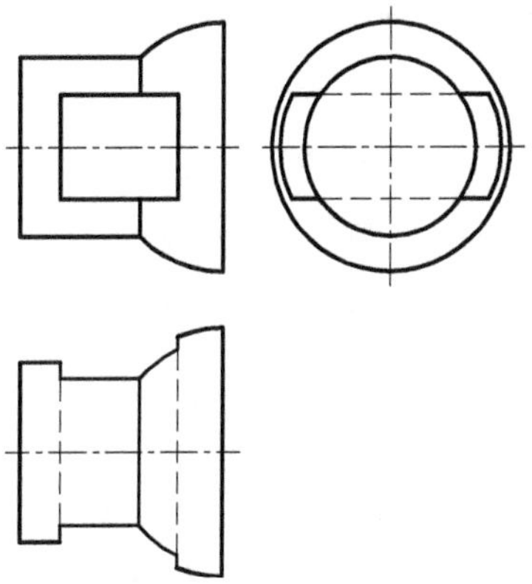

四、补画主视图。

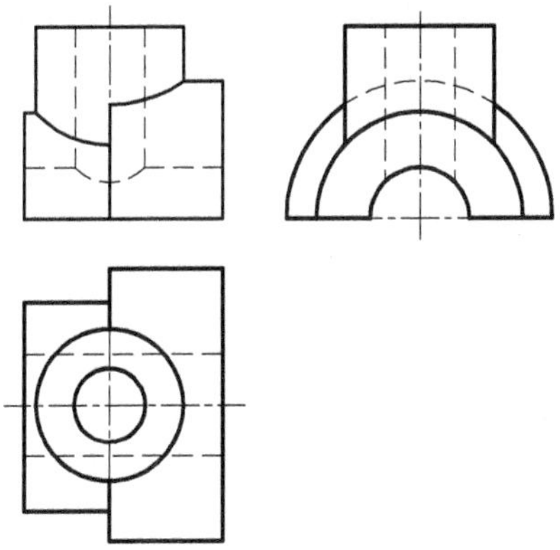

五、根据组合体的投影图，画出其正等轴测图。

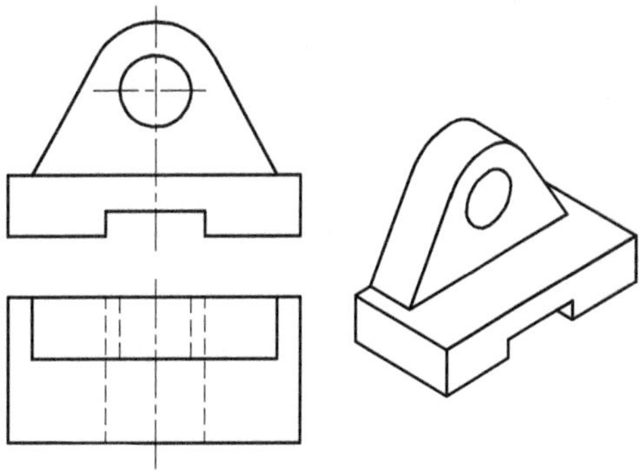

六、读“蝴蝶阀”装配图。

1. 填空。（每空 1 分，共 10 分）

（1）局部，全，单一。

（2）键。

（3）公称尺寸，孔基本偏差代号，轴基本偏差代号，标准公差等级，基孔，间隙。

2. 画出 5 号阀盖零件的主视图、俯视图及左视图。

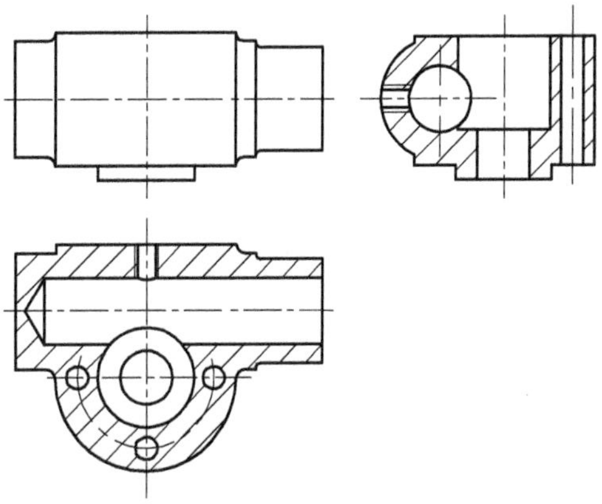

第16章　计算机绘图技能考核试题精选

中级制图员《计算机绘图》测试试卷（机械类）（1）

一、考试要求。（10分）

（1）设置A3图幅，用粗实线画出边框（400mm×277mm），按尺寸在右下角绘制标题栏，在对应框内填写姓名和考号，字高为5mm。

（2）尺寸标注按图中格式，尺寸参数：字高为3.5mm，箭头长度为3.5mm，尺寸界线延伸长度为2mm，其余参数使用系统缺省配置。

（3）分层绘图。图层、颜色、线型要求如下。

层名	颜色	线型	线宽	用途
0	黑/白	实线	0.5	粗实线
1	红	实线	0.25	细实线
2	洋红	虚线	0.25	细虚线
3	紫	点画线	0.25	中心线
4	蓝	实线	0.25	尺寸标注
5	蓝	实线	0.25	文字
6	绿	双点画线	0.25	双点画线

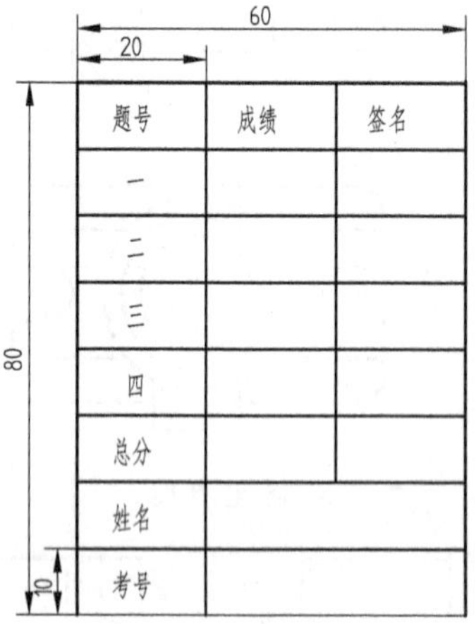

第一题图　标题栏

其余参数使用系统缺省配置。另外需要建立的图层，考试自行设置。

（4）将所有图形储存在一个文件中，均匀布置在边框线内，存盘前使图框充满屏幕，文件名采用准考证号码。

二、按标注尺寸1∶2抄画零件图，并标全尺寸、技术要求和粗糙度。（40分）

三、按标注尺寸1∶1抄画主视图、左视图，补画俯视图（不标尺寸）。（30分）

四、按标注尺寸1∶2绘制图形，并标注尺寸。（20分）

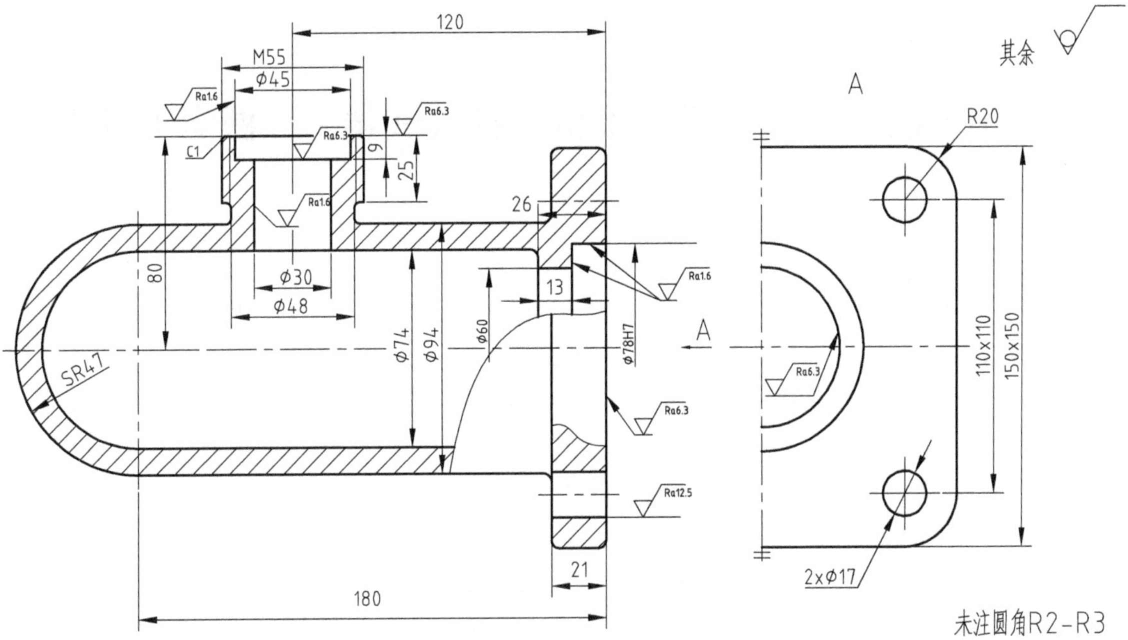

第二题图

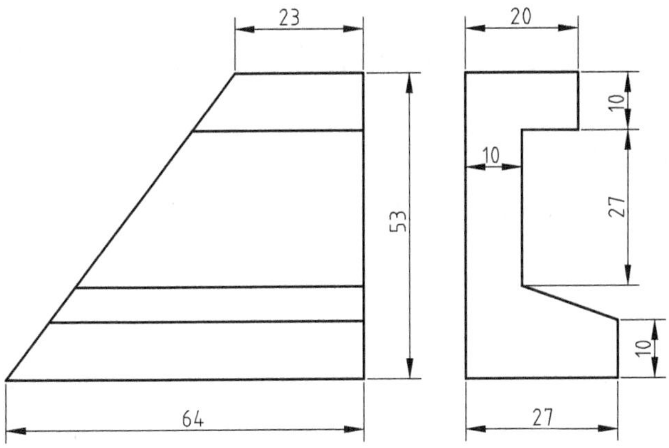

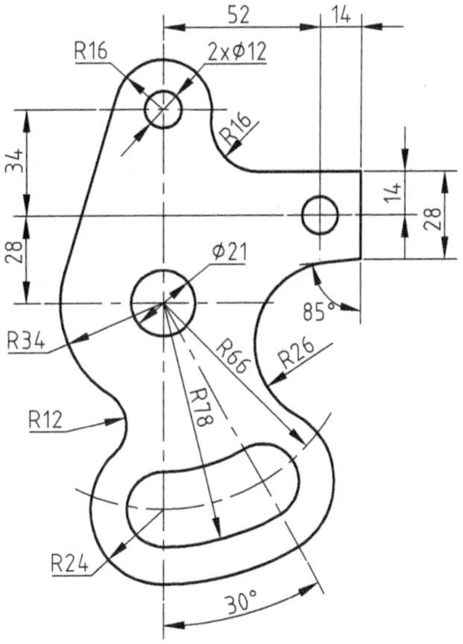

第三题图

第四题图

中级制图员《计算机绘图》测试试卷（机械类）（2）

一、考试要求。（10分）

（1）设置A3图幅，用粗实线画出边框（400mm×277mm），按尺寸在右下角绘制如下图所示标题栏，在对应框内填写姓名和考号，字高为7mm。

（2）尺寸标注按图中格式，尺寸参数：字高为3.5mm，箭头长度为3.5mm，尺寸界线延伸长度为2mm，其余参数使用系统缺省配置。

（3）分层绘图。图层、颜色、线型要求如下。

层名	颜色	线型	用途
0	黑/白	实线	粗实线
1	红	实线	细实线
2	洋红	虚线	细虚线
3	紫	点画线	中心线
4	蓝	实线	尺寸标注
5	蓝	实线	文字

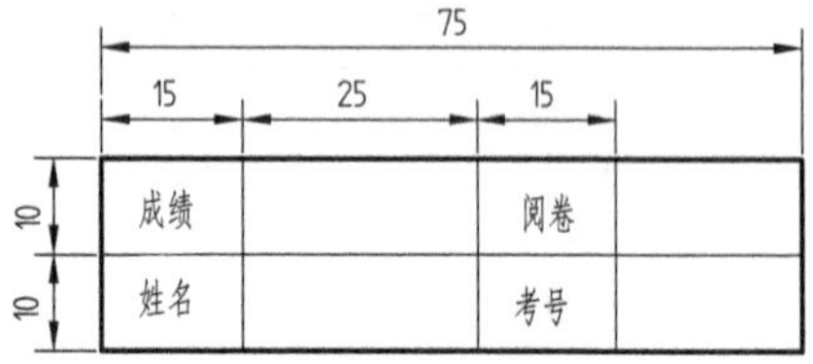

第一题图　标题栏

其余参数使用系统缺省配置。另外需要建立的图层，考试自行设置。

（4）将所有图形储存在一个文件中，均匀布置在边框线内，存盘前使图框充满屏幕，文件名采用准考证号码。

二、按标注尺寸1:1抄画图形，并标注尺寸。（20分）

三、按标注尺寸1:1抄画主视图、俯视图，补画左视图（不标尺寸）。（30分）

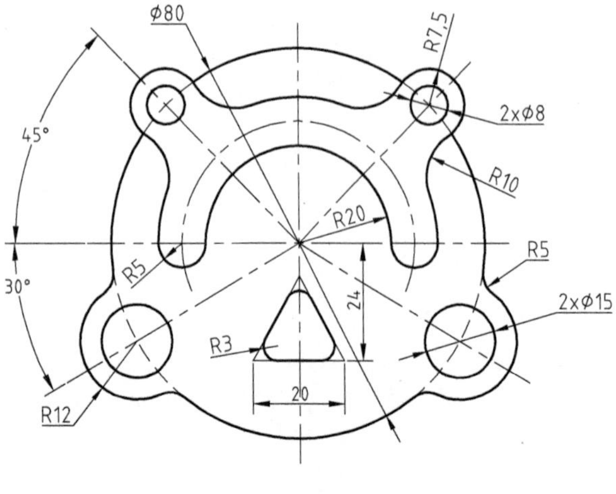

第二题图

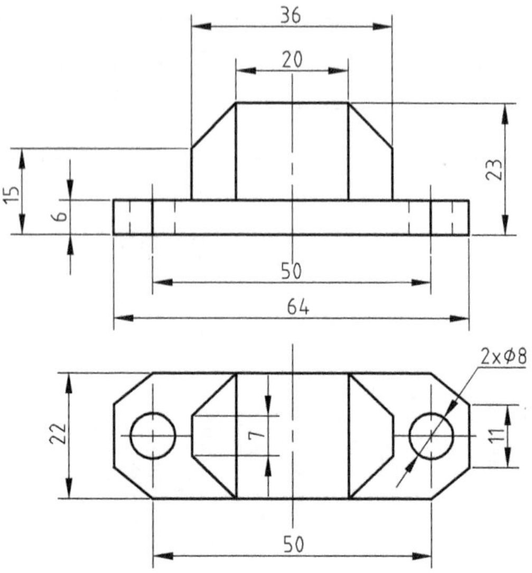

第三题图

四、按标注尺寸 1∶1 抄画零件图，并标注尺寸和表面结构。（40 分）

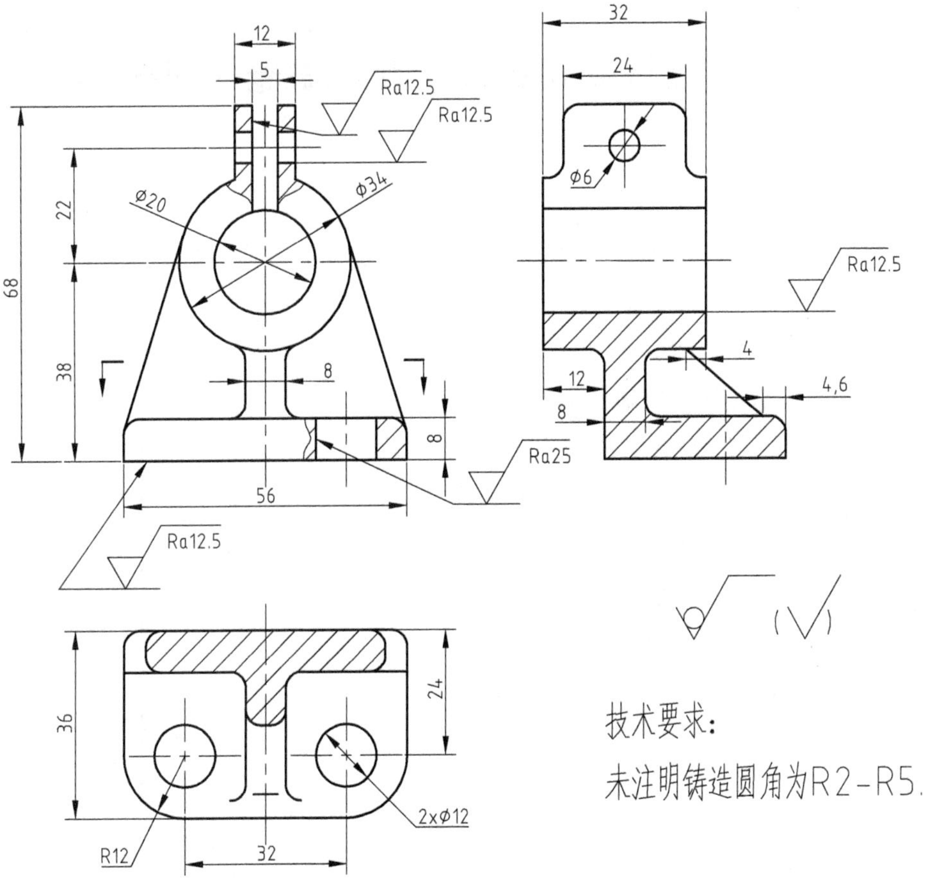

第四题图

高级制图员《计算机绘图》测试试卷（机械类）（1）

一、考试要求。（10 分）

（1）设置 A3 图幅，用粗实线画出边框（400mm × 277mm），按尺寸在右下角绘制标题栏，在对应框内填写姓名和考号，字高 5mm。

（2）尺寸标注按图中格式。尺寸参数：字高为 3.5mm，箭头长度为 3mm，尺寸界线延伸长度为 2mm，其余参数使用系统缺省配置。

（3）分层绘图。图层、颜色、线型要求如下。

层名	颜色	线型	用途
0	黑 / 白	实线	粗实线
1	红	实线	细实线
2	洋红	虚线	细虚线
3	紫	点画线	中心线
4	蓝	实线	尺寸标注
5	蓝	实线	文字
6	绿	双点画线	双点画线

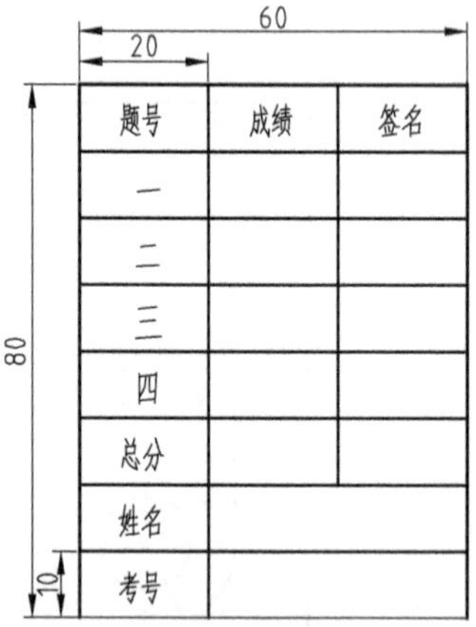

第一题图　标题栏

其余参数使用系统缺省配置。另外需要建立的图层，考生自行设置。

（4）将所有图形储存在一个文件中，均匀布置在边框线内。存盘前使图框充满屏幕，文件名采用考号。

二、按标注尺寸 1∶2 绘制图形，并标注尺寸。（25 分）

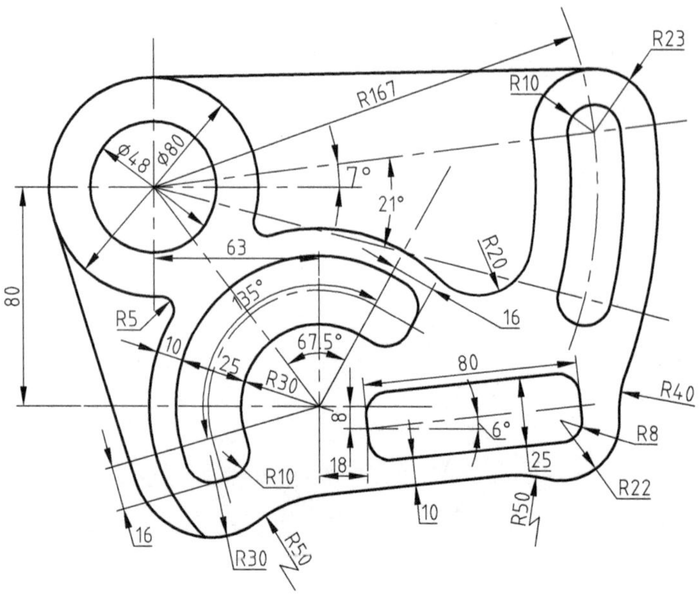

第二题图

三、按标注尺寸 1:1 抄画 4 号件钳体的零件图，并标全尺寸和粗糙度。（35 分）

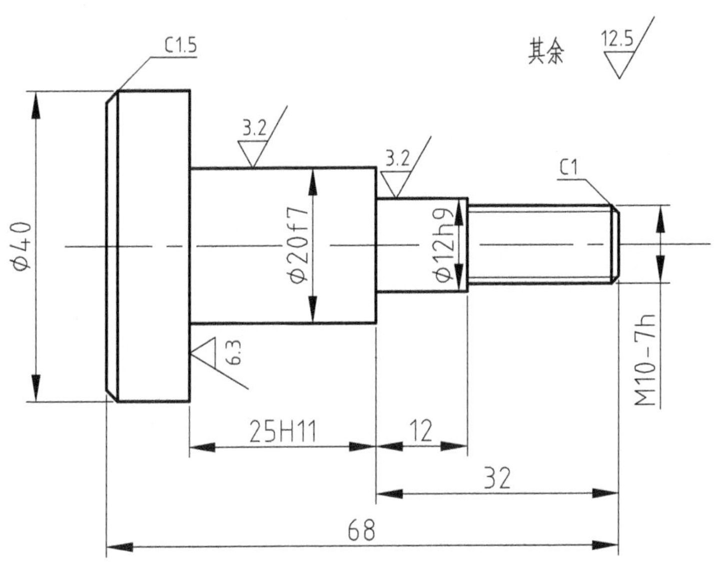

序号：1 名称：轴

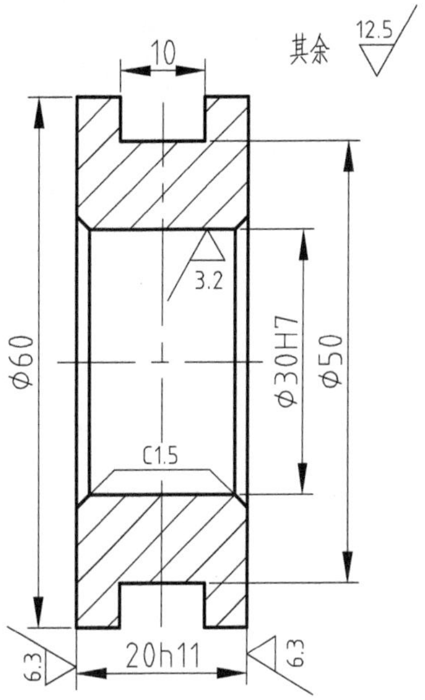

序号：2 名称：滑轮

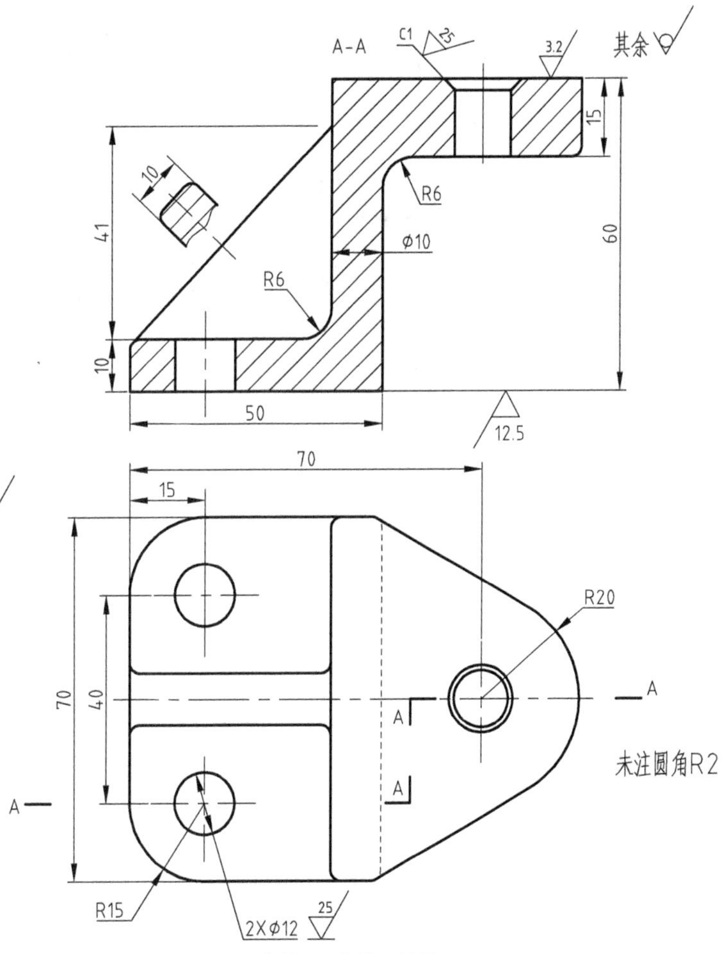

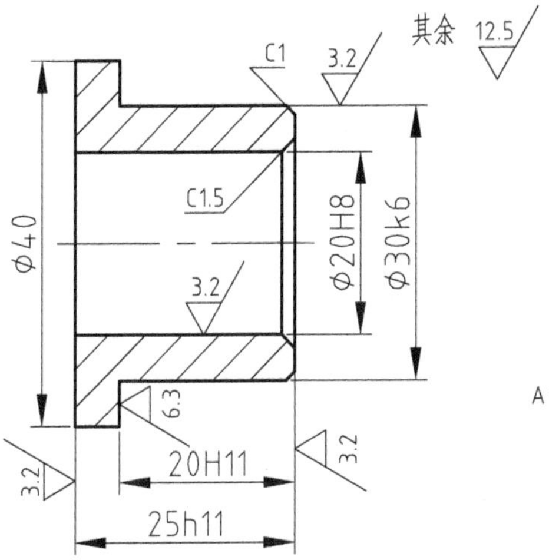

序号：3 名称：铜套

序号：4 名称：托架

第三题图

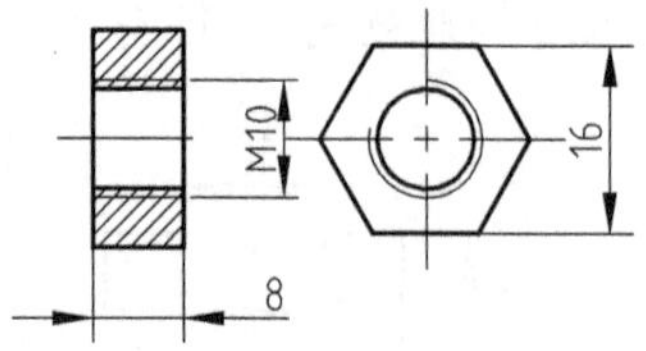

序号：5 名称：螺母

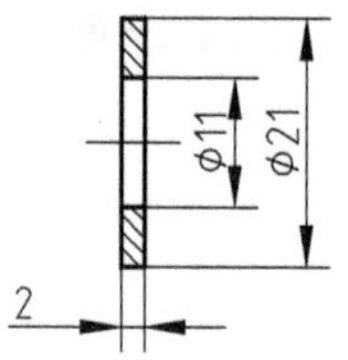

序号 6：名称：垫片

第三题图

四、根据零件图按 1∶1 绘制钳座装配图，并标注序号和尺寸。（30 分）

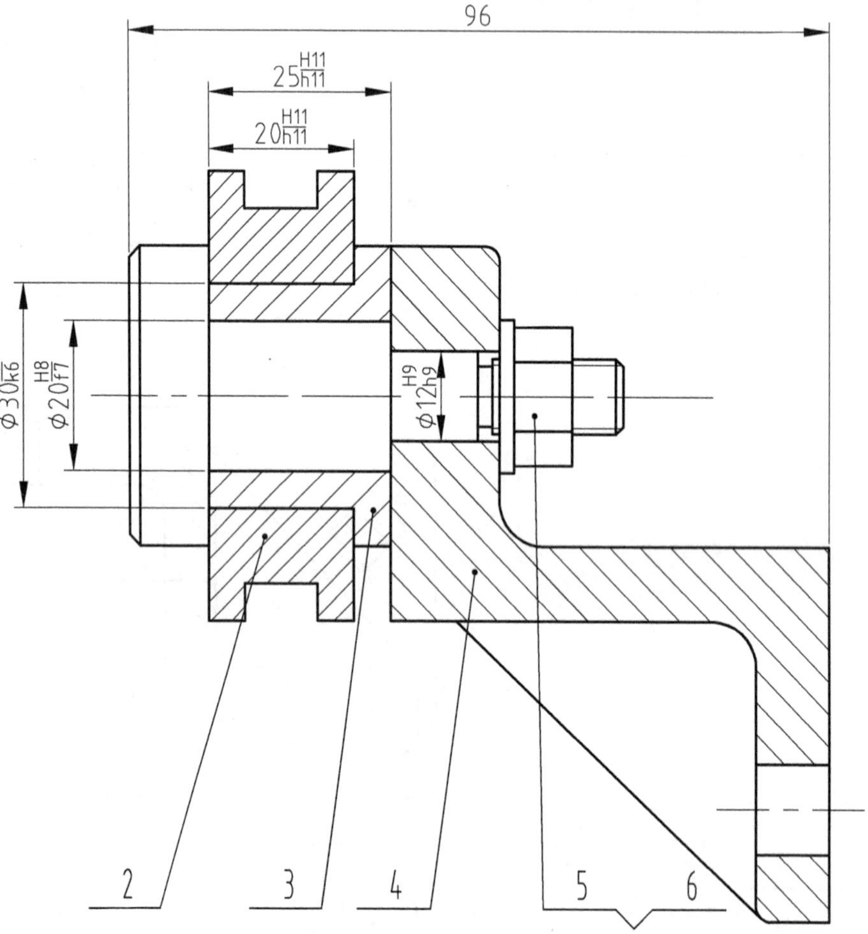

第四题图　钳座装配图

高级制图员《计算机绘图》测试试卷（机械类）（2）

一、考试要求。（10 分）

（1）设置 A3 图幅，用粗实线画出边框（400mm × 277mm），按尺寸在右下角绘制标题栏，在对应框内填写姓名和考号，字高 7mm。

（2）尺寸标注按图中格式。尺寸参数：字高为 3.5mm，箭头长度为 3.5mm，尺寸界线延伸长度为 2mm，其余参数使用系统缺省配置。

（3）分层绘图。图层、颜色、线型要求如下。

层名	颜色	线型	用途
0	黑 / 白	实线	粗实线
1	红	实线	细实线
2	洋红	虚线	细虚线
3	紫	点画线	中心线
4	蓝	实线	尺寸标注
5	蓝	实线	文字

其余参数使用系统缺省配置。另外需要建立的图层，考生自行设置。

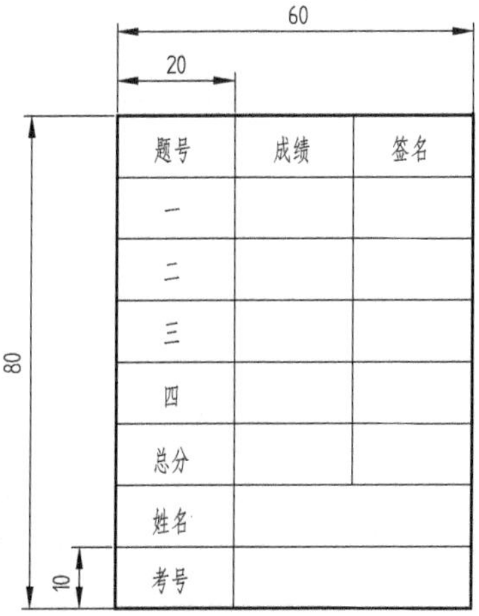

第一题图 标题栏

（4）将所有图形储存在一个文件中，均匀布置在边框线内。存盘前使图框充满屏幕，文件名采用考号。

二、按标注尺寸 1∶2 绘制图形，并标注尺寸。（25 分）

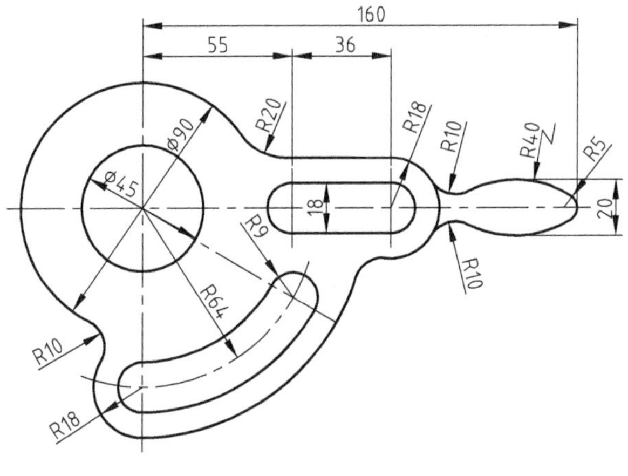

第二题图

三、按标注尺寸 1∶1 抄画 1 号件阀体的零件图，并标全尺寸和表面结构。（35 分）

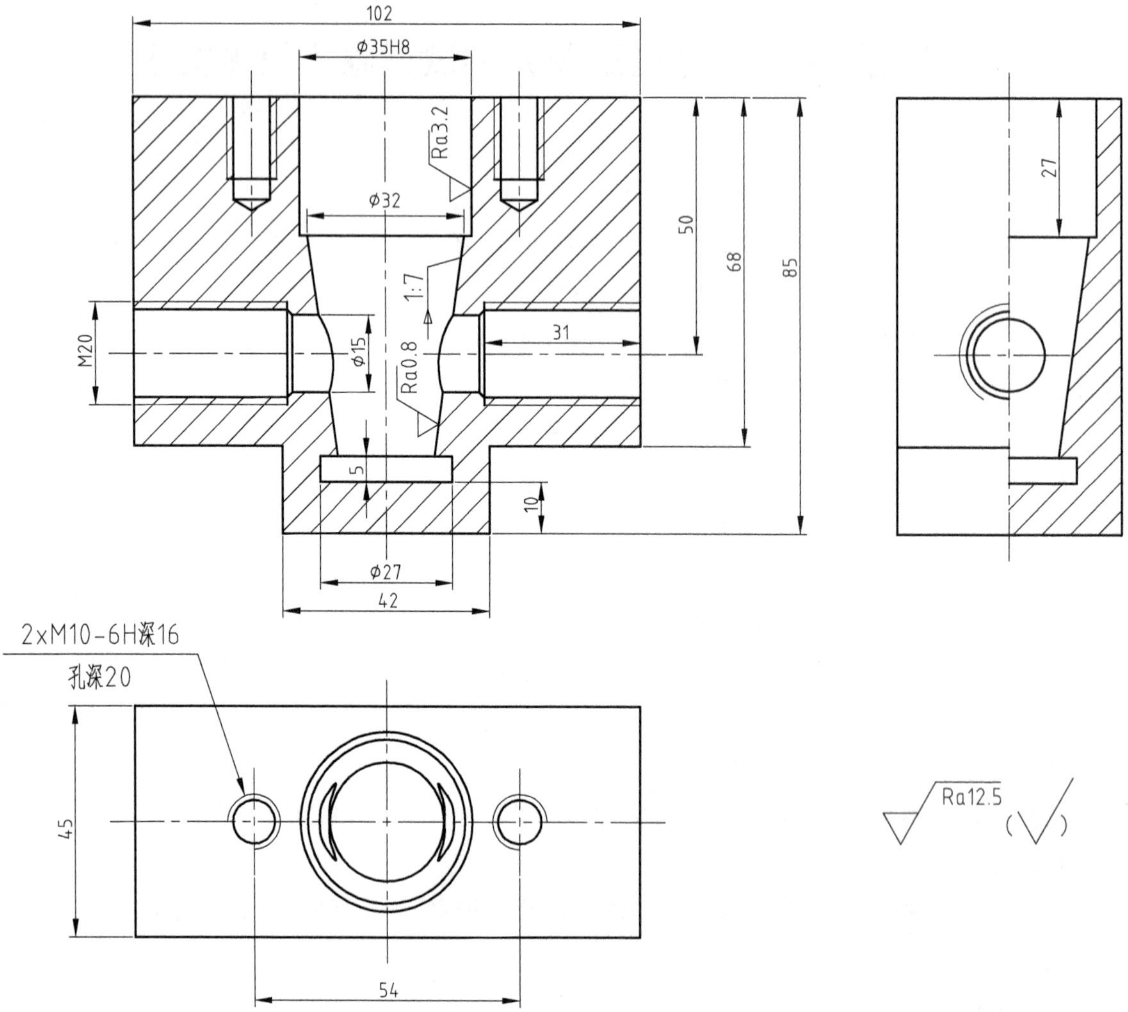

序号：1 名称：阀体

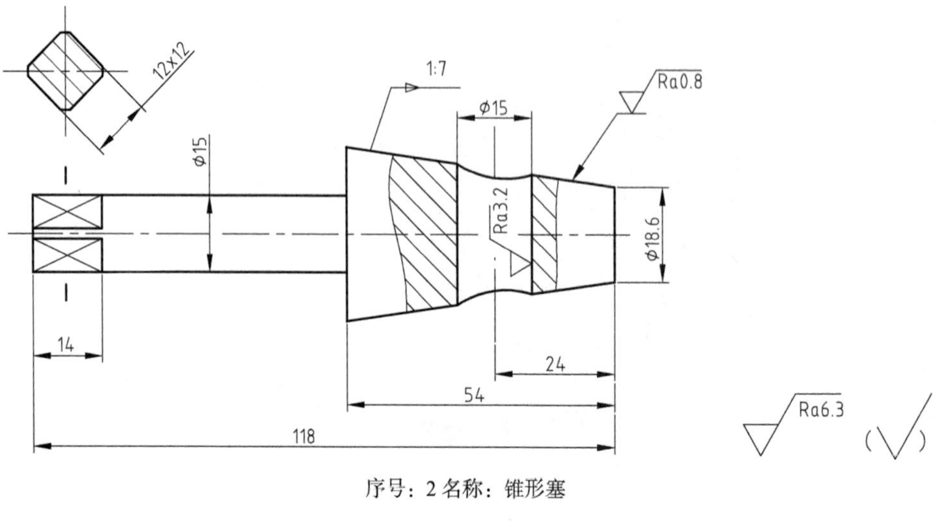

序号：2 名称：锥形塞

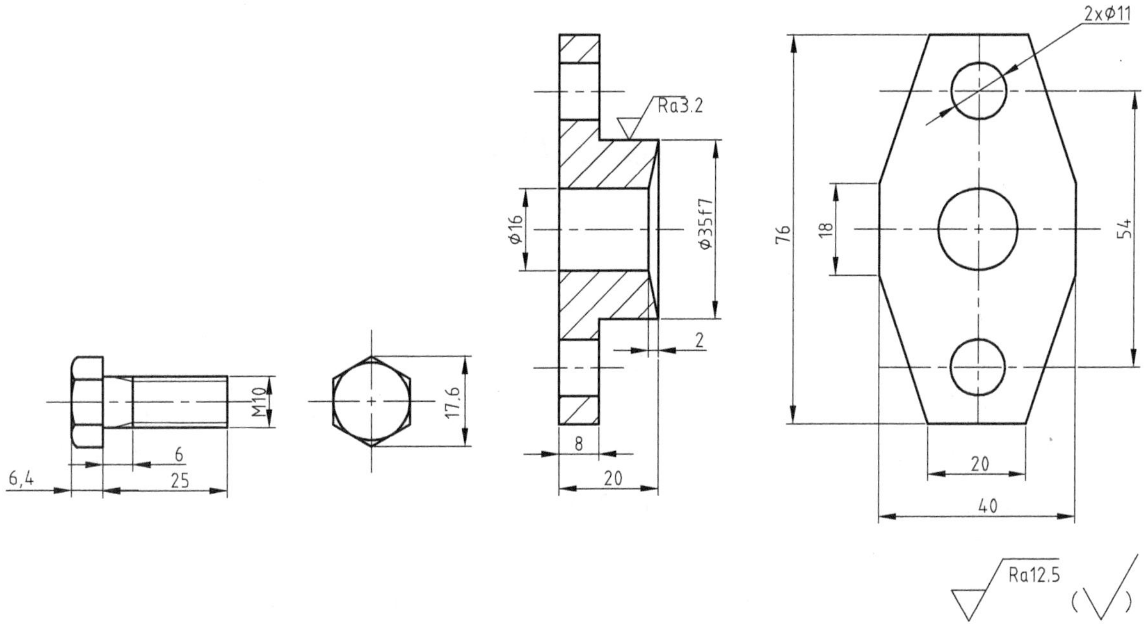

序号：4 名称：螺栓　　　　序号：5 名称：压盖

第三题图

四、根据零件图按 1:1 绘制旋塞装配图，并标注序号。(30 分)

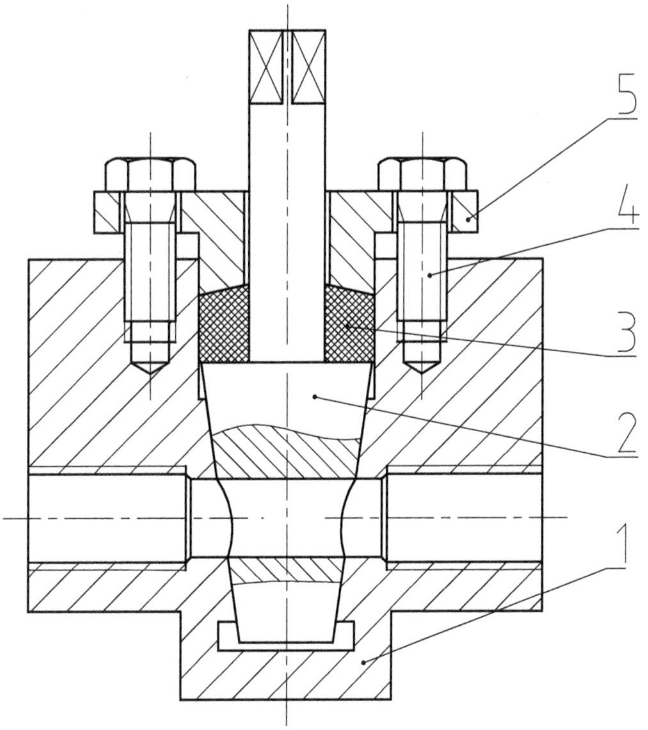

第四题图　旋塞装配图

参考文献

[1] 刘力 . 机械制图 [M] . 北京：高等教育出版社，2013.

[2] 刘力 . 机械制图习题集 [M] . 北京：高等教育出版社，2013.

[3] 朱凤军 . 中高级制图员考证培训教程 [M] . 北京：高等教育出版社，2008.

[4] 劳动和社会保障部中国就业培训技术指导纵向 . 制图员国家职业资格培训教程 [M] . 北京：中国广播电视大学出版社，2003.

[5] 钱克强 . 机械制图习题集 [M] . 北京：高等教育出版社，2010.

[6] 劳动和社会保障部教材办公室 . 机械制图员 [M] . 北京：中国劳动社会保障出版社，2007.